普通高等教育高职高专土建类"十二五"规划教材

钢结构基本理论与施工技术

主　编　邱　耀　秦纪平

副主编　樊长林　徐　芸

　　　　占美森　刘富旭

U0382430

中国水利水电出版社
www.waterpub.com.cn

内 容 提 要

本书根据新形势下高职高专建筑工程技术等土建类专业教学改革的要求,结合编者们长期的教学经验及工程实践,以本专业领域的职业岗位的执业要求作为培养标准进行编写。本书共分 5 个部分,主要内容包括:课程介绍、钢结构基础知识、钢结构施工图识读、钢构件制作、钢结构安装施工,每个模块下分课题进行编写,在编写中前后贯穿了单项能力训练、综合能力训练和职业体验的教学安排,每模块后有模块小结、习题。

本书适用于建筑工程、桥梁、市政、道路、水利等专业,可作高职高专院校及成人教育教材,也可作工程技术人员的参考书。

图书在版编目(CIP)数据

钢结构基本理论与施工技术/邱耀,秦纪平主编
. —北京:中国水利水电出版社,2011.12(2018.1 重印)
普通高等教育高职高专土建类"十二五"规划教材
ISBN 978-7-5084-8707-6

Ⅰ.①钢… Ⅱ.①邱…②秦… Ⅲ.①钢结构-建筑
工程-工程施工-高等职业教育-教材 Ⅳ.①TU758.11

中国版本图书馆 CIP 数据核字(2011)第 281414 号

书　　名	普通高等教育高职高专土建类"十二五"规划教材 **钢结构基本理论与施工技术**
作　　者	主编　邱耀　秦纪平　　副主编　樊长林　徐芸　占美森　刘富旭
出版发行	中国水利水电出版社 (北京市海淀区玉渊潭南路 1 号 D 座　100038) 网址:www.waterpub.com.cn E-mail:sales@waterpub.com.cn 电话:(010)68367658(营销中心)
经　　售	北京科水图书销售中心(零售) 电话:(010)88383994、63202643、68545874 全国各地新华书店和相关出版物销售网点
排　　版	中国水利水电出版社微机排版中心
印　　刷	天津嘉恒印务有限公司
规　　格	184mm×260mm　16 开本　22.75 印张　539 千字
版　　次	2011 年 12 月第 1 版　2018 年 1 月第 4 次印刷
印　　数	10001—12000 册
定　　价	**46.00 元**

凡购买我社图书,如有缺页、倒页、脱页的,本社营销中心负责调换

普通高等教育高职高专土建类
"十二五"规划教材
参编院校及单位

安徽工业经济职业技术学院

滨州职业学院

重庆建筑工程职业学院

甘肃工业职业技术学院

甘肃林业职业技术学院

广东建设职业技术学院

广西经济干部管理学院

广西机电职业技术学院

广西建设职业技术学院

广西理工职业技术学院

广西交通职业技术学院

广西水利电力职业技术学院

河北交通职业技术学院

河北省交通厅公路管理局

河南财政税务高等专科学校

河南工业职业技术学院

黑龙江农垦科技职业学院

湖南城建集团

湖南交通职业技术学院

淮北职业技术学院

淮海工学院

金华职业技术学院

九江学院

九江职业大学

兰州工业高等专科学校

辽宁建筑职业技术学院

漯河职业技术学院

内蒙古河套大学

内蒙古建筑职业技术学院

南宁职业技术学院

宁夏建设职业技术学院

山西长治职业技术学院

山西水利职业技术学院

石家庄铁路职业技术学院

太原城市职业技术学院

太原大学

乌海职业技术学院

烟台职业学院

延安职业技术学院

义乌工商学院

邕江大学

浙江工商职业技术学院

本 册 编 委 会

本 册 主 编： 邱　耀　秦纪平

本册副主编： 樊长林　徐　芸　占美森　刘富旭

序

"十二五"时期，高等职业教育面临新的机遇和挑战，其教学改革必须动态跟进，才能体现职业教育"以服务为宗旨、以就业为导向"的本质特征，其教材建设也要顺应时代变化，根据市场对职业教育的要求，进一步贯彻"任务导向、项目教学"的教改精神，强化实践技能训练、突出现代高职特色。

鉴于此，从培养应用型技术人才的期许出发，中国水利水电出版社于2010年启动了土建类（包括建筑工程、市政工程、工程管理、建筑设备、房地产等专业）以及道路桥梁工程等相关专业高等职业教育的"十二五"规划教材，本套"普通高等教育高职高专土建类'十二五'规划教材"编写上力求结合新知识、新技术、新工艺、新材料、新规范、新案例，内容上力求精简理论、结合就业、突出实践。

随着教改的不断深入，高职院校结合本地实际所展现出的教改成果也各不相同，与之对应的教材也各有特色。本套教材的一个重要组织思想，就是希望突破长久以来习惯以"大一统"设计教材的思维模式。这套教材中，既有以章节为主体的传统教材体例模式，也有以"项目—任务"模式的"任务驱动型"教材，还有基于工作过程的"模块—课题"类教材。不管形式如何，编写目标均是结合课程特点、针对就业实际、突出职业技能，从而符合高职学生学习规律的精品教材。主要特点有以下几方面：

（1）专业针对性强。针对土建类各专业的培养目标、业务规格（包括知识结构和能力结构）和教学大纲的基本要求，充分展示创新思想，突出应用技术。

（2）以培养能力为主。根据高职学生所应具备的相关能力培养体系，构建职业能力训练模块，突出实训、实验内容，加强学生的实践能力与操作技能。

（3）引入校企结合的实践经验。由企业的工程技术人员参与教材的编写，将实际工作中所需的技能与知识引入教材，使最新的知识与最新的应用充实到教学过程中。

（4）多渠道完善。充分利用多媒体介质，完善传统纸质介质中所欠缺的表达方式和内容，将课件的基本功能有效体现，提高教师的教学效果；将光盘的容量充分发挥，满足学生有效应用的愿望。

本套教材适用于高职高专院校土建类相关专业学生使用，亦可为工程技术人员参考借鉴，也可作为成人、函授、网络教育、自学考试等参考用书。本套教材的出版对于"十二五"期间高职高专的教材建设是一次有益的探索，也是一次积累、沉淀、进发的过程，其丛书的框架构建、编写模式还可进一步探讨，书中不妥之处，恳请广大读者和业内专家、教师批评指正，提出宝贵建议。

编委会

2011 年 1 月

前 言

　　本书为中国水利水电出版社出版的"普通高等教育高职高专土建类'十二五'规划教材"之一，根据新形势下高职高专建筑工程技术等土建类专业教学改革的要求，结合编者们长期的教学经验及工程实践进行编写。本课程所在专业课程体系是通过行业、企业的调研，职业岗位工作任务分析与职业能力分析，依据本专业毕业生职业岗位定向（建筑工程施工及管理一线技术人员，主要技术岗位（群）：施工员、造价员、质检员、资料员、测量员、安全员）构建的，因此本课程的设立是以本专业领域的职业岗位的执业要求作为培养标准，以培养高技能人才为目标。

　　本书共分 5 个部分，主要内容包括：课程介绍、钢结构基础知识、钢结构施工图识读、钢构件制作、钢结构安装施工，每个模块下分课题进行编写，在编写中前后贯穿了单项能力训练、综合能力训练和职业体验的教学安排，每模块后有模块小结、习题。建议总学时为 64 学时，一个学期内完成。

　　本书由九江职业大学建筑工程学院邱耀、山西长治职业技术学院秦纪平任主编，山西太原城市职业学院樊长林、九江学院土木工程与城市建设学院徐芸、九江职业大学建筑工程学院占美森、湖北省阳新县建设工程质量监督站刘富旭任副主编。全书由邱耀负责统稿。

　　本书在编写过程中，参阅和引用了一些院校优秀教材的内容，吸收了国内外众多同行专家的最新研究成果，均在推荐阅读和参考文献中列出，在此表示感谢。由于编者水平有限，加上时间仓促，书中不妥之处在所难免，衷心地希望广大读者批评指正。

编者

2011 年 5 月

目　录

绪 论 课 程 介 绍

【学习目标】 使学生能根据本课程的教学要求思考学习方法，编制学习方案。

课题 1 钢 结 构 概 述

0.1.1 钢结构的概念

1. 概念

钢结构是指用钢板和热轧、冷弯或焊接型材通过连接件连接而成的能承受和传递荷载的结构形式。钢结构体系具有自重轻、工厂化制造、安装快捷、施工周期短、抗震性能好、投资回收快、环境污染少等综合优势，与钢筋混凝土结构相比，更具有在"高、大、轻"三个方面发展的独特优势，在全球范围内，特别是发达国家和地区，钢结构在建筑工程领域中得到合理、广泛的应用。钢结构行业通常分为轻型钢结构、高层钢结构、住宅钢结构、空间钢结构和桥梁钢结构五大子类。

2. 钢结构的组成

在土木工程中，钢结构有着广泛的应用。由于使用功能及结构组成方式不同，钢结构种类繁多，形式各异。例如，在房屋建筑中有大量的钢结构厂房、高层钢结构建筑、大跨度钢网架建筑、悬索结构建筑等。在公路及铁路上有各种形式的钢桥，如板梁桥、桁架桥、拱桥、悬索桥、斜拉桥等。钢塔及钢桅杆则广泛用做输电线塔、电视广播发射塔。此外，还有海上采油平台钢结构、卫星发射钢塔架等。

所有这些钢结构尽管用途、形式各不相同，但它们都是由钢板和型钢经过加工，制成各种基本构件，如拉杆（有时还包括钢索）、压杆、梁、柱及桁架等，然后将这些基本构件按一定方式通过焊接和螺栓连接组成结构。

钢结构建筑按层数分为单层房屋钢结构和多层房屋钢结构。单层房屋钢构件大致有平面结构体系和空间结构体系。平面结构体系的特点是结构由承重体系及附加两部分组成，其中承重体系是一系列相互平行的平面结构，结构平面内的直和横向水平荷载由它承担，并在该结构平面内传递到基础。附加构件（纵向构件及支撑）的作用是将各个平面结构连成整体，同时也承受结构平面外的纵向水平力。空间结构体系，所有的构件都是主要承重体系的部件，没有附加构件，因此，内力分布合理，能节省钢材。

多层房屋结构的特点是随着房屋高度的增加，水平风荷载及地震荷载起着越来越重要的作用。提高结构抵抗水平荷载的能力，以及控制水平位移不要过大，是这类房屋组成的主要问题。一般多层钢结构房屋组成的体系主要有：框架体系，带支撑的框架体系，筒式结构体系，悬挂结构体系。

综上所述，钢结构的组成应满足结构使用功能的要求，结构应形成空间整体，才能有效而经济地承受荷载，同时还要考虑材料供应条件及施工方便等因素。

0.1.2 钢结构的结构特点

1. 钢结构材料自重轻，可显著降低基础工程造价

根据比较，6 层轻钢结构住宅的重量，仅相当于 4 层砖混结构住宅的重量。对于框剪结构，当外墙采用玻璃幕墙，内墙采用轻质隔墙，包括楼面活荷载在内对于钢筋混凝土结构的上部结构全部重力荷载约为 $15\sim17kN/m^2$，其中梁、板、柱及剪力墙等自重约为 $10\sim12kN/m^2$，但是对钢结构全部重力荷载约为 $10\sim12kN/m^2$，其中，钢结构和混凝土楼板自重约为 $5\sim6kN/m^2$。由此可知，框剪结构与钢结构自重比例约为 2:1，全部重力荷载的比例约为 1.5:1，所以这两类结构传至基础的荷载差别是十分惊人的。

2. 钢结构建筑的抗震性能优于钢筋混凝土结构

这是由于钢材属于金属晶体具有各向同性的性质，有很高的抗拉、抗压和抗剪强度，更重要的是钢材具有良好的延性。在地震的作用下，钢结构因其延性，不仅能减弱地震反应，而且属于较理想的弹塑性结构，且有抵抗强烈地震的变形能力。如日本明石海峡大桥，这座目前世界上主跨最长的悬桥（全长 3911m，主跨长 1991m），将日本的本州、九州、北海道和四国岛连在了一起。

3. 减小结构构件的尺寸，增加建筑使用面积

由于钢材自重轻强度高，可使得建筑物梁柱截面积尺寸相对较小，因此其所占用的建筑面积也小，这样就相当于增加了建筑物的使用面积，这对于投资方来说，将产生不小的经济效益。

4. 质量容易保证、施工速度快、周期短

钢结构施工的最大特点就是钢构件在工厂制作，因此钢结构的质量容易保证。钢结构一般均为现场安装，作业比重大，而且基本不受气候影响。而且混凝土楼板的施工可与钢结构安装交叉进行。有时在上部安装柱、框架的同时，下部可以进行内部装饰、装修工程。因此，在保证技术、供应、管理等方面的条件下，可以提前投入使用。因此钢结构的施工速度常可快于钢筋混凝土结构约 20%～30%，相应的施工周期也缩短能早日投入使用，使投资人在经济效益上及早获得回报。如纽约帝国大厦，高 381m（加上后来修建的电视塔共高 448m），这座高 102 层的摩天大厦仅用了 1 年多的时间就建成了。

5. 钢结构可以形成较宽敞的无柱空间，便于内部灵活布置

采用钢结构可满足大柱网大开间的建筑布置或转换层或设备层、共享空间等建筑特殊平面与空间布置，便于设备管线的穿越设置。能更好地满足建筑对大开间布置的要求，也可满足地下车库柱间可停数辆车的要求，这些都是同等条件下钢筋混凝土结构难以做到的。在钢结构的结构空间中，有许多孔洞与空腔，而且钢梁的腹板也允许穿越小于一定直径的管线，这样使管线的布置较为方便，也增加了建筑净高，而且管线的更换、修理都很方便。此外，集中荷载很大的转换层或设备层均可以通过设置钢结构层间桁架解决，而这种桁架还可以起到加强与完善整个结构体系的作用。如悉尼奥林匹克体育场，这座最多可容纳 11.5 万名观众的体育场，它由两个长 220m、宽 70m 的弧形钢结构支撑，此弧形钢结构的跨度可并排停放 4 架波音 747 客机。

6. 钢结构建筑造价并不高

钢结构的造价与许多因素有关，对其造价的评估分析必须按动态和综合的经济评估进行分析。由于钢结构建筑在施工时可以节省支模、拆模的材料，由此降低成本，大大加快施工速度。资金价值在施工中充分体现，减少资金成本。根据目前掌握的数据和资料，钢结构与钢筋混凝土结构间的差价约为工程总投资的 5％～10％，如果从综合效益看，采用钢结构会减少整个项目的投资，这是由于自重轻会降低基础造价；结构尺寸小会增加建筑物使用面积；而钢结构施工机械化高又会缩短工期。

7. 钢结构耐热性能好，但耐火性能差（其耐火时限仅为 15min）

钢材在常温到 200℃ 以后，钢材的强度将随温度升高而大大降低，到 600℃ 时就完全失去承载能力。因此就要采取有效的防护措施，如用耐火材料做成隔热层等以便提高钢结构的耐火性能差。钢结构耐锈蚀能力差，据有关资料估算，约有 10％～12％ 的钢材损耗属于锈蚀损耗。因此钢结构必须采取防锈措施，应彻底除锈后按设防标准刷涂或喷涂防腐涂料以对其进行保护。目前，已经有相应的保护规范、配套材料可使用，以提高钢结构的性能。

8. 符合中国建筑产业化和可持续发展的要求

钢结构建筑现场作业量小、无噪声、不污染周围环境，改建和拆迁容易，材料的回收和再生利用率高。传统建筑用的实心黏土砖，因大量浪费土地资源、污染环境已被限制禁止使用。相反，由于钢结构建筑易于实现工业化生产、标准化制作，可以采用节能、环保的新型墙体材料与之配套，因而，健康、环保、抗震较好的钢结构建筑，是中国现代化建筑发展的必然趋势。

总之，钢结构具有自重较轻、工作的可靠性较高 、抗振（震）性、抗冲击性好、钢结构制造的工业化程度较高、钢结构可以准确快速地装配、容易做成密封结构、易腐蚀、耐火性差等特点。

0.1.3　钢结构建筑的钢材选用

钢结构的原材料是钢。钢的种类繁多，选用钢材时应注意以下几个方面：

（1）承重结构采用的钢材应具有抗拉强度、伸长率、屈服强度和硫、磷含量的合格保证，对焊接结构尚应具有碳含量的合格保证。

（2）焊接承重结构以及重要的非焊接承重结构采用的钢材还应具有冷弯试验的合格保证。

（3）对某些承受动力荷载的结构以及重要的受拉或受弯的焊接结构尚应具有常温或负温冲击韧性的合格保证。

课题 2　钢结构发展与应用现状

钢结构在工程中的应用已经有很长时期，与其他材料的结构相比，钢结构具有强度高、重量轻、制作简便、施工工期短、节能环保等诸多优点，所以发展速度很快，在世界范围内应用极其广泛。

近几年来，我国钢产量已稳居世界首位，大力发展钢结构建筑符合我国国民经济发展的需要，而且钢结构建筑具有较高的材料回收率，对环境保护具有重要的意义。尤其近年，随着钢结构与其他装饰材料（玻璃、金属墙板）的结合应用，在我国相继出现了一些新型的钢结构标志性建筑，如国家大剧院等，这说明钢结构建筑在我国应用的前景将更加美好。钢结构在各项工程建设中的应用极为广泛，如钢桥、钢厂房、钢闸门、各种大型管道容器、高层建筑和塔轨机构等。

0.2.1 钢结构在建筑工程中的应用

（1）大跨度结构。如体育馆、影剧院、大会堂、展览馆、飞机维修库等均采用钢结构。北京 2008 年奥运会的主体育场——鸟巢的主体结构就为钢结构。

（2）工业厂房。如冶金厂房的平炉、转炉车间、混铁炉车间、初轧车间；重型机器制造厂铸钢车间、锻压车间、总装配车间等的主要承重构件大多采用钢结构。如宝山钢铁公司的厂房结构基本上是单层框架或排架体系的钢结构，其建设面积达到 105 万 m^2。

（3）高耸结构。如电线塔、电视广播发射塔、钻井塔、无线电天线桅杆等。

（4）高层建筑。由于结构自重轻、强度高，同时抗震好、工期短、施工方便，对高层建筑的修建极为有利。

（5）板壳结构。如油库、油罐、高炉、热风炉、漏斗、烟囱、水塔以及各种管道等。

（6）可拆卸或移动的结构。如建筑施工用的吊装塔架、流动展览馆、移动式混凝土搅拌站、施工临时用的房屋等。

（7）轻型钢结构。可用于使用荷载较轻或跨度较小的建筑。由于这类结构布置灵活、制造安装运输都很方便，所以现已广泛应用于仓库、办公室、工业厂房及体育设施。

（8）和混凝土组合成组合结构，如组合梁和钢管混凝土柱等。

近几年，国家住房与城乡建设部已经把钢结构建筑列入全国重点推广项目，北京、上海、天津等地，都相继兴建了一批钢结构住宅示范、试点工程。随着生产力的发展，土地资源的日益紧张，钢结构建筑必将是中国重要的发展对象，在未来的工程建设中担当越来越重要的角色。

0.2.2 钢结构人才发展趋势

钢结构行业所需要的人才从性质上可划分为：技术类、管理类、营销类。在高级人才中，技术类的主要包括：钢结构设计工程师，详图、深化工程师，工艺工程师，高级焊接工艺师等；营销包括：营销总监、市场总监、策划总监等，管理类包括：总经理、副总、生产厂长、项目经理、人才资源总监。

这种专业化要求决定了只有是成熟的专业人才才能在业内找到位置。据国内最大的钢结构人才招聘网站——钢构英才网资料显示，目前钢结构技术类人才占总需求量的 60% 以上，钢结构设计工程师，详图、深化工程师，工艺工程师，高级焊接工艺师，无损探伤人员一般都要求 5 年以上工作经验，而这些人才在一些二级地区供远小于求，如福建、广西、河北、安徽、湖南等。

课题3 钢结构的学习目标、内容及要求

0.3.1 学习目标

钢结构课程是高等工科职业院校建筑工程技术专业的主要课程之一。根据 21 世纪土

建人才培养的要求和国家经济发展（2010 年中国生产钢材 6 亿 t，占全球产量近一半）的状况，钢结构课程的地位得到了进一步的加强。通过学习本课程，使学生具有从事钢结构制作、施工的基本职业能力，熟悉钢结构工程构件加工制作、安装的基本程序、钢结构工程的质量检验标准，使学生具有钢结构工程施工员的职业能力，并具备钢结构工程的施工员、造价员、资料员、安全员、监理员等要求的基本技能。通过掌握钢结构工程的施工准备、熟读图纸、加工工序、方法、施工工艺、安装机械设备等职业技能，起到对学生职业能力培养和职业素养养成的作用。

本课程在"工程制图"、"建筑材料"、"建筑力学"等课程开设后开设，为施工员、造价员、资料员、安全员、监理员等职业领域的学习奠定基础。

0.3.2　学习内容

钢结构基础与施工技术内容分为"钢结构基础"和"钢结构施工技术"两个主要部分。"钢结构基础"部分重点在于钢材和连接材料特性、钢结构的稳定、连接方法、计算构造以及基本构件的工作性能和设计方法。"钢结构施工技术"部分重点介绍钢结构施工图识读，钢构件制作、钢结构安装施工。而且配合新修订的《建筑结构可靠度设计统一标准》、《建筑结构荷载规范》和《钢结构设计规范》，作了相应教学内容的更新，及时将修订内容反映到教材和教学中。

0.3.3　学习要求

学习钢结构课程，主要是通过学习钢结构计算基本理论，熟悉钢结构设计规范，为将来从事钢结构设计工作、施工及管理岗位打下牢固的基础。在本课程的学习中要做到以下几点：

（1）注重对力学原理的理解和应用。作为一门结构课程，其基本计算原理是以工程力学的基本理论为基础的。理解、掌握并能正确应用相关的力学原理，是学好结构计算理论的关键。因此，在课程的学习中要注意复习力学课程的相关内容，学完结构课程后，进一步领会力学原理在工程中的应用。

（2）要注意熟悉规范，并正确运用规范。本课程的直接依据是《建筑结构可靠度设计统一标准》（GB 50068—2001）、《建筑结构荷载规范》（GB 5009—2001）、《建筑抗震设计规范》（GB 5011—2001）、《钢结构设计规范》（GB 50017—2003）、《钢结构工程施工质量验收规范》（GB 50205—2001）。这是工程设计和施工人员必须共同遵守的技术标准，因此，在课程学习中必须结合章节内容理解掌握相关的规范条文，并力求在理解的基础上加以记忆。

（3）要重视概念设计和各种构造措施。结构概念设计是运用人的思维和判断能力，从宏观上决定结构设计中的基本问题，而构造措施是指一般不需计算而对结构和非结构各部分必须采取的各种细部要求。

（4）理论联系实际，注重感性认识的学习。本课程的计算理论枯燥，但实践性又较强，在课程的学习中要经常到施工现场进行参观，不断积累工程经验，结合实际构件加强对施工图的识读。

（5）加强职业素质的养成教育。结构的设计原理理论性强，无论设计与施工都要有严谨的科学态度，在结构课程学习中，无论是对结构原理、规范条文、计算方法，还是对计算实例，都必须一丝不苟，注意培养严谨认真的工作作风和工作方法。

小 结

（1）钢结构就是指用钢板和热轧、冷弯或焊接型材通过连接件连接而成的能承受和传递荷载的结构形式。

（2）随着建筑科学技术的发展，钢结构的一些缺点已经或正在逐步地加以改善，应用更加广泛。

（3）钢结构课程是土建类专业进行职业能力培养的一门职业核心课程，集理论与实践为一体，在学习中要注意多种学习方法的运用。

习 题

1. 什么是钢结构？它有哪些优缺点？

2. 钢材比混凝土容重大，但为什么说钢结构比混凝土结构自重轻？结构自重轻会带来哪些好处？

3. 简述钢结构的发展概况。

4. 通过本模块的学习，谈谈如何学好本门课程。

模块 1　钢 结 构 基 础 知 识

【学习目标】　掌握建筑钢结构用钢的主要性能及其主要影响因素，能正确地选择钢材；了解钢结构连接的种类及各自的特点和工作性能；掌握焊接连接和螺栓连接的计算方法和构造要求；了解各类钢结构构件的类型和应用；掌握各类构件（轴心受力构件、梁和拉、压弯构件）的工作性能、计算特点及其设计的基本方法。

课题 1　认识钢结构的常用材料

1.1.1　钢材的品种与规格

1.1.1.1　钢材的种类

（1）按用途分为结构钢、工具钢、特殊钢（如不锈钢等）。

（2）按冶炼方法分为转炉钢、平炉钢。

（3）按脱氧方法分为沸腾钢、镇静钢、特殊镇静钢。

（4）按成型方法分为轧制钢、锻钢、铸钢。

（5）按化学成分分为碳素钢、合金钢。

在建筑工程中通常采用的是：碳素结构钢、低合金高强度结构钢、耐候结构钢和其他高性能钢材。

1. 碳素结构钢

按国家现行标准《碳素结构钢》（GB/T 700—2006）规定，碳素结构钢的牌号（brand）由代表屈服点的字母 Q、屈服点数值、质量等级（A、B、C、D）、脱氧方法符号（F、b、Z、TZ，分别表示沸腾钢、半镇静钢、镇静钢和特殊镇静钢）四个部分顺序组成。

（1）Q——代表屈服点的字母；

（2）屈服点的数值——195、215、235、255、275、345 等；

（3）质量等级符号——A、B、C、D 四个等级；

（4）脱氧方法符号——F 代表沸腾钢、b 代表半镇静钢、Z 代表镇静钢、TZ 代表特殊镇静钢。（其中 Z、TZ 可以省略）

目前生产的碳素结构钢有：Q195、Q215、Q235、Q255 和 Q275 五种，含碳量越多，屈服点越高，塑性越低。Q235 的含碳量低于 0.22%，属于低碳钢，其强度适中，塑性、韧性和可焊性较好，是建筑钢结构常用的钢材品种之一。

2. 低合金高强度钢

低合金高强度钢是在碳素钢中加入少量几种合金元素，其总量虽低于 5%，但钢的强度明显提高，故称为低合金高强度钢。其牌号按屈服点由小到大排列，有 Q295、Q345、Q390、Q420 和 Q460 等五种，牌号意义和碳素结构钢相同。不同的是，低合金高强度钢的质量等级分为 A、B、C、D、E 五级，A 级对冲击韧性无要求；B、C、D 级对应温度 20℃、0℃、−20℃ 的冲击功不小于 34J；E 级要求 −40℃ 的冲击功不小于 27J。

3. 耐大气腐蚀用钢（耐候钢）

在钢的冶炼过程中，加入少量特定的合金元素，一般指铜（Cu）、磷（P）、铬（Cr）、镍（Ni）等，使之在金属基体表面形成保护层，提高钢材耐大气腐蚀性能，这类钢统称为耐大气腐蚀用钢或耐候钢。我国目前生产的耐候钢分为高耐候结构钢和焊接结构用耐候钢两类。

（1）高耐候结构钢。其耐候性能比焊接结构用耐候钢好，故称为高耐候结构钢。按其化学成分分为：铜磷钢和铜磷铬镍钢两种。其牌号表示方法是由分别代表"屈服点"的拼音字母 Q、屈服点的数值和"高耐候"拼音字母 GNH 顺序组成，含 Cr、Ni 的高耐候钢在牌号后加代号"L"。例如，Q345GNHL 表示屈服点为 $345N/mm^2$ 含有铬镍的高耐候钢。若将高耐候结构用于焊接结构，其钢板厚度应不大于 16mm。

（2）焊接结构用耐候钢。这类钢能保持良好的焊接特性，适用厚度达 100mm。其表示方法是由分别代表"屈服点"拼音字母 Q、屈服点的数值和"耐候"的拼音字母 NH 以及质量等级（C、D、E）顺序组成。

4. 桥梁用结构钢

由于桥梁所受荷载性质特殊，桥梁用钢的力学性能、焊接性能等技术要求一般都严于房屋建筑用钢，其牌号表达方式与其他钢材一样，由屈服点拼音字母 Q、屈服点数值、桥梁钢拼音字母 q 和质量等级（C、D、E）四部分顺序组成，如 Q235qC。

5. 厚度方向性能钢板

由于轧制工艺的原因，厚钢板沿厚度方向（Z 向）的力学性能最差。当结构局部构造形成有板厚方向的拉力作用时，很容易沿平行于钢板表面层间内出现层状撕裂。因此，对于重要焊接构件的钢板，还要求厚度方向有良好的抗层间撕裂性能。

对厚度方向性能有要求的钢板，牌号由代表屈服点拼音字母 Q、屈服点数值、高层建筑拼音字母 GJ、质量等级（B、C、D、E），且在质量等级后面加上厚度方向性能级别（Z15、Z25、Z35）。适用于建造高层建筑结构、大跨度结构及其他重要建筑结构。

1.1.1.2 钢材的选择

选择钢材的目的是要做到结构安全可靠，同时用材经济合理。为此，在选择钢材时应考虑下列各因素：

（1）结构或构件的重要性。

（2）荷载性质（静载或动载）。

（3）连接方法（焊接、铆接或螺栓连接）。

（4）工作条件（温度及腐蚀介质）。

（5）钢材厚度。

对于重要结构、直接承受动载的结构、处于低温条件下的结构及焊接结构，应选用质量较高的钢材。

Q235A 钢的保证项目中，碳含量、冷弯试验合格和冲击韧性值并未作为必要的保证条件，所以只宜用于不直接承受动力作用的结构中。当用于焊接结构时，其质量证明书中应注明碳含量不超过 0.2%。

当选用 Q235A、B 级钢时，还需要选定钢材的脱氧方法。

连接所用钢材，如焊条、自动或半自动焊的焊丝及螺栓的钢材应与主体金属的强度相适应。

1.1.1.3　钢材规格

钢结构构件一般宜直接选用型钢，这样可减少制造工作量，降低造价。型钢尺寸不够合适或构件很大时则用钢板制作。型钢有热轧及冷成型两种。

1. 热轧钢板

热轧钢板分厚板及薄板两种，厚板的厚度为 4.5～60mm（广泛用来组成焊接构件和连接钢板），薄板厚度为 0.35～4mm（冷弯薄壁型钢的原料）。在图纸中钢板用"—厚×宽×长（单位：mm）"前面附加钢板横断面的方法表示，如：—12×800×2100 等。

2. 热轧型钢

（1）角钢。

角钢有等边和不等边两种。等边角钢，以边宽和厚度表示，如 ∟100×10 为肢宽 100mm、厚 10mm 的等边角钢。不等边角钢，则以两边宽度和厚度表示，如 ∟100×80×10 等。

（2）槽钢。

我国槽钢有两种尺寸系列，即热轧普通槽钢与热轧轻型槽钢。前者的表示法如 [30a，指槽钢外廓高度为 30mm，且腹板厚度为最薄的一种；后者的表示法例如 [25Q，表示外廓高度为 25mm，Q 是汉语拼音"轻"的拼音字首。同样号数时，轻型者由于腹板薄及翼缘宽而薄，因而截面积小但回转半径大，能节约钢材减少自重。不过轻型系列的实际产品较少。

（3）工字钢。

工字钢与槽钢相同，也分成上述的两个尺寸系列：普通型和轻型。与槽钢一样，工字钢外轮廓高度的毫米数即为型号，普通型者当型号较大时腹板厚度分 a、b 及 c 三种。轻型的由于壁厚已薄故不再按厚度划分。两种工字钢表示法如：I32c，I32Q 等。

（4）H 型钢和剖分 T 型钢。

热轧 H 型钢分为三类：宽翼缘 H 型钢（HW）、中翼缘 H 型钢（HM）和窄翼缘 H 型钢（HN）。H 型钢型号的表示方法是先用符号 HW、HM 和 HN 表示 H 型钢的类别，后面加"高度×宽度"，例如 HW300×300，即为截面高度为 300mm，翼缘宽度为 300mm 的宽翼缘 H 型钢。剖分 T 型钢也分为三类，即：宽翼缘剖分 T 型钢（TW）、中翼缘剖分 T 型钢（TM）和窄翼缘剖分 T 型钢（TN）。剖分 T 型钢系由对应的 H 型钢沿腹板中部对等剖分而成。其表示方法与 H 型钢类同。

3. 钢管

钢管分为无缝钢管和焊接钢管，表示方法为"φ 外径×厚度"。如 φ180×4，单位为 mm。

4. 薄壁型钢

薄壁型钢是用 2～6mm 厚的薄钢板经冷弯或模压而成形的（如图 1-1-1～图 1-1-3 所示）。压型钢板是近年来开始使用的薄壁型材，所用钢板厚度为 0.4～2mm，用做轻型屋面等构件。

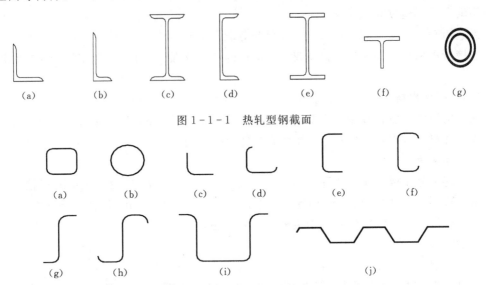

（a）　　　　（b）　　　　（c）　　　　（d）　　　　（e）　　　　（f）　　　　（g）

图 1－1－1　热轧型钢截面

（a）　　　（b）　　　（c）　　　（d）　　　（e）　　　（f）

（g）　　　（h）　　　（i）　　　　（j）

图 1－1－2　薄壁型钢截面

图 1－1－3　型钢实图

1.1.2　钢材的性能指标与影响因素

1.1.2.1　钢材的主要性能

钢结构在使用的过程中，要受到各种作用的相互影响，因此在选用钢材时，需要充分考虑到钢材抵抗各种作用的能力，包括强度、塑性、韧性、冷弯性能和可焊性等。

1. 强度和塑性

钢材标准试件在常温静荷载情况下，常用低碳钢在单向均匀受拉试验时的荷载—变形（F－ΔL）曲线或应力—应变（σ－ε）曲线，如图 1－1－4 所示。其受拉过程大致可以分为以下几个阶段：

（1）弹性阶段（OA 段）。在此阶段，钢材的应力很小，且不超过 A 点，如果这时卸载，曲线将沿着原来的路径回到原点，此时应变为 0，这时钢材处于弹性工作阶段。

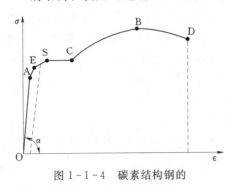

图 1－1－4　碳素结构钢的
应力—应变曲线

（2）弹塑性阶段（AS 段）。在这一阶段，钢材的应力和应变不再保持线性关系，S 点的应力称为钢材的屈服强度 f_y。若这时卸载，变形不会完全恢复，此时的应变称为残余应变。在这个阶段既包括弹性变形，也包括塑性变形。

（3）屈服阶段（SC 段）。当低碳钢在达到屈服强度 f_y 时，其应力不再变化，而应变不断增大。这一段基本保持水平，所以又可称其为屈服阶段。在这个阶段，钢材完全处于塑性状态。

（4）强化阶段（CB 段）。在屈服阶段，钢材内部结构重新排列，并能承受更大的荷载。所以，在达到 C 点后，钢材又恢复了其承载能力，直到应力值达到最大值 B 点，这时钢材达到极限抗拉强度 f_u。这个阶段称为强化阶段。

（5）破坏阶段（BD 段）。当超过 B 点后，在试件中部材料质量较差处，截面出现横向收缩，面积开始显著缩小，形成颈缩现象。这时，钢材不能继续承载，试件宣告破坏。试件拉断后的残余应变称为伸长率 δ。见式（1.1.1）。

$$\delta = \frac{L_1 - L_0}{L_0} \times 100\%$$ （1.1.1）

钢材拉伸试验所得出的屈服强度 f_y、抗拉强度 f_u 和伸长率 δ 是钢材力学性能的三项重要指标。

高强度钢没有明显的屈服点和屈服台阶。这类钢的屈服条件是根据试验分析结果而人为规定的，故称为条件屈服点（或屈服强度）。条件屈服点是以卸荷后试件中残余应变为 0.2% 所对应的应力定义的（有时用 $f_{0.2}$ 表示），如图 1-1-5 所示。由于这类钢材不具有明显的塑性平台，设计中不宜利用它的塑性。

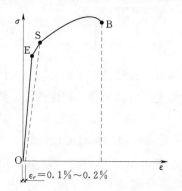

图 1-1-5　高强度钢的应力—应变关系

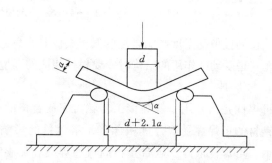

图 1-1-6　钢材冷弯试验示意图

2. 冷弯性能

冷弯性能是指钢材在冷加工过程中，对产生的裂缝以及破坏的抵抗能力。钢材的冷弯性能是用冷弯试验来确定的（如图 1-1-6 所示），其目的是检验钢材在承受规定弯曲时的变形能力。

根据试样厚度，按规定的弯心直径将试样弯曲 180°，其表面及侧无裂纹或分层则为"冷弯试验合格"。

"冷弯试验合格"一方面同伸长率符合规定一样，表示材料塑性变形能力符合要求，另一方面表示钢材的冶金质量（颗粒结晶及非金属夹杂分布，甚至在一定程度上包括可焊性）符合要求，因此，冷弯性能是判别钢材塑性变形能力及冶金质量的综合指标，是鉴定钢材质量的一种良好方法，常作为静力拉伸试验和冲击试验等的补充试验。重要结构中需要有良好的冷热加工的工艺性能时，应有冷弯试验合格保证。

3. 冲击韧性

与抵抗冲击作用有关的钢材的性能是韧性。韧性是钢材断裂时吸收机械能能力的量度。吸收较多能量才断裂的钢材，是韧性好的钢材。钢材在一次拉伸静载作用下断裂时所吸收的能量，用单位体积吸收的能量来表示，其值等于应力—应变曲线下的面积。塑性好的钢材，其应力—应变曲线下的面积大，所以韧性值大。然而，实际工作中，不用上述方法来衡量钢材的韧性，而用冲击韧性衡量钢材抗脆断的性能，因为实际结构中脆性断裂并不发生在单向受拉的地方，而总是发生在有缺口高峰应力的地方，在缺口高峰应力的地方常呈三向受拉的应力状态，如图 1-1-7 所示。

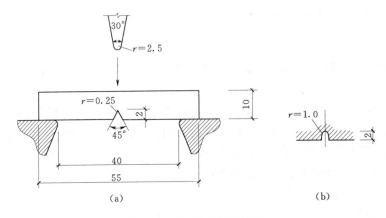

图 1-1-7　冲击韧性试验

缺口韧性值受温度影响，温度低于某值时将急剧降低。设计处于不同环境温度的重要结构，尤其是受动载作用的结构时，要根据相应的环境温度对应提出冲击韧性的保证要求。

4. 可焊性

可焊性是指采用一般焊接工艺就可完成合格的（无裂纹的）焊缝的性能。

钢材的可焊性受碳含量和合金元素含量的影响。碳含量在 0.12%～0.20% 范围内的碳素钢，可焊性最好。碳含量再高可使焊缝和热影响区变脆。

1.1.2.2　各种因素对钢材性能的影响

1. 化学成分

钢中基本元素：Fe、C、Si、Mn、S、P、O、N。

普通碳素钢中，Fe 占 99%，其余元素占 1%，低合金钢中，除了上述元素外，还有一定合金元素（Ni、V、Ti 等）。

各种元素对钢材机械性能的影响如下：

（1）碳（C）：含量增加，钢材强度提高，而塑性、韧性和疲劳强度低。同时焊接性能和抗腐蚀性恶化。一般在碳素结构钢中不应超过 0.22%；在焊接结构中还应低于 0.2%。

（2）硅（Si）：碳素结构钢中应控制不大于 0.3%，在低合金高强度钢中硅的含量可达 0.55%。

（3）锰（Mn）：含 Mn 适量使强度提高，降低 S、O 的热脆影响，改善热加工性能，对其他性能影响不大，有益。在碳素结构钢中锰的含量为 0.3%～0.8%，在低合金高强度钢中锰的含量可达 1.0%～1.6%。

（4）硫（S）：降低钢材的塑性、韧性、可焊性和疲劳强度，在高温时，使钢材变脆，称之为热脆。含量应不超过 0.045%。

（5）磷（P）：降低钢材的塑性、韧性、可焊性和疲劳强度，在低温时，使钢材变脆，称之为冷脆。含量应不超过 0.045%。可以提高强度和抗锈蚀性。

（6）氧（O）：降低钢材的塑性、韧性、可焊性和疲劳强度，在高温时，发生热脆。

（7）氮（N）：降低钢材的塑性、韧性、可焊性和疲劳强度，在低温时，产生有害成分。

（8）钒（V）和钛（Ti）：是钢中的合金元素，能提高钢的强度和抗腐蚀性能，又不显著降低钢的塑性。

2. 冶金和轧制的影响

在冶炼、轧制过程中常常出现的缺陷有偏析、非金属夹杂、裂纹、夹层及气孔等。

（1）偏析：钢中化学成分不一致和不均匀性，主要的偏析是硫、磷，将严重恶化钢材的性能，使偏析区钢材的塑性、韧性及可焊性变坏。

（2）非金属夹杂：钢材中存在非金属化合物（硫化物、氧化物），会严重影响钢材的力学性能和工艺性能。

（3）裂纹、分层：在轧制中可能出现，这些缺陷会大大地降低钢材的冷弯性能、冲击韧性、疲劳强度和抗脆性破坏能力。

3. 钢材的硬化

在常温下加工叫冷加工。冷拉、冷弯、冲孔、机械剪切等加工使钢材产生很大塑性变形，由于减小了塑性和韧性性能，普通钢结构中不利用硬化现象所提高的强度。重要结构还把钢板因剪切而硬化的边缘部分刨去。用作冷弯薄壁型钢结构的冷弯型钢，是由钢板或钢带经冷轧成型的，也有的是经压力机模压成型或在弯板机上弯曲成型的。由于这个原因，薄壁型钢结构设计中允许利用因局部冷加工而提高的强度。

此外，还有性质类似的时效硬化与应变硬化，如图 1-1-8 所示。时效硬化指钢材仅随时间的增长而转脆，应变时效指应变硬化又加时效硬化，由于这些是使钢材转脆的性质，所以有些重要结构要求对钢材进行人工时效硬化，然后测定其冲击韧性，以保证结构具有长期的抗脆性破坏能力。

4. 温度影响

钢材性能随温度变动而变化。总的趋势是：温度升高，钢材强度降低，应变增大；反之，温度降低，钢材强度会略有增加，塑性和韧性却会降低而变脆，见图 1-1-9。

温度升高，在 200℃ 以内钢材性能没有很大变化，430～540℃ 之间强度急剧下降，600℃ 时强度很低不能承担荷载。但在 250℃ 左右，钢材的强度反而略有提高，同时塑性和韧性均下降，材料有转脆的倾向，钢材表面氧化膜呈现蓝色，称为蓝脆现象。钢材应避免在蓝脆温度范围内进行热加工。当温度在 260～320℃ 之间时，在应力持续不变的情况下，钢材以很缓慢的速度继续变形，此种现象称为徐变现象。

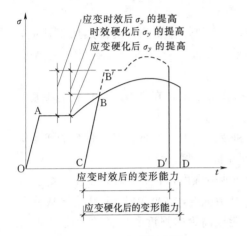

图1-1-8　钢材的硬化

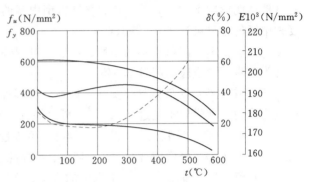

图1-1-9　温度对钢材机械性能的影响

当温度从常温开始下降，特别是在负温度范围内时，钢材强度虽有些提高，但其塑性和韧性降低，材料逐渐变脆，这种性质称为低温冷脆。图1-1-10是钢材冲击韧性与温度的关系曲线。由图可见，随着温度的降低，C_v值迅速下降，材料将由塑性破坏转变为脆性破坏，同时可见这一转变是在一个温度区间$T_1 T_2$内完成的，此温度区$T_1 T_2$称为钢材的脆性转变温度区，在此区间内曲线的反弯点（最陡点）所对应的温度T_0称为脆性转变温度。如果把低于T_0完全脆性破坏的最高温度T_1作为钢材的脆断设计温度即可保证钢结构低温工作的安全。

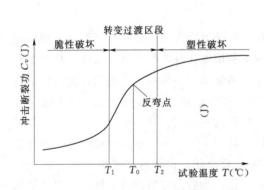

图1-1-10　冲击韧性与温度的关系曲线

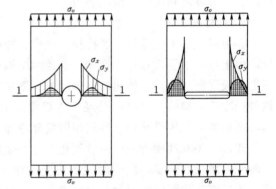

图1-1-11　孔洞及槽孔处的应力集中

5. 应力集中

当截面完整性遭到破坏，如有裂纹（内部的或表面的）、孔洞、刻槽、凹角时以及截面的厚度或宽度突然改变时，构件中的应力分布将变得很不均匀。在缺陷或截面变化处附近，应力线曲折、密集、出现高峰应力的现象称为应力集中，如图1-1-11所示。

孔边应力高峰处将产生双向或三向的应力。这是因为材料的某一点在x方向伸长的同时，在y方向（横向）将要收缩，当板厚较大时还将引起z方向收缩。

由力学知识知道，三向同号应力且各应力数值接近时，材料不易屈服。当为数值相等三向拉应力时，直到材料断裂也不屈服。没有塑性变形的断裂是脆性断裂。所以，三向应力的应力状态，使材料沿力作用方向塑性变形的发展受到很大约束，材料容易脆性破坏。因此，对于厚钢材应该要求更高的韧性。

6. 反复荷载作用

钢材在反复荷载作用下，结构的抗力及性能都会发生重要变化，钢材的强度将降低，这种现象称为疲劳破坏。疲劳破坏表现为突然发生的脆性断裂。

影响钢材疲劳强度的因素很多，例如钢材中存在的一些冶金缺陷，或在加工时形成的刻槽、缺口、孔洞等工艺缺陷。在动荷载的作用下，在这些带有缺陷的截面处，会形成应力集中现象，并在应力高峰附近将出现微观裂纹，在连续反复的循环荷载作用下，微观裂纹不断扩展，截面将不断被削弱。

实践证明，构件受到的应力不高或是反复次数不多的钢材一般不会发生疲劳破坏，计算中不必考虑疲劳的影响。但是，对长期承受频繁的反复荷载的结构及其连接，在设计中就必须考虑结构的疲劳问题。

1.1.3　钢材的质量控制

对属于下列情况之一的钢材，应对钢材进行化学成分分析和力学性能的抽样复验：

（1）国外进口钢材。

（2）钢材混批。

（3）板厚等于或大于 40mm，且设计有 z 向性能要求的厚板。

（4）建筑结构安全等级为一级，大跨度钢结构中主要受力构件所采用的钢材。

（5）设计有复验要求的钢材。

（6）对质量有疑义的钢材。

1. 化学成分分析（主控项目）

（1）检验指标：C、Si、Mn、S、P 及其他合金元素。

（2）依据标准：《钢和铁化学成分测定用试样的取样和制样方法》（GB/T 20066—2006）、《建筑结构检测技术标准》（GB/T 50344—2004）。

（3）取样方法及数量：钢材化学成分分析，可根据需要进行全成分分析或主要成分分析。所采用的取样方法应保证分析试样能代表抽样产品的化学成分平均值。分析试样应去除表面涂层、除湿、除尘，以及除去其他形式的污染。分析试样应尽可能避开孔隙、裂纹、疏松、毛刺、折叠或其他表面缺陷。制备的分析试样的质量应足够大，以便可能进行必要的复检验。对屑状或粉末状样品，其质量一般为 100g。可采取钻、切、车、冲等方法制取屑状样品。不能用钻取方法制备屑状样品时，样品应该切小或破碎，然后用破碎机或振动磨粉碎。振动磨有盘磨和环磨。制取的粉末分析试样应全部通过规定孔径的筛。钢材化学成分的分析每批钢材取 1 个试样。

2. 力学性能检验（主控项目）

（1）检验指标：屈服点、抗拉强度、伸长率、冷弯、冲击功。

（2）依据标准：《钢及钢产品力学性能试验取样位置及试验制备》（GB/T 2975—1998）、《建筑结构检测技术标准》（GB/T 50344—2004）。

（3）取样方法及数量：应在外观及尺寸合格的钢材上取样，产品应具有足够大的尺寸。取样时应防止出现过热、加工硬化而影响力学性能。取样的位置及方向应符合相关规范的规定。对于钢结构工程用碳素结构钢、低合金高强度结构钢而言，其钢材进场后的抽样检验的批量应符合下列规定：以同一牌号、同一等级、同一品种、同一尺寸、同一交货状态的钢材不大于 60t 为一批。当工程没有与结构同批的钢材时，可在构件上截取试样，但应确保结构构件的安全。按每批钢材，拉伸试验取 1 个试样，冷弯试验取 1 个试样，冲击试验取 3 个试样。当被检钢材的屈服点或抗拉强度不满足要求时，应补充取样进行拉神试验。补充试验应将同类构件同一规格的钢材划为 1 批，每批抽样 3 个。

3. 检验报告

表 1-1-1 是常见的钢材原材料检验报告表。

表 1-1-1　　　　　　　　钢材原材料检验报告

质控（建）表×××　　　　　　　　　　共　　页　　　　　　　　　　第　　页

工程名称				委托编号	
委托单位				检验日期	
见证单位				见证人	
送检样品	样品名称	型号规格	检验项目	样品数量（个）	样品描述
检验依据					
检验结论					
备注					

批准：　　　　　　　审核：　　　　　　　校核：　　　　　　　检验：

课　后　任　务

到建材市场或上网去了解钢材，形成调研报告。

课题 2　掌握钢结构连接

钢结构是把钢板和型钢等各种零件，通过连接将它们组成基本的构件，然后再将这些基本构件通过连接组成需要的结构。连接设计在整个钢结构设计中占有重要地位。同时，在整个钢结构的制造和安装过程中，连接部分所占的工程量最大。因此，连接方式及其质量优劣直接影响钢结构的工作性能。钢结构的连接必须符合安全可靠、传力明确、构造简单、制造方便和节约钢材的原则。连接接头应有足够的强度，要有适宜于施行连接的足够空间。

钢结构的连接方法可分为焊缝连接、铆钉连接和螺栓连接三种（见图 1-2-1）。

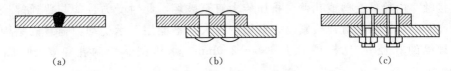

(a)　　　　　　　　　(b)　　　　　　　　　(c)

图 1-2-1　钢结构的连接方法

(a) 焊缝连接；(b) 铆钉连接；(c) 螺栓连接

1. 焊接连接

焊接是通过电弧产生高温，将构件连接边缘及焊条金属熔化，冷却后凝成一体，形成牢固连接。焊接连接的优点有：①构造简单，制造省工；②不削弱截面，经济；③连接刚度大，密闭性能好；④易采用自动化作业，生产效率高。因此，焊接连接是目前钢结构最主要的连接方式。

其缺点是：①焊缝附近有热影响区，该处材质变脆；②在焊件中产生焊接残余应力和残余应变，对结构工作常有不利影响；③焊接结构对裂纹很敏感，裂缝易扩展，尤其在低温下易发生脆断。另外，焊接连接的塑性和韧性较差，施焊时可能会产生缺陷，使结构的疲劳强度降低。

2. 螺栓连接

螺栓连接有普通螺栓连接和高强度螺栓连接两种。普通螺栓一般采用 Q235 钢材制成，安装时由人工用扳手拧紧螺栓。高强度螺栓是用高强度钢材经热处理制成，安装时用特制的扳手拧紧螺栓。拧紧时螺栓杆被迫伸长，栓杆受拉，其拉力称为预拉力。由此产生的预拉力使连接钢板压紧，导致板件之间产生摩阻力，可阻止板件相对滑移。螺栓连接的优点是：安装拆卸方便，施工需要技术工人少；缺点有：构造复杂，削弱截面，不经济。

普通螺栓大量用于工地安装连接，以及需要拆装的结构；和普通螺栓相比，高强度螺栓不仅承载力大，而且安全可靠性好，多用于连接重要的构件。

（1）普通螺栓连接。

由 Q235 制成，根据加工精度分 A、B、C 三级。C 级螺栓表面粗糙，由未加工的圆钢压制而成，一般采用在单个零件上一次冲成或不用钻模钻成的孔（Ⅱ类孔），通常孔径 d_0 比杆径 d 大 1.5～3.0mm，由于螺栓杆与螺栓孔之间有较大的间隙，所以 C 级螺栓的抗剪性能差，但其安装方便，传递拉力的性能好，因此可用于受拉连接及一些次要连接，性能等级一般为 4.6 级或 4.8 级。A、B 级精制螺栓由毛坯在车床上经过切削加工精制而成，表面光滑、尺寸准确，螺栓杆直径与螺栓孔直径相同，配Ⅰ类孔，连接的抗剪性能好，但制造安装费工，价格较高，很少在钢结构中采用。

（2）高强螺栓连接。

高强度螺栓由高强度钢材制成，性能等级一般为 8.8 级和 10.9 级。高强度螺栓连接受剪力时，按其受力方式可分为摩擦型和承压型两种。摩擦型螺栓连接受剪时，以作用剪力达到连接板接触面间的最大摩擦力作为承载力极限状态，即保证连接在整个使用期间外剪力不超过其最大摩擦力为准则。这样，板件之间就不会发生相对滑移变形，被连接件始终是弹性整体受力。因此刚性好，变形小，受力可靠。

承压型螺栓连接则允许接触面间摩擦力被克服，从而板件之间产生滑移，直至栓杆与孔壁接触，由栓杆受剪或孔壁受挤压传力直至破坏，此时受力性能与普通螺栓相同。承载力高于摩擦型螺栓且连接紧凑，剪切变形大，不能用于承受动力荷载的结构连接。摩擦型螺栓的孔径 d_0 比杆径 d 大 $1.5\sim2.0$mm，承压型螺栓的孔径 d_0 比杆径 d 大 $1\sim1.5$mm。

3. 铆钉连接

铆钉连接是用一端带有半圆体预制钉头的铆钉，经加热后插入被连接件的钉孔中，然后用铆钉枪锤击或用压铆机挤压其另一端，使其也形成一个铆钉头，从而使连接件被铆钉夹紧以形成比较牢固的连接。铆钉连接的塑性和韧性较好，传力可靠，质量易于检查，在受力上与普通螺栓连接相似，但铆钉连接由于构造复杂、费钢费工，施工时噪声大，劳动条件差，现已很少采用。因此本章主要介绍焊接连接和螺栓连接。

1.2.1 焊缝连接

1.2.1.1 钢结构的焊接方法和焊缝形式

1. 钢结构常用的焊接方法

钢结构常用的焊接方法为电弧焊，包括手工电弧焊、自动或半自动埋弧焊、气体保护焊等。

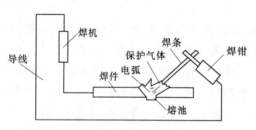

图 1-2-2 手工电弧焊

（1）手工电弧焊。

手工电弧焊是很常用的一种焊接方法（见图 1-2-2）。其工作原理为：打火引弧—电弧周围的金属液化（溶池）—焊条熔化—滴入溶池—与焊件的熔融金属结合冷却即形成焊缝。手工电弧焊的优点是：设备简单，操作方便，适用于任意空间位置的作业，应用非常广泛；缺点是：质量波动大，要求焊工等级高，劳动强度大，效率低。

手工电弧焊所用焊条应与焊件钢材（主体金属）相适应（等强度要求）。一般情况下，如：Q235—E43××焊条；Q345—E50××焊条；Q390（Q420）—E55××焊条。型号由以下部分组成：E××××，其中，E 为焊条；前两位数为焊缝金属最小抗拉强度（kgf/mm²）；后两位数为焊接位置、电流及药皮类型。当不同钢种的钢材相焊接时，宜采用与低强度钢材相适应的焊条。

（2）埋弧焊（自动或半自动）。

埋弧焊是电弧在焊剂层下燃烧的一种电弧焊方法。焊丝送进和电弧沿焊接方向移动有专门机构控制完成的称"埋弧自动电弧焊"（见图 1-2-3）；焊丝送进有专门机构，而电弧沿焊接方向的移动由手工操作完成的称"埋弧半自动电弧焊"。埋弧焊所用焊丝和焊剂应与主体金属强度相适应，即要求焊缝与主体金属等强度。

自动埋弧焊的电弧热量集中，熔深较大，故适用于厚板的焊接，同时由于采用了自动化操作，焊接工艺条件好，焊缝质量稳定，焊缝内部缺陷少，故质量比手工电弧焊好。但只适用于焊接较长的直线焊缝。半自动埋弧焊质量介于二者之间，因由工人操作，故适合于焊接曲线或任意形状的焊缝。另外，自动或半自动埋弧焊的焊接速度快，生产率较高，成本低，劳动条件好。

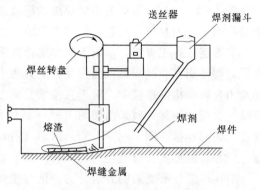

图 1-2-3　埋弧自动电弧焊

（3）气体保护焊。

利用二氧化碳气体或者其他惰性气体作为保护介质的一种方法。它依靠保护气体在电弧周围造成局部保护层，以防止有害气体的侵入并保证了焊接过程的稳定性。此外，由于保护气体是喷射的，有助于熔滴的过渡，同时热量集中，焊接速度快，焊件熔深较大，故形成的焊缝强度要比手工电弧焊高，塑性和抗腐性好，气体保护焊适用于全方位的焊接，但不适用于在野外或风沙较大的地方施焊。

2. 焊缝连接形式及焊缝形式

（1）焊接连接形式。

按被连接构件相互位置可分为：对接、搭接、T 形连接、角部连接（图 1-2-4）。按焊缝截面形式分为：对接焊缝、角焊缝。对接焊缝主要用于厚度相同或大致相同的两个构件的连接。图 1-2-4（a）所示为采用对接焊缝的对接连接，由于相互连接的两构件在同一个平面内，因而其传力均匀且平稳，没有明显的应力集中，用料经济，但是焊件边缘需要加工，对被连接的两板间隙和坡口尺寸有严格的要求。图 1-2-4（b）所示为双盖板对接连接，这种连接传力不均匀、费料，但施工简便，所连接两板的间隙大小无需严格

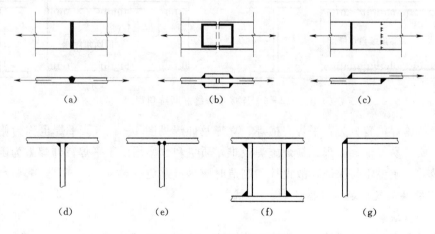

图 1-2-4　焊缝连接的形式

（a）对接连接；（b）用拼接盖板的对接连接；（c）搭接连接；（d）、（e）T 形连接；（f）、（g）角部连接

控制。

图 1-2-4 (c) 所示为用角焊缝的搭接连接，特别适用于不同厚度构件的连接。其特点是传力不均匀且较费材料，但构造简单，施工方便，目前应用广泛。

T 形连接省工省料，常用于制作组合截面，当采用角焊缝连接时，如图 1-2-4 (d) 所示，焊件间存在缝隙，截面突变，应力集中现象严重，疲劳强度较低，可用于不直接承受动力荷载结构的连接中。对于直接承受动力荷载的结构，如重级工作制的吊车梁，其上翼缘与腹板的连接，就采用如图 1-2-4 (e) 所示的焊透 T 形对接与角接组合焊缝进行连接。角部连接如图 1-2-4 (f)、(g) 所示，主要用于制作箱形截面。

（2）焊缝形式及分类。

对接焊缝按所受力的方向分为：正对接焊缝［图 1-2-5 (a)］、斜对接焊缝［图 1-2-5 (b)］；角焊缝［图 1-2-5 (c)］按所受力的方向分为：正面角焊缝、侧面角焊缝和斜角焊缝；焊缝沿长度方向的布置分为：连续角焊缝、间断角焊缝（图 1-2-6）。连续角焊缝受力情况较好，应用广泛，是主要的角焊缝形式；间断角焊缝易在分段的两端引起严重的应力集中，重要结构应避免采用。间断角焊缝的间断距离 L 不宜过大，以免连接不紧密、潮气侵入引起锈蚀。一般在受压构件中取 $L \leqslant 15t$，在受拉构件中取 $L \leqslant 30t$（t 为较薄焊件的厚度）。

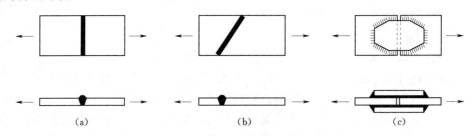

图 1-2-5　焊缝形式

（a）正对接连接；（b）斜对接焊缝；（c）角焊缝

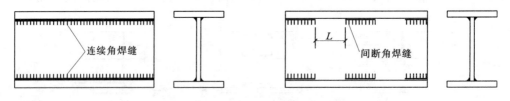

图 1-2-6　连接角焊缝和断续角焊缝

焊缝按施焊位置分为：平焊、横焊、立焊及仰焊见图 1-2-7。平焊也称为俯焊，施焊方便，质量易保证；立焊、横焊施焊较难，质量和效率均低于平焊；仰焊最为困难，施焊条件最差，质量不易保证，故设计和制造时应尽量避免。

3. 焊缝缺陷及焊缝质量检验

（1）焊缝缺陷。

焊接过程中产生于焊缝金属或附近热影响区钢材表面或内部的缺陷。常见的缺陷有：裂纹、焊瘤、烧穿、弧坑、气孔、夹渣、咬边、未熔合、未焊透（图 1-2-8）等，以及

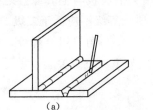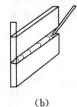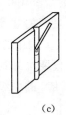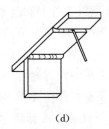

(a)　　　　　　　　　(b)　　　　　　　　(c)　　　　　　　　(d)

图 1 - 2 - 7　焊缝施焊位置

(a) 平焊；(b) 横焊；(c) 立焊；(d) 仰焊

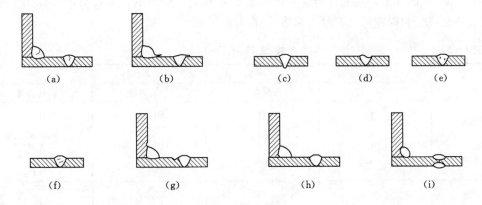

(a)　　　　　　(b)　　　　　(c)　　　　(d)　　　　(e)

(f)　　　　　　(g)　　　　　　(h)　　　　　(i)

图 1 - 2 - 8　焊缝缺陷

(a) 裂纹；(b) 焊瘤；(c) 烧穿；(d) 弧坑；(e) 气孔；(f) 夹渣；(g) 咬边；(h) 未熔合；(i) 未焊缝

焊缝尺寸不符合要求、焊缝成形不良等。其中裂纹是焊缝中最危险的缺陷，产生裂纹的原因很多，如钢材的化学成分不当；焊接工艺条件如（电流、电压、焊速、施焊次序等）选择不合适；焊件表面油污未清除干净等。

（2）焊缝质量检验。

焊缝质量检验一般可用外观检查及内部无损检验。前者包括外观缺陷和几何尺寸；后者主要利用超声波 X 射线和 γ 射线等检查其内部缺陷。

《钢结构工程施工质量验收规范》规定：按其检验方法和质量要求分为一级、二级和三级。三级焊缝只要求对全部焊缝做外观检查且符合三级质量标准；一级、二级焊缝则除检查外观外，还要求一定数量的超声波检验，一级和二级焊缝超声波探伤比例都为100％而射线探伤比例都为20％。

（3）焊缝质量等级的选用。

《钢结构设计规范》中有如下规定：

1）需要进行疲劳计算的构件，凡是对接焊缝均应焊透。其中垂直于作用力方向的横向对接焊缝或 T 形对接与角接组合焊缝受拉时应为一级，受压时应为二级；作用力平行于焊缝长度方向的纵向对接焊缝应为二级。

2）不需要进行疲劳计算的构件，凡要求与母材等强的对接焊缝应焊透。母材等强的受拉对接焊缝应不低于二级；受压时宜为二级。

3）重级工作制和起重量 $Q \geqslant 500 \mathrm{kN}$ 的中级工作制吊车梁的腹板与上翼缘板之间，以及吊车桁架上弦杆与节点板之间的 T 形接头均要求焊透，质量等级不应低于二级。

4）不要求焊透的 T 形接头采用的角焊缝或部分焊透的对接与角接组合焊缝，以及搭接连接采用的角焊缝，一般仅要求外观质量检查，具体规定如下：三级检验；承受动力荷载且需要验算疲劳和 $Q \geqslant 500 \mathrm{kN}$ 的中级吊车梁，二级。

4. 焊缝符号及标注方法

在钢结构施工图中，应将焊缝的形式、尺寸和辅助要求用焊缝符号标注出来。焊缝符号根据国家标准《焊缝符号表示法》（GB 324—88）和《建筑结构制图标准》（GB/T 50105—2001）的规定，焊缝符号主要由引出线和基本符号组成，必要时还可以加上辅助符号、补充符号和焊缝尺寸符号。见表 1-2-1。

表 1-2-1　　　　　　　　　　　　　　焊缝符号 (一)

	角　焊　缝			
	单面焊缝	双面焊缝	安装焊缝	相同焊缝
形式				
标注方式	h_f	h_f	h_f	h_f

引出线：由带箭头的指引线（简称箭头线）和两条基准线（一条为细实线，另一条为细虚线）两部分组成。基准线的虚线可以画在实线的上侧，也可以画在实线的下侧。

基本符号：表示焊缝的横截面形状，如用△表示角焊缝（其垂线一律在左边，斜线在右边），用 V 表示 V 形坡口的对接焊缝。

基本符号标注在基准线上，其相对位置规定如下：如果焊缝在接头的箭头侧，则应将基本符号标注在基准线实线侧；如果焊缝在接头的非箭头侧，则应将基本符号标注在基准线虚线侧，这与符号标注的上下位置无关。如果为双面对称焊缝，基准线可以不加虚线。箭头线相对于焊缝位置一般无特别要求，对有坡口的焊缝，箭头线应指向带坡口的一侧。

辅助符号：表示焊缝表面形状特征的符号，如用 $\overline{V}$ 表示对接 V 形焊缝表面的余高部分应加工成平面使之与焊件表面齐平，此处 V 上所加的一短画为辅助符号。

补充符号：是补充说明焊缝的某些特征，如用 ⌐ 表示三面围焊；O 表示周边焊缝；▸ 表示在工地现场施焊（旗尖指向基准线的尾部）。

基本符号、辅助符号、补充符号均用粗实线表示，并与基准线相交或相切，但尾部符号除外，尾部符号用细实线表示，并且在基准线的尾端。

焊缝尺寸标注在基准线上。应注意的是：不论箭头线方向如何，有关焊缝横截面的尺寸（如 h_f）一律标在焊缝基本符号的左边，有关焊缝长度方向的尺寸（如 l_w）则一律标在焊缝基本符号的右边，此外，对接焊缝中有关坡口的尺寸应标在焊缝基本符号的上侧或下侧。

表 1-2-2　　　　　　　　　　　　　焊　缝　符　号　（二）

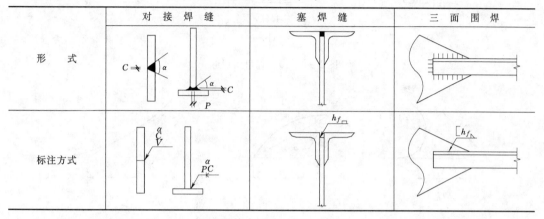

	对　接　焊　缝	塞　焊　缝	三　面　围　焊
形　式			
标注方式			

当焊缝分布不规则时，在标注焊缝符号的同时，还可以在焊缝位置处加栅线表示。栅线符号栏中所示用栅线分别表示（图 1-2-9）。

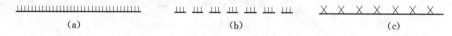

(a)　　　　　　　　　　　(b)　　　　　　　　　　　(c)

图 1-2-9　用栅线表示焊缝

(a) 正面焊缝；(b) 背面焊缝；(c) 安装焊缝

1.2.1.2　角焊缝连接

1. 角焊缝的形式和构造要求

（1）角焊缝的形式。

1）角焊缝按其与作用力的关系可分为：正面角焊缝、侧面角焊缝、斜焊缝。

正面角焊缝：焊缝长度方向与作用力垂直；

侧面角焊缝：焊缝长度方向与作用力平行。

2）按其截面形式分：直角角焊缝（图 1-2-10）、斜角角焊缝（图 1-2-11）。

直角角焊缝通常焊成表面微凸的等腰直角三角形截面 [图 1-2-10（a）]。在直接承受动力荷载的结构中，为了减少应力集中，提高构件的抗疲劳强度，侧面角焊缝以凹形为最好。但手工焊成凹形极为费事，因此采用手工焊时，焊缝做成直线性较为合适 [图 1-2-10（b）]。当用自动焊时，由于电流较大，金属熔化速度快、熔深大，焊缝金属冷却后的收缩自然形成凹形表面 [图 1-2-10（c）]。为此规定在直接承受动力荷载的结构（如吊车梁）中，侧面角焊缝做成凹形或直线形均可。对正面角焊缝，因其刚度较大，受动力荷载时应焊成平坡式 [图 1-2-10（b）]，直角边的比例通常为 1∶1.5（长边顺内力方向）。

两焊脚边的夹角 $\alpha > 90°$ 或 $\alpha < 90°$ 的焊缝称为斜角角焊缝，斜角角焊缝常用于钢漏斗

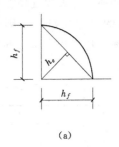
（a）

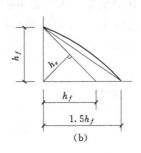
（b）

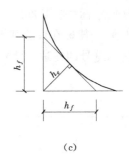
（c）

图 1-2-10 直角角焊缝

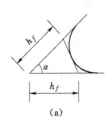
（a）

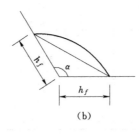
（b）

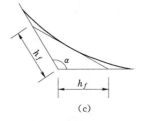
（c）

图 1-2-11 斜角角焊缝

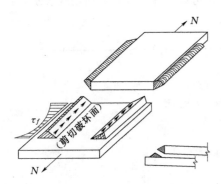

图 1-2-12 侧焊缝的应力

和钢管结构中。对于夹角 $\alpha > 135°$ 或 $\alpha < 60°$ 的斜角角焊缝，除钢管结构外，不宜用做受力焊缝（图 1-2-11）。

大量试验结果表明：侧面角焊缝（图 1-2-12）主要承受剪应力，塑性较好，弹性模量低（$E = 0.7×10^5 \sim 1×10^5 \text{N/mm}^2$），强度也较低。即 τ 分布不均匀，且不均匀程度随 l_w 的增大而增加，破坏常在两端开始，再出现裂纹后很快沿焊缝有效截面迅速断裂。

正面角焊缝（图 1-2-13）受力复杂，截面中的各面均存在正应力和剪应力。由于传力时力线弯折，并且焊根处正好是两焊件接触面的端部，相当于裂缝的尖端，故焊根处存在着很严重的应力集中。与侧面角焊缝相比，正面

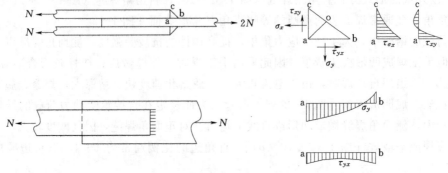

图 1-2-13 正面角焊缝应力状态

角焊缝的刚度较大（弹性模量 $E \approx 1.5 \times 10^5 \, \text{N/mm}^2$），强度较高，但塑性变形要差些。即 σ 沿焊缝长度方向分布比较均匀，但应力状态比侧面角焊缝复杂，两焊脚边均有拉、压应力和 τ，在焊缝根部存在应力集中，裂纹首先在此处产生，断裂面可近似地假定在有效截面。

斜焊缝的受力性能和强度值介于正面角焊缝和侧面角焊缝之间。

要对角焊缝进行精确的计算是十分困难的，实际计算采用简化的方法，即假定：直角角焊缝的破坏截面在 45° 截面处，其面积为角焊缝的计算厚度 h_e 与焊缝计算长度 l_w 的乘积，此截面称为角焊缝的计算截面。又假定截面上的应力沿焊缝计算长度均匀分布，同时不管是正面焊缝还是侧面焊缝，均按破坏时计算截面上的平均应力来确定其强度。对于侧面焊缝，其强度设计值为 f_f^w；对于正面焊缝，其强度设计值为 $\beta_f f_f^w$。β_f 是正面焊缝强度设计值提高系数。

（2）角焊缝的构造要求。

1）最大焊脚尺寸 $h_{f\max}$。

为了避免焊缝区的基本金属"过热"，减小焊件的焊接残余应力和残余变形，除钢管结构外，角焊缝的焊脚尺寸 h_f 不宜大于较薄焊件厚度的 1.2 倍，见图 1-2-14（a）。

$$h_{f\max} = 1.2 t_{\min}$$

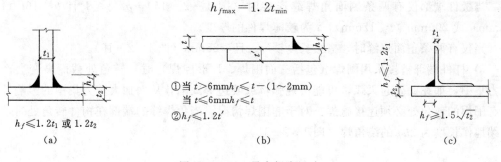

图 1-2-14 最大焊脚尺寸

对板边施焊，为防止咬边，$h_{f\max}$ 尚应满足下列要求：

当 $t_边 > 6\text{mm}$：$\qquad\qquad h_{f\max} = t_边 - (1 \sim 2)$

当 $t_边 \leqslant 6\text{mm}$：$\qquad\qquad h_{f\max} = t_边$

如果另一焊件厚度 $t' < t$ 时，还应满足 $h_f \leqslant 1.2t$ 的要求。

2）最小焊脚尺寸 $h_{f\min}$。

角焊缝的焊脚尺寸 h_f 也不能过小，否则焊缝因输入能量过小，而焊件厚度较大，以致施焊时冷却速度过快，产生淬硬组织，导致母材开裂。

手工焊：$\qquad\qquad\qquad h_{f\min} = 1.5 \sqrt{t_{\max}}$（取整毫米数）

自动焊因溶深较大：$\qquad h_{f\min} = 1.5 \sqrt{t_{\max}} - 1$

T 形连接的单面角焊缝：$\quad h_{f\min} = 1.5 \sqrt{t_{\max}} + 1$

当焊件厚 $t \leqslant 4\text{mm}$ 时，取 $h_{f\min} = t$。

3）不等焊脚尺寸的构造要求。

角焊缝的两焊脚尺寸一般为相等。当焊件的厚度相差较大且等焊脚尺寸不能符合以上最大焊脚尺寸及最小焊脚尺寸要求时，可采用不等焊脚尺寸，见图 1-2-14（c）。

4）侧面角焊缝的最大计算长度 $l_{w\max}$。

承受静荷载或间接动力荷载时：$l_{w\max}=60h_f$

承受动力荷载：$l_{w\max}=40h_f$

当计算长度大于上述限值时，其超过部分在计算中不予考虑，若内力沿焊缝全长分布时，其计算长度不受此限制，如工字形截面梁或柱的翼缘与腹板连接焊缝。

5）角焊缝的最小计算长度 $l_{w\min}$。

如 l_w 过小，焊件局部受热严重，且弧坑太近，还有其他可能产生的缺陷。

$l_{w\min}=8h_f$ 且 $l_{w\min}\geqslant 40\mathrm{mm}$。

6）搭接连接的构造要求。

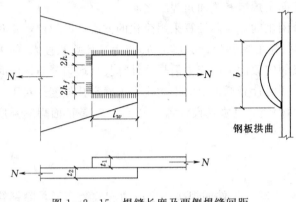

图 1-2-15　焊缝长度及两侧焊缝间距

当板件端部仅有两条侧面角焊缝连接时（图 1-2-15），$b/l_w\leqslant 1$ 且 $b\leqslant 16t$（$t>12\mathrm{mm}$）或 $200\mathrm{mm}$（$t\leqslant 12\mathrm{mm}$），t 为较薄焊件的厚度。

当仅有两条正面焊缝时，搭接长度 $\geqslant 5t_{\min}$ 且 $\geqslant 25\mathrm{mm}$（图 1-2-16）。

7）杆件端部搭接采用围焊（包括三面围焊、L 形围焊）时，转角处截面突变会产生应力集中，如在此处起灭弧，可能出现弧坑或咬边等缺陷，从而加大应力集中的影响，故所有围焊的转角处必须连接施焊。对于非围焊情况，当角焊缝的端部在构件转角处时，可连续地作长度为 $2h_f$ 的绕角焊（图 1-2-15）。

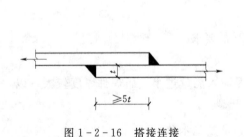

图 1-2-16　搭接连接

图 1-2-17　角焊缝的截面

h—焊缝厚度；h_f—焊脚尺寸；h_e—焊缝有效厚度（焊喉部位）；

h_1—熔深；h_2—凸度；d—焊趾；e—焊根

2. 直角角焊缝强度计算的基本公式

图 1-2-17 所示为直角角焊缝的截面。试验表明，直角角焊缝的破坏常发生在有效截面处（焊喉），故对角焊缝的研究均着重于这一部位。

直角角焊缝在各种应力综合作用下的计算式为：

$$\sqrt{\left(\frac{\sigma_f}{\beta_f}\right)^2+\tau_f^2}\leqslant f_f^w \tag{1.2.1}$$

式中　σ_f——按焊缝有效截面（$l_w h_e$）计算，垂直于焊缝长度方向的应力；

　　　τ_f——按焊缝有效截面（$l_w h_e$）计算，沿焊缝长度方向的剪应力；

　　　β_f——正面角焊缝的强度设计值增大系数，对承受静力荷载和间接承受动力荷载的结构，$\beta_f=1.22$；直接承受动力荷载的结构 $\beta_f=1.0$。（由于正面角焊缝的刚度大，韧性差，应将其强度降低使用。）

　　　f_f^w——角焊缝的抗拉、抗剪和抗压强度设计值。

（1）力与焊缝长度方向平行。

侧缝：$\sigma_f=0$；假定：τ_f 均匀分布；见下式：

$$\tau_f=\frac{N}{h_e\sum l_w}\leqslant f_f^w \tag{1.2.2}$$

（2）力与焊缝长度方向垂直。

正缝：$\tau_f=0$；假定：σ_f 均匀分布；见下式：

$$\sigma_f=\frac{N}{h_e\sum l_w}\leqslant \beta_f f_f^w \tag{1.2.3}$$

（3）斜向力（即不平行也不垂直于焊缝长度方向）。

只要将焊缝应力分解为垂直于焊缝长度方向的应力 σ_f 和平行于焊缝长度方向的应力 τ_f，即可按式（1.2.1）计算。

3. 各种受力状态下直角角焊缝的计算

（1）承受轴心力作用时角焊缝连接计算。

用盖板的对接连接承受轴心力（拉力或压力）时：

当焊件受轴心力，且轴心力通过连接焊缝中心时，可认为焊缝应力是均匀分布的。

图 1-2-18 的连接中：

a. 当只有侧面角焊缝时，按式（1.2.2）计算。

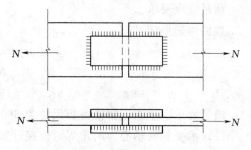

图 1-2-18　受轴心力的盖板连接

b. 当只有正面角焊缝时，按式（1.2.3）计算。

c. 当采用三面围焊时，对矩形拼接板，先按式（1.2.3）计算正面角焊缝所承担的内力：

$$N'=\beta_f f_f^w\sum l_w h_e$$

式中　$\sum l_w$——连接一侧正面角焊缝计算长度的总和。

再由力（$N-N'$）计算侧面角焊缝的强度：

$$\tau_f=\frac{N-N'}{\sum l_w h_e}\leqslant f_f^w \tag{1.2.4}$$

式中　$\sum l_w$——连接一侧的侧面角焊缝计算长度的总和。

【例1.2.1】　试设计用拼接盖板的对接连接（图 1-2-19）。已知钢板宽 $B=270\text{mm}$，

厚度 $t_1 = 28mm$，拼接盖板厚度 $t_2 = 16mm$。该连接承受静态轴心力 $N = 1400kN$（设计值），钢材为 Q235—B，手工焊，焊条为 E43 型。

解： 角焊缝的焊脚尺寸 h_f 应根据板件厚度确定：

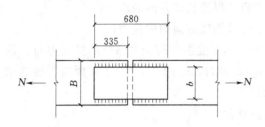

图 1-2-19 ［例 1.2.1］图

$$h_{f\max} = t - (1 \sim 2) = 16 - (1 \sim 2) = 14 \sim 15mm$$

$$h_{f\min} = 1.5\sqrt{t_1} = 1.5\sqrt{28} = 7.9mm$$

取 $h_f = 10mm$，查附录得角焊缝强度设计值 $f_f^w = 160N/mm^2$。

采用两面侧焊时［图 1-2-19］

焊缝总长度

$$\sum l_w = \frac{N}{h_e f_f^w} = \frac{1400 \times 10^3}{0.7 \times 10 \times 160} = 1250mm$$

一条焊缝的实际长度

$$l_w' = \frac{\sum l_w}{4} + 2h_f = \frac{1250}{4} + 20 = 333mm < 60h_f = 60 \times 10 = 600mm$$

盖板长度

$$L = 2l_w' + 10 = 2 \times 333 + 10 = 676mm，取 680mm。$$

选定拼接盖板宽度 $b = 240mm$，则：

$$A' = 240 \times 2 \times 16 = 7680mm^2 > A = 270 \times 28 = 7560mm^2$$

满足强度要求。

根据构造要求可知：

$$b = 240mm，l_w = 313mm$$

$$b < l_w$$

且

$$b < 16t = 16 \times 16 = 256mm$$

满足要求，故选定拼接盖板尺寸为 680mm×240mm×16mm。

（2）承受斜向轴心力的角焊缝连接计算。

若有受斜向轴心力的角焊缝连接，则将 N 分解为垂直于焊缝和平行于焊缝的分力 $N_x = N\sin\theta$，$N_y = N\cos\theta$，并计算应力：

$$\left.\begin{array}{l} \sigma_f = \dfrac{N\sin\theta}{\sum h_e l_w} \\[2mm] \tau_f = \dfrac{N\cos\theta}{\sum h_e l_w} \end{array}\right\} \tag{1.2.5}$$

代入式（1.2.1）得：

$$\sqrt{\left(\frac{N\sin\theta}{\beta_f h_e l_w}\right)^2 + \left(\frac{N\cos\theta}{h_e l_w}\right)^2} \leqslant f_f^w \tag{1.2.6}$$

若将 $\beta_f = (1.22)^2 \approx 1.5$ 代入式（1.2.6）中，得到

$$\frac{N}{h_e \sum l_w}\sqrt{1 - \frac{1}{3}\sin^2\theta} \leqslant f_f^w \tag{1.2.7}$$

取

$$\beta_{f\theta}=\frac{1}{\sqrt{1-\frac{1}{3}\sin^2\theta}} \qquad (1.2.8)$$

则为

$$\frac{N}{h_e\sum l_w}\leqslant\beta_{f\theta}f_f^w \qquad (1.2.9)$$

（3）承受轴心力的角钢角焊缝计算。

钢桁架中角钢腹杆与节点板的连接焊缝一般采用两面侧焊［图1-2-20（a）］或三面围焊［图1-2-20（b）］，特殊情况也可采用L形围焊［图1-2-20（c）］。腹杆受轴心力作用，为了避免焊缝偏心受力，焊缝所传递的合力的作用线应与角钢杆件的轴线重合。

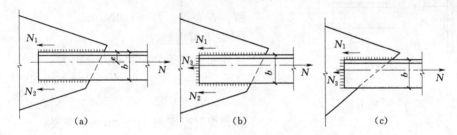

图1-2-20 角钢与节点板的连接
（a）两面侧焊；（b）三面围焊；（c）L形围焊

a. 对于三面围焊，可先假定正面角焊缝的焊脚尺寸 h_f，求出正面角焊缝所分担的轴心力（当腹杆为双角钢组成的T形截面，且肢宽为b时）。

$$N_3=2\times0.7h_fb\beta_ff_f^w \qquad (1.2.10)$$

由平衡条件可得：

$$N_1=K_1N-\frac{N_3}{2} \qquad (1.2.11)$$

$$N_2=K_2N-\frac{N_3}{2} \qquad (1.2.12)$$

式中　N_1、N_2——角钢肢背和肢尖的侧面角焊缝所承受的轴力；

K_1、K_2——角钢肢背和肢尖焊缝的内力分配系数。①不等肢角钢短肢连接：$K_1=0.75$，$K_2=0.25$；②不等肢角钢长肢连接：$K_1=0.65$，$K_2=0.35$；③等肢角钢连接：$K_1=0.7$，$K_2=0.3$。

b. 对于两面侧焊，因 $N_3=0$，则：

$$N_1=K_1N \qquad (1.2.13)$$
$$N_2=K_2N \qquad (1.2.14)$$

求得各条焊缝所受的内力后，按构造要求假定肢背和肢尖焊缝的焊脚尺寸，即可求出焊缝的计算长度。对双角钢截面

$$\sum l_w=\frac{N_1}{0.7h_{f1}f_f^w} \qquad (1.2.15)$$

$$\sum l_{w2} = \frac{N_2}{0.7 h_{f2} f_f^w} \tag{1.2.16}$$

c. 当杆件受力很小时，可采用 L 形围焊。由于只有正面角焊缝和角钢肢背上的侧面角焊缝，令 $N_2 = 0$，得：

$$N_3 = 2K_2 N \tag{1.2.17}$$

$$N_1 = N - N_3 \tag{1.2.18}$$

求得 N_3 和 N_1 后，可分别计算角钢正面角焊缝和肢背侧面角焊缝。

【例 1.2.2】 试设计如图 1-2-21 所示双角钢和节点板间的角焊缝连接。钢材 Q235—B，焊条 E43 型，手工焊，轴心拉力设计值 $N = 500kN$（静力荷载）。①采用侧焊缝；②采用三面围焊。

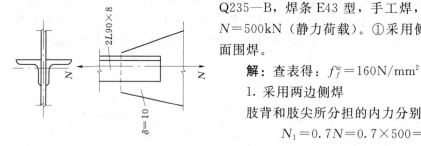

图 1-2-21 ［例 1.2.2］图

解：查表得：$f_f^w = 160 N/mm^2$

1. 采用两边侧焊

肢背和肢尖所分担的内力分别为：

$$N_1 = 0.7N = 0.7 \times 500 = 350 kN$$
$$N_2 = 0.3N = 0. \times 500 = 150 kN$$

肢背焊缝厚度取 $h_{f1} = 8mm$，需要：

$$l_{w1} = \frac{N_1}{2 \times 0.7 h_{f1} f_f^w} = \frac{350 \times 10^3}{2 \times 0.7 \times 0.8 \times 160 \times 10^2} = 19.53 cm$$

考虑焊口影响采用 $l_{w1} = 21cm$

肢尖焊缝厚度取 $h_{f2} = 6mm$，需要：

$$l_{w2} = \frac{N_2}{2 \times 0.7 h_{f2} f_f^w} = \frac{150 \times 10^3}{2 \times 0.7 \times 0.6 \times 160 \times 10^2} = 11.16 cm$$

考虑焊口影响采用 $l_{w2} = 13cm$。

2. 采用三面围焊

假设焊缝厚度一律取 $h_f = 6mm$，则

$$N_3 = 2 \times 1.22 \times 0.7 h_f l_{w3} f_f^w = 2 \times 1.22 \times 0.7 \times 6 \times 90 \times 160 = 148 kN$$

$$N_1 = 0.7N - \frac{N_3}{2} = 350 - \frac{148}{2} = 276 kN, \quad N_2 = 0.3N - \frac{N_3}{2} = 50 - \frac{148}{2} = 76 kN$$

每面肢背焊缝长度：

$$l_{w1} = \frac{N_1}{2 \times 0.7 h_f f_f^w} = \frac{276 \times 10^3}{2 \times 0.7 \times 0.6 \times 160 \times 10^2} = 20.54 cm, \quad 取 25cm$$

每面肢尖焊缝长度：

$$l_{w2} = \frac{N_2}{2 \times 0.7 h_f f_f^w} = \frac{76 \times 10^3}{2 \times 0.7 \times 0.6 \times 160 \times 10^2} = 5.65 cm, \quad 取 10cm$$

（4）承受弯矩、轴心力或剪力共同作用的角焊连连接计算。

图 1-2-22 所示的双面角焊缝连接承受偏心斜拉力 N 作用，计算时，可将作用力 N 分解为 N_x 和 N_y 两个分力。角焊缝同时承受轴心力 N 和剪力 V 和弯矩 $M = N_x e$ 的共同作用。焊缝计算截面上的应力分布如图 1-2-22 所示，图中 A 点应力最大为控制设计点。

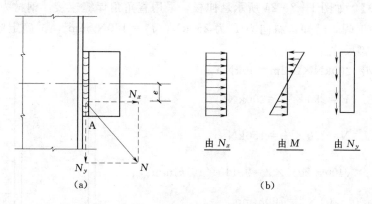

图 1-2-22　承受偏心斜拉力的角焊缝

此处垂直于焊缝长度方向的应力由两部分组成，即由轴心拉力 N 产生的应力：

$$\sigma_f^N = \frac{N}{A_w} = \frac{N}{2h_e l_w} \tag{1.2.19}$$

由弯矩 M 产生的应力：

$$\sigma_f^M = \frac{M}{W_w} = \frac{6M}{2h_e l_w^2} \tag{1.2.20}$$

由剪力 V 在 A 点处产生平行于焊缝长度方向的应力：

$$\tau_f^V = \frac{V}{A_w} = \frac{V}{2h_e l_w} \tag{1.2.21}$$

将 σ_f^N 和 σ_f^M 相加，然后考虑 σ_f 和 τ_f 的联合作用，则焊缝的强度计算式为：

$$\sqrt{\left(\frac{\sigma_f}{\beta_f}\right)^2 + \tau_f^2} \leqslant f_f^w \tag{1.2.22}$$

式中　A_w——角焊缝的有效截面面积；

　　　　W_w——角焊缝的有效截面模量。

工字形和 H 形截面梁（或牛腿）与钢柱翼缘的角焊缝连接，通常承受弯矩 M 和剪力 V 的共同作用。计算时通常假设腹板焊缝承受全部剪力，弯矩则由全部焊缝承受。（见图 1-2-23）

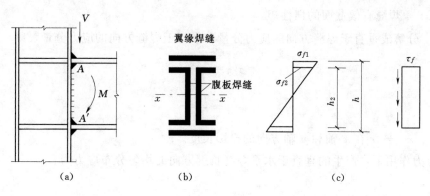

图 1-2-23　工字形梁（或牛腿）的脚焊缝连接

【例 1.2.3】　如图 1-2-24 所示悬伸板，采用直角角焊缝连接，钢材为 Q235，焊条为 E43 型。手工焊，已知：斜向力 F 为 250kN，$f_f^w = 160\text{N/mm}^2$，试确定此连接焊缝所需要的最小焊脚尺寸。

解：

$$M = 200\text{kN} \times 0.2\text{m} = 40\text{kN} \cdot \text{m}$$

$$V = 250 \times \frac{4}{5} = 200\text{kN}$$

$$N = 250 \times \frac{3}{5} = 150\text{kN}$$

$$I_x = \frac{1}{12} \times h_e \times (400 - 20)^3 \times 2 = 9.145 \times 10^6 h_e \, \text{mm}^4$$

$$A = h_e \times (400 - 20) \times 2 = 760 h_e \, \text{mm}^4$$

$$\sigma_f^M = \frac{M}{I_x} y = \frac{40 \times 10^6}{9.145 \times 10^6} \times 190 = \frac{831}{h_e}$$

$$\sigma_f^N = \frac{N}{A} = \frac{150 \times 10^3}{760 h_e} = \frac{197.4}{h_e}$$

$$\tau_f^V = \frac{V}{A} = \frac{200 \times 10^3}{760 h_e} = \frac{263.2}{h_e}$$

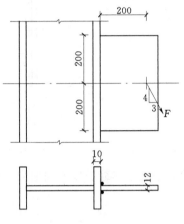

图 1-2-24　［例 1.2.3］图

$$\sqrt{\left(\frac{\sigma_f^M + \sigma_f^N}{1.22}\right)^2 + \tau_f^V} = \sqrt{\left(\frac{\frac{831}{h_e} + \frac{197.4}{h_e}}{1.22}\right)^2 + \left(\frac{263.2}{h_e}\right)^2} = \frac{883.1}{h_e} \leqslant 160\text{N/mm}^2$$

$$h_e \geqslant 5.52\text{mm}$$

即

$$h_f \geqslant \frac{5.52}{0.7} = 7.88\text{mm}，\text{取 } h_f = 8\text{mm}$$

（5）受扭矩或扭矩与剪力共同作用的角焊缝连接计算。

在扭矩作用下焊缝产生应力时，通常假定被连接构件在扭转平面内可忽略其变形，按弹性受力计算。因此以焊缝的形心为扭转中心，焊缝群上的各点剪应力的方向均垂直于该点与形心的连线，大小则与该点至形心的距离成正比。

所以

$$\tau_f^T = \frac{Tr}{I_\rho} \tag{1.2.23}$$

式中　I_ρ——焊缝有效截面的惯性矩。

把 τ_f^T 分解成垂直于焊缝方向的应力分量和平行于焊缝方向的应力分量，则

$$\sigma_{f,y}^T = \frac{Tr_x}{I_\rho} \tag{1.2.24}$$

$$\tau_{f,x}^T = \frac{Tr_y}{I_\rho} \tag{1.2.25}$$

式中　r_x、r_y——r 在 x 轴和 y 轴方向的投影长度。

在剪力作用下，产生的垂直于水平焊缝长度方向的均匀分布应力为：

$$\sigma_{f,y}^V = \frac{V}{h_e \sum l_w} \tag{1.2.26}$$

在轴力作用下，产生的平行于水平焊缝长度方向的均匀分布应力为：

$$\sigma_{f,x}^{N}=\frac{N}{h_e\sum l_w} \tag{1.2.27}$$

则 A 点焊缝强度的计算公式满足下式：

$$\sqrt{\left(\frac{\sigma_{f,y}^{T}+\sigma_{f,y}^{V}}{\beta_f}\right)^2+(\tau_{f,x}^{T}+\tau_{f,x}^{N})^2}\leqslant f_f^{w} \tag{1.2.28}$$

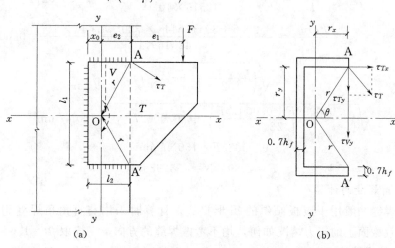

图 1-2-25　受剪力和扭矩作用的脚焊缝

图 1-2-25 中 A 点距形心 O 点最远，故 A 点由扭矩 T 引起的剪应力 τ_f 最大，焊缝群其他各处由扭矩 T 引起的剪应力 τ_f 均小于 A 点的剪应力，故取 A 点为设计控制点。

【例 1.2.4】　试求如图 1-2-26 所示连接的最大设计荷载。钢材为 Q235B，焊条 E43 型，手工焊，角焊缝焊脚尺寸 $h_f=8\text{mm}$，$e_1=30\text{cm}$。

解：查表得：$f_f^{w}=160\text{N/mm}^2$，在偏心力 F 作用下，牛腿和柱搭接连接角围焊缝，承受剪力 $V=F$ 和扭矩 $T=Fe$ 的共同作用。

$$A_w=2\times0.7h_f\sum l_w=2\times0.7\times0.8\times(50+2\times20.5-1)$$
$$=100.8\text{cm}^2=100.8\times10^2\text{mm}^2$$

围焊缝有效截面形心 O 距竖焊缝距离：

$$\overline{x}=\frac{2\times0.7\times0.8\times20\times\dfrac{20}{2}}{0.7\times0.8\times(2\times20+50)}=\frac{224}{50.4}=4.44\text{cm}$$

图 1-2-26　[例 1.2.4] 图

两个围焊缝截面对形心的极惯性矩 $I_p=I_x+I_y$：

$$I_x=2\times\left\{\frac{0.7\times0.8\times50^3}{12}+2\times\left[\frac{20\times(0.7\times0.8)^3}{12}+0.7\times0.8\times20\times\left(\frac{50}{2}\right)^2\right]\right\}=39668\text{cm}^4$$

$$I_y=2\times\left\{\begin{array}{l}2\times\left[\dfrac{0.7\times0.8\times20^3}{12}+0.7\times0.8\times20\times\left(\dfrac{20}{2}-4.44\right)\right]\\[2mm]+\dfrac{50\times(0.7\times0.8)^3}{12}+0.7\times0.8\times50\times4.44^2\end{array}\right\}=2848\text{cm}^4$$

则
$$I_p=I_x+I_y=39668+2848=42516\text{cm}^4$$

围焊缝最大应力点 A 处各应力分量：

$$\tau_{vy} = \frac{F}{A_w} = \frac{F}{100.8 \times 10^2} = 0.000099F$$

$$\tau_{Tx} = \frac{Fey_{max}}{I_p} = \frac{F(20.5 + 30 - 4.44) \times \frac{50}{2} \times 10^2}{42516 \times 10^4} = 0.00027F$$

$$\tau_{Ty} = \frac{Fex_{max}}{I_p} = \frac{F(20.5 + 30 - 4.44) \times (20 - 4.44) \times 10^2}{42516 \times 10^4} = 0.00017F$$

$$\sqrt{\left(\frac{\tau_{vy} + \tau_{Ty}}{1.22}\right)^2 + \tau_{Tx}^2} = f_f^w$$

$$\sqrt{\left(\frac{0.000099F + 0.00017F}{1.22}\right)^2 + (0.00027F)^2} = 160\text{N/mm}^2$$

$$0.00035F = 160\text{N/mm}^2$$

则得
$$F = 458989\text{N} = 458.989\text{kN}$$

4. 斜角角焊缝的计算

斜角角焊缝一般用于腹板倾斜的 T 形接头，计算时采用与直角角焊缝相同的公式。但不论其有效截面上的应力情况如何，均不考虑焊缝的方向，一律取 $\beta_f = 1.0$。

1.2.1.3 对接焊缝连接

1. 对接焊缝的形式与构造

对接焊缝按是否焊透可分为焊透和部分焊透两种。后者性能较差，一般只用于板件较厚且内力较小或不受力的情况。以下只讲述焊透的对接焊缝连接的构造和计算。

（1）坡口形式。

当焊件厚度很小（手工焊 $t \leqslant 6\text{mm}$，埋弧焊 $t \leqslant 10\text{mm}$）时可用直边缝；对于一般厚度的焊件可采用具有坡口角度的单边 V 形或 V 形焊缝；对于较厚的焊件（$t > 20\text{mm}$），常采用 U 形、K 形和 X 形坡口（图 1-2-27）。

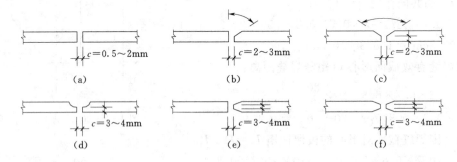

图 1-2-27 对接焊缝的坡口形式

（a）直边缝；（b）单边 V 形坡口；（c）V 形坡口；（d）U 形坡口；（e）K 形坡口；（f）X 形坡口

（2）截面的改变。

在拼接处，当焊件的宽度不同或厚度在一侧相差 4mm 以上时，应分别在宽度方向或厚度方向从一侧或两侧做成坡度 不大于 1∶2.5 的斜角（图 1-2-28），以使截面过渡平缓，减小应力集中。对于直接承受动力荷载且需要进行疲劳计算的结构，斜角要求更加平缓，《钢结构设计规范》（GB 50017—2003）规定斜角坡度不应大于 1：4。

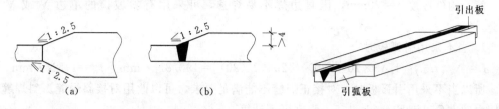

图 1-2-28　钢板拼接　单位：(mm)
(a) 改变宽度；(b) 改变高度

图 1-2-29　用引弧板和引出板焊接

（3）引弧板。

在焊缝起灭弧处会出现弧坑等缺陷，这些缺陷对连接的承载力影响较大，故焊接时一般应设置引弧板和引出板（图 1-2-29），焊后将它割除。对受静力荷载的结构设置引弧板的引出板有困难时，允许不设置，此时可令焊缝计算长度等于实际长度减去 $2t$（t 为较薄焊件厚度）。

2. 对接焊缝的计算

由于对接焊缝的截面与被连接件的截面基本相同，焊缝中的应力分布情况也与焊件一致，因此其计算方法与构件强度的计算方法也基本相同。

（1）轴心受力的对接焊缝。

垂直于轴心拉力或轴心压力的对接焊缝（图 1-2-30），其强度可按下式计算：

$$\sigma=\frac{N}{l_w t}\leqslant f_t^w \quad 或 \quad f_c^w \tag{1.2.29}$$

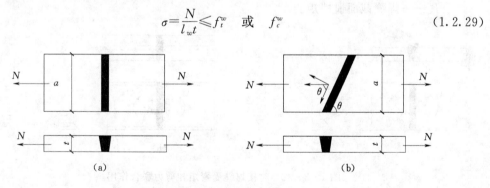

图 1-2-30　对接焊缝受轴心力

由于一级、二级检验的焊缝与母材强度相等，质量为三级的对接焊缝，内部缺陷较多，当受压力、剪力时，对其强度无明显影响，但在受拉力时则影响显著，即质量为三级的受拉焊缝才需要进行强度计算。如果用直缝不能满足强度要求时，可采用如图 1-2-30（b）所示的斜对接焊缝。计算证明，三级检验的对接焊缝与作用力间的夹角 θ 满足 $\tan\theta\leqslant1.5$ 时，斜焊缝的强度不低于母材强度，可不再进行验算。

【例 1.2.5】　试设计如图 1-2-31 所示的用对接焊缝的对接连接。采用 Q235 钢，手工焊，焊条为 E43 型，主板-20×420。轴心拉力设计值

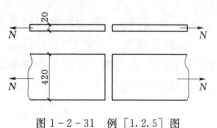

图 1-2-31　例 [1.2.5] 图

$N=1450\text{kN}$（静力荷载）。

解： 构件厚度 $t=20\text{mm}$，因直边焊不易焊透，可采用有斜坡口的单边 V 或 V 形焊缝。

1. 当不采用引弧板时

$$\sigma_f=N/(tl_w)=1.45\times10^6/[20\times(420-2\times20)]=190.8\text{N}\cdot\text{mm}>f_t^w=175\text{N}\cdot\text{mm}$$

所以当不采用引弧板时，对接正焊缝不能满足要求，可以改用对接斜焊缝。斜焊缝与作用力的夹角 θ 满足 $\tan\theta\leqslant1.5$，强度可不计算。

2. 当采用引弧板时

$$\sigma_f=N/(tl_w)=1.45\times10^6/(20\times420)=172.6.6\text{N}\cdot\text{mm}<f_t^w=175\text{N}\cdot\text{mm}$$

所以当采用引弧板时，对接正焊缝能满足要求。

（2）承受弯矩和剪力共同作用的对接焊缝。

图 1-2-32（a）所示钢板对接接头受到弯矩和剪力的共同作用，由于焊缝截面是矩形，正应力与剪应力图形分别为三角形与抛物线形，其最大值应分别满足下列强度条件：

$$\sigma_{\max}=\frac{M}{W_w}=\frac{6M}{l_w^2t}\leqslant f_t^w \tag{1.2.30}$$

$$\tau_{\max}=\frac{VS_w}{I_wt}\leqslant f_v^w \tag{1.2.31}$$

式中 W_w——焊缝截面模量；

S_w——焊缝截面面积矩；

I_w——焊缝截面惯性矩。

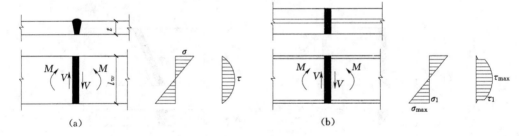

图 1-2-32 对接焊缝受弯矩和剪力联合作用

图 1-2-32（b）所示工字形截面梁的对接接头，除应分别按式（1.2.30）和式（1.2.31）验算最大正应力和最大剪应力外，对于同时受有较大正应力和较大剪应力处，例如腹板与翼缘的交接点，还应按下式验算折算应力：

$$\sqrt{\sigma_1^2+3\tau_1^2}\leqslant1.1f_t^w \tag{1.2.32}$$

（3）承受弯矩、剪力与轴心力共同作用的对接焊缝。

1）矩形截面。当轴心力与弯矩、剪力共同作用时，焊缝的最大正应力应为轴心力和弯矩引起的应力之和，并位于焊缝端部，最大剪应力在截面的中性轴上，则采用以下公式进行其强度验算：

$$\sigma_{\max}=\sigma_N+\sigma_M=\frac{N}{l_wt}+\frac{M}{W_w}\leqslant f_t^w \text{ 或 } f_c^w \tag{1.2.33}$$

$$\tau_{\max}=\frac{VS_w}{I_w t}\leqslant f_v^w \tag{1.2.34}$$

当作用的轴心力较大而弯矩较小时，虽然在中和轴 $\sigma_M=0$，但尚有 σ_N 的作用，因而还要验算该处的折算应力。即：

$$\sqrt{\sigma_N^2+3\tau_{\max}^2}\leqslant 1.1 f_t^w \tag{1.2.35}$$

2）工字形截面。和矩形截面一样，也应按下述公式分别验算工字形截面的最大正应力、最大剪应力和折算应力。

$$\sigma_{\max}=\frac{N}{A_w}+\frac{M}{W_w}\leqslant f_t^w \text{ 或 } f_c^w \tag{1.2.36}$$

$$\tau_{\max}=\frac{VS_w}{I_w t_w}\leqslant f_v^w \tag{1.2.37}$$

$$\sqrt{(\sigma_N+\sigma_1)^2+3\tau_1^2}\leqslant 1.1 f_t^w \tag{1.2.38}$$

$$\sqrt{\sigma_N^2+3\tau_{\max}^2}\leqslant 1.1 f_t^w \tag{1.2.39}$$

式中　A_w——焊缝计算截面面积；

σ_1、τ_1——由弯矩和剪力产生的腹板边缘对接焊缝处的正应力和剪应力。

式（1.2.38）是验算腹板与翼缘交接处的折算应力，式（1.2.39）是验算焊缝截面中和轴处的折算应力。

【**例 1.2.6**】　计算工字形截面牛腿与钢柱连接的对接焊缝强度（图 1-2-33）。$F=550kN$（设计值），偏心距 $e=300mm$。钢材为 Q235B，焊条为 E43 型，手工焊。焊缝为三级检验标准，上、下翼缘加引弧板和引出板施焊。

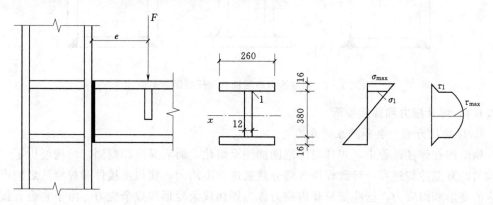

图 1-2-33　[例 1.2.6] 图

解：截面几何特征值和内力：

$$I_x=\frac{1}{12}\times 1.2\times 38^3+2\times 1.6\times 26\times 19.8^2=38105 \text{cm}^4$$

$$S_{x1}=26\times 1.6\times 19.8=824 \text{cm}^3$$

$$V=F=550kN，M=550\times 0.30=165kN\cdot m$$

（1）最大正应力

$$\sigma_{max}=\frac{M}{I_x}\cdot\frac{h}{2}=\frac{165\times10^6\times206}{38105\times10^4}=89.2\text{N/mm}^2<f_t^w=185\text{N/mm}^2$$

（2）最大剪应力

$$\tau_{max}=\frac{VS_x}{I_xt}=\frac{550\times10^3}{38105\times10^4\times12}\times\left(260\times16\times198+190\times12\times\frac{190}{2}\right)$$
$$=125.1\text{N/mm}^2\approx f_v^w=125\text{N/mm}^2$$

（3）"1"点的折算应力

$$\sigma_1=\sigma_{max}\cdot\frac{190}{206}=82.3\text{N/mm}^2$$

$$\tau_1=\frac{VS_{x1}}{I_xt}=\frac{550\times10^3\times824\times10^3}{38105\times10^4\times12}=99.1\text{N/mm}^2$$

$$\sqrt{\sigma_1^2+3\tau_1^2}=\sqrt{82.3^2+3\times99.1^2}=190.4\text{N/mm}^2\leqslant1.1\times185=203.5\text{N/mm}^2$$

3. 部分焊透的对接焊缝

当受力很小，焊缝主要起联系作用，或焊缝受力虽然较大，但采用焊透的对接焊缝将使强度不能充分发挥时，可采用部分焊透的对接焊缝。比如用四块较厚的板焊成箱形截面的轴心受压构件，显然用图 1-2-34（a）所示的焊透对接焊缝是不必要的；如采用角焊透 [图 1-2-34（b）]，外形又不平整；采用部分焊透的对接焊缝 [1-2-34（c）]，可以省工省料，较为美观大方。

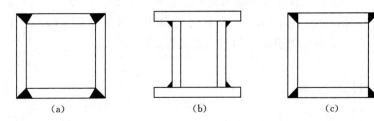

(a)　　　　　　　　(b)　　　　　　　　(c)

图 1-2-34 箱形截面轴心压杆的焊缝连接

1.2.1.4 焊接应力和焊接变形

1. 焊接应力的分类和产生的原因

钢结构在焊接过程中，焊件局部范围加热至熔化，而后又冷却凝固，结构经历了一个不均匀的升温冷却过程，导致焊件各部分热胀冷缩不均匀，使得连接件和焊缝区之间产生相应的变形和内应力，这些变形和内应力称为焊接残余变形和残余应力。由于它会直接影响到焊接结构的加工质量，也是形成各种焊接裂纹的因素之一，因此在设计、制造和焊接过程中应对其有足够的重视。

残余应力是指焊件冷却后残留在焊件内的应力，它主要包括沿焊缝长度方向的纵向焊接应力，垂直于焊缝长度方向的横向焊接应力和沿厚度方向的焊接应力（图 1-2-35）。

（1）纵向焊接应力。

纵向焊接应力是由焊缝的纵向收缩引起的。一般情况下，焊缝区及近缝两侧的纵向应力是拉应力区，远离焊缝的两侧是压应力区 [图 1-2-35（c）]。

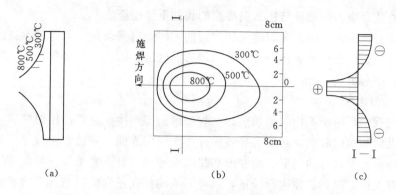

图 1-2-35　施焊时焊缝及附近的温度场和焊接残余应力

(a)、(b) 施焊时焊缝及附近的温度场；(c) 钢板上纵向焊接应力

（2）横向焊接应力　横向焊接应力是由两部分收缩力引起的。一是由于焊缝纵向收缩，如图 1-2-36（a）、(b)。二是由于先焊的焊缝已经凝固，阻止后焊焊缝在横向自由膨胀，使后焊焊缝发生横向的塑性压缩变形。当后焊焊缝冷却时，其收缩受到已凝固的先焊焊缝限制而产生横向拉应力，而先焊部分则产生横向压应力，因应力自相平衡，更远处的另一端焊缝则受拉应力 ［图 1-2-36（c）］。焊缝的横向应力就是上述两部分应力合成的结果 ［图 1-2-36（d）］。

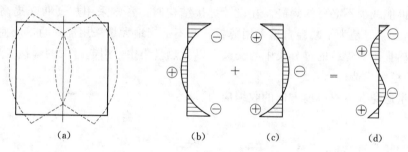

图 1-2-36　焊缝的横向焊接应力

（3）厚度方向的焊接应力。

在厚钢板的焊接连接中，焊缝需要多层施焊。因此，除有纵向和横向焊接应力 σ_x、σ_y 外，还存在着沿钢板厚度方向的焊接应力 σ_z（图 1-2-37）。这三种应力形成三向拉应力场，将大大降低连接的塑性。

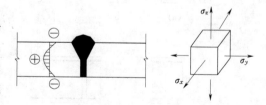

图 1-2-37　厚板中的焊接残余应力

2. 焊接应力对结构性能的影响

（1）对结构静力强度的影响。对在常温下工作并具有一定塑性的钢材，在静荷载作用下，焊接应力是不会影响结构强度的。

（2）对结构刚度的影响。构件上存在焊接残余应力会降低结构的刚度。

（3）对低温工作的影响。在厚板焊接处或具有交叉焊缝的部位，将产生三向焊接拉应力，阻碍该区域钢材塑性变形的发展，从而增加钢材在低温下的脆断倾向。因此，降低或消除焊缝中的残余应力是改善结构低温冷脆趋势的重要措施之一。

（4）对疲劳强度的影响。在焊缝及其附近的主体金属残余拉应力通常达到钢材的屈服强度，此部位正是形成和发展疲劳裂纹最为敏感的区域。因此，焊接残余应力对结构的疲劳强度有明显不利影响。

3. 焊接变形

在焊接过程中，由于不均匀的加热，在焊接区局部产生了热塑性压缩变形，当冷却时焊接区要在纵向和横向收缩，必然会导致构件产生局部鼓曲、弯曲和扭转等。焊接残余变形包括纵、横向收缩，弯曲变形、角变形和扭曲变形等，且通常是这几种变形的组合。任一变形超过有关规定时，必须进行校正，以免影响构件在正常使用条件下的承载能力。

4. 消除和减小焊接应力和焊接变形的措施

如前所述，焊接残余应力和残余变形对结构性能均有不利影响，因此，钢结构从设计到制造安装都应密切注意如何消除和减小焊接残余应力和残余变形。

（1）设计上的措施。

1）焊接位置的安排要合理。安排焊缝时应尽可能对称于截面中性轴，或者使焊缝接近中性轴，这对减少梁、柱等构件的焊接有良好的效果。

2）焊缝形式和尺寸要适当。在保证结构承载能力的条件下，设计时应该尽量采用较小的焊缝尺寸。

3）尽可能减少不必要的焊缝。在设计焊接结构时，常常采用加劲肋来提高板结构的稳定性和刚度。但是为了减轻自重采用薄板，而不适当地大量采用加劲肋，反而不经济。

4）应尽量避免焊缝的过分集中与交叉。以免热量集中，引起过大的焊接变形和应力，恶化母材的组织构造。

5）尽量避免在母材厚度方向的收缩应力。

如图 1-2-38 所示。

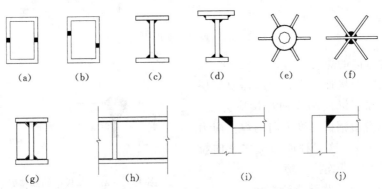

图 1-2-38　减小焊接应力和焊接变形影响的设计措施
(a)、(c)、(e)、(g)、(i) 推荐；(b)、(d)、(f)、(h)、(j) 不推荐

（2）工艺上的措施。

1）采取合理的施焊次序。例如对于长焊缝，实行分段逆方向施焊；对于较厚的焊缝，实行分层施焊；工字形顶接焊缝时采用对称跳焊；钢板采用分块拼焊等。这些做法的目的是避免在焊接时热量过于集中，从而减少焊接残余应力和残余变形。

2）采用反变形。即事先估计好结构变形的大小和方向，然后在装配时给予一个相反方向的变形与焊接变形相抵消，使焊后的构件保持设计的要求。在焊接封闭焊缝或其他刚性较大的焊缝时，可以采用反变形法来增加焊缝的自由度，减小焊接应力。

3）对于小尺寸焊件，焊前预热，或焊后回火加热至 600℃左右，然后缓慢冷却，可以部分消除焊接应力和焊接变形。也可采用刚性固定法将构件加以固定来限制焊接变形，但增加了焊接残余应力。

1. 2. 1. 5 钢结构施工的焊接工艺

1. 钢结构施工焊接工艺的基本组成

钢结构焊接制造（即焊接结构生产）是从焊接生产的准备工作开始的，它包括结构的工艺性审查、工艺方案和工艺规程设计、工艺评定、编制工艺文件（含定额编制）和质量保证文件、定购原材料和辅助材料、外购和自行设计制造装配—焊接设备和装备；然后从材料入库真正开始了焊接结构制造工艺过程，包括材料复验入库、备料加工、装配—焊接、焊后热处理、质量检验、成品验收；其中还穿插返修、涂饰和喷漆；最后合格产品入库的全过程。典型的焊接制造工艺顺序，如图 1—2—39 所示。

（1）生产的准备工作。钢结构焊接生产的准备工作是钢结构制造工艺过程的开始。它包括了解生产任务，审查（重点是工艺性审查）与熟悉结构图样，了解产品技术要求，在进行工艺分析的基础上，制定全部产品的工艺流程，进行工艺评定，编制工艺规程及全部工艺文件、质量保证文件，订购金属材料和辅助材料，编制用工计划（以便着手进行人员调整与培训）、能源需用计划（包括电力、水、压缩空气等），根据需要定购或自行设计制造装配—焊接设备和装备，根据工艺流程的要求，对生产面积进行调整和建设等。

（2）材料库的主要任务是材料的保管和发放，它对材料进行分类、储存和保管并按规定发放。材料库主要有两种：一是金属材料库，主要存放保管钢材；二是焊接材料库，主要存放焊丝、焊剂和焊条。

（3）焊接生产的备料加工工艺是在合格的原材料上进行的。首先进行材料预处理，包括矫正、除锈（如喷丸）、表面防护处理（如喷涂导电漆等）、预落料等。除材料预处理外，备料包括放样、划线（将图样给出的零件尺寸、形状划在原材料上）、号料（用样板来划线）、下料（冲剪与切割）、边缘加工、矫正（包括二次矫正）、成形加工（包括冷热弯曲、冲压）、端面加工以及号孔、钻（冲）孔等为装配—焊接提供合格零件的过程。

（4）装配—焊接工艺充分体现焊接生产的特点，它是两个既不相同又密不可分的工序。它包括边缘清理、装配、焊接。绝大多数钢结构要经过多次装配—焊接才能制成，有的在工厂只完成部分装配—焊接和预装配，到使用现场再进行最后的装配—焊接。装配—焊接顺序可分为整装—整焊、部件装配焊接—总装配焊接、交替装焊三种类型，主要按产品结构的复杂程度、变形大小和生产批量选定。装配—焊接过程中时常还需穿插其他的加工，例如机械加工、预热及焊后热处理、零部件的矫形等，贯穿整个生产过程的检验工序也穿插其间。

（5）焊后热处理是焊接工艺的重要组成部分，与焊件材料的种类、型号、板厚、所选用的焊接工艺及对接头性能的要求密切相关，是保证焊件使用特性和寿命的关键工序。焊后热处理不仅可以消除或降低结构的焊接残余应力，稳定结构的尺寸，而且能改善接头的

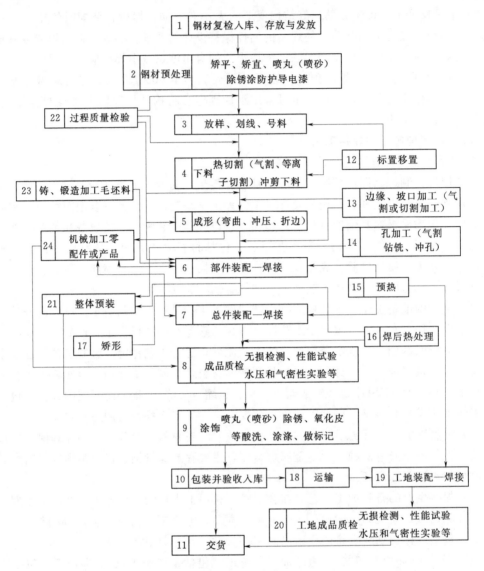

图 1-2-39　焊接工艺流程

金相组织，提高接头的各项性能，如抗冷裂性、抗应力腐蚀性、抗脆断性、热强性等。根据焊件材料的类别，可以选用下列不同种类的焊后热处理：消除应力处理、回火、正火＋回火（又称空气调质处理）、调质处理（淬火＋回火）、固熔处理（只用于奥氏体不锈钢）、稳定化处理（只用于稳定型奥氏体不锈钢）、时效处理（用于沉淀硬化钢）。

　　（6）检验工序贯穿整个生产过程，检验工序从原材料的检验，如入库的复验开始，随后在生产加工每道工序都要采用不同的工艺进行不同内容的检验，最后，制成品还要进行最终质量检验。最终质量检验可分为：焊接结构的外形尺寸检查；焊缝的外观检查；焊接接头的无损检查；焊接接头的密封性检查；结构整体的耐压检查。检验是对生产实行有效监督，从而保证产品质量的重要手段。

　　（7）钢结构的后处理是指在所有制造工序和检验程序结束后，对焊接结构整个内外表面或部分表面或仅限焊接接头及邻近区进行修正和清理，清除焊接表面残余的飞溅，消除击弧点及其他工艺检测引起的缺陷。修正的方法通常采用小型风动工具和砂轮打磨，氧化皮、油污、锈斑和其他附着物的表面清理可采用砂轮、钢丝刷和抛光机等进行，大型焊件的表面清理最好采用喷丸处理，以提高结构的疲劳强度。不锈钢焊件的表面处理通常采用酸洗法，酸洗后再做钝化处理。

（8）产品的涂饰（喷漆、作标志以及包装）是焊接生产的最后环节，产品涂装质量决定了产品的表面质量。

2. 钢结构焊接工艺审查

（1）工艺性审查的目的与任务。

对产品结构进行工艺性审查的目的是使设计的产品在满足技术要求、使用功能的前提下，符合一定的工艺性指标。对钢结构焊接来说，主要有制造产品的劳动量、材料用量、材料利用系数、产品工艺成本、产品的维修劳动量、结构标准化系数等，以便在现有的生产条件下，能用比较经济、合理的方法将其制造出来，而且便于使用和维修。

（2）工艺性审查的内容。

在进行焊接结构的工艺审查时，主要审查以下几个方面。

1）是否有利于减少焊接应力与变形。

从减少和影响焊接应力与变形的因素来说，应注意以下几个方面。

a. 尽量减少焊缝数量和焊缝的填充金属量，这是设计焊接结构时一条最重要的原则。

b. 尽可能地选用对称的构件截面和焊缝位置。这种焊缝位置对称于截面重心，焊后能使弯曲变形控制在较小的范围。

c. 尽量减小焊缝尺寸。在不影响结构的强度与刚度的前提下，尽可能地减小焊缝截面尺寸或把连续角焊缝设计成断续角焊缝，减小了焊缝截面尺寸和长度，能减少塑性变形区的范围，使焊接应力与变形减少。

d. 尽量减少焊缝数量。对复杂的结构应采用分部件装配法，尽量减少总装焊缝数量并使之分布合理，这样能大大减少结构的变形。

e. 避免焊缝相交尽量避免各条焊缝相交。因为在交点处会产生三轴应力，使材料塑性降低，并造成严重的应力集中。

2）是否有利于减少生产劳动量。

在焊接结构生产中，如果不努力节约人力和物力，不提高生产率和降低成本，就会失去竞争能力。除了在工艺上采取一定的措施外，还必须从设计上使结构有良好的工艺性。归纳起来主要有以下几个方面。

a. 合理地确定焊缝尺寸。确定工作焊缝的尺寸，通常用强度原则来计算求得。但只靠强度计算有时还是不够的，还必须考虑结构的特点及焊缝布局等问题。如焊脚小而长度大的角焊缝，在强度相同情况下具有比大焊脚短焊缝省料省工的优点，图 1-2-40 中焊脚为 K 长度为 $2L$ 和焊脚

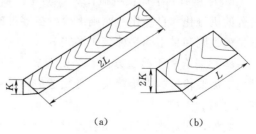

（a）　　　（b）

图 1-2-40　等强度的长、短角焊缝

为 2K 长度为 L 的角焊缝强度相等，但焊条消耗量前者仅为后者的一半。在板料对接时，应采用对接焊缝，避免采用斜焊缝。

b. 尽量取消多余的加工。对单面坡口背面不进行清根焊接的对接焊缝，若通过修整焊缝表面来提高接头的疲劳强度是多余的，因为焊缝反面依然存在应力集中。对结构中的联系焊缝，若要求开坡口或焊透也是多余的加工，因为焊缝受力不大。

c. 尽量减少辅助工时。焊接结构生产中辅助工时一般占有较大的比例，减少辅助工时对提高生产率有重要意义。结构中焊缝所在位置应使焊接设备调整次数最少，焊件翻转的次数最少。

d. 尽量利用型钢和标准件。型钢具有各种形状，经过相互结合可以构成刚性更大的各种焊接结构，对同一结构如果用型钢来制造，则其焊接工作量会比用钢板制造要少得多。

e. 尽量利用复合结构和继承性强的结构。复合结构具有发挥各种工艺长处的特点，它可以采用铸造、锻造和压制工艺，将复杂的接头简化，把角焊缝改成对接焊缝。图 1 - 2 - 41 所示为采用复合结构把 T 形接头转化为对接接头的应用实例，不仅降低了应力集中，而且改善了工艺性。

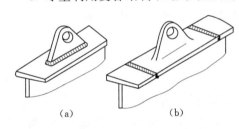

图 1 - 2 - 41　采用复合结构的应用
(a) 原设计的板焊结构；(b) 改进后的复合结构

在设计新结构时，把原有结构成熟部分保留下来，称继承性结构。继承性强的结构一般来说工艺性较成熟，有时还可利用原有的工艺设备，所以合理利用继承性结构对结构的生产是有利的。

f. 采用先进的焊接方法。埋弧焊的熔深比手工电弧焊大，有时不需要开坡口，从而节省工时；采用二氧化碳氧化保护焊，不仅成本低、变形小而且不需清渣。在设计结构时应使接头易于使用上述较先进的焊接方法。

3）是否有利于施工方便和改善工人的劳动条件。

a. 尽量使结构具有良好的可焊到性。可焊到性是指结构上每一条焊缝都能得到很方便的施焊，在审查工艺性时要注意结构的可焊到性，避免因不好施焊而造成焊接质量不好。如厚板对接时，一般应开成 X 形或双 U 形坡口，若在构件不能翻转的情况下，就会造成大量的仰焊焊缝，这不但劳动条件差，质量还很难保证，这时就必须采用 V 形或 U 形坡口来改善其工艺性。

b. 尽量有利于焊接机械化和自动化。当产品批量大、数量多的时候，必须考虑制造过程的机械化和自动化。原则上应减少零件的数量，减少短焊缝，增加长焊缝，尽量使焊缝排列规则和采用同一种接头形式。

c. 尽量有利于检验方便。严格检验焊接接头质量是保证结构质量的重要措施，对于结构上需要检验的焊接接头，必须考虑到是否检验方便。一般来说，可焊性好的焊缝检验起来也不会困难。

此外，在焊接大型封闭容器时，应在容器上设置人孔，这是为操作人员出入方便和满足通风设备出入需要，能从容舒适地操作和不损害工人的身体健康。

4）必须有利于减少应力集中。

应力集中不仅是降低材料塑性引起结构脆断的主要原因，它对结构强度有很坏的影响。为了减少应力集中，应尽量使结构表面平滑，截面改变的地方应平缓和有合理的接头形式。一般常考虑以下问题。

a. 尽量避免焊缝过于集中。

b. 尽量使焊接接头形式合理。减小应力集中对于重要的焊接接头应采用开坡口的焊缝，防止因未焊透而产生应力集中。是否开坡口除与板厚有关以外，还取决于生产技术条件。应设法将角接接头和 T 形接头，转化为应力集中系数较小的对接接头。

c. 尽量避免构件截面的突变。在截面变化的地方必须采用圆滑过渡，不要形成尖角。在厚板与薄板或宽板与窄板对接时，均应在接合处有一定的斜度，使之平滑过渡。

5）是否有利于合理使用和节约材料。

合理地节约材料和使用材料，不仅可以降低成本，而且可以减轻产品重量，便于加工和运输等，所以也是应关心的问题。

a. 尽量选用焊接性好的材料来制造焊接结构。在结构选材时首先应满足结构工作条件和使用性能的需要，其次是满足焊接特点的需要。在满足第一个需要的前提下，首先考虑的是材料的焊接性，其次考虑材料的强度。

b. 使用材料一定要合理。一般来说，零件的形状越简单，材料的利用率就越高。

3. 钢结构焊接工艺要求

（1）组焊前的准备工作是为了保证焊接质量，必须对其严格实施过程控制。如对焊接材料、拼装质量、焊工资质等实施过程控制。相应要求如下：

1）钢结构焊接工程中所用的焊条、焊剂必须有出厂质量合格证或质量复试报告。

2）所有焊工必须持证上岗。

3）钢结构拼装人员必须熟悉相关构件的图纸和技术质量要求，拼装时认真调整各接口连接质量，测量好各主要框形结构的对角线，长、宽方向尺寸的数据，各项主要尺寸必须符合图纸和钢结构拼装技术要求。以防止各接口错边超限的情况发生。

4）各型钢构件因变形影响组装和焊接质量应及时予以修整，并满足相应的技术要求。

5）焊缝坡口面及周边相关范围内的油漆、锈、氧化渣及污垢必须清除干净，坡口面必须用磨光机磨光。

6）组装后的坡口夹角应控制在图纸要求的技术范围内，坡口间隙、焊缝接口的错边量应控制在技术范围内。

7）主要受力构件的焊缝，焊接前须加设引弧板和灭弧板，不允许在工件上任意引弧。

8）焊接材料（焊条）的选择应符合同母材等强度的原则，碱性焊条使用前应严格烘干，酸性焊条若有受潮情况，应当进行烘干，否则不得使用。

（2）焊接质量要求及常见焊接缺陷的预防。

按照焊接技术规范及本工程图示技术要求对本工程中的焊接质量和焊接缺陷预防办法作如下规定：

1）焊接质量要求：

a. 焊缝表面不得有气孔、夹渣、焊瘤、弧坑、未焊透、裂纹、严重飞溅物等缺陷存在。

b. 对接平焊缝不得有咬边情况存在，其他位置的焊缝咬边深度不得超过 0.5mm，长度不得超过焊缝全长的 10%。

c. 各角焊缝焊角尺寸不应低于图纸规定的要求，不允许存在明显的焊缝脱节和漏焊情况。

d. 焊缝的余高（焊缝增强量）应控制在 0.5～3mm 之间，焊缝（指同一条）的宽窄差不得大于 4mm，焊缝表面覆盖量宽度应控制在大于坡口宽度 4～7mm 范围内。

e. 对多层焊接的焊缝，必须连续进行施焊，每一层焊道焊完后应及时清理，发现缺陷必须清除后再焊。

f. 开坡口多层焊第一层及非平焊位置应采用较小焊条直径。

g. 各焊缝焊完后应认真做好清除工作，检查焊缝缺陷，不合格的焊缝应及时返工。

2）焊接缺陷防止方法：

a. 夹渣防止方法：加工的坡口形状尺寸应符合规定的要求，组装间隙，坡口钝边不宜过小，单面焊后，背面应采用电刨清根或电砂轮清根，清除焊缝根部的未焊透和夹渣等缺陷。

b. 气孔防止方法：严格清除坡口的表面及周边的油漆，氧化物等杂质，焊条应按其品种的烘干温度规定要求认真烘干，风雨天无保证设施不得施工焊接。

c. 咬边防止方法：焊接电流不宜太大，运条手法和停顿时间应控制掌握好。

d. 弧坑防止方法：主要焊缝要加设引弧板和灭弧板，焊缝接头处和边缘处应缓慢熄弧，慢慢拉开焊条，对弧坑处须采用断弧焊，必须填满弧坑，同时掌握好各焊缝转角处不允许有明显的弧坑。

（3）焊缝质量检验。

为了控制成品焊缝的质量，保持焊接作业的可追溯性，确保符合规范要求的焊接产品交付总承包商。要求对所有焊缝接口质量按下述规定进行检查。

1）钢结构结构工程焊接完毕后，须认真执行质量"三检制"的制度，不合格的焊缝不得流入下道工序。

2）焊工焊接结束后，应自觉进行清渣，自检焊缝的表面质量，清除飞溅物。

3）工地施工工程师和质量经理应及时做好焊缝质量检查表的填写工作，做到质量记录齐全，以便追溯。

4）焊缝内部质量应根据图纸和技术规定及用户提出的要求，结合相关标准，按其要求进行无损探伤，抽查其焊缝内部质量。

1.2.2 螺栓连接

1.2.2.1 螺栓连接的排列与构造要求

1. 螺栓连接的排列要求

螺栓在构件上的排列应简单、统一、整齐而紧凑，通常分为并列、错列两种形式（图 1-21-42）。并列比较简单整齐，所用连接板尺寸小，但由于螺栓孔的存在，对构件截面的削弱较大，错列可以减小螺栓孔对截面的削弱，但螺栓错列排列不如并列排列紧凑，连接板尺寸较大。

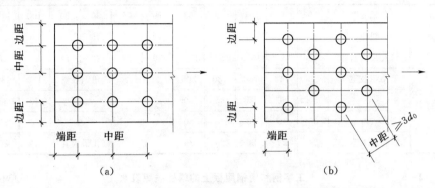

图 1-2-42　钢板的螺栓（铆钉）排列

(a) 并列；(b) 错列

螺栓在构件上的排列要满足以下三个方面的要求：

(1) 受力要求。在垂直于受力方向：对于受拉构件，各排螺栓的中距、边距不能过小，以免使螺栓周围应力集中相互影响，截面削弱过多，降低承载力。端距应按被连接件材料的抗挤压及抗剪切等强度条件确定，以使钢板在端部不致被螺栓撕裂，规范规定端距不应小于 $2d_0$；受压构件上的中距不宜过大，防止发生鼓曲。

(2) 构造要求：螺栓的中距及边距不宜过大，否则钢板间不能紧密连接，受潮锈蚀。

(3) 施工要求：螺要保证有一定的空间，便于用扳手拧紧螺栓，规定最小中距为 $3d_0$。

螺栓排列最大、最小容许距离见表 1-2-3，在型钢上排列的螺栓还应符合各自线距和最大孔径的要求见表 1-2-4～表 1-2-6，角钢、普通工字钢、槽钢截面上排列螺栓的线距应满足图 1-2-43 的要求。

表 1-2-3　　　　　　　　螺栓或铆钉的最大、最小容许距离

名　称	位置和方向			最大容许距离 （取两者的较小值）	最小容许距离
中心间距	外排（垂直内力方向或顺内力方向）			$8d_0$ 或 $12t$	$3d_0$
	中间排	垂直内力方向		$16d_0$ 或 $24t$	
		顺内力方向	构件受压力	$12d_0$ 或 $18t$	
			构件受拉力	$16d_0$ 或 $24t$	
	沿对角线方向			—	
中心至构件边缘距离	顺内力方向			$4d_0$ 或 $8t$	$2d_0$
	垂直内力方向	剪切边或手工气割边			
		轧制边、自动气割或锯割边	高强度螺栓		$1.5d_0$
			其他螺栓或铆钉		$1.2d_0$

注　1. d_0 为螺栓或铆钉的孔径，t 为外层较薄板件的厚度。

　　2. 钢板边缘与刚性构件（如角钢、槽钢等）相连的螺栓或铆钉的最大间距，可按中间排的数值采用。

表 1 - 2 - 4 　　　　　　　　　　　　　角钢上螺栓或铆钉线间距表 　　　　　　　　　　单位：mm

<table>
<tr><td rowspan="3">单行排列</td><td>角钢支宽</td><td>40</td><td>45</td><td>50</td><td>56</td><td>63</td><td>70</td><td>75</td><td>80</td><td>90</td><td>100</td><td>110</td><td>125</td></tr>
<tr><td>线距</td><td>25</td><td>25</td><td>30</td><td>30</td><td>35</td><td>40</td><td>40</td><td>45</td><td>50</td><td>55</td><td>60</td><td>70</td></tr>
<tr><td>钉孔最大直径</td><td>11.5</td><td>13.5</td><td>13.5</td><td>15.5</td><td>17.5</td><td>20</td><td>22</td><td>22</td><td>24</td><td>24</td><td>26</td><td>26</td></tr>
<tr><td rowspan="4">双行错排</td><td>角钢肢宽</td><td>125</td><td>140</td><td>160</td><td>180</td><td>200</td><td rowspan="4">双行并排</td><td>角钢肢宽</td><td>160</td><td>180</td><td>200</td><td></td><td></td></tr>
<tr><td>e_1</td><td>55</td><td>60</td><td>65</td><td>65</td><td>80</td><td>e_1</td><td>60</td><td>65</td><td>80</td><td></td><td></td></tr>
<tr><td>e_2</td><td>35</td><td>45</td><td>50</td><td>70</td><td>80</td><td>e_2</td><td>70</td><td>75</td><td>80</td><td></td><td></td></tr>
<tr><td>钉孔最大直径</td><td>24</td><td>24</td><td>26</td><td>26</td><td>26</td><td>钉孔最大直径</td><td>24</td><td>26</td><td>26</td><td></td><td></td></tr>
</table>

表 1 - 2 - 5 　　　　　　　　　　　　工字钢和槽钢腹板上的螺栓线距表 　　　　　　　　单位：mm

工字钢型号	12	14	16	18	20	22	25	28	32	36	40	45	50	56	63
线距 a_{min}	40	45	45	45	50	50	55	55	60	60	65	70	75	75	75
槽钢型号	12	14	16	18	20	22	25	28	32	36	40	—	—	—	—
线距 a_{min}	40	45	50	50	55	55	55	60	65	70	75	—	—	—	—

表 1 - 2 - 6 　　　　　　　　　　　　工字钢和槽钢翼缘上的螺栓线距表 　　　　　　　　单位：mm

工字钢型号	12	14	16	18	20	22	25	28	32	36	40	45	50	56	63
线距 a_{min}	40	40	50	55	60	65	65	70	75	80	80	85	90	95	95
槽钢型号	12	14	16	18	20	22	25	28	32	36	40	—	—	—	—
线距 a_{min}	30	35	35	40	40	45	45	45	50	56	60	—	—	—	—

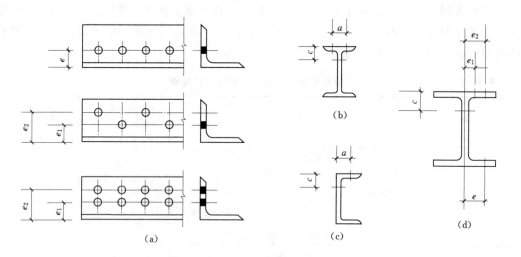

图 1 - 2 - 43　型钢的螺栓（铆钉）排列

2. 螺栓连接的构造要求

（1）为了使连接可靠，每一杆件在节点上以及拼接接头的一端，永久性螺栓数不宜少于两个。

（2）对于直接承受动力荷载的普通螺栓连接应采用双螺帽或其他防止螺帽松动的有效

措施。

（3）由于 C 级螺栓与孔壁有较大间隙，只宜用于沿其杆轴方向受拉的连接。承受静力荷载结构的次要连接、可拆卸结构的连接和临时固定构件用的安装连接中，也可用 C 级螺栓受剪。但在重要的连接中，应优先采用高强度螺栓。

（4）当采用高强螺栓连接时，由于型钢抗弯刚度大，不能保证摩擦面紧密结合，所以拼接件不能采用型钢，只能采用钢板。

（5）在高强度螺栓连接范围内，构件接触面的处理方法应在施工图中说明。

钢结构施工图上的螺栓及其孔眼图例见表 1-2-7，其中细"+"线表示定位线，同时应标注或统一说明螺栓的直径和孔径。

表 1-2-7　　　　　　　　　　　　　　螺栓及其孔眼图例

名　称	永久螺栓	高强度螺栓	安装螺栓	圆形螺栓孔	长圆形螺栓孔
图例					

1.2.2.2　普通螺栓连接的工作性能和计算

普通螺栓连接按受力情况可分为三类：①螺栓只承受剪力；②螺栓只承受拉力；③螺栓承受拉力和剪力的共同作用。其中，受剪螺栓依靠栓杆的抗剪和孔壁的承压传力；受拉螺栓是由板件使螺栓张拉传力；同时受剪和受拉的螺栓同时兼有以上两种传力形式。

1. 普通螺栓的抗剪连接

（1）抗剪连接的工作性能。

1）抗剪连接的受力分析。

抗剪连接是最常见的螺栓连接形式。如果以图 1-2-44（a）所示的螺栓连接试件作抗剪试验，则可得出试件上 a、b 两点之间的相对位移 δ 与作用力 N 的关系曲线［图 1-2-44（b）］。由此关系曲线可见，试件由零载一直加载至连接破坏的全过程，经历了以下四个阶段。

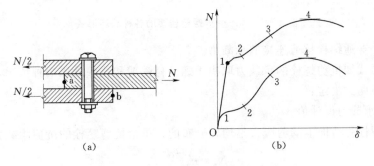

图 1-2-44　单个螺栓抗剪试验结果

a. 摩擦传力的弹性阶段（01 段）。加载初，荷载小，连接中剪力小，荷载靠构件间接触面的摩擦力传递，栓杆与孔壁之间的间隙保持不变。

b. 滑移阶段（12 段）。当连接中的剪力达到构件间摩擦力的最大值时，板件间产生相对滑移，直至栓杆与孔壁接触。

c. 栓杆直接传力的弹性阶段（23 段）。连接所承受的外力主要是靠螺栓受剪和孔壁受挤压传递，$N—\delta$ 曲线呈上升状态，达到 3 点时，表明螺栓或连接板达到弹性极限。

d. 弹塑性阶段（34 段）。在此阶段即使荷载增量很小，连接的剪切变形迅速加大，直至连接破坏。4 点对应的荷载为极限荷载。

2）抗剪连接的破坏形式。

当普通螺栓的抗剪连接达到极限承载力时，就可能出现以下几种破坏形式：

a. 当栓杆较细而板件较厚时，栓杆就可能先被剪断 [见图 1-2-45（a）]。

b. 当栓杆较粗而板件较薄时，板件就可能先被挤坏，由于栓杆和板件的挤压是相对的，故也可把这种破坏叫做螺栓承压破坏 [见图 1-2-45（b）]。

c. 当板件因螺栓孔削弱太多，导致截面削弱过多时，板件可能被拉断 [见图 1-2-45（c）]。

d. 端距过小时，端距范围内板件的有可能被栓杆冲剪破坏 [见图 1-2-45（d）]。

e. 当螺栓杆过长，栓杆可能产生弯曲破坏 [见图 1-2-45（e）]。

一般情况下，普通螺栓的受剪连接考虑 a、b 两种破坏形式，第 c 种破坏形式属于构件的强度验算，均予以计算解决。而第 d、e 两种破坏形式可通过构造措施加以避免。

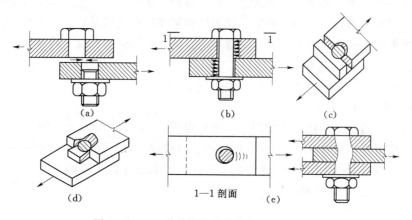

图 1-2-45 受剪螺栓连接的各种破坏形式

（2）单个普通螺栓抗剪连接的承载力。

由破坏形式知抗剪螺栓的承载力取决于螺栓杆受剪和孔壁承压两种情况，故单栓抗剪承载力由以下两式决定：

1）抗剪承载力设计值。

假定：螺栓受剪面上的剪应力是均匀分布的。单个抗剪螺栓的抗剪承载力设计值为：

$$N_v^b = n_v \frac{\pi d^2}{4} f_v^b \tag{1.2.40}$$

2）承压承载力设计值。

假定：螺栓承压应力分布于螺栓直径平面上，而且该承压面上的应力为均匀分布。单个抗剪螺栓的承压承载力设计值为：

$$N_c^b = d \sum t f_c^b \tag{1.2.41}$$

式中　n_v——剪切面数目（单剪 $n_v=1$，双剪 $n_v=2$，四剪 $n_v=4$）；如图 1-2-46 所示；

　　　d——螺栓杆直径；

　f_v^b、f_c^b——螺栓抗剪和承压强度设计值；

　　$\sum t$——在同一受力方向上承压构件总厚度的较小值。

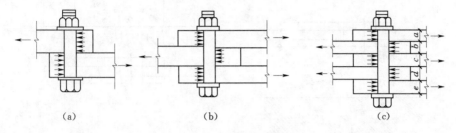

图 1-2-46　受剪螺栓连接

单个螺栓抗剪连接的承载力设计值应取 N_v^b 和 N_c^b 中的较小值，即 $N_{min}^b = \min(N_v^b, N_c^b)$。每个螺栓在外力作用下所受到的实际剪力不得超过其承载力设计值，即 $N_v \leqslant N_{min}^b$。

（3）普通螺栓群抗剪连接计算。

1）普通螺栓群轴心力作用下抗剪计算。

a. 计算所需螺栓数目。

试验证明，栓群在轴力作用下各个螺栓的内力沿栓群长度方向不均匀，两端大，中间小。如图 1-2-47 所示。当 $l_1 \leqslant 15d_0$（l_1 为首尾两螺栓之间的距离，d_0 为孔径）时，连接进入弹塑性工作状态后，内力重新分

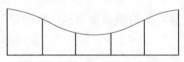

图 1-2-47　受剪螺栓群的内力分布

布，各个螺栓内力趋于相同，故设计时假定 N 由各螺栓平均分担。所以，连接所需螺栓数为：

$$n = \frac{N}{N_{min}^b} \tag{1.2.42}$$

当 $l_1 \geqslant 15d_0$ 时，连接进入弹塑性工作状态后，即使内力重新分布，各个螺栓内力也难以均匀，端部螺栓首先破坏，然后依次破坏。此时各螺栓受力仍可按均匀分布计算，但螺栓承载力设计值 N_v^b 和 N_c^b 应乘以下列折减系数 β 给予降低，即

$$\beta = 1.1 - \frac{l_1}{150d_0} \geqslant 0.7 \tag{1.2.43}$$

b. 构件净截面强度验算。

在螺栓连接中，由于螺栓孔的存在而削弱了构件的截面承载力，因此要对构件的净截面强度进行验算，如图 1-2-48。即：

$$\sigma = \frac{N}{A_n} \leqslant f \tag{1.2.44}$$

式中　A_n——构件在所验算截面上的净截面面积；

　　　f——构件的抗拉（压）强度设计值。

a. 当螺栓为并列排列：

构件的最不利截面为 1—1 截面，其最大内力为 N，净截面面积为：

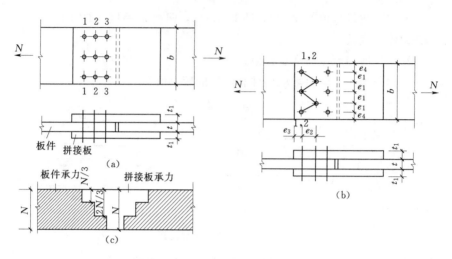

图 1-2-48　受剪螺栓群的净截面面积

$$A_n = (b - n_1 d_0)t \tag{1.2.45}$$

b. 当螺栓为错列排列：

构件可能沿 1—1 截面直线破坏，也可能沿折线截面 2—2 处破坏，故还需按下列公式验算构件的净截面面积，以确定最不利截面。其净截面面积为：

$$A_n = \left[2e_1 + (n_2 - 1)\sqrt{a^2 + e^2} - n_2 d_0 \right]t \tag{1.2.46}$$

式中　n_1、n_2——截面 1—1 和 2—2 上的螺栓孔数目；

　　　t——构件的厚度；

　　　b——构件的宽度。

【例 1.2.7】　设计两块钢板用普通螺栓的盖板拼接。已知轴心拉力的设计值 $N = 325$kN，钢材为 Q235A，螺栓直径 $d = 20$mm（粗制螺栓）。

解：受剪承载力设计值

$$N_v^b = n_v \frac{\pi d^2}{4} f_v^b = 2 \times \frac{3.14 \times 20^2}{4} \times 140 = 87.9 \text{kN}$$

承压承载力设计值

$$N_c^b = d \sum t \cdot f_c^b = 20 \times 8 \times 305 = 48.8 \text{kN}$$

一侧所需螺栓数 n

$$n = \frac{325}{48.8} = 6.7，取 8 个。$$

螺栓的具体布置见图 1-2-49。

2）螺栓群在扭矩、剪力、轴心力作用下的抗剪计算。

基本假定：① 被连接构件是绝对刚性的，而螺栓则是弹性的；② 各螺栓绕螺栓群形心 O 旋转，其受力大小与其至螺栓群形心 O 的距离 r 成正比，力的方向与其至螺栓群形心的连线相垂直（见图 1-2-50）。

由平衡条件：

$$T = N_1^T \cdot r_1 + N_2^T \cdot r_2 + \cdots + N_n^T \cdot r_n \tag{1.2.47}$$

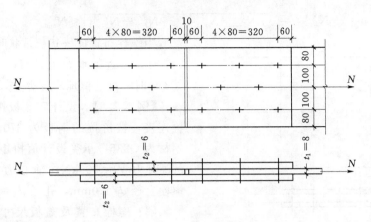

图 1 - 2 - 49　[例 1.2.7] 图

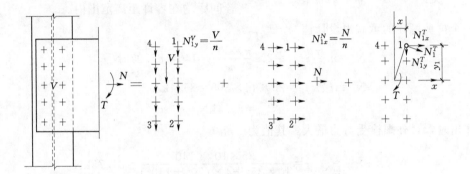

图 1 - 2 - 50　螺栓群受扭、剪和轴心力的计算

根据螺栓受力大小与其至形心 O 的距离 r 成正比条件：

$$\frac{N_1^T}{r_1} = \frac{N_2^T}{r_2} = \cdots = \frac{N_n^T}{r_n} \tag{1.2.48}$$

得：

$$N_1^T = \frac{T \cdot r_1}{\sum r_i^2} = \frac{T \cdot r_1}{\sum x_i^2 + \sum y_i^2} \tag{1.2.49}$$

在扭矩作用下，螺栓 1 受力：

$$N_{1,x}^T = N_1^T \frac{y_1}{r_1} \tag{1.2.50}$$

$$N_{1,y}^T = N_1^T \frac{x}{r_1} \tag{1.2.51}$$

在剪力 V 和轴心力 N 作用下，螺栓均匀受力：

$$N_{1,x}^N = \frac{N}{n} \tag{1.2.52}$$

$$N_{1,y}^N = \frac{V}{n} \tag{1.2.53}$$

则螺栓 1 承受的最大剪力 N_1 应满足：

$$N_1^{N,V,T} = \sqrt{(N_{1,x}^T + N_{1,x}^N)^2 + (N_{1,y}^T + N_{1,y}^V)^2} \leqslant N_{\min}^b \qquad (1.2.54)$$

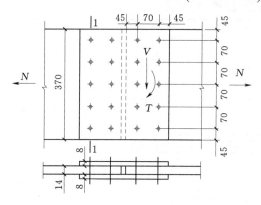

图 1-2-51 ［例1.2.8］图

当螺栓布置成一狭长带状时，即当 $y_1 > 3x_1$ 时，可近似地取 $\sum x_i^2 = 0$；同理，当 $x_1 > 3y_1$ 时，可近似地取 $\sum y_i^2 = 0$。

【例1.2.8】 设计双盖板拼接的普通螺栓连接，被拼接的钢板为 $370mm \times 14mm$，钢材为 Q235。承受设计值扭矩 $T = 25kN \cdot m$，剪力 $V = 300kN$，轴心力 $N = 300kN$。螺栓直径 $d = 20mm$，孔径 $d_0 = 21.5mm$。

解： 螺栓布置及盖板尺寸见图 1-2-51，盖板截面积大于被拼接钢板截面积。螺栓间距均在容许距离范围内。

一个抗剪螺栓的承载力设计值为

$$N_v^b = n_v \frac{\pi d^2}{4} f_v^b = 2 \times \frac{\pi \times 20^2}{4} \times 140 = 87.97kN$$

$$N_c^b = d \sum t f_c^b = 20 \times 14 \times 305 = 85.4kN$$

$$N_{\min}^b = 85.4kN$$

扭矩作用时，最外螺栓受剪力最大，其值为

$$N_{1x}^T = \frac{Ty_1}{\sum x_i^2 + \sum y_i^2} = \frac{25 \times 10^6 \times 140}{10 \times 35^2 + 4 \times (70^2 + 140^2)} = 31.75kN$$

$$N_{1y}^T = \frac{Tx_1}{\sum x_i^2 + \sum y_i^2} = \frac{25 \times 10^6 \times 35}{110250} = 7.94kN$$

剪力和轴心力作用时，每个螺栓所受剪力相同，其值为

$$N_{1x}^N = \frac{N}{n} = \frac{300 \times 10^3}{10} = 30kN$$

$$N_{1y}^V = \frac{V}{n} = \frac{300 \times 10^3}{10} = 30kN$$

受力最大螺栓所受的剪力合力为

$$N_1 = \sqrt{(N_{1x}^T + N_{1x}^N)^2 + (N_{1y}^T + N_{1y}^V)^2} = \sqrt{(31.75 + 30)^2 + (7.94 + 30)^2}$$

$$= 72.47kN < N_{\min}^b = 85.4kN \quad （满足要求）$$

所以其他螺栓的强度也满足要求。

2. 普通螺栓的抗拉连接

（1）抗拉连接的工作性能。

在受拉螺栓连接中，螺栓承受沿螺杆长度方向的拉力，螺栓受力的薄弱处是螺纹部分，破坏产生在螺纹部分，一方面是因该处截面面积最小，且常处于偏心受力状态；另一方面是该处因截面存在尖锐的缺口（螺纹）而产生高度应力集中。计算时应考虑这些不利因素，如图 1-2-52。

另外，在受拉螺栓连接中，螺栓所受拉力的大小不但取决于外荷载的大小，还与连接

本身的各零件（板件或角钢）有关。

螺栓受拉时，一般是通过与螺杆垂直的板件传递，即螺杆并非轴心受拉，当连接板件发生变形时，螺栓有被撬开的趋势（杠杆作用），使螺杆中的拉力增加（撬力 Q）并产生弯曲现象。连接件刚度越小撬力越大。试验证明影响撬力的因素较多，其大小难以确定，规范采取简化计算的方法，取 $f_t^b = 0.8f$（f 为螺栓钢材的抗拉强度设计值）来考虑其影响。

（2）单个受拉螺栓的承载力。

由于受拉螺栓的最不利截面在螺栓削弱处，因此，计算时应根据螺栓削弱处的有效直径 d_e 或有效面积 A_e 来确定其承载力，故单个受拉螺栓的承载力设计值为

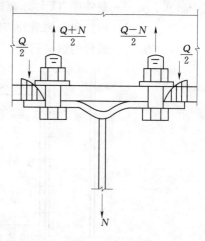

图 1-2-52　受拉螺栓连接

$$N_t^b = \frac{\pi d_e^2}{4} f_t^b = A_e f_t^b \tag{1.2.55}$$

式中　d_e——螺栓螺纹处的有效直径；

A_e——螺栓螺纹处的有效面积；

f_t^b——螺栓的抗拉强度设计值。

（3）受拉螺栓连接的计算。

1）受轴心力作用的计算。

当外力 N 通过螺栓群中心使螺栓受拉时，可以假定各个螺栓所受拉力相等，则所需螺栓数目为

$$n = \frac{N}{N_t^b} \tag{1.2.56}$$

2）在弯矩 M 作用下的计算。

如图 1-2-53 所示为一工字形截面柱翼缘与牛腿用螺栓的连接，图中螺栓群在弯矩作用下，连接上部的翼缘与牛腿有分离的趋势。计算时按弹性设计，假定：①连接板件绝对刚性，螺栓为弹性；②螺栓群的中和轴位于最下排螺栓的形心处，各螺栓所受拉力与其至中和轴的距离呈正比。因此，顶排螺栓（1 号）所受拉力最大（图 1-2-53）。

由平衡条件：

$$\frac{M}{m} = N_1^M \cdot y_1 + N_2^M \cdot y_2 + \cdots + N_n^M \cdot y_n \tag{1.2.57}$$

根据螺栓受力大小与其至转动轴的距离 y 成正比条件：

$$\frac{N_1^M}{y_1} = \frac{N_2^M}{y_2} = \cdots = \frac{N_n^M}{y_n} \tag{1.2.58}$$

得：

$$N_1^M = \frac{M \cdot y_1}{m \sum y_i^2} \leqslant N_t^b \tag{1.2.59}$$

式中 y_1、y_i——最外排（1 号）螺栓和第 i 排螺栓到转动轴的距离，转动轴通常取在弯矩指向一侧最外排螺栓处；

m——螺栓的纵向列数。

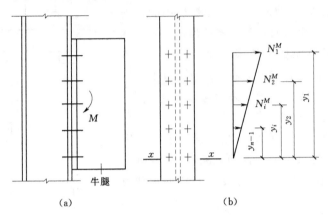

图 1-2-53 受拉螺栓连接受弯矩作用

3）普通螺栓群在偏心拉力作用下。

a. 小偏心受拉情况（$N_{min} \geqslant 0$）。

当偏心距 e 较小，弯矩 M 不大时，连接以轴心拉力 N 为主。这时螺栓群中所有螺栓均受拉，计算 M 作用下螺栓的内力时，取螺栓群的转动轴在螺栓群中心位置 O 处，由此可推出最大、最小受力螺栓的拉力和满足设计要求的公式如下：

$$N_{max} = \frac{F}{n} + \frac{Fey_1}{m\sum y_i^2} \leqslant N_t^b \qquad (1.2.60)$$

$$N_{min} = \frac{F}{n} - \frac{Fey_1}{m\sum y_i^2} \geqslant 0 \qquad (1.2.61)$$

式中 F——偏心拉力设计值；

e——偏心拉力至螺栓群中心 O 的距离；

y_1、y_i——最外排螺栓和第 i 排螺栓至螺栓群中心 O 的距离；

n——螺栓数；

m——螺栓的纵向列数。

式（1.2.60）表示最大受力螺栓的拉力不得超过一个受拉螺栓的承载力设计值；式（1.2.61）则保证全部螺栓受拉，不在在受压区，这是式（1.2.60）成立的前提条件。

b. 大偏心受拉情况（$N_{min} < 0$）。

当偏心距 e 较大，式（1.2.61）不能满足时，端板底部将出现受压区，螺栓群的转动轴位置下移。为便于计算，偏安全地近似取转动轴在弯矩指向一侧最外排螺栓 O′ 处，则：

$$N_{1,max} = \frac{Fe'y_1'}{m\sum y_i'^2} \leqslant N_t^b \qquad (1.2.62)$$

式中 F——偏心拉力设计值；

e'——偏心拉力至转动轴 O′ 的距离，转动轴通常取在弯矩指向一侧最外排螺栓处；

y_1、y_i——最外排螺栓和第 i 排螺栓至转动轴 O′ 的距离；

e——螺栓数；

m——螺栓的纵向列数。

（4）受剪兼受拉螺栓连接的计算。

对于 C 级螺栓，由于其抗剪性能较差，所以在连接中一般不采用它承受剪力，而是通过设置支托承受全部剪力。但是，对于 A、B 级螺栓以及对承受静力荷载的次要连接，或临时安装连接中的 C 级螺栓，可不设支托，此时，螺栓将同时承受剪力 N_v 和偏心拉力或弯矩引起沿螺栓杆轴方向的拉力 N_t 的共同作用。按以下公式计算，即：

$$\sqrt{\left(\frac{N_v}{N_v^b}\right)^2+\left(\frac{N_t}{N_t^b}\right)^2}\leqslant1 \tag{1.2.63}$$

且

$$N_v\leqslant N_c^b \tag{1.2.64}$$

【例 1.2.9】 图 1-2-54 为牛腿与柱翼缘的连接，承受设计值竖向力 $V=100$kN，轴向力 $N=120$kN。V 的作用点距柱翼缘表面距离 $e=200$mm。钢材为 Q235，螺栓直径 20mm，为普通 C 级螺栓，排列如图所示。牛腿下设支托，焊条 E43 型，手工焊。验算螺栓强度和支托焊缝。① 支托承受剪力；② 支托只起临时支承作用，不承受剪力。

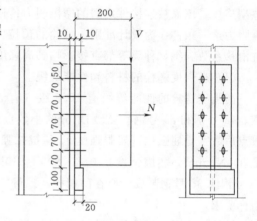

图 1-2-54 ［例 1.2.9］图

解： 1. 考虑支托承受剪力

竖向力 V 引起的弯矩

$$M=Ve=100\times0.2=20\text{kN}\cdot\text{m}$$

一个抗拉螺栓的承载力设计值为

$$N_t^b=\frac{\pi d_e^2}{4}f_t^b=\frac{\pi\times17.65^2}{4}\times170=41.60\text{kN}$$

先按小偏心受拉计算，假定牛腿绕螺栓群形心转动，受力最小螺栓的拉力为

$$N_{\min}=\frac{N}{n}-\frac{My_1}{\sum y_i^2}=\frac{120\times10^3}{10}-\frac{20\times10^6\times140}{4\times(70^2+140^2)}=-16.57\times10^3<0$$

说明连接下部受压，连接为大偏心受拉，中性轴位于最下排螺栓处，受力最大的最上排螺栓所受拉力为

$$N_1=\frac{(M+Ne')y_1'}{\sum y_i'}=\frac{(20\times10^6+120\times10^3\times140)\times280}{2\times(70^2+140^2+210^2+280^2)}=35.05\times10^3\text{N}$$

$$=35.05\text{kN}<N_t^b=41.60\text{kN} \quad（安全）$$

2. 考虑支托不承受剪力

一个螺栓的承载力设计值为

$$N_v^b=n_v\frac{\pi d^2}{4}f_v^b=1\times\frac{\pi\times20^2}{4}\times140=43.98\text{kN}$$

$$N_c^b = d\sum t f_c^b = 20 \times 10 \times 305 = 61\text{kN}$$

每个螺栓承担的剪力为

$$N_v = \frac{V}{n} = \frac{100 \times 10^3}{10} = 10^4\,N = 10\text{kN} < N_v^b = 43.98\text{kN}$$

受拉力最大螺栓所承担的拉力同 N_1，为 $N_t = 35.05\text{kN}$

拉力和剪力共同作用下

$$\sqrt{\left(\frac{N_v}{N_v^b}\right)^2 + \left(\frac{N_t}{N_t^b}\right)^2} = \sqrt{\left(\frac{10}{43.98}\right)^2 + \left(\frac{35.05}{41.6}\right)^2} = 0.873 < 1$$

螺栓强度满足要求。

1.2.2.3　高强度螺栓连接的工作性能和计算

1. 高强度螺栓连接的工作性能

高强度螺栓连接按其设计准则的不同分为摩擦型连接和承压型连接两种类型。其中摩擦型连接是依靠被连接件之间的摩擦阴力传递内力，并以荷载设计值引起的剪力不超过摩擦阻力这一条件作为设计准则。螺栓的预拉力 P（即板件间的法向压紧力）、摩擦面间的抗滑移系数和钢材种类等都直接影响到高强度螺栓摩擦型连接的承载力。

（1）高强度螺栓的材料和性能等级。

高强度螺栓的性能等级有 10.9 级（有 20MnTiB 钢和 35VB 钢）和 8.8 级（有 40B 钢、45 号钢和 35 号钢）。级别划分的小数点前数字是螺栓热处理后的最低抗拉强度，小数点后数字是屈强比（屈服强度 f_y 与抗拉强 f_u 的比值），如 8.8 级钢材的最低抗拉强度是 800N/mm^2，屈服强度是 $0.8 \times 800 = 640\text{N/mm}^2$。高强度螺栓所用的螺帽和垫圈采用 45 号钢或 35 号钢制成。所在的螺栓、螺母、垫圈制成品均应经加热处理，以达到规定的指标要求。

另外，高强度螺栓的构造和排列要求，除了栓杆与孔径的差值较小外，其他与普通螺栓相同。

（2）高强度螺栓的预拉力。

高强度螺栓的设计预拉力值由材料强度和螺栓有效截面确定，并且考虑以下因素：①在扭紧螺栓时扭矩使螺栓产生的剪应力将降低螺栓的承拉能力，故对材料抗拉强度除以系数 1.2；②施工时为补偿预拉力的松弛要对螺栓超张拉 5%～10%，故乘以系数 0.9；③考虑材料抗力的变异等影响，乘以系数 0.9；④由于以抗拉强度为准，再引进一个附加安全系数 0.9。这样，预拉力设计值由下式计算：

$$P = \frac{0.9 \times 0.9 \times 0.9 f_u A_e}{1.2} = 0.6075 f_u A_e \qquad (1.2.65)$$

式中　A_e——螺纹处有效截面积；

　　　f_u——螺栓热处理后的最抵抗拉强度；对于 8.8 级，取 $f_u = 830\text{N/mm}^2$，对于 10.9 级，取 $f_u = 1040\text{N/mm}^2$。

预拉力设计值见表 1-2-8。

表 1 − 2 − 8	单个高强度螺栓的预拉力设计值 p					单位：kN
螺栓的性能等级	螺栓公称直径（mm）					
	M16	M20	M22	M24	M27	M30
8.8 级	80	125	150	175	230	280
10.9 级	100	155	190	225	290	355

（3）高强度螺栓的坚固方法。

高强度螺栓分大六角头型号和扭剪型两种。都是通过拧紧螺帽，使螺杆受到拉伸作用产生预拉力，而被连接板件间产生压紧力。大六角头型和普通六角头粗制螺栓相同 [图 1 − 2 − 55（a）]。扭剪型的螺栓头与铆钉头相仿，但在螺纹端设置了一个梅花卡头和一个能控制坚固扭矩的环形槽沟 [图 1 − 2 − 55（b）]。高强度螺栓的坚固方法有三种：大六角头型采用转角法和扭矩法，扭剪型采用扭掉螺栓尾部的梅花卡头法。下面分别介绍这三种方法：

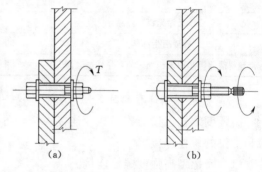

图 1 − 2 − 55　高强度螺栓

1）转角法。分初拧和终拧两步。初拧是先用普通扳手使被连接构件相互紧密贴合，终拧就是以初拧的贴紧位置为起点，根据按螺栓直径和板叠厚度所确定的终拧角度，用强有力的扳手旋转螺母转动 1/2～3/4 圈，拧至预定角度值时，螺栓的拉力即达到了所需的预拉力数值。这种方法的原理是通过螺栓的应变来控制预拉力，但其缺点是精度不高。

2）扭矩法。先用普通扳手初拧（不小于终拧扭矩值的 50%），使连接件紧贴，然后用定扭矩测力扳手终拧。终拧扭矩值根据预先测定的扭矩和预拉力之间的关系确定，施拧时偏差不得超过 ±10%。

3）扭掉螺栓尾部的梅花卡头法，如图 1 − 2 − 56 所示。坚固螺栓时采用特制的电动扳手，这处扳手有内外两个套筒，外筒卡住螺母，内筒卡住梅花卡头。接通电源后，两个套筒按反方向转动，螺母逐步拧紧，使梅花卡头的环形槽沟受到越来越大的剪力，当达到所需的坚固力时，环形槽沟处被剪断，梅花卡头掉下，这时螺栓预拉力达到设计值，坚固完毕。

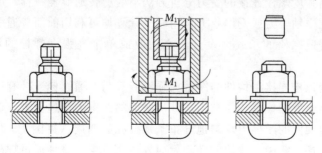

图 1 − 2 − 56　扭剪型高强度螺栓连接的安装过程

（4）高强度螺栓连接摩擦面抗滑移系数。

高强度螺栓摩擦型连接完全依靠被连接构件间的摩擦阻力传力，而摩擦阻力的大小除了螺栓的预拉力外，与被连构件材料及其接触面的表面处理所确定的摩擦面抗滑移系数 μ 有关。而板件间的抗滑移系数与接触面的处理方法和构件钢号有关，其大小随板件间的挤压力的减小而减小。摩擦面抗滑移系数 μ 值见表 1-2-9。

表 1-2-9　　　　　　　　　　　　摩擦面的抗滑移系数 μ

在连接处构件接触面的处理方法	构　件　的　钢　号		
	Q235 钢	Q345 钢、Q390 钢	Q420 钢
喷砂	0.45	0.50	0.50
喷砂后涂无机富锌漆	0.35	0.40	0.40
喷砂后生赤锈	0.45	0.50	0.50
钢丝刷清除浮锈或未经处理的干净轧制表面	0.30	0.35	0.40

2. 高强度螺栓连接的计算

高强度螺栓连接与普通螺栓连接一样，可分为受剪螺栓连接、受拉螺栓连接及同时受剪和受拉的螺栓连接。

（1）摩擦型高强度螺栓连接。

1）受剪摩擦型高强度螺栓连接。

a. 受剪摩擦型高强度螺栓的承载力计算。

受剪摩擦型高强度螺栓连接中每个螺栓的承载力 N_v^b，与预拉力 P、连接中的摩擦面抗滑移系数 μ 以及摩擦面数 n_f 有关，在同时计入材料的抗力分项系数后，得到 N_v^b 的设计值表达式为：

$$N_v^b = \frac{n_f \mu P}{\gamma_k} = 0.9 n_f \mu P \qquad (1.2.66)$$

式中　n_f——传力摩擦面数；

　　　P——每个高强度螺栓的预拉力；

　　　μ——摩擦面抗滑移系数；

　　　γ_k——螺栓的抗力分项系数。

b. 受剪摩擦型高强度螺栓连接的计算。

受剪摩擦型高强度螺栓连接的受力分析方法与受剪普通螺栓一样。所以，受剪摩擦型高强度螺栓连接在受轴心力或受偏心力作用时的计算均可利用前面普通螺栓连接的计算公式，只要将单个普通螺栓的承载力设计值 $N_{\min}^b$ 改成单个高强度螺栓的承载力设计值 N_v^b 即可。

摩擦型高强度螺栓连接中构件的净截面强度验算与普通螺栓连接有所区别，应引起重视。由于摩擦型高强度螺栓是依靠被连接件接触面的摩擦力传递剪力，假定每个螺栓传递的内力相等，且接触面的摩擦力均匀地分布于螺栓孔的四周（见图 1-2-57），则每个螺栓所传递的内力在螺栓孔中心线的前面和后面各传递一半。这种通过螺栓孔中心线以前板件接触面的摩擦力传递现象称为"孔前传力"。这时，对于摩擦型高强度螺栓的验算，一般只需验算最外排螺栓所在的截面，考虑上述现象，连接开孔截面的净截面强度应按下式计算：

$$\sigma = \frac{N'}{A_n} = \left(1 - 0.5\frac{n_1}{n}\right)\frac{N}{A_n} \leqslant f \tag{1.2.67}$$

式中　n_1——截面 1—1 处的高强度螺栓的数目；

　　　n——连接一侧高强度螺栓的总数目；

　　　A_n——截面 1—1 处的净截面面积；

　　　f——构件的强度设计值。

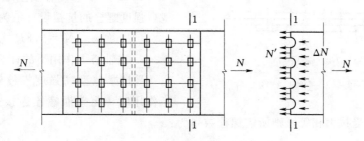

图 1-2-57　摩擦型高强度螺栓孔前传力

此外，由于 $N' < N$，所以除了对有孔截面进行验算之外，同时还应对毛截面进行验算，即

$$\sigma = \frac{N}{A} \leqslant f \tag{1.2.68}$$

【例 1.2.10】　试设计一双盖板拼接的钢板连接。钢材 Q235B，高强度螺栓为 8.8 级的 M20，连接处构件接触面用喷砂处理，作用在螺栓群形心处的轴心拉力设计值 $N = 180\text{kN}$，试设计此连接。

解：（1）采用摩擦型连接时，查得 8.8 级，M20 高强螺栓 $P = 125\text{kN}$，$\mu = 0.45$，单个螺栓承载力设计值：

$$N_v^b = 0.9n_f\mu P = 0.9 \times 2 \times 0.45 \times 125 = 101.3\text{kN}$$

一侧所需螺栓数 n：

$$n = \frac{N}{N_v^b} = \frac{800}{101.3} = 7.9$$

取 9 个，见图 1-2-56 右边所示。

（2）采用承压型连接时，单个螺栓承载力设计值：

$$N_v^b = n_v\frac{\pi d^2}{4}f_v^b = 2 \times \frac{3.14 \times 20^2}{4} \times 250 = 157\text{kN}$$

$$N_c^b = d\sum t \cdot f_c^b = 20 \times 20 \times 470 = 188\text{kN}$$

一侧所需螺栓数：

$$n = \frac{N}{N_{min}^b} = \frac{800}{157} = 5.1$$

取 6 个，见图 1-2-58 左边所示。

2）受拉摩擦型高强度螺栓连接。

高强度螺栓连接的受力特点是依靠预拉力使被连接件压紧传力，当连接在沿螺杆方向

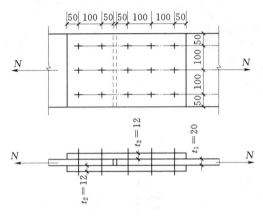

图 1-2-58　[例 1.2.10] 图

再承受外拉力时，由相关试验表明，只要外加拉力不超过螺杆的预拉力时，螺栓的内拉力增加很少。但当外加拉力超过螺杆的预拉力时，则螺栓可能达到材料屈服强度，卸载后螺杆中的预拉力会变小，即会发生松弛现象。因此，《钢结构设计规范》(GB 50017—2003) 偏安全地规定单个摩擦型高强度螺栓的抗拉设计值为：

$$N_t^b = 0.8P \tag{1.2.69}$$

a. 在轴心力作用下的计算。

受拉摩擦型高强度螺栓连接受轴心力 N 作用时，与普通螺栓连接一样，可以假定各个螺栓所受拉力相等，则所需螺栓数目为：

$$n = \frac{N}{N_t^b} \tag{1.2.70}$$

b. 在弯矩 M 作用下的计算。

由于高强度螺栓预拉力大，被连接构件的接触面一直保持着紧密配合。因此，可以认为螺栓群在 M 的作用下将绕螺栓群形心轴转动。最外排的螺栓所受拉力最大（见图 1-2-59），其强度条件为：

$$N_1^M = \frac{M \cdot y_1}{m \sum y_i^2} \leqslant N_t^b = 0.8P \tag{1.2.71}$$

式中　y_1、y_i——最外排（1 号）螺栓和第 i 排螺栓到螺栓群形心轴的距离；

　　　m——螺栓的纵向列数。

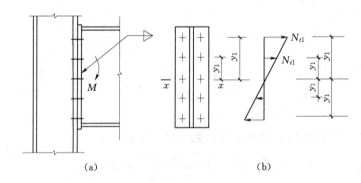

图 1-2-59　摩擦型高强度螺栓连接受弯矩作用

c. 在偏心拉力作用下的计算。

摩擦型高强度螺栓连接受偏心拉力作用时，只要螺栓最大拉力不超过 $0.8P$，连接件接触面就能紧密贴合。因此不论偏心力矩的大小，均可按普通螺栓连接的小偏心受拉情况考虑，即按公式 (1.2.70) 计算，但公式中取 $N_t^b = 0.8P$。

3）兼受拉、剪摩擦型高强度螺栓连接。

图 1-2-60 所示为摩擦型连接高强度螺栓承受拉力、弯矩和剪力共同作用时的情况。由于螺栓连接板层间的压紧力和接触面的抗滑移系数，随外拉力的增加而减小。故连接的抗剪能力下降。根据研究，同时受剪和受拉的摩擦型高强度螺栓，其抗剪承载力设计值可用下式表达：

$$\frac{N_v}{N_v^b} + \frac{N_t}{N_t^b} \leqslant 1 \tag{1.2.72}$$

将 $N_v^b = 0.9 n_f \mu P$ 和 $N_t^b = 0.8P$ 代入上式，即可得到

$$N_v^b = 0.9 n_f \mu (P - 1.25 N_t) \tag{1.2.73}$$

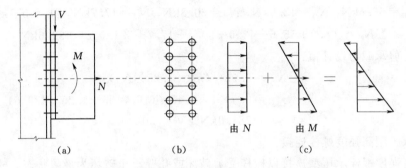

图 1-2-60 同时受拉剪的摩擦型高强度螺栓连接

整个连接的抗剪承载力为各个螺栓抗剪承载力之和，这样，为了保证连接安全承受剪力 V，要求：

$$V \leqslant \sum_{i=1}^{n} N_{v(ti)}^b = 0.9 n_f \mu \left(nP - 1.25 \sum_{i=1}^{n} N_{ti} \right) \tag{1.2.74}$$

式中　N_{ti}——受拉区第 i 排螺栓所受到的外力，对螺栓群形心处及受压区的螺栓均按 $N_{ti} = 0$ 计算，且应保证 $N_{ti} \leqslant 0.8P$；

　　　　n——连接中的螺栓数。

【例 1.2.11】　图 1-2-61 所示高强度螺栓摩擦型连接，被连接构件的钢材为 Q235B。螺栓为 10.9 级，直径 20mm，接触面采用喷砂处理；图中内力均为设计值，试验算此连接的承载力。

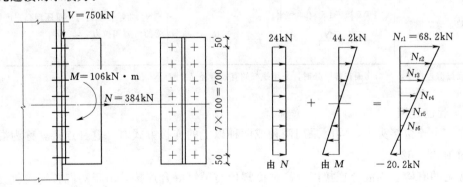

图 1-2-61　[例 1.2.11] 图

解： 由表 1-2-8 和表 1-2-9 查得预拉力 $P=155\text{kN}$，抗滑移系数 $\mu=0.45$。

单个螺栓的最大拉力为：

$$N_{t1}=\frac{N}{n}+\frac{My_1}{m\sum y_i^2}=\frac{384}{16}+\frac{106\times10^3\times350}{2\times2\times(350^2+350^2+250^2+150^2+50^2)}$$

$$=24+44.2=68.2\text{kN}<0.8P=124\text{kN}$$

连接的受剪承载力设计值应按下式计算：

$$\sum N_{v,t}^b=0.9n_f\mu(nP-1.25\sum N_{ti})$$

按比例关系可求得：

$$N_{t2}=55.6\text{kN},\ N_{t3}=42.9\text{kN},\ N_{t4}=30.3\text{kN},\ N_{t5}=17.7\text{kN},\ N_{t6}=5.1\text{kN}$$

故有 $\sum N_{ti}=(68.2+55.6+42.9+30.3+17.7+5.1)\times2=439.6\text{kN}$

验算受剪承载力设计值：

$$\sum N_{v,t}^b=0.9n_f\mu(nP-1.25\sum N_{ti})$$

$$=0.9\times1\times0.45\times(16\times155-1.25\times439.6)$$

$$=781.9\text{kN}>V=750\text{kN}$$

（2）承压型高强度螺栓连接。

受剪高强度螺栓承压型连接以栓杆受剪破坏或孔壁承压破坏为极限状态。故其计算方法基本上与受剪普通螺栓连接相同。受拉高强度螺栓承压型连接则与受剪高强度螺栓摩擦型完全相同，见表 1-2-10。

表 1-2-10 承压型高强度螺栓的计算公式

连接种类	单个螺栓的承载力设计值	承受轴心力时所需螺栓数目	附 注
受剪螺栓	$N_v^b=n_v\dfrac{\pi d^2}{4}f_v^b$ $N_c^b=d\sum t f_c^b$	$n\geq\dfrac{N}{N_{\min}^b}$	f_v^b、f_c^b 按承压型高强度螺栓采用，$N_{\min}^b$ 为 N_v^b、N_c^b 中的较小值
受拉螺栓	$N_t^b=0.8P$	$n\geq\dfrac{N}{N_t^b}$	
兼受拉、剪的螺栓	$\sqrt{\left(\dfrac{N_v}{N_v^b}\right)^2+\left(\dfrac{N_t}{N_t^b}\right)^2}\leq1$ $N_v\leq\dfrac{N_c^b}{1.2}$		N_v、N_t 分别为每个承压型高强度螺栓所受的剪力和拉力

注 在抗剪连接中，当剪切面在螺纹处时，采用螺杆的有效直径 d_e 计算 N_v^b 值。

1.2.3 混合连接

在一个连接接头中，同时采用两种或两种以上的连接方式时，这种连接就称为混合连接（图 1-2-62）。

常见的有栓—焊混合连接以及高强度螺栓与铆钉混合连接。由于对混合连接研究尚不充分，故不宜用于新设计的结构中。在结构加固补强时，可考虑原有连接只承受永久荷载，而新加连接承受可变荷载。

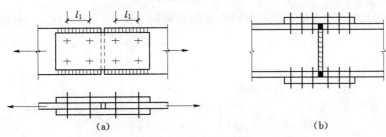

图 1-2-62 混合连接

(a) 高强度螺栓与角焊缝；(b) 高强度螺栓与对接焊缝

课 后 任 务

到建筑工地去了解钢结构的连接方式。

课题3　熟悉钢结构构件

1.3.1　轴心受力构件

1.3.1.1　轴心受力构件的应用及截面形式

1. 轴心受力构件的应用

轴心受力构件是指只通过构件截面形心的轴向力作用的构件，分为轴心受拉及受压两种情况。在钢结构中轴心受力构件具有广泛的应用，桁架、屋架、网架、井塔等均由轴心受力杆件连接而成。图 1-3-1 即为轴心受力构件在工程中应用的一些实例。

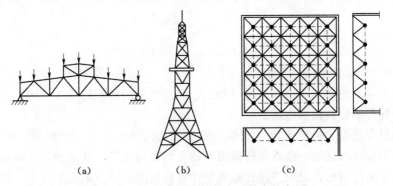

图 1-3-1　轴心受力构件在工程中的应用

(a) 桁架；(b) 塔架；(c) 网架

轴心受力构件的形式和类型较多，但常见的受压构件以受压柱为代表，在结构中将轴心受力构件中的竖向受压构件通常称为轴心受压柱。柱由柱头、柱身和柱脚三部分组成（图 1-3-2）。柱头用来支承上部结构并将荷载传给柱身，柱脚坐落在基础上将轴荷载传给基础，并与基础形成一个统一的整体来共同支撑上部结构。

2. 轴心受力构件的截面形式

轴心受力构件的截面形式很多，按其生产制作情况分为型钢截面和组合截面两种，其中组合截面又分为实腹式组合截面和格构式组合截面（图 1-3-3）。

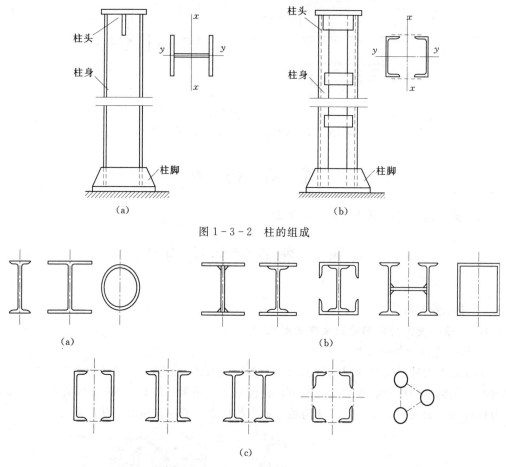

图 1-3-2　柱的组成

图 1-3-3　柱的组成
（a）型钢截面；（b）实腹式组合截面；（c）格构式组合截面

　　型钢截面，其安装制作量少，省时省工，能有效地节约制作成本。因此，在受力较小的轴心受力构件中得到较多应用。

　　实腹式组合截面和格构式组合截面的形状、几何尺寸几乎不受限制，可根据受力性质、大小选用合适的截面，使得构件截面有较大的回转半径，从而增大截面的惯性矩，提高构件刚度，节约钢材。但由于组合截面制作费时费工，其总的成本并不一定很低，在荷载较大或构件较高时使用广泛。

1.3.1.2　轴心受力构件的强度和刚度

　　作为一种受力构件，需满足承载能力与正常使用两种极限状态的要求。对于轴心受拉构件，应根据结构的用途、构件的受力和材料的供应情况等选用合理的截面形式，并对所选的截面进行强度和刚度验算；而对于轴心受压构件，除必须对构件进行强度和刚度验算外，还须对构件的整体稳定和局部稳定进行验算。

　　1. 轴心受力构件的强度

　　不论是轴心受拉构件还是轴心受压构件，其强度承载能力极限状态是截面的平均应力达到钢材的屈服强度 f_y。当构件局部有截面削弱时，截面上的应力分布就不再均匀，在构件的孔洞周围就会出现应力集中现象。但当应力集中部分进入塑性后，内部的应力重分布会使最终拉应力分布趋于平均。因此，轴心受力构件经截面的平均应力不应大于钢材的强度设计值作为计算准则（除摩擦型高强度螺栓连接外）。即：

$$\sigma = \frac{N}{A_n} \leqslant f \tag{1.3.1}$$

式中　N——轴心力设计值；

　　　A_n——构件的净截面面积；

　　　f——钢材的抗拉、抗压强度设计值。

对于摩擦型高强度螺栓连接处的强度应按前一模块相关公式计算：

$$\sigma = \frac{N'}{A_n} = \left(1 - 0.5\frac{n_1}{n}\right)\frac{N}{A_n} \leqslant f \tag{1.3.2}$$

$$\sigma = \frac{N}{A} \leqslant f \tag{1.3.3}$$

2. 轴心受力构件的刚度

正常使用极限状态要求轴心受拉构件和轴心受压构件应具有一定的刚度，以保证构件在运输和安装过程中，不会产生过大的挠曲变形或在动荷载作用下产生晃动。为此，《钢结构设计规范》（GB 50017—2003）通过限制构件的长细比来保证其具有足够的刚度，即要求轴心受力构件的长细比不超过《钢结构设计规范》（GB 50017—2003）规定的容许长细比，见表 1-3-1，表 1-3-2：

$$\lambda = \frac{l_0}{i} \leqslant [\lambda] \tag{1.3.4}$$

式中　λ——构件最不利方向的计算长细比；

　　　l_0——构件相应方向的计算长度；

　　　i——构件截面相应方向的回转半径；

　　　$[\lambda]$——受拉构件或受压构件的容许长细比，按规定取值。

表 1-3-1　　　　　　　　受拉构件的容许长细比

项次	构　件　名　称	承受静力荷载或间接动力荷载的结构		直接承受动力荷载的结构
		一般建筑结构	有重级工作制吊车的厂房	
1	桁架的杆件	350	250	250
2	吊车梁或吊车桁架以下的柱间支撑	300	200	—
3	其他拉杆、支撑、系杆等（张紧的圆钢除外）	400	350	—

注　1. 承受静力荷载的结构中，可仅计算受拉构件在竖向平面内的长细比。

　　2. 直接或间接承受动力荷载的结构中，计算单角钢受拉构件的长细比时，应采用角钢的最小回转半径；在计算单角钢交叉受拉杆件平面外的长细比时，可采用与角钢肢边平行轴的回转半径。

　　3. 中、重级工作制吊车桁架下弦的长细比不宜超过 200。

　　4. 在设有夹钳吊车或刚性料耙吊车的厂房中，支撑（表中第②项除外）的长细比不宜超过 300。

　　5. 受拉构件在永久荷载和风荷载组合作用下受压时，其长细比不宜超过 250。

　　6. 对于跨度≥60m 的桁架，其受拉弦杆和腹杆的长细比不宜超过 300（承受静力荷载或间接动力荷载）或 250（直接承受动力荷载）。

表 1-3-2　　　　　　　　　　　　　　受压构件的容许长细比

项　次	构　件　名　称	容许长细比
1	柱、桁架和天窗架中的杆件	150
	柱的缀条顶、吊车梁或吊车桁架以下的柱间支撑	
2	支撑（吊车梁或吊车桁架以下的柱间支撑除外）	200
	用以减少受压构件长细比的杆件	

注　1. 桁架（包括空间桁架）的受压腹杆，当其内力等于或小于承载力的 50% 时，容许长细比可取 200。

　　2. 计算单角钢受压构件的长细比时，应采用角钢的最小回转半径；但在计算交叉杆件平面外的长细比时，可采用与角钢肢边平行轴的回转半径。

　　3. 对于跨度 ≥60m 的桁架，其受压弦杆和端压杆的容许长细比宜取 100（承受静力荷载或间接动力荷载）或 120（直接承受动力荷载）。

　　4. 由容许长细比控制截面的构件，在计算长细比时可以不考虑杆件的扭转效应。

【例 1.3.1】　图 1-3-4 所示一有中级工作制吊车的厂房屋架的双角钢拉杆，截面为 $2 \llcorner 100 \times 10$，角钢上有交错排列的普通螺栓孔，孔径 $d = 20\text{mm}$。试计算此拉杆所能承受的最大拉力及容许达到的最大计算长度。钢材为 Q235 钢。

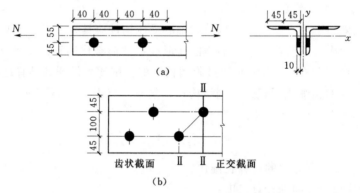

图 1-3-4　[例 1.3.1] 图

解：查附表，$2 \llcorner 100 \times 10$ 角钢，$i_x = 3.05\text{cm}$，$i_y = 4.52\text{cm}$，$f = 215\text{N/mm}^2$，角钢的厚度为 10mm，在确定危险截面之前先把它按中面展开如图 1-3-4（b）所示。

1. 强度验算

正交截面的净截面面积为：
$$A_n = 2 \times (45 + 100 + 45 - 20 \times 1) \times 10 = 3400\text{mm}^2$$

齿状截面的净面积为：
$$A_n = 2 \times (45 + \sqrt{100^2 + 40^2} + 45 - 20 \times 2) \times 10 = 3150\text{mm}^2$$

危险截面是齿状截面。

此拉杆所能承受的最大拉力为：
$$N = A_n f = 3150 \times 215 = 677000\text{N} = 677\text{kN}$$

2. 刚度验算

容许的最大计算长度为：

对 x 轴，　　　　　　　$l_{0x} = [\lambda] \cdot i_x = 350 \times 3.05 = 1067.5\text{cm}$

对 y 轴，　　　　　　　$l_{0y} = [\lambda] \cdot i_y = 350 \times 4.52 = 1582\text{cm}$

1.3.1.3　轴心受压构件的稳定性

1. 轴心受压构件稳定性的概念

在研究轴心受压构件的强度时，认为构件始终保持直线形式平衡，其失效形式是强度不足的破坏。事实上，这个结论只适用于短而粗的构件。当轴心受压构件的长细比较大而截面又没有孔洞削弱时，当压力达到一定大小时，会突然发生侧向弯曲（或扭曲），改变原来的受力性质，从而丧失承载力。此时构件横截面上的应力小于材料的极限应力，这种失效不是强度不足，而是由于受压构件不能保持其原有的直线形状平衡。这种现象称为丧失整体稳定性，或称屈曲。

轴心受压构件的失效，常表现为整体失稳和局部失稳两种类型，近些年来，由于钢结构构件趋于轻型化和薄壁化，这样就更容易失稳，因而对钢结构稳定性验算就显得尤为重要。

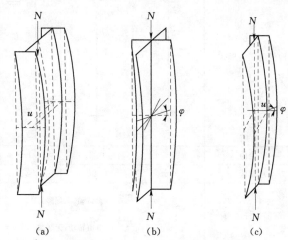

图 1-3-5　三种不同形式的屈曲
（a）弯曲失稳；（b）扭转失稳；（c）弯扭失稳

2. 轴心受压构件的整体稳定性

（1）理想轴心受压构件的屈曲形式。

理想轴心受力构件是指杆件本身绝对平直、材质均匀、各向同性，无偏心荷载，无初始内应力，杆端为两端铰支。

理想轴心受压构件可能以三种屈曲形式丧失稳定（如图 1-3-5 所示）：

1）弯曲失稳——只发生弯曲变形，截面只绕一个主轴旋转，杆纵轴由直线变为曲线，是双轴对称截面常见的失稳形式。

2）扭转失稳——失稳时除杆件的支撑端外，各截面均绕纵轴扭转，是某些双轴对称截面可能发生的失稳形式。

3）弯扭失稳——单轴对称截面绕对称轴屈曲时，杆件发生弯曲变形的同时必然伴随着扭转。

（2）理想轴心受压构件的弯曲屈曲临界力。

若只考虑弯曲变形，临界力公式即为著名的欧拉临界力公式，表达式为

$$N_{cr} = \frac{\pi^2 EA}{\lambda^2} \tag{1.3.5}$$

式中　E——材料的弹性模量；

λ——构件的长细比；

A——构件的毛截面面积。

在实际结构中，由于压杆的端部不可能为理想的铰接，结构并非全部铰支。因此，对于任意支承情况的压杆，其临界力为

$$N_{cr} = \frac{\pi^2 EI}{(\mu l)^2} = \frac{\pi^2 EI}{l_0^2} \tag{1.3.6}$$

式中　　l_0——杆件的计算长度；

　　　　μ——杆件的计算长度系数（表1-3-3）。

表 1-3-3　　　　　　　　　　轴心受压构件的计算长度系数

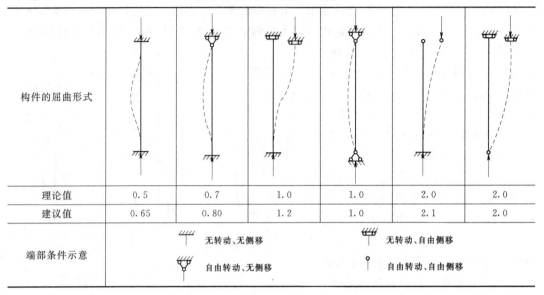

构件的屈曲形式						
理论值	0.5	0.7	1.0	1.0	2.0	2.0
建议值	0.65	0.80	1.2	1.0	2.1	2.0
端部条件示意	无转动、无侧移　自由转动、无侧移			无转动、自由侧移　自由转动、自由侧移		

（3）实际轴心受压构件的稳定承载力。

在实际工作中，理想的轴心受压构件是不存在的，实际工程中的构件不可避免地存在初弯曲、荷载初偏心和残余应力等初始缺陷，这样，在压力作用下，杆件的侧向挠度从开始加载就会不断地增加。所以，杆件除受轴向力外，实际上还存在因杆件挠曲而产生的弯矩，从而降低了构件的稳定承载力。

考虑上述情况，《钢结构设计规范》（GB 50017—2003）是取具有一定初弯曲和残余应力的杆件，用弹塑性分析的方法来计算稳定承载力。得出轴心受压构件的稳定承载力计算公式为

$$\sigma=\frac{N}{A}\leqslant\frac{N_u}{A\gamma_R}=\frac{N_u}{Af_y}\cdot\frac{f_y}{\gamma_R}=\varphi\cdot f \tag{1.3.7}$$

式中　　N——轴心受压构件的压力设计值；

　　　　φ——轴心受压构件的稳定系数；

　　　　f——钢材的抗压强度设计值。

（4）柱子曲线和稳定系数。

如上述公式，要计算轴心受压构件的稳定承载力关键在于确定式中的稳定系数 φ 值。

为此，GB 50017—2003 对 200 多种杆件按不同长细比算出 N_u 值，由此求得 $\varphi=\dfrac{N_u}{Af_y}$ 与长细比 λ 的关系曲线。然后按照数理统计原理及可靠度分析将其中数值相近的分别归并成为如图 1-3-6 所示的 a、b、c、d 四条曲线。这四条曲线各代表一组截面，即根据截面形式、对截面哪一个主轴屈曲、钢材边缘加工方法、组成截面板材厚度这几个因素将截面分为 4 类，如表 1-3-4 所示。

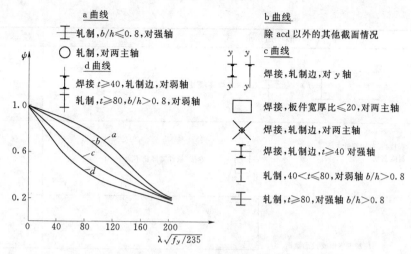

轧制，$b/h\leqslant 0.8$，对强轴

$\bigcirc$ 轧制，对两主轴
　　d 曲线

焊接 $t\geqslant 40$，轧制边，对弱轴

轧制，$t\geqslant 80$，$b/h>0.8$，对弱轴

b 曲线
除 acd 以外的其他截面情况

c 曲线

焊接，轧制边，对 y 轴

焊接，板件宽厚比$\leqslant 20$，对两主轴

焊接，轧制边，对两主轴

焊接，轧制边，$t\geqslant 40$ 对强轴

轧制，$40<t\leqslant 80$，对弱轴 $b/h>0.8$

轧制，$t\geqslant 80$，对强轴 $b/h>0.8$

图 1-3-6 我国的柱子曲线

表 1-3-4　　　　　　　　**轴心受压构件的截面分类**（板厚 $t<40mm$）

截面形式		对 x 轴	对 y 轴
轧制		a 类	a 类
轧制，b/h 不大于 8		a 类	b 类
轧制，$b/h>0.8$ ／ 焊接，翼缘为焰切边	焊接	b 类	b 类
轧制	轧制，等边角钢		
轧制、焊接（板件宽厚比大于 20）	轧制或焊接		
焊接	轧制截面和翼缘为焰切边焊接截面		
格构式	焊接，板件边缘焰切		

截 面 形 式		对 x 轴	对 y 轴
焊接,翼缘为轧制或剪切边		a 类	c 类
焊接,板件边缘轧制或剪切	焊接,板件宽厚比不大于 20	c 类	c 类
轧制工字形或H形截面	$t<80\text{mm}$	b 类	c 类
	t 不小于 80mm	c 类	d 类
焊接工字形截面	翼缘为焰切边	b 类	b 类
	焊接,翼缘为轧制或剪切边	c 类	d 类
焊接箱形截面	板件宽厚比大于 20	b 类	b 类
	板件宽厚比不大于 20	c 类	c 类

一般的截面情况属于 b 类；轧制圆管以及轧制普通工字钢绕 x 轴失稳时其残余应力影响较小，故属 a 类；c 类截面由于残余应力影响较大，或者因板件厚度相对较大，残余应力在厚度方向变化影响不可忽视，致使 φ 值更低；曲线 d 主要用于厚板截面。

由图 1-3-6 和表 1-3-4 可知，轴心受压构件的整体稳定系数 φ 与构件截面种类、钢材品种和长细比等因素有关（φ 值见附表）。

因此，轴心受压构件的整体稳定计算的重要内容，就是要计算构件的长细比 λ，计算 λ 时注意以下几种情况：

1）截面为双轴对称或极对称的构件：

$$\lambda_x = l_{0x}/i_x,\ \lambda_y = l_{0y}/i_y \tag{1.3.8}$$

式中 l_{0x}、l_{0y}——杆件对主轴 x 和 y 的计算长度；

　　i_x、i_y——构件截面对主轴 x 和 y 的回转半径。

对双轴对称十字形截面构件，λ_x 或 λ_y 取值不得小于 $5.07b/t$（其中 b/t 为悬伸板件宽厚比）。

2) 截面为单轴对称的构件，绕非对称轴的长细比 λ_x 仍按式（1.3.8）计算。但当绕对称轴失稳时为弯扭屈曲。在相同情况下，弯扭失稳比弯曲失稳的临界应力要低。因此，单轴对称截面绕对称轴（设为 y 轴）的稳定应取计及扭转效应的下列换算长细比 λ_{yz} 代替 λ_y：

$$\lambda_{yz}=\frac{1}{\sqrt{2}}\Big[(\lambda_y^2+\lambda_z^2)+\sqrt{(\lambda_y^2+\lambda_z^2)^2-4(1-e_0^2/i_0^2)\lambda_y^2\lambda_z^2}\,\Big]^{1/2} \qquad (1.3.9)$$

$$\lambda_z^2=i_0^2A/(I_t/25.7+I_\omega/l_\omega^2) \qquad (1.3.10)$$

$$i_0^2=e_0^2+i_x^2+i_y^2 \qquad (1.3.11)$$

式中　e_0——截面形心至剪切中心的距离；

　　　A——毛截面面积；

　　　i_0——截面对剪心的极回转半径；

　　　λ_z——扭转屈曲的换算长细比；

　　　I_t——毛截面抗扭惯性矩；

　　　I_ω——毛截面扇性惯性矩对 [T 形截面（轧制、双板焊接、双角钢组合）、十字形
　　　　　　截面和角形截面近似取 $I_\omega=0$]；

　　　l_ω——扭转屈曲的计算长度，对两端铰接端部可自由翘曲或两端嵌固完全约束的构
　　　　　　件，取 $l_\omega=l_{0y}$。

3) 单角钢截面和双角钢组合 T 形截面绕对称轴的换算长细比可采用简化方法确定：

a. 等边单角钢截面，[见图 1-3-7（a）]。

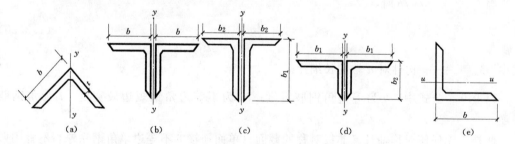

图 1-3-7　单角钢截面和双角钢组合 T 形截面

当 $b/t\leqslant0.54l_{0y}/b$ 时：

$$\lambda_{yz}=\lambda_y\left(1+\frac{0.85b^4}{l_{0y}^2t^2}\right) \qquad (1.3.12)$$

当 $b/t>0.54l_{0y}/b$ 时：

$$\lambda_{yz}=4.78\frac{b}{t}\left(1+\frac{l_{0y}^2t^2}{13.5b^4}\right) \qquad (1.3.13)$$

b. 等边双角钢截面 [见图 1-3-7（b）]。

当 $b/t\leqslant0.58l_{0y}/b$ 时：

$$\lambda_{yz}=\lambda_y\left(1+\frac{0.475b^4}{l_{0y}^2t^2}\right) \qquad (1.3.14)$$

当 $b/t>0.58l_{0y}/b$ 时：

$$\lambda_{yz} = 3.9 \frac{b}{t} \left(1 + \frac{l_{0y}^2 t^2}{18.6b^4}\right) \tag{1.3.15}$$

c. 长肢相并的不等边角钢截面 [见图 1-3-7 (c)]。

当 $b_2/t \leqslant 0.48 l_{0y}/b_2$ 时：

$$\lambda_{yz} = \lambda_y \left(1 + \frac{1.09b_2^4}{l_{0y}^2 t^2}\right) \tag{1.3.16}$$

当 $b_2/t > 0.48 l_{0y}/b_2$ 时：

$$\lambda_{yz} = 5.1 \frac{b_2}{t} \left(1 + \frac{l_{0y}^2 t^2}{17.4b_2^4}\right) \tag{1.3.17}$$

d. 短肢相并的不等边角钢截面 [见图 1-3-7 (d)]。

当 $b_1/t \leqslant 0.56 l_{0y}/b_1$ 时，近似取：$\lambda_{yz} = \lambda_y$，否则应取：

$$\lambda_{yz} = 3.7 \frac{b_1}{t} \left(1 + \frac{l_{0y}^2 t^2}{52.7b_1^4}\right) \tag{1.3.18}$$

4) 单轴对称的轴心受压构件在绕非对称轴以外的任意轴失稳时，应按弯扭屈曲计算其稳定性。当计算等边角钢构件绕平行轴（u 轴）稳定时，可按下式计算换算长细比，并按 b 类截面确定 φ 值 [见图 1-3-7 (e)]。

当 $b/t \leqslant 0.69 l_{0u}/b$ 时：

$$\lambda_{uz} = \lambda_u \left(1 + \frac{0.25b^4}{l_{0u}^2 t^2}\right) \tag{1.3.19}$$

当 $b/t > 0.69 l_{0u}/b$ 时：

$$\lambda_{uz} = 5.4 \frac{b}{t} \tag{1.3.20}$$

式中 $\lambda_u = \dfrac{l_{0u}}{i_{0u}}$——构件对 u 轴的长细比。

以上 9 个公式中，b 为等边角钢肢宽度；b_2 为不等边角钢短边肢宽度；t 为角钢肢厚度。

此外，无任何对称轴且又非极对称的截面（单面连接的不等边单角钢除外）不宜用做轴心受压构件；对单面连接的单角钢轴心受压构件，考虑折减系数后，可不考虑弯扭效应；当槽形截面用于格构式构件的分肢，计算分肢绕对称轴（y 轴）的稳定性时，不必考虑扭转效应，直接用 λ_y 查出 φ 值。

3. 实腹式轴心受压构件局部稳定

(1) 局部稳定的概念。

实腹式轴心受压构件是靠腹板和翼缘来承受轴向压力的。当腹板和翼缘较薄时，在轴向压力作用下，腹板和翼缘都有可能达到临界承载力而丧失稳定。这种失稳通常发生在构件的局部，因此称为局部失稳（图 1-3-8）。

与构件的整体失稳不同，构件丧失了局部稳定性后，还可以继续维持构件的整体平衡，但会降低构件的整体稳定性，影响构件的承载力，导致构件提前破坏。

(2) 板件局部稳定的宽（高）厚比限值。

对于局部屈曲问题，《钢结构设计规范》（GB 50017—2003）规定，受压构件中板件

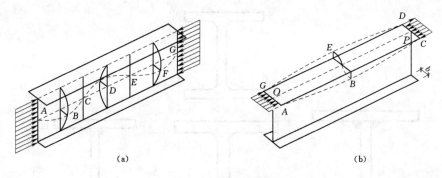

图 1 - 3 - 8 轴心受压构件的局部失稳

的局部稳定以板件屈曲不先于构件的整体失稳为条件,并通过限制板件的宽(高)厚比来控制。

1)翼缘宽厚比的限值(见图 1 - 3 - 9)。

a. 工字形、T 形、H 形自由外伸翼缘宽厚比。

$$\frac{b}{t} \leqslant (10 + 0.1\lambda)\sqrt{\frac{235}{f_y}} \qquad (1.3.21)$$

式中　b、t——翼缘自由外伸宽度和厚度,对于焊接构件,取腹板边至翼缘板边的距离;

　　　　λ——构件两方向长细比的较大值,当 $\lambda < 30$ 时,取 $\lambda = 30$;当 $\lambda > 100$ 时,取 $\lambda = 100$。

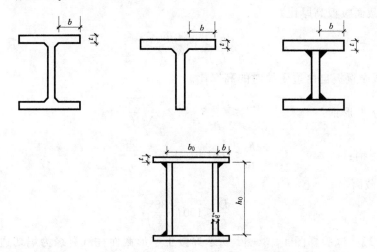

图 1 - 3 - 9 工字形、T 形、H 形及箱形截面翼缘尺寸

b. 箱形截面翼缘板宽厚比。

$$\frac{b}{t} \leqslant 13\sqrt{\frac{235}{f_y}} \qquad (1.3.22)$$

$$\frac{b_0}{t} \leqslant 40\sqrt{\frac{235}{f_y}} \qquad (1.3.23)$$

2)腹板高厚比的限值(见图 1 - 3 - 10)。

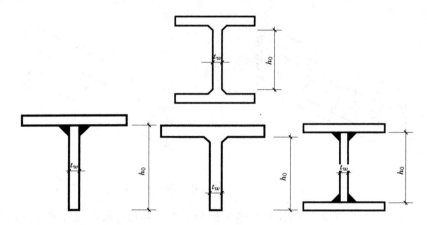

图 1-3-10　工字形、T 形、H 形截面腹板尺寸

a. 工字形、H 形截面腹板高厚比。

$$\frac{h_0}{t_w} \leqslant (25+0.5\lambda)\sqrt{\frac{235}{f_y}}$$ (1.3.24)

式中　h_0、t_w——腹板的高度和厚度；

λ——构件两方向长细比较大值，当 $\lambda<30$ 时，取 $\lambda=30$；当 $\lambda>100$ 时，取 $\lambda=100$。

b. 箱形截面腹板高厚比。

$$\frac{h_0}{t_w} \leqslant 40\sqrt{\frac{235}{f_y}}$$ (1.3.25)

c. T 形截面腹板自由边受拉时的高厚比。

热轧剖分 T 形钢：　　$$\frac{h_0}{t_w} \leqslant (1.5+0.2\lambda)\sqrt{\frac{235}{f_y}}$$ (1.3.26)

焊接 T 形钢：　　$$\frac{h_0}{t_w} \leqslant (13+0.17\lambda)\sqrt{\frac{235}{f_y}}$$ (1.3.27)

3）圆管截面。

$$\frac{D}{t} \leqslant 100\left(\frac{235}{f_y}\right)$$ (1.3.28)

【例 1.3.2】　试验算图 1-3-11 所示焊接工字形截面柱（翼缘为焰切边），轴心压力设计值为 $N=4500\text{kN}$，柱的计算长度 $l_{0x}=l_{0y}=6.0\text{m}$，Q235 钢材，截面无削弱。试验算整体稳定性和局部稳定性。

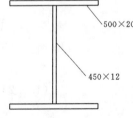

图 1-3-11　[例 1.3.2] 图

解：1. 其截面参数为

$$A=2\times 500\times 20+12\times 450=25400\text{mm}^2$$

$$I_x=\frac{1}{12}(500\times 490^3-488\times 450^3)=1.2\times 10^9\text{mm}^4$$

$$I_y=2\times \frac{1}{12}\times 20\times 500^3=4.2\times 10^8\text{mm}^4$$

$$i_x = \sqrt{\frac{I_x}{A}} = \sqrt{\frac{1.2 \times 10^9}{25400}} = 217\text{mm}$$

$$i_y = \sqrt{\frac{I_y}{A}} = \sqrt{\frac{4.2 \times 10^8}{25400}} = 128\text{mm}$$

$$\lambda_x = \frac{l_{0x}}{i_x} = \frac{6000}{217} = 27.6$$

$$\lambda_y = \frac{l_{0y}}{i_y} = \frac{6000}{128} = 46.9$$

2. 整体稳定性验算

按长细比较大值 $\lambda = 46.9$，查附表得 $\varphi = 0.871$

$$\sigma = \frac{N}{\varphi \cdot A} = \frac{4500 \times 10^3}{0.871 \times 25400} = 203.4\text{N/mm}^2 < f = 215\text{N/mm}^2$$

3. 局部稳定性验算

自由外伸翼缘：

$$\frac{b_1}{t} = \frac{(250-6)}{20} = 12.2 < (10+0.1\lambda)\sqrt{\frac{235}{235}} = 14.7 \quad 满足式（1.3.21）$$

腹板部分：$\dfrac{h_0}{t_w} = \dfrac{450}{12} = 37.5 < (25+0.5\lambda)\sqrt{\dfrac{235}{235}} = 48.4 \quad 满足式（1.3.24）$

1.3.1.4　实腹式轴心受压构件的设计

1. 设计原则

实腹式轴心受压柱一般采用双轴对称截面，以避免弯扭失稳。常用截面形式有轧制普通工字钢、H 型钢、焊接工字钢截面、型钢和钢板的组合截面、圆管和方管截面等。

选择轴心受压实腹柱的截面时，应考虑以下几个原则：

（1）材料的面积分布应尽量开展，以增加截面的惯性矩和回转半径，提高柱的整体稳定性和刚度。

（2）使两个主轴方向等稳定性，即使 $\lambda_x = \lambda_y$，以达到经济效果。

（3）便于与其他构件进行连接。

（4）尽可能构造简单，制造省工，取材方便。

2. 截面设计

截面设计时，首先按上述原则选定合适的截面形式，再初步选择截面尺寸，然后进行强度、整体稳定、局部稳定、刚度等的验算。具体步骤如下：

（1）假定柱的长细比 λ。通常先假定构件的长细比 $\lambda = 50 \sim 100$，N 较大时，λ 值宜较小，反之宜大些。根据 λ 得到稳定系数 φ 值，然后求出需要的截面积 A。即 $A = \dfrac{N}{\varphi f}$。

（2）求两个主轴所需要的回转半径，$i_x = \dfrac{l_{0x}}{\lambda}$，$i_y = \dfrac{l_{0y}}{\lambda}$。

（3）确定型钢的型号或组合截面各钢板的尺寸。由已知截面面积 A、两个主轴的回转半径 i_x、i_y，优先选用轧制型钢。若用组合截面，应根据各种截面回转半径与截面轮廓尺寸的近似关系，计算所需的近似轮廓尺寸；另外，初选截面尺寸时，还应考虑到钢材规格和局部稳定的需要，制造、焊接工艺的需要，以及宽肢薄壁、连接方便等原则。

$$h \approx \frac{i_x}{\alpha_1}; \quad b \approx \frac{i_y}{\alpha_2} \tag{1.3.29}$$

（4）由所需要的 A、h、b 等，再考虑构造要求、局部稳定以及钢材规格等，确定截面的初选尺寸。

（5）构件强度、稳定和刚度验算。

1）当截面有削弱时，需进行强度验算：$\sigma = \dfrac{N}{A_n} \leqslant f$。

2）刚度验算：$\lambda = \dfrac{l_0}{i} \leqslant [\lambda]$。

3）整体稳定验算：$\sigma = \dfrac{N}{\varphi A} \leqslant f$。

4）局部稳定验算。对于热轧型钢截面，因板件的宽厚比较大，可不进行局部稳定的验算。对于组合截面，则应对板件的宽厚比进行验算。

3. 构造要求

当实腹柱腹板的高厚比 $h_0/t_w > 80$ 时，为防止腹板在施工和运输过程中发生变形，提高柱的抗扭刚度，应设置横向加劲肋。横向加劲肋的间距不得大于 $3h_0$（见图 $1-3-12$），其截面尺寸要求为双侧加劲肋的外伸宽度 b_s 应不小于 $(h_0/30+40)$ mm，厚度 t_s 应大于外伸宽度的 $1/15$。

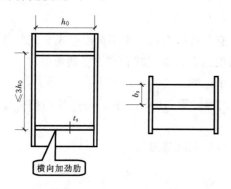

图 $1-3-12$　横向加劲肋构造要求

当 H 形或箱形截面柱的翼缘自由外伸宽厚比不满足要求时，可采用增大翼缘板厚的方法。但对腹板，当其高厚比不满足，常沿腹板腰部两侧对称设置沿轴向的加劲肋，称为纵向加劲肋。设置纵向加劲肋后，应根据新的腹板高度重新验算腹板的高厚比。

对于大型实腹式柱，为了增加其抗扭刚度和传递集中力，在受有较大水平力处，以及运输单元的端部应设置横隔。构件较长时应设置中间横隔，横隔间距一般不大于柱截面较大宽度的 9 倍或 8m。

实腹式轴心受压柱的纵向焊缝（腹板与翼缘之间的连接焊缝）主要起连接作用，受力很小，一般不作强度验算，可按构造要求确定焊缝尺寸。

【例 3.1.3】 图 $1-3-13$ 所示一管道支架，支架柱两端铰接，Q235 钢材，截面无削弱。设计轴心压力 $N = 1600$kN，试按以下要求选择（设计）此柱截面。a）采用普通热轧工字钢；b）焊接工字形截面，翼缘为焰切边。

解：如图 $1-3-13$ 所示，由于支架柱间的杆件形成在支架平面内对支架柱中部的水平支撑，因而支架柱在支架平面和垂直支架平面两个方向上的计算长度不等，采用工字形截面时，应将其截面的强轴 x 放置在支架平面内，该方向的计算长度 $l_{0x} = 6$m；弱轴 y 在垂直支架平面方向，计算长度 $l_{0y} = 3$m。

1. 热轧工字钢

（1）初选截面。

假定 $\lambda=90$，对热轧工字钢，当沿 x 轴失稳时，属 a 类截面，查得 $\varphi_x=0.714$。

当沿 y 轴失稳时，属 b 类截面，查得 $\varphi_y=0.621$，取小值 $\varphi=0.621$，所需截面几何参数为：

$$A=\frac{N}{\varphi f}=\frac{1600\times10^3}{0.621\times215}=11980\text{mm}^2$$

$$i_x=\frac{l_{0x}}{\lambda}=\frac{6000}{90}=66.7\text{mm}$$

$$i_y=\frac{l_{0y}}{\lambda}=\frac{3000}{90}=33.3\text{mm}$$

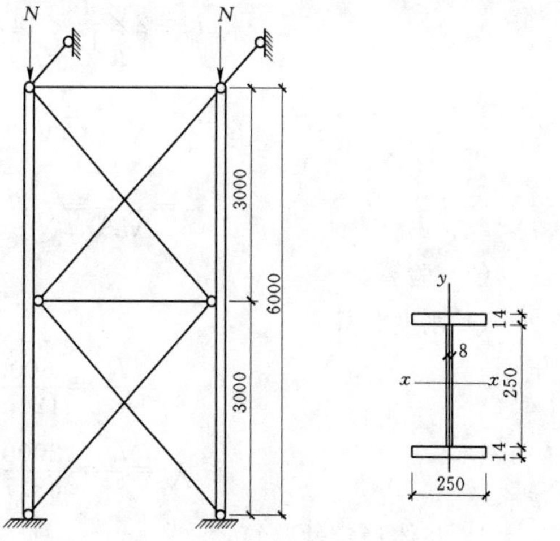

图 1-3-13 ［例 1.3.3］图

在查型钢表时，由于没有同时满足 A、i_x、i_y 三值的型钢，因此应以满足 A 和弱轴方向的 i_y 来进行选择。

本例试选 I56a，$A=13500\text{mm}^2$，$i_x=220\text{mm}$，$i_y=31.8\text{mm}$。

（2）验算。

因截面无削弱，故不需验算强度；又因型钢的翼缘和腹板均满足局部稳定条件，可不验算局部稳定；故只验算整体稳定性和刚度。

1）刚度验算：

$$\lambda_x=\frac{l_{0x}}{i_x}=\frac{6000}{220}=27.3<[\lambda]=150;\quad\lambda_y=\frac{l_{0y}}{i_y}=\frac{3000}{31.8}=94.3<[\lambda]=150$$

2）整体稳定性验算：

由附表查得 $\varphi_x=0.968$，$\varphi_y=0.590$，取小值 $\varphi=0.590$

$$\sigma=\frac{N}{\varphi A}=\frac{1600\times10^3}{0.590\times13500}=201\text{N/mm}^2<215\text{N/mm}^2$$

2. 焊接工字型截面

（1）初选截面。

设 $\lambda=50$，则

$$i_x=\frac{l_{0x}}{\lambda}=\frac{6000}{50}=120\text{mm};\quad i_y=\frac{l_{0y}}{\lambda}=\frac{3000}{50}=60\text{mm}$$

对焊接组合工字型截面 $i_x=0.43h$，$i_y=0.24b$，则：

$$h=\frac{120}{0.43}=272\text{mm},\quad b=\frac{60}{0.24}=250\text{mm}$$

取翼缘板 2-250×14，腹板 1-250×8，其截面参数为：

$$A=2\times250\times14+8\times250=9000\text{mm}^2$$

$$I_x=\frac{1}{12}\times(250\times278^3-242\times250^3)=1.325\times10^8\text{mm}^4$$

$$I_y = 2 \times \frac{1}{12} \times 14 \times 250^3 = 3.65 \times 10^7 \, \text{mm}^4$$

$$i_x = \sqrt{\frac{I_x}{A}} = \sqrt{\frac{1.325 \times 10^8}{9000}} = 121.3 \, \text{mm}$$

$$i_y = \sqrt{\frac{I_y}{A}} = \sqrt{\frac{3.65 \times 10^7}{9000}} = 63.7 \, \text{mm}$$

（2）验算。

1）刚度验算：

$$\lambda_x = \frac{l_{0x}}{i_x} = \frac{6000}{121.3} = 49.5 < [\lambda] = 150$$

$$\lambda_y = \frac{l_{0y}}{i_y} = \frac{3000}{63.7} = 47.1 < [\lambda] = 150$$

2）整体稳定性验算：

按长细比较大值 $\lambda = 49.5$，查附表得 $\varphi = 0.859$

$$\sigma = \frac{N}{\varphi \cdot A} = \frac{1600 \times 10^3}{0.859 \times 9000} = 207 \, \text{N/mm}^2 < f = 215 \, \text{N/mm}^2$$

3）局部稳定性验算：

自由外伸翼缘：

$$\frac{b_1}{t} = \frac{121}{14} = 8.9 < (10 + 0.1\lambda)\sqrt{\frac{235}{235}} = 14.95 \quad \text{满足式（1.3.21）}$$

腹板部分：$\dfrac{h_0}{t_w} = \dfrac{250}{8} = 31.25 < (25 + 0.5\lambda)\sqrt{\dfrac{235}{235}} = 49.75 \quad \text{满足式（1.3.24）}$

4）强度验算：因截面无削弱，不必验算。

1.3.1.5 格构式轴心受压构件的设计

1. 格构柱的截面形式

格构式构件一般由两个或多个分肢用缀件联系组成。采用较多的是两分肢格构式构件。

格构式构件截面中，通过分肢腹板的主轴叫实轴，通过分肢缀件的主轴叫虚轴，通过调整格构柱的两肢件的距离可实现对两个主轴的等稳定性。

缀件通常设置在分肢的翼缘两侧平面内，其作用是将各分肢连成整体，使其共同受力，并承受绕虚轴弯曲时产生的剪力。缀件有缀条和缀板两种。缀条一般用单根角钢做成，可用斜杆和横杆共同组成，也可用斜杆组成；而缀板通常用钢板做成，且每隔一定距离设置一个（见图 1-3-14）。

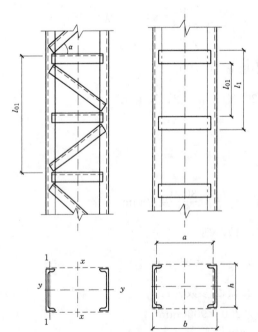

图 1-3-14 格构式构件的组成

2. **格构式轴心受压构件的整体稳定性**

（1）对实轴的整体稳定性验算。

格构式双肢柱有两个并列的实腹式杆件，故对其绕实轴弯曲的整体稳定承载力计算与实腹式相同，直接用对实轴的长细比 λ_y，查稳定性系数 φ_y，按式（1.3.7）计算即可。

（2）对虚轴的整体稳定性验算。

对于格构式轴心受压构件，当绕虚轴弯曲失稳时，构件弯曲所产生的横向剪力作用在缀件上，由此产生的附加剪切变形较大，导致构件刚度减小，整体稳定承载力降低，其影响不能忽略。据此，对格构柱同样采用弹性稳定理论分析方法，但用换算长细比 λ_{0x}，这样，将 λ_{0x} 替代 λ_x，查稳定性系数 φ_x，按式（1.3.7）计算，求得对虚轴的弯曲屈曲稳定承载力。

《钢结构设计规范》（GB 50017—2003）规定，双肢缀条柱和缀板柱对虚轴的换算长细比 λ_{0x} 的计算公式如下：

1）缀条式格构式构件。

双肢缀条式格构构件的换算长细比为：

$$\lambda_{0x} = \sqrt{\lambda_x^2 + 27\frac{A}{A_{1x}}} \qquad (1.3.30)$$

式中　λ_x——整个构件对虚轴的长细比；

　　　A——整个构件的毛截面面积；

　　A_{1x}——构件截面中垂直于 x 轴的各斜缀条毛截面面积之和。

2）缀板式格构式构件。

双肢缀板的换算长细比采用：

$$\lambda_{0x} = \sqrt{\lambda_x^2 + \lambda_1^2} \qquad (1.3.31)$$

式中　λ_1——单个分肢对最小刚度轴 1—1 的长细比，$\lambda_1 = l_{01}/i_1$；

　　　l_{01}——单个分肢的计算长度，对于缀条柱，取缀条节点间的距离；对于缀板柱：焊接时取缀条间的净距离，螺栓连接时，取相邻两缀板边缘螺栓间的距离；

　　　λ_1——单个分肢的最小回转半径，即绕 1—1 轴的回转半径。

（3）单肢的稳定性。

格构式轴心受压构件的分肢可视为单独的实腹式轴心受压构件，所以应保证分肢不先于构件整体失稳。《钢结构设计规范》（GB 50017—2003）用控制分肢长细比的方法来控制分肢的稳定性。

1）当缀件为缀条时，$\lambda_1 < 0.7\lambda_{max}$；

2）当缀件为缀板时，$\lambda_1 < 0.5\lambda_{max}$ 且不应大于 40。

式中　λ_{max}——构件两方向长细比（含对虚轴的换算长细比）中的较大值，当 $\lambda_{max} < 50$ 时，取 $\lambda_{max} = 50$。

3. **格构式轴心受压构件分肢的局部稳定性**

格构式轴心受压构件的分肢承受压力时，应进行板件的局部稳定计算。当分肢采用轧制型钢时，其翼缘和腹板一般都能满足局部稳定要求；当分肢采用工字形或槽形截面时，其翼缘和腹板应按规定进行局部稳定性验算。

4. 格构式轴心受压构件的缀材设计

（1）轴心受压构件的剪力。

格构式轴心受压构件受到荷载作用后，横截面上除产生轴向压力外还将产生弯矩和剪力。考虑到构件的截面面积及材质对剪力的影响，《钢结构设计规范》（GB 50017—2003）规定剪力的计算公式为：

$$V = \frac{Af}{85}\sqrt{\frac{f_y}{235}} \qquad (1.3.32)$$

剪力 V 可认为沿构件全长不变 ［见图 1 - 3 - 15 （c）］，并由承受该剪力的缀材平均分担。

（2）缀条的设计。

缀条的布置一般采用单系缀条，为减小分肢的计算长度，单系缀条中也可以加横缀条。当肢件间距较大或荷载较大以及有动荷载作用时，常采用交叉缀条。

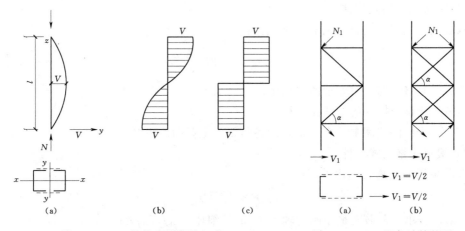

图 1 - 3 - 15　格构式构件的组成　　　　图 1 - 3 - 16　缀条计算简图

缀条可视为以柱肢为弦杆的平行弦桁架的腹杆，故一个斜缀条的轴心力为：

$$N_t = \frac{V_1}{n\cos\alpha} \qquad (1.3.33)$$

式中　V_1——分配到一个缀条面上的剪力；

　　　　n——承受剪力的斜缀条数，单系缀条时 $n=1$；交叉缀条时，$n=2$；

　　　　α——缀条的水平倾角。

由于剪力的方向不定，斜缀条应按轴压构件计算，其长细比按最小回转半径计算；缀条一般采用单角钢，与柱单边连接，考虑到受力时的偏心和受压时的弯扭，当按轴心受力构件设计（不考虑扭转效应）时，应按钢材强度设计值乘以下列折减系数 η：

1）按轴心受力计算构件的强度和连接时，$\eta=0.85$。

2）按轴心受压计算构件的稳定性时：

等边角钢：$\eta=0.6+0.0015\lambda$，但不大于 1.0。

短边相连的不等边角钢：$\eta=0.5+0.0025\lambda$，但不大于 1.0。

长边相连的不等边角钢：$\eta=0.70$。

λ 为缀条长细比，对中间无联系的单角钢压杆，按最小回转半径计算，当 $\lambda < 20$ 时，按 $\lambda = 20$ 计算。

缀条不应采用小于 ∟ $45 \times 45 \times 4$ 或 ∟ $56 \times 36 \times 4$ 的角钢。

横缀条主要用于分肢的计算长度，一般可取和斜缀条相同的截面而不作计算。

（3）缀板的设计。

缀板式格构构件可视为一多层框架，受弯时反弯点在分肢和缀板的中点，其计算简图如图 1-3-17 所示。根据内力平衡条件可得每个缀板的剪力和缀板与分肢连接处的弯矩为：

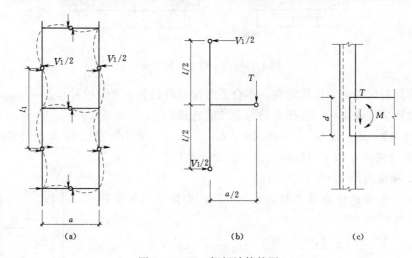

图 1-3-17 缀板计算简图

剪力：
$$T = \frac{V_1 l_1}{a} \tag{1.3.34}$$

弯矩（与肢件连接处）：
$$M = T\frac{a}{2} = \frac{V_1 l_1}{2} \tag{1.3.35}$$

5. 格构式轴心受压构件的横隔和缀件连接构造

格构柱的横截面为中部空心的矩形，抗扭刚度较差。为了提高格构柱的抗扭刚度，保证柱子在运输和安装过程中的截面形状不变，沿柱长度方向应设置一系列横隔结构。对于大型实腹柱，如工字形或箱形截面，也应设置横隔。格构式构件的横隔可用钢板或交叉角钢做成，如图 1-3-18 所示。

6. 格构式轴心受压构件的设计步骤

格构柱的设计需首先选择柱肢截面和缀材的形式，中小型柱可用缀板或缀条柱，大型柱宜用缀条柱。然后按下列步骤进行设计：

（1）按对实轴（$y - y$ 轴）的整体稳定选择柱的截面，方法与实腹柱的计算相同。

（2）按对虚轴（$x - x$ 轴）的整体稳定确定两分肢的距离。

为了获得等稳定性，应使两方向的长细比相等，即使 $\lambda_{0x} = \lambda_y$。

缀条柱（双肢）：
$$\lambda_x = \sqrt{\lambda_y^2 - 27\frac{A}{A_1}} \tag{1.3.36}$$

缀板柱（双肢）：
$$\lambda_x = \sqrt{\lambda_y^2 - \lambda_1^2} \tag{1.3.37}$$

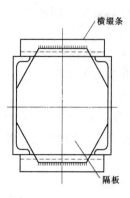

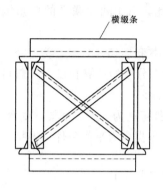

图 1 - 3 - 18　缀板计算简图

（3）验算对虚轴的整体稳定性，不合适时应修改柱宽 b 再进行验算。

（4）设计缀条或缀板（包括它们与分肢的连接）。

【例 3.1.4】　某厂房柱 $l_{0y} = 10.2\text{m}$，$l_{0x} = 5.1\text{m}$，设计轴心压力 $N = 2100\text{kN}$，采用 Q345 钢，E50 系列，拟采用格构式柱，试设计此柱。

解：1. 初选截面

拟采用双肢槽钢单系缀条柱，设 $\lambda = 70$，查附表（b 类截面）得 $\varphi_x = 0.656$，则：

$$A = \frac{N}{2\varphi_x f} = \frac{2100 \times 10^3}{0.656 \times 315} = 10162.6\text{mm}^2$$

初选肢件 2［32b，

$$A = 2 \times 5491 = 10982\text{mm}^2，\quad I_1 = 3.36 \times 10^6\text{mm}^4$$

$$i_x = 121\text{mm}，\quad z_o = 21.6\text{mm}，\quad i_1 = 24.7\text{mm}$$

$$\lambda_x = l_{0x}/i_x = 5100/121 = 42.2 < ［\lambda］ = 150$$

2. 初定分肢间距（柱宽 b）

由 $A_1 = 0.1A = 0.1 \times 10982 = 1098\text{mm}^2$。

选 ∟ 63 × 5 角钢，$A_1 = 2 \times 614 = 1228\text{mm}^2$；

$$\lambda_y = \sqrt{42.2^2 - 27 \times 10982/1228} = 39.2$$

$$i_y = l_{0y}/\lambda_y = 10200/39.2 = 260.2\text{mm}$$

查表得 $\alpha_2 = 0.44$

$b = i_y/\alpha_2 = 260.2/0.44 = 591.4\text{mm}$，取 $b = 600\text{mm}$，初选截面见（图 1 - 3 - 19）。

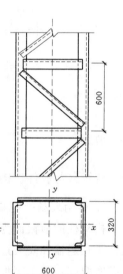

图 1 - 3 - 19　［例 1.3.4］

3. 验算

$$I_y = 2 \times 3.36 \times 10^6 + 10982 \times (300 - 21.6)^2 = 8.57897 \times 10^8\text{mm}^4$$

$$i_y = \sqrt{I_y/A} = \sqrt{8.57897 \times 10^8/10892} = 280.6\text{mm}$$

（1）刚度验算：

$$\lambda_y = 10200/280.6 = 36.4 < ［\lambda］ = 150\quad 满足要求$$

（2）强度验算：

$$N/A = 2100 \times 10^3/10892 = 192.8\text{N/mm}^2 < f = 315\text{N/mm}^2\quad 满足要求$$

（3）整体稳定性验算：

由 $\lambda_{max}=42.2$ 查得 $\varphi=0.851$

$$\frac{N}{\varphi A}=\frac{2100\times10^3}{0.851\times10892}=226.8\text{N/mm}^2<f=315\text{N/mm}^2 \quad \text{满足要求}$$

4. 缀条设计

由肢件稳定条件：$\lambda_1<0.7\lambda=0.7\times42.2=29.54$；取 $\lambda_1=25$

查肢件槽钢 [32b 对弱轴的回转半径：$i_1=2.47\text{cm}$；$z_o=2.16\text{cm}$

所以，$\qquad l_{01}=\lambda_1 i_1=25\times24.7=617.5\text{mm}$

偏安全取 $l_{01}=600\text{mm}$，$\theta=\text{arctg}\dfrac{600}{600-2\times21.6}=47.13°$；采用加横缀条的单系布置。

计算横向剪力：

$$V=\frac{Af}{85}\sqrt{\frac{f_y}{235}}=\frac{10892\times315}{85}\sqrt{\frac{345}{235}}=48.90\text{kN}$$

每肢斜缀条的轴力：

$$N_1=\frac{V/2}{\cos\theta}=\frac{48.90}{2\times\cos47.13}=35.9\text{kN}$$

（1）刚度验算：

$$l=\sqrt{600^2+(600-2\times21.6)^2}=818.6\text{mm}$$
$$\lambda=l/i_1=818.6/12.5=65.5<[\lambda]=150$$

（2）强度验算：

$$N/A=35.9\times10^3/614=58.5\text{N/mm}^2<0.85f=0.85\times215=182.8\text{N/mm}^2$$

（3）稳定性验算：

$\lambda=25$，$\varphi=0.953$，单角钢折减系数 $\gamma=0.6+0.0015\lambda=0.64$

$$\frac{N}{\varphi A}=\frac{35.9\times10^3}{0.953\times614}=61.4\text{N/mm}^2<0.64f=0.64\times215=137.6\text{N/mm}^2$$

（4）连接焊缝的计算：

采用三面围焊角焊缝，$h_f=5\text{mm}$，$f_t^w=160\text{N/mm}^2$，取两侧焊缝长度 $l_w=25\text{mm}$，则焊缝的承载力为：

$$0.7\times5\times160\times[2\times(25-5)+1.22\times63]=65.44\text{kN}>36.4\text{kN}$$

5. 横隔的设置

横隔间距 $s<9b=9\times0.6=5.4\text{m}$，则于柱顶、底及中部处各设一横隔。

$t=b_s/15=160/15=10.6\text{mm}$，取 $t=12\text{mm}$

1.3.1.6 轴心受压构件的柱头和柱脚

单个构件必须通过相互连接才能形成结构整体，轴心受压柱通过柱头直接承受上部结构传来的荷载，同时通过柱脚将柱身的内力可靠地传给基础。

1. 轴心受压柱的柱头

梁与柱连接处柱子的顶部称为柱头。梁与柱的连接常采用铰接，其连接方式有两类：一类是梁支承于柱顶，另一类是梁支承于柱的两侧。

（1）梁支承于柱顶。

图 1-3-20（a）、（b）、（c）是梁支承于柱顶的铰接构造图。梁的支座反力通过柱顶板传给柱身，顶板与柱用焊缝连接，顶板厚度一般取 16～20mm。为了便于安装定位，梁与顶板用普通螺栓连接。图 1-3-20（a）的构造方案，将梁的反力通过支承加劲肋直接传给柱的翼缘。两相邻梁之间留一定的空隙，以便于安装，最后用夹板和构造螺丝连接。这种连接方式构造简单，对梁长度尺寸的制作要求不高。缺点是当柱顶两侧梁的反力不等时将使柱偏心受压。图 1-3-20（b）的构造方案，梁的反力通过端部加劲肋的突出部分传给柱的轴线附近，因此即使两相邻梁的反力不等，柱仍接近于轴心受压。梁端加劲肋的底面应刨平顶紧于柱顶板。由于梁的反力大部分传给柱的腹板，因而腹板不能太薄而必须用加劲肋加强。两相临梁之间可留一些空隙，安装时嵌入合适尺寸的填板并用普通螺栓连接。对于格构柱 [图 1-3-20（c）]，为了保证传力均匀并托住顶板，应在两柱肢之间设置竖向隔板。

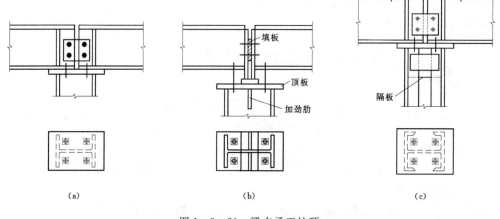

（a）　　　　　　　　　　　（b）　　　　　　　　　　　（c）

图 1-3-20　梁支承于柱顶

　　（2）梁支承于柱的两侧。

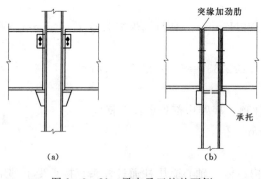

（a）　　　　　　　　（b）

图 1-3-21　梁支承于柱的两侧

　　如图 1-3-21 所示，梁端的支承加劲肋突缘刨平与柱边缘的支托顶紧，支座反力全部由支托承受以，传力明确。这种方式构造简单、施工方便。图 1-3-21（a）所示连接适用于梁的反力较小的情况，这时梁直接搁置在牛腿上用螺栓连接而不需设置支承加劲肋。图 1-3-21（b）所示连接适用于梁的反力较大的情况，这时梁的反力通过梁端加劲肋以端面承压的形式传给支托，支托通过焊缝传给柱身。为便于安装，梁与柱翼缘（腹板）之间应留有一定空隙，安装后用垫板和螺栓相连。

　　2. 轴心受压柱的柱脚

　　柱脚的构造应和基础有牢固的连接，使柱身的内力可靠地传给基础。轴心受压柱的柱脚主要传递轴心压力，与基础连接一般采用铰接（图 1-3-22）。柱脚的设计应力求构造简单，便于安装固定。由于基础的强度小于柱身强度，为此需要将柱身的底端放大，以增加其与基础顶部的接触面积，使接触面上的压应力小于或等于基础混凝土的抗压强度设计值。

图 1-3-22（a）是一种最简单的柱脚构造形式，在柱下端仅焊一块底板，柱中压力由焊缝传至底板，再传给基础。由于底板在各方向均为悬臂，在基础反力作用下，底板抗弯刚度较弱。所以这种柱脚只能适用于柱子轴力较小的情况。

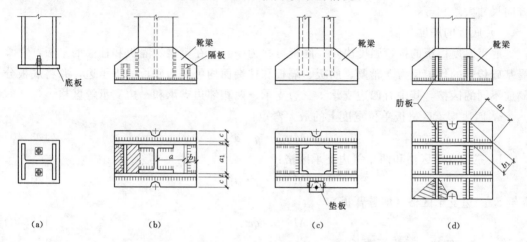

图 1-3-22　轴心受压柱柱脚

一般的铰接柱脚常采用图 1-3-22（b）、（c）、（d）的形式，在柱端部与底板之间增设一些中间传力部件，如靴梁、隔板和肋板等，这样可以将底板分隔成几个区格，使底板的弯矩减小，同时也增加柱与底板的连接焊缝长度。图 1-3-22（d）中，在靴梁外侧设置肋板，底板做成正方形或接近正方形。

布置柱脚中的连接焊缝时，应考虑施焊的方便与可能。例如图 1-3-22（b）隔板的内侧，图 1-3-22（c）、（d）中靴梁中央部分的内侧，都不宜布置焊缝。

3. 柱脚的计算

（1）底板的计算。

柱脚计算时只考虑轴向力 N，计算内容有以下几项：

1）底板的面积。

底板的平面尺寸决定于基础材料的抗压能力，基础对底板的压应力可近似认为是均匀分布的，这样所需要的底板净面积（底板轮廓面积减去锚栓孔面积）应按下式确定：

$$A = L \cdot B \geqslant \frac{N}{f_c} + A_0 \tag{1.3.38}$$

式中　L、B——底板的长和宽；

　　　　N——轴心压力设计值；

　　　　f_c——基础混凝土抗压强度设计值；

　　　　A_0——安装地锚栓时的底板开孔面积。

在根据柱的截面尺寸调整底板长和板宽时，应尽量做成正方形或长和宽接近的矩形，不宜做成狭长形。

$$B = a + 2t + 2c \tag{1.3.39}$$

式中　a——构件截面已选定的宽度或高度；

　　　t——靴梁厚度，一般为 $10 \sim 14$mm；

　　　c——悬臂宽度，通常取锚栓直径的 $3 \sim 4$ 倍，螺栓直径 $d = 20 \sim 24$mm。

底板的长度 $L = \dfrac{A}{B}$，底板的平面尺寸 L、B 应取整数，根据柱脚的构造形式，可取两方向尺寸大致相等。

2）底板的厚度。

底板厚度由板的抗弯强度决定。底板可视为一支承在靴梁、隔板和柱端的平板，它承受基础传来的均匀反力。靴梁、肋板、隔板和柱端面均可视为底板的支承边，并将底板分隔成不同的区格，其中有四边支承、三边支承、两相邻边支承和一边支承等区格。

a. 四边支承区格板单位宽度上的最大弯矩：

$$M = \alpha \cdot q \cdot a^2 \tag{1.3.40}$$

b. 三边支承区格和两相邻边支承区格：

$$M = \beta \cdot q \cdot a_1^2 \tag{1.3.41}$$

c. 一边支承区格（即悬臂板）：

$$M = 0.5qc^2 \tag{1.3.42}$$

式中　a——四边支承板短边长度；

　　　α、β——系数见表 1-3-5，表 1-3-6，与 b/a 有关。

表 1-3-5　　　　　　　　　　　四边支承板的弯矩系数 α

b/a	1.0	1.1	1.2	1.3	1.4	1.5	1.6	1.7	1.8	1.9	2.0	3.0	$\geqslant 4.0$
α	0.048	0.055	0.063	0.069	0.075	0.081	0.086	0.091	0.095	0.099	0.101	0.119	0.125

表 1-3-6　　　　　　　　　　　三边支承、一边自由板的弯矩系数 β

b_1/a_1	0.3	0.4	0.5	0.6	0.7	0.8	0.9	1.0	1.2	$\geqslant 1.2$
β	0.026	0.042	0.056	0.072	0.085	0.092	0.104	0.111	0.120	0.125

这几部分板承受的弯矩一般不相同，取各区格板中的最大弯矩 M_{max} 来确定底板厚度 t：

$$t \geqslant \sqrt{\frac{6M_{max}}{f}} \tag{1.3.43}$$

设计时要注意到靴梁和隔板的布置应尽可能使各区格板中的最大弯矩相差不大，以免计算所需的底板过厚。

底板厚度通常为 $20 \sim 40$mm，最薄一般不得小于 14mm，以保证底板具有必要的刚度，从而满足基础反力是均布的假设。

（2）靴梁的计算。

靴梁的高度由其与柱边连接所需的焊缝长度决定，此连接焊缝承受柱身传来的压力。靴梁的厚度比柱翼缘厚度略小。

靴梁按支承于柱边的双悬臂梁计算，根据所承受的最大弯矩和最大剪力值，验算靴梁的抗弯和抗剪强度。

（3）隔板与肋板的计算。

为了支承底板，隔板应具有一定刚度，因而隔板的厚度不得小于其宽度的 1/50，一般比靴梁略薄些，高度略小些。

隔板可视为支承于靴梁上的简支梁，荷载可按承受图 1－3－22（b）中阴影面积的底板反力计算，按此荷载所产生的内力验算隔板与靴梁的连接焊缝以及隔板本身的强度。注意隔板内侧的焊缝不易施焊，计算时不能考虑其承担力。

肋板按悬臂梁计算，承受的荷载为图 1－3－22（d）所示的阴影部分的底板反力。肋板与靴梁间的连接焊缝以及肋板本身的强度均应按其承受的弯矩和剪力来计算。

【例 1.3.5】 试设计例 1.3.3 中柱子的柱脚。基础用 C15 混凝土。

解： 根据受荷情况和截面尺寸，设计采用整体式铰接柱脚，Q235 钢材，柱身自重按 100kg/m 计算，则柱底轴力设计值为：

$$N = 2100 + 100 \times 10 \times 10^{-3} \times 10.2 \times 1.2 = 2112.24\text{kN}$$

1. 底板计算

（1）计算底板尺寸。

拟采用 M30 地锚栓，底板开孔直径 $\phi = 40\text{mm}$。

则 $A_0 = 2 \times (40 \times 20 + \frac{1}{2} \times \frac{1}{4} \times 3.14 \times 40^2) = 2856\text{mm}^2$

底板面积：

$$A = A_0 + \frac{N}{f_c} = 2856 + \frac{2112.24 \times 10^3}{7.5} = 284488\text{mm}^2$$

取底板宽 $b = 320 + 2 \times (40 + 20) = 440\text{mm}$，底板长 $l = 700\text{mm}$，有关尺寸如图 1－3－23。

底板上的平均反力为：

$$p = \frac{2112.24 \times 10^3}{440 \times 700 - 2856} = 6.92\text{N/mm}^2$$

（2）计算各区格弯矩。

对①区格，四边支承，$b/a = 600/320 = 1.875$

查表 1－3－5 得，$\alpha = 0.098$

$M_4 = \alpha p a^2 = 0.098 \times 6.92 \times 320^2 = 69444\text{N} \cdot \text{mm}$

对②区格，三边支承，$b_1/a_1 = 50/320 = 0.156 < 0.3$

根据规定按悬臂板计算，$M_3 = \frac{1}{2} \times 6.92 \times 50^2 = 8650\text{N} \cdot \text{mm}$

对③区格，为悬臂板，$M_1 = \frac{1}{2} \times 6.92 \times 50^2 = 8650\text{N} \cdot \text{mm}$

（3）计算底板厚度。

$$t \geqslant \sqrt{\frac{6M_{\max}}{f}} = \sqrt{\frac{6 \times 69444}{190}} = 45.64\text{mm}，\text{取 } t = 46\text{mm}$$

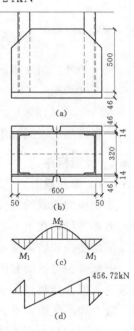

图 1－3－23 ［例 1.3.5］图

2. 靴梁计算

靴梁与柱有四条侧面竖焊缝。肢件翼缘板厚 14mm，拟定靴梁板厚 14mm，焊脚尺寸 $h_f = 10$mm，每条焊缝长度：

$$l_w = \frac{N}{4 \times 0.7 \times h_f \times f_f^w} = \frac{2112.24 \times 10^3}{2.8 \times 10 \times 160} = 471.5\text{mm}$$

取靴梁高度，$h = 500$mm。设沿靴梁单位长度上的线荷载为 q'，则

$$q' = 6.92 \times 440/2 = 1522.4\text{N/mm}$$

$$M_1 = \frac{1}{2} q' l_1^2 = \frac{1}{2} \times 1522.4 \times 50^2 = 1.903\text{kN} \cdot \text{m}$$

$$M_2 = \frac{1}{8} q' l_2^2 - M_1 = \frac{1}{8} \times 1522.4 \times 600^2 - 1.903 \times 10^6 = 66.597 \times 10^6 \text{N} \cdot \text{mm}$$

$$V = \frac{1}{2} q' l_2 = \frac{1}{2} \times 1522.4 \times 300 = 4.5672 \times 10^5 \text{N}$$

$$\sigma = \frac{M}{W} = \frac{66.597 \times 10^6}{\frac{1}{6} \times 14 \times 500^2} = 114.2\text{N/mm}^2 < f = 215\text{N/mm}^2$$

$$\tau = 1.5 \frac{V}{A} = 1.5 \times \frac{456720}{500 \times 14} = 97.9\text{N/mm}^2 < f_v = 125\text{N/mm}^2$$

靴梁与底板间连接的正面水平焊缝的计算，取 $h_f = 12$mm，则焊缝的承载力为：

$$0.7 h_f \beta_f \sum l_w f_f^w = 0.7 \times 12 \times 1.22 \times 160 \times [2 \times (700 - 24) + 4 \times (50 - 24)]$$
$$= 0.7 \times 12 \times 1.22 \times 160 \times 1456 = 2387.4\text{kN} > N = 2112.2\text{kN}$$

柱腹板与底板间采用构造焊缝，$h_f = 10$mm。

1.3.2 受弯构件

1.3.2.1 梁的截面形式和应用

承受横向荷载的构件称为受弯构件，其形式有实腹式和格构式两个系列。实腹式受弯构件通常为梁，在土木工程中应用很广泛，例如房屋建筑中的楼盖梁、工作平台梁、吊车梁、屋面檩条和墙架横梁，以及桥梁、水工闸门、起重机、海上采油平台中的梁等。

钢梁分为型钢梁和组合梁两大类。型钢梁构造简单，制造省工，成本较低，因而应优先采用。但在荷载较大或跨度较大时，由于轧制条件的限制，型钢的尺寸、规格不能满足梁承载力和刚度的要求，就必须采用组合梁。

型钢梁的截面有热轧工字钢［图 1-3-24（a）］、热轧 H 型钢［图 1-3-24（b）］和槽钢［图 1-3-24（c）］三种。采用冷弯薄壁型钢［图 1-3-24（d）、（e）、（f）］作檩条和墙架横梁则比较经济，但应注意防锈。

组合梁一般采用三块钢板焊接而成的工字形截面［图 1-3-24（g）］，或由 T 型钢（H 型钢剖分而成）中间加板的焊接截面［图 1-3-24（h）］。当焊接组合梁翼缘需要很厚时，可采用两层翼缘板的截面［图 1-3-24（i）］。受动力荷载的梁如钢材质量不能焊接结构的要求时，可采用高强度螺栓或铆钉连接而成的工字型截面［图 1-3-24（j）］。荷载很大而高度受到限制或梁的抗扭要求较高时，可采用箱型截面［图 1-3-24（k）］。组合梁的截面组成比较灵活，可使材料在截面上的分布更为合理，节省钢材。

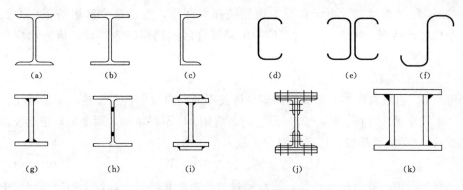

图1-3-24 梁的截面类型

钢梁按支承情况可作成简支梁、连续梁、悬伸梁等。简支梁的用钢量虽然较多，但由于制造、安装、修理、拆换较方便，而且不受温度变化和支座沉陷的影响，因而用得最为广泛。

1.3.2.2 梁的强度和刚度

1. 梁的强度

梁的强度问题考虑抗弯强度、抗剪强度、局部承压强度、复杂应力作用下强度，其中抗弯强度计算是首要的。

（1）梁的抗弯强度。

梁受弯时的应力－应变曲线与受拉时相似，屈服点也差不多，因此，在梁的强度计算中，仍然假定钢材是理想的弹塑性体。当截面弯矩 M_x 由零逐渐加大时，截面中的应变始终符合平截面假定［图1-3-25（a）］，截面上、下边缘的应变最大，用 ε_{max} 表示。截面上的正应力发展过程可分为三个阶段。

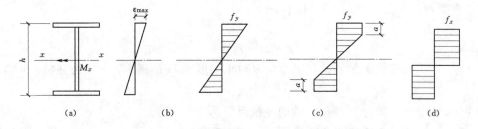

图1-2-25 钢梁受弯时各阶段正应力的分布情况

1）弹性工作阶段。

当作用于梁上的弯矩 M_x 较小时，截面上最大应变 $\varepsilon_{max} \leqslant f_y/E$，梁全截面弹性工作，应力与应变成正比，此时截面上的应力为直线分布。弹性工作的极限情况是 $\varepsilon_{max} = f_y/E$ ［图1-3-25（b）］，相应的弯矩为梁弹性工作阶段的最大弯矩，其值为：

$$M_e = f_y W_{nx} \tag{1.3.44}$$

式中 M_e——梁的弹性极限弯矩；

W_{nx}——梁的净截面（弹性）模量。

2）弹塑性工作阶段。

当弯矩 M_x 继续增加，由于钢材为理想的弹塑性体，所以这个区域的正应力恒等于 f_y，为塑性区。然而，应变 $\varepsilon_{max} < f_y/E$ 的中间部分区域仍保持为弹性，应力和应变成正比 [图 1-3-25（c）]。

3）塑性工作阶段。

当弯矩 M_x 再继续增加，梁截面的塑性区便不断向内发展，弹性核心不断减小。当弹性核心几乎完全消失 [图 1-3-25（d）] 时，弯矩 M_x 不再增加，而变形却继续发展，形成"塑性铰"，梁的承载能力达到极限。其最大弯矩为：

$$M_{xp} = f_y(S_{1nx} + S_{2nx}) = f_y W_{pnx} \tag{1.3.45}$$

W_{pnx} 称为梁的净截面塑性模量。塑性模量为截面中和轴以上或以下的净截面对中和轴的面积矩 S_{1nx} 和 S_{2nx} 之和。

设塑性铰弯矩 W_{pnx} 与弹性最大弯矩 W_{nx} 之比定义为 γ_f，则 $\gamma_f = \dfrac{M_{px}}{M_e} = \dfrac{W_{pnx}}{W_{nx}}$，称为截面形状系数。对于矩形截面 $\gamma_f = 1.5$；对于圆形截面 $\gamma_f = 1.7$；对于圆管形截面 $\gamma_f = 1.27$；对于工字形截面，当腹板面积与翼缘面积相等时，对 x 轴 $\gamma_f = 1.07$，对 y 轴 $\gamma_f = 1.5$。

计算梁的抗弯强度时考虑截面塑性发展比不考虑要节省钢材。但若按形成塑性铰来设计，会使梁的挠度过大，受压翼缘过早失去局部稳定。因此，在《钢结构设计规范》（GB 50017—2003）中只是有限制地利用塑性，取塑性发展深度 $a \leqslant 0.125h$ [图 1-3-25（c）]。

这样，梁的抗弯强度按下列规定计算：

单向受弯时，在弯矩 M_x 作用下：

$$\frac{M_x}{\gamma_x W_{nx}} \leqslant f \tag{1.3.46}$$

双向受弯时，在弯矩 M_x 和 M_y 作用下：

$$\frac{M_x}{\gamma_x W_{nx}} + \frac{M_y}{\gamma_y W_{ny}} \leqslant f \tag{1.3.47}$$

式中　　M_x、M_y——绕 x 轴和 y 轴的弯矩（对工字形和 H 形截面，x 轴为强轴，y 轴为弱轴）；

W_{nx}、W_{ny}——梁对 x 轴和 y 轴的净截面模量；

γ_x、γ_y——截面塑性发展系数，对工字形截面，$\gamma_x = 1.05$，$\gamma_y = 1.20$；对箱形截面，$\gamma_x = \gamma_y = 1.05$；对其他截面，可按表 1-3-7 采用；

f——钢材的抗弯强度设计值。

但是对于下面两种情况，《钢结构设计规范》（GB 50017—2003）取 $\gamma = 1.0$，即不允许截面有塑性发展，而以弹性极限弯矩作为设计时的极限弯矩。

a. 当受压翼缘外伸宽度 b 与其厚度 t 之比满足 $13\sqrt{\dfrac{235}{f_y}} < \dfrac{b}{t} \leqslant 15\sqrt{\dfrac{235}{f_y}}$ 时，考虑塑性发展对翼缘局部稳定有不利影响；

b. 对于直接承受动力荷载且需要计算疲劳的梁，考虑塑性发展会使钢材硬化，促使疲劳断裂提早出现。

表 1-3-7　　　　　　　　　　　　**截面塑性发展系数 γ_x、γ_y**

项　次	截　面　形　式	γ_x	γ_y
1			1.2
2		1.05	1.05
3		$\gamma_{1x}=1.05$ $\gamma_{1x}=1.2$	1.2
4			1.05
5		1.2	1.2
6		1.15	1.15
7		1.0	1.05
8			1.0

（2）梁的抗剪强度。

一般情况下，梁既承受弯矩，同时又承受剪力。工字形和槽形截面梁腹板上的剪应力分布如图 1-3-26 所示，截面上的最大剪应力发生在腹板中和轴处。因此，在主平面受弯的实腹构件，其抗剪强度应按下式计算：

$$\tau_{\max}=\frac{VS}{It_w}\leqslant f_v \tag{1.3.48}$$

式中　V——计算截面沿腹板平面作用的剪力设计值；

　　　S——中和轴以上毛截面对中和轴的面积矩；

　　　I——毛截面惯性矩；

　　　t_w——腹板厚度；

　　　f_v——钢材的抗剪强度设计值。

当抗剪强度不满足设计要求时，常采用加大腹板厚度的办法来增大梁的抗剪强度。

型钢腹板较厚，一般均能满足上式要求，因此只在剪力最大截面处有较大削弱时，才需进行剪应力的计算。

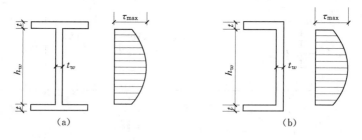

图 1-3-26　腹板剪应力

（3）梁的局部承压强度。

当梁的翼缘受有沿腹板平面作用的固定集中荷载（包括支座反力）且该荷载处又未设置支承加劲肋时〔图 1-3-27（a）〕，或受有移动的集中荷载（如吊车的轮压）时〔图 1-3-26（b）〕，应验算腹板计算高度边缘的局部承压强度。

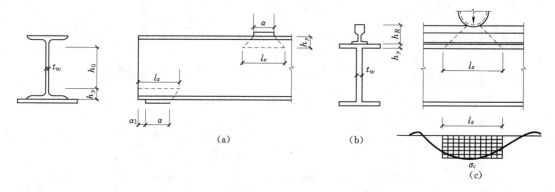

图 1-2-27　局部压应力

假定集中荷载从作用处以 1∶2.5（在 h_y 高度范围）和 1∶1（在 h_R 高度范围）扩散，均匀分布于腹板计算高度边缘。梁的局部承压强度可按下式计算：

$$\sigma_c = \frac{\psi F}{t_w l_z} \leqslant f \qquad (1.3.49)$$

式中　F——集中荷载，对动力荷载应考虑动力系数；

　　　ψ——集中荷载增大系数：对重级工作制吊车轮压 $\psi=1.35$；对其他荷载，$\psi=1.0$；

　　　l_z——集中荷载在腹板计算高度边缘的假定分布长度，其计算方法如下：

跨中集中荷载时

$$l_z = a + 5h_y + 2h_R \qquad (1.3.50)$$

梁端支反力时

$$l_z = a + 2.5h_y + a_1 \qquad (1.3.51)$$

式中　a——集中荷载沿梁跨度方向的支承长度，对吊车轮压可取为 50mm；

　　　h_y——自梁承载的边缘到腹板计算高度边缘的距离；

　　　h_R——轨道的高度，计算处无轨道时 $h_R = 0$；

　　　a_1——梁端到支座板外边缘的距离，按实际取，但不得大于 $2.5h_y$。

腹板的计算高度边缘应按下列规定采用：①轧制型钢梁是腹板与上下翼缘相连接处两内弧起点间的距离；②焊接组合梁是腹板上下边缘间的距离；③高强度螺栓连接的组合梁是腹板上下翼缘连接的螺栓中心之间的距离。

当计算不能满足时，在固定集中荷载处（包括支座处），应对腹板用支承加劲肋予以加强（图 1-3-28）；对移动集中荷载，则只能修改梁截面，加大腹板厚度。

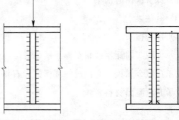

图 1-3-28 腹板的加强

（4）梁在复杂应力作用下的强度计算。

在梁（主要是组合梁）的腹板计算高度边缘处，当同时受有较大的正应力、剪应力和局部压应力时，或同时受有较大的正应力和剪应力时（如连续梁的支座处或梁的翼缘截面改变处等），应按下式验算该处的折算应力：

$$\sqrt{\sigma^2 + \sigma_c^2 - \sigma \cdot \sigma_c + 3\tau^2} \leqslant \beta_1 f \qquad (1.3.52)$$

$$\sigma = \frac{M}{I_n} y_1 \qquad (1.3.53)$$

式中　σ、τ、σ_c——腹板计算高度边缘同一点上的弯曲正应力、剪应力和局部压应力；

　　　I_n——净截面惯性矩；

　　　y_1——计算点至中和轴的距离；

　　　β_1——折算应力的强度设计值增大系数，当 σ、σ_c 异号时取 $\beta_1 = 1.2$，当 σ、σ_c 同号或 $\sigma_c = 0$ 取 $\beta_1 = 1.1$。

2. 梁的刚度

梁的刚度用荷载作用下的挠度大小来度量。梁的刚度不足，就不能保证正常使用。因此，需要进行刚度验算。梁的刚度条件：

$$\nu \leqslant [\nu] \quad 或 \quad \frac{\nu}{l} \leqslant \frac{[\nu]}{l} \qquad (1.3.54)$$

式中　ν——梁的最大挠度，按荷载标准值计算；

　　　$[\nu]$——受弯构件挠度容许值，按表 1-3-8 取值。

表 1－3－8　　　　　　　　　　　受弯构件挠度容许值

构 件 类 别	容许挠度	
	$[\nu_T]$	$[\nu_Q]$
吊车梁和吊车桁架（按自重和起重量最大的一台吊车计算挠度）：		
（1）手动吊车和单梁吊车（包括悬挂吊车）	$l/1500$	
（2）轻级工作制桥式吊车	$l/800$	
（3）中级工作制桥式吊车	$l/1000$	
（4）重级工作制桥式吊车	$l/1200$	
有重轨（质量小于 38kg/m）轨道的工作平台梁	$l/600$	
有轻轨（质量不大于 24kg/m）轨道的工作平台梁	$l/400$	
楼盖梁或桁架、工作平台梁（上述情况除外）和平台板		
（1）主梁或桁架（包括设有悬挂起重设备的梁或桁架）	$l/400$	$l/500$
（2）抹灰顶棚的次梁	$l/250$	$l/350$
（3）其他梁	$l/250$	$l/300$
（4）屋盖檩条		
支承无积灰的瓦楞铁和石棉瓦屋面者	$l/150$	
支承压型金属板、有积灰的瓦楞铁和石棉瓦屋面者	$l/200$	
支承其他屋面材料者	$l/200$	
（5）平台板	$l/150$	

注　1. l 为受弯构件的跨度；
　　2. $[\nu_T]$ 为全部荷载标准值产生的挠度容许值；
　　　　$[\nu_Q]$ 为可变荷载标准值产生的挠度容许值。

1.3.2.3　梁的稳定性

1. 梁的整体稳定

（1）梁整体稳定的临界弯矩 M_{cr}。

为了提高梁的抗弯强度，节省钢材，钢梁截面一般做成高而窄的形式，受荷方向刚度大侧向刚度较小。如果梁的侧向支承较弱（比如仅在支座处有侧向支承），梁的弯曲会随荷载大小变化而呈现两种截然不同的平衡状态。

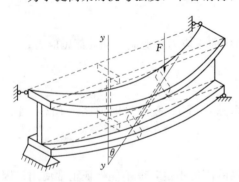

图 1－3－29　梁的整体失稳

如图 1－3－29 所示的工字形截面梁，荷载作用在其最大刚度平面内。当荷载较小时，梁的弯曲平衡状态是稳定的。虽然外界各种因素会使梁产生微小的侧向弯曲和扭转变形，但外界影响消失后，梁仍能恢复原来的弯曲平衡状态。然而，当荷载增大到某一数值后，梁在向下弯曲的同时，将突然发生侧向弯曲和扭转变形而破坏，这种现象称之为梁的侧向弯扭屈曲或整体失稳。梁维持其稳定平衡状态所承担的最大荷载或最大弯矩，称为临界荷载或临界弯矩。

梁整体稳定的临界荷载与梁的侧向抗弯刚度、抗扭刚度、荷载沿梁跨分布情况及其在截面上的作用点位置等有关。根据弹性稳定理论，双轴对称工字形截面简支梁的临界弯矩和临界应力为：

$$M_{cr} = \beta \sqrt{\frac{EI_y GI_t}{l_1}}$$ (1.3.55)

$$\sigma_{cr} = \frac{M_{cr}}{W_x} = \beta \frac{\sqrt{EI_y GI_t}}{l_1 W_x}$$ (1.3.56)

式中　I_y——梁对 y 轴（弱轴）的毛截面惯性矩；

　　　I_t——梁的毛截面扭转惯性矩；

　　　l_1——梁受压翼缘的自由长度（受压翼缘侧向支承点之间的距离）；

　　　W_x——梁对 x 轴的毛截面模量；

　　　β——梁的侧扭曲系数，与荷载类型、梁的支承情况有关。

由临界弯矩 M_{cr} 的计算公式和 β 值，可总结出如下规律：

1）梁的侧向抗弯刚度 EI_y、抗扭刚度 GI_t 越大，临界弯矩 M_{cr} 越大；

2）梁受压翼缘的自由长度 l_1 越大，临界弯矩 M_{cr} 越小；

3）荷载作用于下翼缘比作用于上翼缘的临界弯矩 M_{cr} 大；

4）梁支承对位移的约束程度越大，临界弯矩 M_{cr} 越大；

5）荷载作用方式的影响。如梁受纯弯曲时，受到的临界弯矩 M_{cr} 最小；跨中作用一横向荷载时，受到的临界弯矩 M_{cr} 最大；作用均布荷载时，临界弯矩 M_{cr} 介于两者之间。

（2）梁整体稳定的保证。

规范规定，当符合下列情况之一时，梁的整体稳定可以得到保证，不必计算：

1）有刚性铺板（各种钢筋混凝土板和钢板）密铺在梁的受压翼缘上并与其牢固连接，能阻止梁受压翼缘的侧向位移时。

2）工字形截面或 H 型钢截面简支梁，受压翼缘的自由长度与其宽度之比 l_1/b_1 不超过表 1-3-9 所规定的数值时。

表 1-3-9　　　　H 型钢或工字形截面简支梁不需计算整体稳定性的最大值 l_1/b_1

钢　号	跨中无侧向支撑点的梁		跨中受压翼缘有侧向支撑点的梁无论荷载作用于何处
	荷载作用在上翼缘	荷载作用于下翼缘	
Q235	13.0	20.0	16.0
Q345	10.5	16.5	13.0
Q390	10.0	15.5	12.5
Q420	9.5	15.0	12.0

3）箱形截面简支梁，其截面尺寸（图 1-3-30）满足 $h/b_0 \leqslant 6$，且 $l_1/b_0 \leqslant 95(235/f_y)$ 时（箱形截面的此条件很容易满足）。

（3）梁整体稳定的计算方法。

当不满足上述条件时，应进行梁的整体稳定计算，即：

1）在最大刚度主平面内受弯的构件：

$$\frac{M_x}{\varphi_b W_x} \leqslant f$$ (1.3.57)

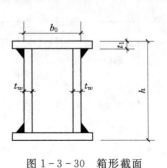

图 1-3-30　箱形截面

2）在两个主平面内受弯的工字形截面或 H 型钢截面梁：

$$\frac{M_x}{\varphi_b W_x} + \frac{M_y}{\gamma_f W_y} \leqslant f \qquad (1.3.58)$$

式中　M_x、M_y——绕强轴作用的最大弯矩；

$\quad\quad\ W_x$、W_y——按受压纤维确定的梁毛截面模量；

$\quad\quad\quad\ \varphi_b$——绕强轴弯曲所确定的梁的整体稳定系数；

$\quad\quad\quad\ \gamma_f$——截面塑性发展系数。

稳定系数 φ_b 是侧向稳定对梁的承载能力的影响系数。φ_b 值的大小由梁的截面特征和荷载特征来确定，各类情况的 φ_b 值计算如下：

1）焊接工字形等截面简支梁。

$$\varphi_b = \beta_b \frac{4320Ah}{\lambda_y^2 W_x}\left[\sqrt{1+\left(\frac{\lambda_y t_1}{4.4h}\right)^2} + \eta_b\right]\frac{235}{f_y} \qquad (1.3.59)$$

式中　β_b——等效临界弯矩系数；

$\quad\quad\ \lambda_y$——梁对弱轴（y 轴）的长细比；

$\quad\quad\ A$——梁的毛截面面积；

$\quad\ h$、t_1——梁截面的高和受压翼缘厚度；

$\quad\quad\ \eta_b$——截面不对称影响系数。

其中，双轴对称截面：$\eta_b = 0$；

单轴对称工字形截面：

加强受压翼缘：$\eta_b = 0.8 \times (2a_b - 1)$；

加强受拉翼缘：$\eta_b = 2a_b - 1$，$a_b = \dfrac{I_1}{I_1 + I_2}$，$I_1$ 和 I_2 分别为受压翼缘和受拉翼缘对 y 轴的惯性矩。

表 1-3-10　　　　　　　　工字形截面简支梁系数 β_b

项次	侧向支承	荷　　载		$\xi = l_1 t_1/b_1 h$		适用范围
				$\xi \leqslant 2.0$	$\xi > 2.0$	
1	跨中无侧向支撑	均布荷载作用在	上翼缘	$0.69+0.13\xi$	0.95	(a) 双轴对称工字形截面；(b) 加强受压翼缘的单轴对称工字形截面
2			下翼缘	$1.73-0.20\xi$	1.33	
3		集中荷载作用在	上翼缘	$0.73+0.18\xi$	1.09	
4			下翼缘	$2.23-0.28\xi$	1.67	
5	跨度中点有一个侧向支承点	均布荷功作用在	上翼缘	1.15		所有截面
6			下翼缘	1.40		
7		集中荷载作用下在截面高度上任意位置		1.75		
8	跨中点有不小于两个等距离侧向支承点	任意荷载作用在	上翼缘	1.20		
9			下翼缘	1.40		
10	梁端有弯矩，但跨中无荷载作用			$1.75-1.05(M_2/M_1)^2 + 0.3(M_2/M_1)^2$，但 $\leqslant 2.3$		

梁的整体稳定系数是按弹性稳定理论求得的。研究证明，当求得的 φ_b 大于 0.6 时，梁已进入非弹性工作阶段，整体稳定临界应力有明显的降低，必须对 φ_b 进行修正。规范规定，当按上述公式或表格确定的 $\varphi_b > 0.6$ 时，应用下式求得的 φ_b' 代替 φ_b 进行梁的整体稳定计算：

$$\varphi_b' = 1.07 - 0.282/\varphi_b \leqslant 1.0 \tag{1.3.60}$$

H 型钢 φ_b 值计算与上述方法相同，其中，$\eta_b = 0$。

2）轧制普通工字形钢简支梁。

由于轧制普通工字形钢简支梁的截面尺寸有一定规格，因此它的 φ_b 值可按荷载情况、工字钢型号及受压翼缘自由长度直接由表 1-3-11 查得。当查得 $\varphi_b > 0.6$ 时，也应按式（1.3.60）求得的 φ_b' 代替 φ_b 进行计算。

表 1-3-11　　　　　　　　　　轧制普通工字钢简支梁的 φ_b

项次	荷载情况		工字钢型号	自由长度 l_1（m）								
				2	3	4	5	6	7	8	9	10
1	跨中无侧向支点的梁	集中荷载作用于 上翼缘	10～20	2.00	1.30	0.99	0.80	0.68	0.58	0.53	0.48	0.43
			22～32	2.40	1.48	1.09	0.86	0.72	0.62	0.54	0.49	0.45
			36～63	2.80	1.60	1.07	0.83	0.68	0.56	0.50	0.45	0.40
2		集中荷载作用于 下翼缘	10～20	3.10	1.95	1.34	1.01	0.82	0.69	0.63	0.57	0.52
			22～40	5.50	2.80	1.84	1.37	1.07	0.86	0.73	0.64	0.56
			45～63	7.30	3.60	2.30	1.62	1.20	0.96	0.80	0.69	0.60
3		均布荷载作用于 上翼缘	10～20	1.70	1.12	0.84	0.68	0.50	0.50	0.45	0.41	0.37
			22～40	21.10	1.30	0.93	0.73	0.60	0.51	045	0.40	0.36
			45～63	2.60	1.45	0.97	0.73	0.59	0.50	0.44	0.38	0.35
4		均布荷载作用于 下翼缘	10～20	2.50	1.55	1.08	0.83	0.68	0.56	0.52	0.47	0.42
			22～40	4.00	2.20	1.45	1.01	0.85	0.70	0.60	0.52	0.46
			45～63	5.60	2.80	1.80	1.25	0.95	0.78	0.65	0.55	0.49
5	跨中有侧向支撑点的梁（不论荷载作用点在截面高度上的位置）		10～20	2.20	1.39	1.01	0.79	0.66	0.57	0.52	0.47	0.42
			22～40	3.00	1.38	1.24	0.96	0.76	0.65	0.56	0.49	0.43
			45～63	4.00	2.20	1.38	1.01	0.80	0.66	0.56	0.49	0.43

3）轧制槽钢简支梁。

轧制槽钢简支梁由于其截面单轴对称，理论计算比较复杂，《钢结构设计规范》（GB 50017—2003）规定采用近似式（1.3.61）计算。同样，当求得 $\varphi_b > 0.6$ 时，也应按式（1.3.60）换算成 φ_b'。

$$\varphi_b = \frac{570bt}{l_1 h} \times \frac{235}{f_y} \tag{1.3.61}$$

式中　h、b、t——槽钢截面的高度、翼缘宽度和平均厚度；

l_1——自由长度。

4）双轴对称工字形等截面悬臂梁。

详见《钢结构设计规范》（GB 50017—2003）规定。

5）受弯构件整体稳定系数 φ_b 的近似计算。

均匀弯曲的受弯构件，当 $\lambda_y = 120\sqrt{\dfrac{235}{f_y}}$ 时，φ_b 值可按下列近似公式计算：

a. 工字形截面（含 H 型钢）。

双轴对称时

$$\varphi_b = 1.07 - \frac{\lambda_y^2}{44000} \cdot \frac{f_y}{235} \tag{1.3.62}$$

单轴对称时

$$\varphi_b = 1.07 - \frac{W_x}{(2a_b + 0.1)Ah} \cdot \frac{\lambda_y^2}{44000} \cdot \frac{f_y}{235} \tag{1.3.63}$$

b. T 形截面（弯矩作用在对称平面，绕 x 轴）。

弯矩使翼缘受压时，双角钢 T 形截面：

$$\varphi_b = 1 - 0.0017\lambda_y\sqrt{\frac{f_y}{235}} \tag{1.3.64}$$

弯矩使翼缘受压时，部分 T 型钢和两板组合 T 形截面：

$$\varphi_b = 1 - 0.0022\lambda_y\sqrt{\frac{f_y}{235}} \tag{1.3.65}$$

弯矩使翼缘受拉且腹板宽厚比不大于 $18\sqrt{\dfrac{235}{f_y}}$ 时：

$$\varphi_b = 1 - 0.0005\lambda_y\sqrt{\frac{f_y}{235}} \tag{1.3.66}$$

按式（1.3.62）～式（1.3.66）算得 $\varphi_b > 0.6$ 时，无需按式（1.3.60）换算成 φ_b'；当按式（1.3.65）和式（1.3.66）算得 $\varphi_b > 1.0$ 时，取 $\varphi_b = 1.0$。

2. 梁的局部稳定

组合梁一般由翼缘和腹板等板件组成，如果将这些板件不适当地减薄加宽，板中压应力或剪应力达到某一数值后，腹板或受压翼缘有可能偏离其平面位置，出现波形鼓曲（图 1-3-31），这种现象称为梁局部失稳。

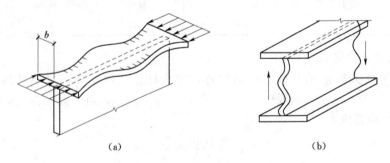

图 1-3-31 梁局部稳定
(a) 翼缘；(b) 腹板

这里主要叙述一般钢结构组合梁中翼缘和腹板的局部稳定。

(1) 受压翼缘的局部稳定。

在实际工程中，一般采用限制宽厚比的办法保证梁受压翼缘板的稳定性。

工字形截面梁，其受压翼缘自由外伸宽度 b 与其厚度 t 之比应符合下式：

$$\frac{b}{t} \leqslant 13 \sqrt{235/f_y} \qquad (1.3.67)$$

当按弹性设计时，b/t 值可放宽为 $15 \sqrt{235/f_y}$。

（2）腹板的局部稳定。

实际工程，为了提高梁的承载力，往往增大梁高。而腹板厚度 t_w 一般又较薄，所以需要在腹板两侧设置合适的加劲肋，用来作为腹板的支承，以提高腹板的临界应力，满足局部稳定的要求。分析表明，设加劲肋比增加腹板的厚度能取得更好的经济效益，因此，在工程中都采用设置加劲肋的措施。加劲肋的设置如图 1－3－32 所示（1——横向加劲肋；2——纵向加劲肋；3——短加劲肋）。

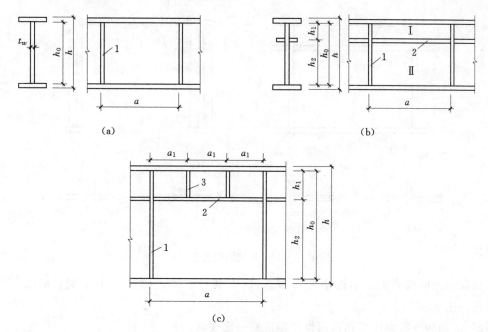

图 1－3－32 腹板加劲肋的布置

横向加劲肋能提高腹板的剪切临界应力，并作为纵向加劲肋的支承；纵向加劲肋对提高腹板的弯曲临界应力特别有效，设置时应靠近受压翼缘；短加劲肋常用于局部压应力较大的情况。

组合梁腹板配置加劲肋应符合以下规定：

1）当 $h_0/t_w \leqslant 80 \sqrt{235/f_y}$ 时，对有局部压应力的梁，应按构造配置横向加劲肋，但对 $\sigma_c = 0$ 的梁，可不配置加劲肋；

2）当 $h_0/t_w > 80 \sqrt{235/f_y}$ 时，应按计算配置横向加劲肋；

3）当 $h_0/t_w > 170 \sqrt{235/f_y}$（受压翼缘扭转受到约束，如连有刚性铺板、制动板或焊有钢轨时）或 $h_0/t_w > 150 \sqrt{235/f_y}$（受压翼缘扭转未受到约束时）或按计算需要时，应在弯矩较大区格的受压区增加配置纵向加劲肋。但任何情况下，h_0/t_w 均不应超过

$250\sqrt{235/f_y}$；

4）梁的支座处和上翼缘受有较大固定集中荷载处宜设置支承加劲肋。

（3）加劲肋的构造和截面尺寸。

加劲肋按其作用可分为两种：一种是为了把腹板分隔成几个区格，以提高腹板的局部稳定性，称为间隔加劲肋；另一种除了上述的作用外，还有传递固定集中荷载或支座反力的作用，称为支承加劲肋。

1）加劲肋的构造要求。

加劲肋宜在腹板两侧成对配置，也允许单侧配置，但支承加劲肋和重级工作值吊车梁的加劲肋不应单侧配置。加劲肋可采用钢板或型钢（见图 1-3-33）。

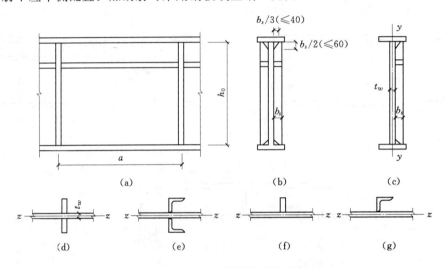

图 1-3-33 加劲肋的构造要求

横向加劲肋的间距 a 不得小于 $0.5h_0$，也不得大于 $2h_0$（对 $\sigma_c = 0$ 的梁，$h_0/t_w \leqslant 100$ 时，可采用 $2.5h_0$）。

2）加劲肋的截面尺寸和截面惯性矩应有一定要求。

双侧对称布置的钢板横向加劲肋的外伸宽度应满足下式：

$$b_s \geqslant \frac{h_0}{30} + 40 (\text{mm}) \tag{1.3.68}$$

厚度：

$$t_s \geqslant \frac{b_s}{15} \tag{1.3.69}$$

单侧布置横向加劲肋时，外伸宽度应比上式增大 20%，加劲肋的厚度同样不小于其外伸宽度的 1/15。在同时用横向加劲肋和纵向加劲肋加强的腹板中，横向加劲肋的截面尺寸除应符合上述规定外，其截面惯性矩应满足下式的要求：

$$I_z \geqslant 3h_0 t_w^3 \tag{1.3.70}$$

纵向加劲肋的惯性矩（对 y 轴）应满足下式的要求：

当 $\dfrac{a}{h_0} \leqslant 0.85$ 时

$$I_y \geqslant 1.5h_0 t_w^3 \tag{1.3.71}$$

当 $\dfrac{a}{h_0}>0.85$ 时

$$I_y\geq\left(2.5-0.45\frac{a}{h_0}\right)\left(\frac{a}{h_0}\right)^2 h_0 t_w^3 \qquad (1.3.72)$$

（4）支承加劲肋的计算。

支撑加劲肋应在腹板两侧成对设置，并应进行整体稳定和端面承压计算，其截面往往比中间横向加劲肋大。

1）按轴心压杆计算支承加劲肋在腹板平面外的稳定性。此压杆的截面包括加劲肋以及每侧各 $15t_w\sqrt{235/f_y}$ 范围内的腹板面积（见图 1-3-34 中的阴影部分），其计算长度近似取为 h_0。由于腹板是一个整体，支承加劲肋作为一个轴心压杆不可能在腹板平面内失稳，因此仅需验算它在腹板平面外的稳定性。即：

$$\frac{N}{\varphi A}\leq f \qquad (1.3.73)$$

2）支承加劲肋一般刨平抵紧于梁的翼缘或柱顶，其端面承压强度按下式计算：

$$\sigma_{ce}=\frac{F}{A_{ce}}\leq f_{ce} \qquad (1.3.74)$$

3）支承加劲肋与腹板的连接焊缝，应按承受全部集中力或支反力进行计算。计算时假定应力沿焊缝长度均匀分布。

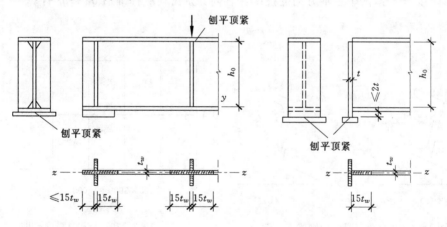

图 1-3-34 支承加劲肋的构造

1.3.2.4 型钢梁的设计

型钢梁中应用最多的是热轧普通工字钢和 H 型钢。型钢梁设计一般应满足强度、整体稳定和刚度的要求。型钢梁腹板和翼缘的宽厚比都不太大，局部稳定可得到保证，不需进行验算。

1. 单向弯曲型钢梁

单向弯曲型钢梁的设计比较简单，其设计步骤一般为：

（1）先计算梁的最大弯矩 $M_{\max}$ 和 $V_{\max}$，并按选定的钢材确定其抗弯强度设计值 f。

（2）根据式 $W_n=\dfrac{M_{\max}}{\gamma_x f}$ 计算型钢所需的净截面模量，然后由 W_n 查型钢表，选择适当的型钢号。

（3）进行型钢梁的强度、刚度和整体稳定性验算。由于腹板较厚，如果截面无削弱且无较大的集中荷载时，可不验算抗剪强度、局部承压强度、折算应力强度和局部稳定。

2. 双向弯曲型钢梁

对于垂直于坡屋面的檩条等，截面沿两主轴方向受弯，为双向弯曲型钢梁（见图 1-3-35）。双向弯曲型钢梁承受两个主平面方向的荷载，设计方法与单面弯曲型钢梁相同，应考虑抗弯强度、整体稳定、刚度等的计算，而剪应力和局部稳定一般不必计算，局部压应力只有在有较大集中荷载或支座反力的情况下，必要时才验算。

其设计步骤一般为：

（1）仍先计算 $W_n = \dfrac{M_{\max}}{\gamma_x f}$，但考虑到 M_y 的作用，可适当增大型钢所需的净截面模量，一般增大 $10\% \sim 20\%$。

（2）然后由 W_n 查型钢表，选择适当的型钢号。

（3）进行型钢梁的强度、刚度和整体稳定性验算。

其中，抗弯强度按式（1.3.47）计算；整体稳定性按式（1.3.58）计算；刚度按下式计算：

$$\nu = \sqrt{\nu_x^2 + \nu_y^2} \leqslant [\nu] \qquad\qquad (1.3.75)$$

式中　ν_x、ν_y——沿两个主轴方向的挠度，它们分别由荷载标准值 q_{kx}、q_{ky} 计算。

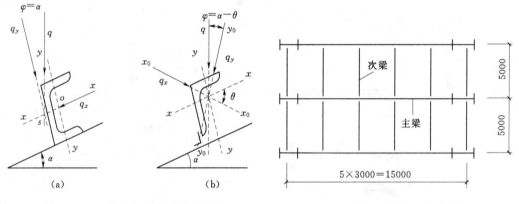

（a）	（b）

图 1-3-35　双向弯曲型钢梁受力图　　　　1-3-36　［例 1.3.6］图

【例 1.3.6】　楼盖钢梁布置局部平面如图 1-3-36 所示。楼盖为钢筋混凝土楼板。试设计工字形截面型钢梁次梁；楼板、装修、吊顶、隔墙及防火层等标准恒载共重 5.8kN/m²，标准活荷载 4kN/m²。钢材为 Q235。

解：1. 荷载计算

作用在次梁上的荷载设计值由可变荷载（活荷载）效应控制的组合

荷载标准值　　　　　　　$q_k = 3 \times 5.8 + 3 \times 4 = 29.4 \text{kN/m}$

荷载设计值　　　　　　　$q_d = 3 \times 5.8 \times 1.2 + 3 \times 4 \times 1.4 = 37.68 \text{kN/m}$

2. 内力计算

跨中最大弯矩　　$M_{\max} = \dfrac{1}{8} q_d l^2 = \dfrac{1}{8} \times 37.68 \times 5^2 = 117.75 \text{kN} \cdot \text{m}$

支座最大剪力　　$V_{\max} = \dfrac{1}{2} \times 37.68 \times 5 = 94.2 \text{kN}$

3. 截面选择

梁所需截面参数为

$$W_{nx} = \frac{M_x}{\gamma_x f} = \frac{117750 \times 10^2}{1.05 \times 215 \times 10^2} = 521.6\text{cm}^2$$

按型钢表选用 I28b，$W_x = 534\text{cm}^3$，自重 $g = 47.9 \times 9.81 = 469.899 \approx 470\text{N/m}$，$I_x = 7480\text{cm}^4$，$I_x/S_x = 24.2\text{cm}$，$t_w = 10.5\text{mm}$。

4. 截面验算

（1）抗弯强度验算。

梁自重产生的弯矩　　$M = \frac{1}{8} \times 470 \times 1.2 \times 5^2 = 1762.5\text{N} \cdot \text{m}$

总弯矩　　　　　　$M_x = 117750 + 1762.5 = 119512.5\text{N} \cdot \text{m}$

代入弯曲正应力验算公式

$$\sigma = \frac{M_x}{\gamma_x f} = \frac{119512.5 \times 10^3}{1.05 \times 534 \times 10^3} = 213.15\text{N/mm}^2 < f = 215\text{N/mm}^2$$

（2）最大剪应力验算。

$$\tau = \frac{VS}{I_x t_w} = \frac{94200 \times 470 \times 1.2 \times 2.5}{24.2 \times 10 \times 10.5} = 37.63 < f_v = 125\text{N/mm}^2$$

（3）刚度验算。

$$q = 29400 + 470 = 29870\text{N/m} = 29.87\text{N/mm}$$

$$v = \frac{5}{384} \cdot \frac{ql^4}{EI} = \frac{5 \times 29.87 \times 5^4 \times 10^4}{384 \times 206 \times 10^3 \times 7480 \times 10^4} = 0.0158\text{m}$$

$$= 15.8\text{mm} \leqslant \frac{l}{250} = \frac{500}{250} = 20\text{mm}$$

1.3.2.5 组合梁的设计

1. 试选截面

选择组合梁的截面时，首先要初步估算梁的截面高度、腹板厚度和翼缘尺寸。下面介绍焊接组合梁试选截面的方法。

（1）梁的截面高度。

确定梁的截面高度应考虑建筑高度、刚度和经济条件。

建筑高度是指按使用要求所允许的梁的最大高度 $h_{\max}$。例如，当建筑楼层层高确定后，为保证室内净高不低于规定值，要求楼层梁高不得超过某一数值。设计梁截面时要求 $h \leqslant h_{\max}$。

刚度条件决定了梁的最小高度 $h_{\min}$。刚度条件是要求梁在全部荷载标准值作用下的挠度 ν 不大于容许挠度 $[\nu_T]$。如均布荷载简支梁，其相对挠度应满足下式要求：

$$\nu_{\max} = \frac{5M_k l^2}{48EI_x} \leqslant [\nu] \tag{1.3.76}$$

若取荷载分项系数为平均值 1.3，则 $M = 1.3M_k$、$\sigma = \frac{M}{W} = \frac{Mh}{2I}$，另考虑塑性发展系数 γ 代入上式可得：

$$h_{\min} \geqslant \frac{fl^2}{1.224 \times 10^6 [\nu]} \qquad (1.3.77)$$

从用料最省出发，可以定出梁的经济高度。计算的满足抗弯强度的、梁用钢量最少的高度。这个高度在一般情况下就是梁的经济高度 h_e。经验表明，当梁高取下列 h_e 值时较为经济合理。

$$h_e \approx 2W_x^{0.4} \quad 或 \quad h_e \approx 7\sqrt[3]{W_x} - 30\,(\text{mm}) \qquad (1.3.78)$$

式中 W_x——按强度条件极限所需的梁截面模量。

实际采用的梁高，实际采用的梁高，应介于建筑高度和最小高度之间，而大约等于或略小于经济高度 h_e。此外，确定梁高时，应适当考虑腹板的规格尺寸，一般取腹板高度为 50mm 的倍数。

（2）腹板厚度。

腹板厚度应满足抗剪强度的要求。初选截面时，可近似地假定最大剪应力为腹板平均剪应力的 1.2 倍，腹板的抗剪强度计算公式简化为：

$$\tau_{\max} \approx 1.2\frac{V_{\max}}{h_w t_w} \leqslant f_v$$

于是

$$t_w \geqslant 1.2\frac{V_{\max}}{h_w f_v} \qquad (1.3.79)$$

由上式确定的 t_w 往往偏小。为了考虑局部稳定和构造因素，腹板厚度一般用下列经验公式进行估算：

$$t_w = \sqrt{h_0}/3.5 \qquad (1.3.80)$$

腹板厚度 t_w 的增加对截面惯性矩影响不显著，但腹板平面面积却相对较大。因此，t_w 应结合腹板加劲肋的配置全面考虑，宜尽量偏薄，以节约钢材，但一般不小于 8mm，跨度小时不小于 6mm。

（3）翼缘尺寸。

腹板尺寸确定之后，可按强度条件（即所需截面抵抗矩）确定翼缘面积 A_f。对于工形截面：

$$A_f = bt \approx \frac{W_x}{h_0} - \frac{1}{6}t_w h_0 \qquad (1.3.81)$$

算出 A_f 之后，设定 b、t 中任一数值，即可确定另一个数值。翼缘板的宽度通常为 $b = (1/5\sim 1/3)h$，且不小于 180mm 的要求。厚度 $t = A_f/b$，翼缘板经常用单层板做成，当厚度过大时可采用双层板。t 不应小于 8mm，也不宜大于 50mm（低碳钢）或 36mm（低合金钢）。

确定翼缘板的尺寸时，还需要注意满足局部稳定要求，使受压翼缘外伸宽度 b_1 与其厚度 t 之比 $b_1/t \leqslant 13\sqrt{235/f_y}$（考虑塑性发展，即取 $\gamma_x = 1.05$）或 $15\sqrt{235/f_y}$（不考虑塑性发展，即取 $\gamma_x = 1.0$）。

选择翼缘尺寸时，同样应符合钢板规格，宽度取 10mm 的倍数，厚度取 2mm 的倍数。

2．截面验算

截面尺寸确定后，根据试选的截面尺寸，求出截面的各种几何数据，如惯性矩、截面模量等，然后验算抗弯、抗剪、局部压应力、折算应力、整体稳定、刚度及翼缘局部稳定等要求是否满足。腹板局部稳定由设置加劲肋来保证，或计算腹板屈曲后的强度。

如果梁截面尺寸沿跨长有变化，应将截面改变设计之后进行抗剪强度、刚度、折算应力验算。

3．组合梁截面沿长度的改变

梁的弯矩是沿梁的长度变化的，因此，梁的截面如能随弯矩而变化，则可节约钢材。对跨度较小的梁，截面改变经济效果不大，或者改变截面节约的钢材不能抵消构造复杂带来的加工困难时，则不宜改变截面。单层翼缘板的焊接梁改变截面时，宜改变翼缘板的宽度（图1-3-37）而不改变其厚度。因改变厚度时，该处应力集中严重，且使梁顶部不平，有时使梁支承其他构件不便。

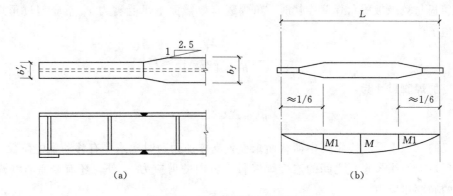

图1-3-37　梁翼缘宽度的改变

梁改变一次截面约可节约钢材10％～20％。如再多改变一次，约再多节约3％～4％，效果不显著。为了便于制造，一般只改变一次截面。

对承受均布荷载的梁，截面改变位置在距支座$l/6$处［图1-3-37（b）］最有利。较窄翼缘板宽度b'_f应由截面开始改变处的弯矩M_1确定。为了减少应力集中，宽板应从截面开始改变处向弯矩减小的一方以不大于1∶2.5的斜度切斜延长，然后与窄板对接。

有时为了降低梁的建筑高度，简支梁可以在靠近支座处减小其高度，而使翼缘截面保持不变（图1-3-38），其中图1-3-38（a）构造简单制作方便。梁端部高度应根据抗剪强度要求确定，但不宜小于跨中高度的1/2。

4．翼缘焊缝的计算

当梁弯曲时，由于相邻截面中作用在翼缘截面的弯曲正应力有差值，翼缘与腹板间产生水平剪力（图1-3-39）。沿梁单位长度的水平剪

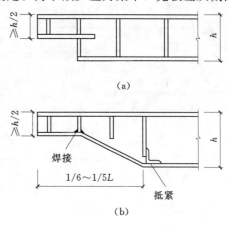

图1-3-38　变高度梁

力为：

$$v_1 = \tau_1 t_w = \frac{VS_1}{I_x t_w} t_w = \frac{VS_1}{I_x} \tag{1.3.82}$$

式中　　τ_1——腹板与翼缘交界处的水平剪力；

　　　　S_1——翼缘截面对梁中和轴的面积矩。

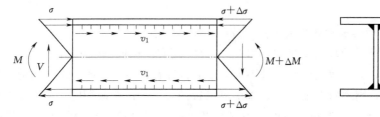

图 1-3-39　翼缘焊缝的水平剪力

当腹板与翼缘板用角焊缝连接时，角焊缝有效截面上承受剪力 τ_f 不应超过角焊缝强度设计值 f_f^w：

$$\tau_f = \frac{v_1}{2 \times 0.7 h_f} = \frac{VS_1}{1.4 h_f I_x} \leqslant f_f^w$$

需要的焊脚尺寸为：

$$h_f \geqslant \frac{VS_1}{1.4 I_x f_f^w} \tag{1.3.83}$$

当梁的翼缘上受有固定集中荷载而未设置支撑加劲肋时，或受有移动集中荷载（如有吊车轮压）上翼缘与腹板之间的连接焊缝长度方向的剪应力 τ_f 外，还有受垂直与焊缝长度方向的局部压应力：

$$\sigma_f = \frac{\psi F}{2 h_e l_z} = \frac{\psi F}{1.4 h_f l_z}$$

因此，受有局部应力的上翼缘与腹板之间的连接焊缝应按下式计算强度：

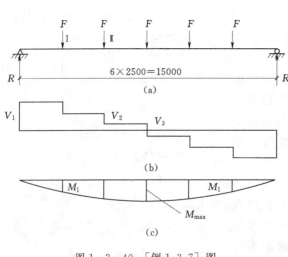

图 1-3-40　[例 1.3.7] 图

$$\frac{1}{1.4 h_f} \sqrt{\left(\frac{\psi F}{\beta_f l_z}\right)^2 + \left(\frac{VS}{I_x}\right)^2} \leqslant f_f^w$$

从而

$$h_f \geqslant \frac{1}{1.4 f_f^w} \sqrt{\left(\frac{\psi F}{\beta_f l_z}\right)^2 + \left(\frac{VS}{I_x}\right)^2} \tag{1.3.84}$$

设计时一般先按构造要求假定 h_f 值，然后验算。同时，h_f 沿全跨取为一致。

【例 1.3.7】　图 1-3-40（a）为一工作平台主梁的计算简图，次梁传来的集中荷载标准值为 $F_k = 253\text{kN}$，设计值为 $F_d = 323\text{kN}$。试设计一焊接组合工字形截面梁，钢材为 Q235—B，焊条 E43 型。

解： 1. 内力计算

$$V_{max}=2.5\times323=807.5kN$$

$$M_{max}=807.5\times7.5-323\times(5+2.5)=3633.75kN\cdot m$$

2. 初选截面

（1）确定腹板高度。

需要的截面抵抗矩

$$W_x=\frac{M_{max}}{\gamma_x f}=\frac{3633.75\times10^6}{1.05\times215}=16096.3cm^3$$

梁的最小高度

$$h_{min}=\frac{fl^2}{1.224\times10^6}\times\frac{l}{400}=1053.9mm$$

梁的经济高度

$$h_e\approx2W_x^{0.4}=2\times16096.3^{0.4}=963mm$$

$$h_e\approx7\sqrt[3]{W_x}-30=7\times\sqrt[3]{16096.3}-30=1467mm$$

取腹板高 $h_0=1500mm$。

（2）确定腹板厚度。

$$t_w\geqslant1.2\frac{V_{max}}{h_w f_v}=1.2\times\frac{807.5\times10^6}{1500\times125}=5.2mm$$

$$t_w=\frac{\sqrt{h_0}}{3.5}=11.1mm$$

取腹板厚度为 12mm。

（3）确定翼缘宽度 b 和厚度 t。

$$A_f=bt\approx\frac{W_x}{h_0}-\frac{1}{6}t_w h_0=\frac{16096.3\times10^3}{1500}-\frac{1500\times12}{6}=7731mm^2$$

根据设计经验，则初选定 $b=400mm$，$t=24mm$

3. 截面验算

（1）截面的几何参数。

$$A=150\times1.2+2\times40\times2.4=372mm^2$$

$$I_x=\frac{1}{12}\times(40\times154.8^3-38.8\times150^3)=1452428.6cm^4$$

$$W_x=\frac{2I_x}{h}=18765.2cm^3$$

（2）抗弯强度验算。

考虑梁自重后的内力值

$$V_{max}=807.5+1.2\times\frac{1}{2}\times(150\times1.2+40\times2.4\times2)\times0.785\times9.8\times10^{-3}\times15=833.5kN$$

$$M_{max}=3633.75+1.2\times\frac{1}{8}\times(150\times1.2+40\times2.4\times2)\times0.785\times9.8\times10^{-3}\times15^2$$

$$=3730.3kN\cdot m$$

$$W_n = \frac{M_{max}}{\gamma_x f} = \frac{3730.3}{1.05 \times 18765.2} = 189.8 \text{N/mm}^2 < f = 215 \text{N/mm}^2$$

（3）抗剪强度验算。

$$W_n = \frac{V_{max} S}{I_x t_w} = \frac{833.3 \times 10^3}{1452428.6 \times 10^4 \times 12} \times (400 \times 24 \times 762 + 750 \times 375 \times 12) = 51.1 \text{N/mm}^2 < f_v$$

$$= 125 \text{N/mm}^2$$

支座处和支承次梁处均设置支承加劲肋，故不需验算局部承压强度。

（4）刚度验算。

根据结构力学的方法，梁跨中产生的标准值为：

$$M_k = \frac{7.5 \times 7.5}{15} \times 253 \times \left(1 + 2 \times \frac{2}{3} + 2 \times \frac{1}{3}\right) + \frac{1}{8} \times (150 \times 1.2 + 40 \times 2.4 \times 2)$$
$$\times 0.785 \times 9.8 \times 10^{-3} \times 15^2$$
$$= 2926.74 \text{kN} \cdot \text{m}$$

梁的最大挠度

$$v_{max} \approx \frac{M_k l^2}{10 E I_x} = \frac{2926.74 \times 10^6 \times 15000^2}{10 \times 206 \times 10^3 \times 1452428.6 \times 10^4} = 22 \text{mm} \leqslant [v] = \frac{l}{400} = 37.5 \text{mm}$$

（5）整体稳定性验算。

因 $\frac{l_1}{b_1} = \frac{250}{40} = 6.25 < 16$，故不需验算主梁的整体稳定性。

4. 翼缘和腹板的连接焊缝计算

所需焊脚尺寸

$$h_f \geqslant \frac{V S_1}{1.4 I_x f_f^w} = \frac{833.3 \times 10^3 \times 400 \times 24 \times 762}{1.4 \times 1452428.6 \times 10^4 \times 160} = 1.87 \text{mm}$$

根据构造要求　　　　$h_f \geqslant 1.5 \sqrt{t_{max}} = 1.5 \times \sqrt{24} = 7.3 \text{mm}$

采用 $h_f = 8 \text{mm}$。

5. 局部稳定验算和加劲肋设计

翼缘板外伸宽度与厚度之比 $\frac{194}{24} = 8.08 < 13 \sqrt{\frac{235}{f_y}} = 13$ 满足要求

腹板高厚比　　　　　$\frac{h_0}{t_w} = \frac{1500}{12} = 125 > 80 \sqrt{\frac{235}{f_y}} = 80$

$$\frac{h_0}{t_w} < 170 \sqrt{\frac{235}{f_y}} = 170$$

因此应配置横向加劲肋。

按构造要求，横向加劲肋间距 $a \leqslant 2h_0 = 2 \times 1.5 = 3.0 \text{m}$，考虑到次梁处应设加劲肋，而次梁间距为 2.5m，故取 $a = 2.5 \text{m}$。横向加劲肋采用在腹板两侧成对配置的钢板，其尺寸为：

外伸宽度　　　　　　$b_s = \frac{h_0}{30} + 40 = \frac{1500}{30} + 40 = 90 \text{mm}$

取 $b_s = 120 \text{mm}$

厚度
$$t_s = \frac{b_s}{15} = \frac{120}{15} = 8mm$$

取 $t_s = 8mm$

（1）端部支承加劲肋设计。

端部支承加劲肋成对布置于腹板的两侧，每侧宽160mm，厚14mm，切角20mm，端部净宽140mm，下端支承处刨平后与下翼缘顶紧，加劲肋的设置如图1-3-41所示。

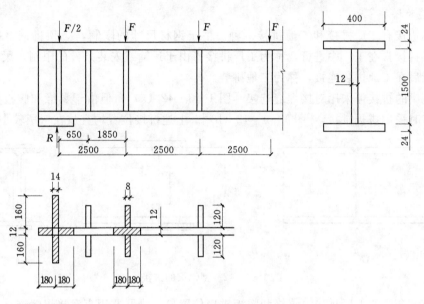

图 1-3-41　加劲肋的布置

（2）加劲肋稳定性验算。

有关截面参数
$$A = [(2 \times 16 + 1.2) \times 1.4 + 2 \times 15 \times 1.2 \times 1.2] = 89.7 cm^2$$

$$I_z = \frac{(2 \times 16 + 1.2)^3 \times 1.4}{12} = 4269.3 cm^4$$

$$i_z = \sqrt{\frac{I_z}{A}} = \sqrt{\frac{4269.3}{89.7}} = 6.9 cm$$

$$\lambda_z = \frac{h_0}{i_z} = \frac{150}{6.9} = 21.7$$

按 b 类截面查得 $\varphi = 0.966$，则
$$\frac{R}{\varphi \cdot A} = \frac{833.3 \times 10^3}{0.966 \times 89.7 \times 10^2} = 96.2 N/mm^2 < f = 215 N/mm^2 \quad 满足要求$$

（3）承压强度验算。
$$A_{ce} = 2 \times 1.4 \times 14 = 39.2 cm^2$$

$$\frac{R}{A_{ce}} = \frac{833.3 \times 10^3}{39.2 \times 10^2} = 212.6 N/mm^2 < f_{ce} = 325 N/mm^2 \quad 满足要求$$

支承加劲肋与腹板的焊缝连接

$$h_f \geqslant \frac{R}{4 \times 0.7 \times (h_0 - 70) f_f^w} = \frac{833.3 \times 10^3}{4 \times 0.7 \times (1500 - 70) \times 160} = 1.3\text{mm}$$

$$h_f \geqslant 1.5 \sqrt{t_{\max}} = 1.5 \times \sqrt{14} = 5.6\text{mm} \quad 取\ h_f = 6\text{mm}$$

横向加劲肋也取 $h_f = 6$mm。

由以上验算可知，此设计能够满足要求。

1.3.2.6 梁的拼接、连接和支座

1. 梁的拼接

梁的拼接有工厂拼接和工地拼接两种。由于钢材尺寸的限制，必须将钢材接长或拼大，这种拼接常在工厂中进行，称为工厂拼接。由于运输或安装条件的限制，梁必须分段运输，然后在工地拼装连接，称为工地拼装。

型钢梁的拼接可采用对接焊缝连接［图1-3-42（a）］，但由于翼缘和腹板处不易焊透，故有时采用拼板拼接，［图1-3-42（b）］。上述拼接位置均宜放在弯矩较小的地方。

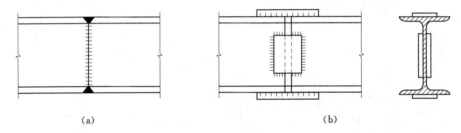

图 1-3-42　型钢梁的拼接

焊接组合梁的工厂拼接，翼缘和腹板拼接位置最好错开并用直对接焊缝连接。腹板的拼焊缝与横向加劲肋之间至少应相距 $10t_w$。

梁的工地拼接应使翼缘和腹板基本上在同一截面处断开，以减少运输碰损。高大的梁在工地施焊时不便翻身，应将上、下翼缘的拼接边缘均做成向上开口的 V 形坡口，以便俯焊时将翼缘和腹板的接头略为错开一些，这样受力情况较好，但运输单元突出部分应特别保护，以免碰损。将翼缘焊缝留一段不在工厂施焊，是为了减少焊缝收缩应力。注明的数字是工地施焊的适宜顺序（见图1-3-43）。

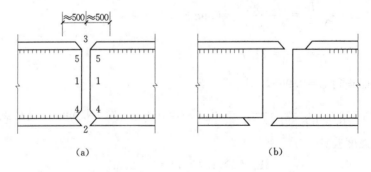

图 1-3-43　组合梁的工厂拼接

由于现场施焊条件较差，焊缝质量难于保证，所以较重要或受动力荷载的大型梁，在现场拼接时宜采用强度螺栓（图1-3-44）。

当梁拼接处的对接焊缝不能与基本金属等强时，如采用三级焊缝时，应对受拉区翼缘焊缝进行计算，使拼接处弯曲拉应力不超过焊缝抗拉强度设计值。

对用拼接板的接头，应按下列规定的内力进行计算。翼缘拼接板及其连接所承受的内力 N_1 为翼缘板的最大承载力 $N_1=A_{fn} \cdot f$。

腹板拼接板及其连接，主要承受梁截面上的全部剪力 V，以及按刚度分配到腹板上的弯矩 $M_w = \dfrac{M \cdot I_w}{I}$。此式中 I_w 为腹板截面惯性矩；I 为整个梁截面的惯性矩。

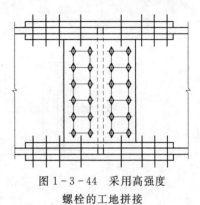

图 1-3-44 采用高强度螺栓的工地拼接

2. 次梁与主梁的连接

次梁与主梁的连接形式可分为叠接和平接两种。

叠接（见图 1-3-45）是将次梁直接搁在主梁上面，用螺栓或焊缝连接，构造简单，但需要的结构高度大，其使用常受到限制。图 1-3-45（a）是次梁为简支梁时与主梁连接的构造，而图 1-3-45（b）是次梁为连续梁时与主梁连接的构造示例。如次梁截面较大时，应另采取构造措施防止支承处截面的扭转。

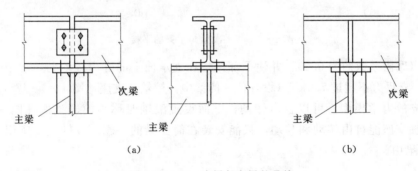

（a）   （b）

图 1-3-45 次梁与主梁的叠接

平接（见图 1-3-46）是使次梁顶面与主梁相平或略高、略低于主梁顶面，从侧面与主梁的加劲肋或在腹板上专设的短角钢或支托相连接。图 1-3-46（a）、（b）、（c）是次梁为简支梁时与主梁连接的构造，图 1-3-46（d）是次梁为连续梁时与主梁连接的构造。平接虽构造复杂，但可降低结构高度，故在实际工程中应用较广泛。

3. 梁的支座

梁通过在砌体、钢筋混凝土柱或钢柱上的支座，将荷载传给柱或墙体，再传给基础和地基。这里主要介绍支承于砌体或钢筋混凝土上的支座。

支承于砌体或钢筋混凝土上的支座有三种传统形式，即平板支座、弧形支座、铰轴式支座（见图 1-3-46）。

平板支座［图 1-3-47（a）］系在梁端下面垫上钢板做成，使梁的端部不能自由移动和转动，一般用于跨度小于 20m 的梁中。弧形支座，也叫切线式支座［图 1-3-47（b）］，由厚约 40～50mm 顶面切削成圆弧形的钢垫板制成，使梁能自由转动并可产生适

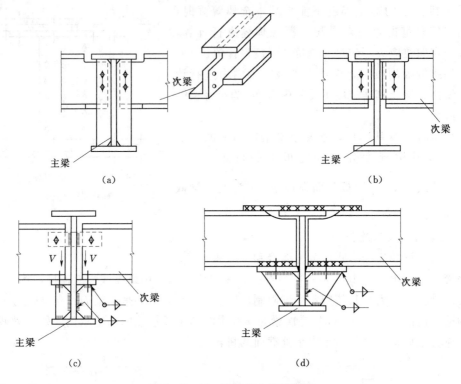

图 1-3-46　次梁与主梁的平接

量的移动（摩阻系数约为 0.2），并使下部结构在支承面上的受力较均匀，常用于跨度为 20~40m，支反力不超过 750kN（设计值）的梁中。铰轴式支座 [图 1-3-47 (c)] 完全符合梁简支的力学模型，可以自由转动，下面设置滚轴时称为滚轴支座 [图 1-3-47 (d)]。滚轴支座能自由转动和移动，只能安装在简支梁的一端。铰轴式支座用于跨度大于 40m 的梁中。

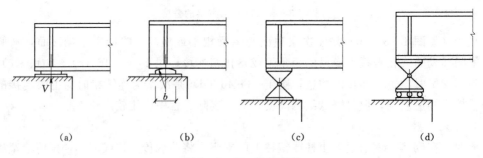

图 1-3-47　梁的支座

1.3.2.7　其他类型梁

1. 蜂窝梁

将 H 型钢沿腹板的折线 [图 1-3-48 (a)] 切割成的两部分，齿尖对齿尖地焊合后，就形成一个腹板有孔洞的工字形梁 [图 1-3-48 (b)]，这种梁称之为蜂窝梁。与原 H 型钢相比，蜂窝梁的承载力及刚度均显著增大。工程中跨度较大的梁或檩条采用蜂窝梁，不单是追求结构的经济效益，常常还是为了管线穿越的方便。

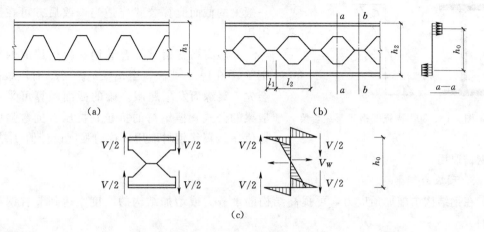

(a)　　　　　　　　　　　(b)

(c)

图 1-3-48　蜂窝梁

蜂窝梁腹板上的孔洞可做成几种形状，尤以正六边形为佳。梁高 h_2 一般为原 H 型钢高度 h_1 的 1.3～1.6 倍，相应的正六边形孔洞的边长或外接圆半径为 h_1 的 0.35～0.70 倍。

蜂窝梁的抗弯强度、局部承压强度、刚度和整体稳定的计算公式同实腹梁。但在计算梁的抗弯强度和整体稳定时，截面模量 W_{nx}、W_x 均按孔洞处的 $a-a$ 截面计算；由于腹板的抗剪刚度较弱，在计算梁的挠度时，剪切变形的影响不可忽视，这可在刚度验算时取用孔洞截面 $a-a$ 的惯性矩乘以折减系数 0.9 予以近似考虑。

剪力 V 在孔洞部分的截面上，可视为由上下两个 T 形截面各担一半，因此梁的抗剪强度可按此 T 形截面承受剪力 $V/2$ 计算。

2. 异种钢组合梁

对于荷载和跨度较大的钢梁，当梁的截面由抗弯强度控制时，可以将主要承受弯矩的翼缘板选用强度较高的钢材，而将主要承受剪力且常有富余的腹板选用强度较低的钢材，可以获得较好的经济效果。这种由不同种类的钢材制成的梁称之为异种钢组合梁。

对于三块钢板组合的异种钢梁，受弯时截面正应力如图 1-3-49 所示。当荷载较小时，梁全截面均处于弹性工作阶段，截面上的应力为三角形分布。随着荷载的增大翼缘附近的腹板可能首先屈服。荷载再继续增大，腹板的屈服范围将大，相继地翼缘也产生屈服。设计这样的钢梁，可取翼缘板开始屈服时作为支承力的极限状态。在极限荷载和标准

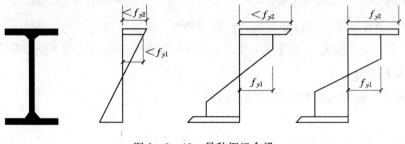

图 1-3-49　异种钢组合梁

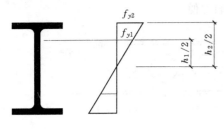

图 1-3-50　高强度钢 T 形组合梁

荷载作用下，腹板可能有部分区域发生屈服，将一般梁的截面验算公式作适当修改后方可在这里引用。

T 形高强度钢材与普通钢材腹板焊成的异种钢梁（图 1-3-50），当 $h_1 \leqslant h_2 f_{y1}/f_{y2}$ 时，腹板不会先于翼缘而发生屈服。梁的截面验算可采用一般梁的公式，但钢材的抗拉、抗压、抗弯强度设计值 f 按翼缘钢材取用，抗剪强度设计值 f_v 按腹板钢材取用。

3. 预应力钢梁

在钢结构中施加预应力，可提高结构的承载力或增加结构的刚度，达到节省钢材的目的。

预应力钢梁的预应力钢索（钢丝束或钢筋）可以做成直线形、曲线形和折线形三种，可放在梁内，也可放在梁下，如图 1-3-51 所示。放在梁下效果好一些，但梁的高度较大。

预应力常使梁成为偏心受力构件，因而梁的合理截面是不对称截面，上下翼缘的面积之比一般为 1.5~1.7。预应力梁的常用截面形式如图 1-3-52 所示，选用时，应尽可能使上下翼缘及预应力钢索都能充分发挥作用。为了使预应力钢索免受损伤且易于防锈，宜把下翼缘做成封闭形，将预应力钢索置于封闭的截面中。

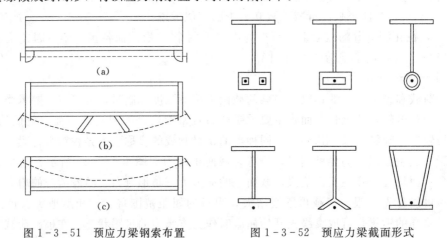

图 1-3-51　预应力梁钢索布置　　　图 1-3-52　预应力梁截面形式

在设计时需要按张拉阶段和使用阶段分别验算。为了获得最好的经济效果，应该使梁的截面在各个阶段都能充分利用其承载力，并使钢索在全部荷载作用下强度够用。

1.3.3　拉弯与压弯构件

1.3.3.1　拉弯、压弯构件的应用及截面形式

1. 概念

同时承受轴向力和弯矩的结构称为压弯（或拉弯）构件。如图 1-3-53、图 1-3-54 所示。弯矩可能由轴向力的偏心作用、弯矩作用或横向荷载作用等因素形成。当弯矩

作用在截面的一个主轴平面内时称为单向压弯（或拉弯）构件，作用在两主轴平面的称为双向压弯（或拉弯）构件。

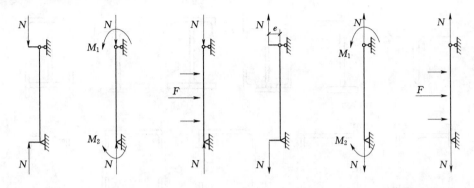

图 1-3-53 压弯构件　　　　　　　　　图 1-3-54 拉弯构件

在钢结构中，拉弯构件的应用十分广泛，例如由节间荷载作用的桁架上下弦杆，受风荷载作用的墙架柱以及天窗架的侧立柱等。压弯构件也经常用作柱子，如工业建筑中的厂房框架柱（见图 1-3-55）、多、高层建筑中的框架柱（见图 1-3-56）以及海洋平面的立柱等。它们不仅要承受上部结构传下来的轴向压力，同时还受弯矩和剪力。

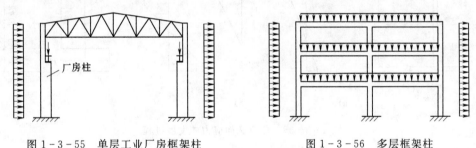

图 1-3-55 单层工业厂房框架柱　　　　　图 1-3-56 多层框架柱

2. 截面形式

拉弯和压弯构件的截面形式有型钢截面和组合截面两类，而组合截面又分实腹式和格构式两种截面（见图 1-3-57）。对于压弯构件，当承受的弯矩较小时其截面形式与一般的轴心受压构件相同。当弯矩较大时，宜采用弯矩平面内截面高度较大的双轴或单轴对称截面。

与轴心受力构件一样，在进行拉弯和压弯构件设计时，应同时满足承载能力极限状态和正常使用极限状态的要求。拉弯构件需要计算其强度和刚度（限制长细比）；对压弯构件，则需要计算强度、整体稳定（弯矩作用平面内稳定和弯矩作用平面外稳定）、局部稳定和刚度（限制长细比）。

拉弯构件的容许长细比与轴心拉杆相同；压弯构件的容许长细比与轴心压杆相同。

1.3.3.2 拉弯和压弯构件的强度和刚度

1. 拉弯和压弯构件的强度

拉弯构件和没有发生整体和局部失稳的压弯构件，考虑钢结构的塑性性能，其最不利截面（最大弯矩截面或有严重削弱的截面）最终将以形成塑性铰而达到承载能力的强度极

限。在轴心压力及弯矩的共同作用下，工字形截面上应力的发展过程如图 1-3-58 所示
（拉力及弯矩共同作用下与此类似，仅应力图形上下相反）。

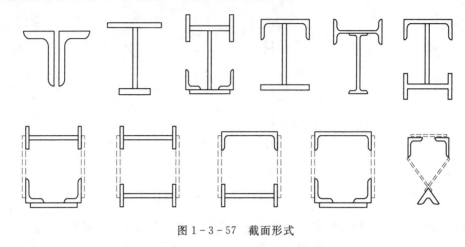

图 1-3-57　截面形式

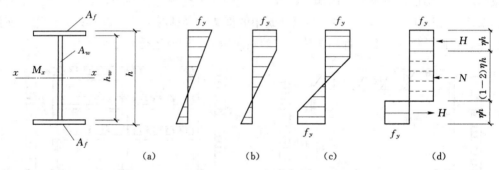

图 1-3-58　压弯截面应力的发展过程

由全塑性应力图形 ［图 1-3-58（d）］，根据内外力的平衡条件，即由一对水平力 H 所组成的力偶应与外力矩 M_x 平衡，对于矩形截面压弯构件，可以获得轴心力 N 和弯矩 M_x 的关系。

$$N = f_y \eta h b = N_p \eta \qquad (1.3.85)$$

$$M = \eta h b (h - \eta h) f_y \qquad (1.3.86)$$

联立以上两式，消去 η，则有如下相关方程

$$\left(\frac{N}{N_p}\right)^2 + \frac{M}{M_p} = 1 \qquad (1.3.87)$$

式中　　$N_p = f_y b h$——无弯矩作用时，全部净截面屈服的承载力；

　　　　$M_p = f_y b h^2 / 4$——无轴力作用时，净截面塑性弯矩。

　　式（1.3.87）可以绘成图 1-3-59 中的曲线 1。

　　对于其他形式的截面也可以用上述类似的方法得到净截面形成塑性铰时的相关公式。截面形式不同，相应的相关公式不尽相同，且同一截面（如工字形）绕强轴和弱轴弯曲的

相关公式亦将有差别，并且各自的数值还因翼缘与腹板的面积比不同而在一定范围内变动。

由于图 1-3-59 中各曲线均为凸曲线，为计算简便，且偏于安全，取图中直线为计算依据，其表达式为：

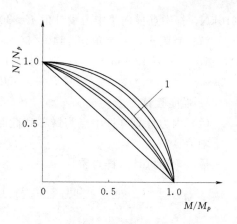

图 1-3-59 拉弯、压弯构件出现塑性铰时的相关曲线

$$\frac{N}{N_p} + \frac{M}{M_p} = 1 \qquad (1.3.88)$$

构件中如果截面形成塑性铰，就会形成很大变形以致不能正常使用。因此《钢结构设计规范》（GB 50017—2003）在采用式（1.3.88）作为计算依据的同时，又考虑限制截面塑性发展，并考虑截面削弱，将 $\gamma W_n f_y$ 代替 M_p 并将其 $N_p = A_n f_y$ 代入式（1.3.88），得出下列压弯构件的强度计算公式：

$$\frac{N}{A_n} + \frac{M_x}{\gamma_x W_{nx}} \leqslant f \qquad (1.3.89)$$

承受双向弯矩的拉弯或压弯构件，规范采用以下公式计算：

$$\frac{N}{A_n} + \frac{M_x}{\gamma_x W_{nx}} + \frac{M_y}{\gamma_y W_{ny}} \leqslant f \qquad (1.3.90)$$

式中　W_{nx}、W_{ny}——作用在两个主平面内绕 x、y 轴的计算弯矩；

　　　γ_x、γ_y——截面在两个主平面内的塑性发展系数。

对于直接承受动力荷载作用且需要计算疲劳的拉弯和压弯构件，宜取 $\gamma_x = \gamma_y = 1.0$，即不考虑截面塑性发展，按弹性应力状态计算。

2. 拉弯和压弯构件的刚度

拉弯、压弯构件的刚度除个别情况（如作为墙架构件的支柱、厂房柱等）需做变形验算外，一般情况用容许长细比的限值来控制。《钢结构设计规范》（GB 50017—2003）要求：

$$\lambda_{\max} \leqslant [\lambda] \qquad (1.3.91)$$

当以弯矩为主、轴心力较小或有其他需要时，也需计算拉弯和压弯构件的挠度或变形，使其不超过容许值。

【例 1.3.8】　验算图 1-3-60 所示拉弯构件的强度和刚度。轴心拉力设计值 $N =$

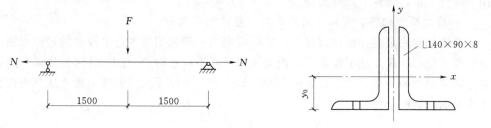

图 1-3-60　［例 1.3.8］图

210kN，杆中点横向集中力设计值 $F=30$kN，均为静力荷载，材料 Q235 钢，螺栓 M20。

解： 查附表，一个角钢 $\llcorner 140 \times 90 \times 8$ 的截面特征和质量为：

$$A_1=18.0\text{cm}^2=1800\text{mm}^2，\quad q=14.2\text{kg/m}=0.139\text{N/mm}，\quad i_x=4.5\text{cm}=45\text{mm}，\quad y_0=45\text{mm}，$$

$$I_y=366\text{cm}^4=3.66\times10^6\text{mm}^4$$

1. 强度验算

（1）内力计算（杆中点为最不利截面）。

轴力 $\qquad\qquad\qquad\qquad N=2.1\times10^5\text{N}$

最大弯矩（计入杆自重）

$$M_{\max}=\frac{Fl}{4}+\frac{ql^2}{8}=\frac{30000\times3000}{4}+\frac{1.2\times0.139\times3000^2\times2}{8}=2.29\times10^7\text{N}\cdot\text{mm}$$

（2）截面几何特性。

净截面面积 $\qquad A_n=2\times(1800-21.5\times8)=3.26\times10^3\text{mm}^2$

净截面抵抗矩（假定中和轴位置与毛截面相同）

肢背处 $\quad W_{n1}=\dfrac{I_{ny}}{y_0}=\dfrac{2\times[3.66\times10^6-21.5\times8\times(45-4)^2]}{45}=1.5\times10^5\text{mm}^3$

肢尖处 $\quad W_{n2}=\dfrac{I_{ny}}{140-y_0}=\dfrac{2\times[3.66\times10^6-21.5\times8\times(45-4)^2]}{140-45}=7.1\times10^4\text{mm}^3$

（3）截面强度。

肢背处 $\qquad\qquad\dfrac{N}{A_n}+\dfrac{M_{\max}}{\gamma_{x1}W_{n1}}=\dfrac{2.1\times10^5}{3.26\times10^3}+\dfrac{2.29\times10^7}{1.05\times1.5\times10^5}$

$$=64.4+145.4=209.8\text{N/mm}^2<215\text{N/mm}^2$$

肢尖处 $\qquad\qquad\dfrac{N}{A_n}-\dfrac{M_{\max}}{\gamma_{x2}W_{n2}}=\dfrac{2.1\times10^5}{3.26\times10^3}-\dfrac{2.29\times10^7}{1.2\times7.1\times10^4}$

2. 刚度验算

承受静力荷载，仅需计算 x 方向的长细比，$\lambda_x=\dfrac{l}{i_x}=\dfrac{3000}{45}=66.7<[\lambda]=350$。

1.3.3.3 实腹式压弯构件的稳定性

对于压弯构件来说，弯矩和轴力都是主要荷载。轴压杆的弯曲失稳是在两个主轴方向中长细比较大的方向发生，而压弯构件失稳有两种可能。①由于弯矩通常绕截面的强轴作用，故构件可能在弯矩作用平面内发生弯曲屈曲，简称平面内失稳；②也可能像梁一样由于垂直于弯矩作用平面内的刚度不足，而发生由侧向弯曲和扭转引起的弯扭屈曲，即弯矩作用平面外失稳，简称平面外失稳。

1. 实腹式压弯构件在弯矩作用平面内的整体稳定性

压弯构件的稳定性分析比较复杂，实际应用当一般采用半理论半经验的近似方法，可近似地借用压弯杆在弹性工作状态截面受压边缘纤维屈服时 N 与 M 的相关公式，然后考虑初始缺陷的影响和适当的塑性发展得到计算公式。采用下式来验算实腹式压弯构件在弯矩作用平面内的稳定性：

$$\frac{N}{\varphi_x A}+\frac{\beta_{mx}M_x}{\gamma_x W_{1x}\left(1-0.8\dfrac{N}{N'_{Ex}}\right)}\leqslant f \qquad\qquad (1.3.92)$$

式中　N——所计算构件段范围内的轴心压力；

$\quad\quad M_x$——所计算构件段范围内的最大弯矩；

$\quad\quad \varphi_x$——弯矩作用平面内的轴心受压构件稳定系数；

$\quad\quad W_{1x}$——在弯矩作用平面内对较大受压构件的毛截面模量；

$\quad\quad \gamma_x$——塑性发展系数；

$\quad\quad N'_{Ex}$——参数，$N'_{Ex}=\dfrac{N_{Ex}}{1.1}$，$N_{Ex}=\dfrac{\pi^2 EA}{\lambda_x}$；

$\quad\quad \beta_{mx}$——等效弯矩系数，按以下规定采用。

（1）框架柱和两端支承的构件：

1）无横向荷载作用时：$\beta_{mx}=0.65+0.35\dfrac{M_2}{M_1}$，但不小于 0.4，$M_1$ 和 M_2 为端弯矩，使构件产生同向曲率（无反弯点）时取同号，使构件产生反向曲率（有反弯点）时取异号，$|M_1|\geqslant|M_2|$；

2）有端弯矩和横向荷载同时作用时：使构件产生同向曲率时，$\beta_{mx}=1.0$；使构件产生反向曲率时，$\beta_{mx}=0.85$；

3）无端弯矩但有横向荷载作用时；$\beta_{mx}=1.0$。

（2）悬臂构件和分析内力未考虑二阶效应的无支撑纯框架和弱支撑框架柱，取 $\beta_{mx}=1.0$。

对于单轴对称截面的压弯构件，若两翼缘的面积相差很大，且受拉区比较薄弱，则可能会因受拉区先出现塑性并发展而使构件失稳。这种情况的稳定验算公式为：

$$\left|\frac{N}{A}-\frac{\beta_{mx}M_x}{\gamma_x W_{2x}(1-1.25N/N'_{Ex})}\right|\leqslant f \qquad (1.3.93)$$

式中　W_{2x}——无翼缘端的毛截面抵抗矩。

因此，对于单轴对称截面的压弯构件应同时按式（1.3.92）和式（1.3.93）验算弯矩作用平面内的整体稳定性。

2. 实腹式压弯构件在弯矩作用平面外的整体稳定性

当压弯构件的弯矩作用于截面最大刚度的平面内时，构件将可能在弯矩作用平面内发生弯曲屈曲破坏，即平面内失稳。但是，当构件在弯矩作用平面外的刚度较小时，构件就有可能在平面外发生侧向弯扭屈曲而破坏，如图 1-3-61 所示。

《钢结构设计规范》（GB 50017—2003）采用下式计算压弯构件在弯矩作用平面外的稳定：

$$\frac{N}{\varphi_y A}+\eta\frac{\beta_{tx}M_x}{\varphi_b W_{1x}}\leqslant f \qquad (1.3.94)$$

式中　φ_b——均匀弯曲梁的整体稳定系数；对压弯构件，可按 1.3.2 节有关的近似公式计算，公式中已考虑了构件的弹塑性问题，当 φ_b 大于 0.6 时不需再换算；

$\quad\quad \varphi_y$——弯矩作用平面外的轴心受压构件稳定系数；

$\quad\quad \eta$——无翼截面影响系数，闭口截面取 $\eta=0.7$，其他截面取 $\eta=1.0$；

M_x——所计算构件段范围内（侧向支承之间）弯矩的最大值；

β_{tx}——弯矩作用平面外等效弯矩系数，取值方法与弯矩作用平面内的等效弯矩系数 β_{mx} 相同。

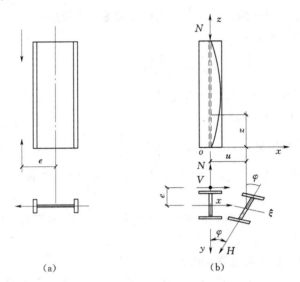

图 1-3-61　平面外弯扭失稳

（1）在弯矩作用平面外有支承的构件，应根据两相邻支承点间构件段内的荷载和内力情况来确定。

1）无横向荷载作用时：$\beta_{tx} = 0.65 + 0.35 \dfrac{M_2}{M_1}$，但不小于 0.4，$M_1$ 和 M_2 为端弯矩，使构件产生同向曲率（无反弯点）时取同号，使构件产生反向曲率（有反弯点）时取异号，$|M_1| \geqslant |M_2|$。

2）有端弯矩和横向荷载同时作用时：使构件产生同向曲率时，$\beta_{tx} = 1.0$；使构件产生反向曲率时，$\beta_{tx} = 0.85$。

3）无端弯矩但有横向荷载作用时：$\beta_{tx} = 1.0$。

（2）弯矩作用平面外为悬臂构件，$\beta_{tx} = 1.0$。

3.　实腹式压弯构件的局部稳定

为保证压弯构件中板件的局部稳定，规范采取了同轴心受压构件相同的方法，限制翼缘和腹板的宽厚比及高厚比，见本书第 1.3.1 节。

（1）翼缘的局部稳定。

1）工字形、箱形和 T 形截面压弯构件，其受压翼缘的应力状态与梁受压翼缘板类似，当截面设计均由强度控制时就更加相似，故板的自由外伸宽度与其厚度之比。也应按梁的规定，即应满足下式要求：

$$\frac{b_1}{t} \leqslant 13 \sqrt{\frac{235}{f_y}} \qquad\qquad (1.3.95)$$

当强度和稳定计算中取截面塑性发展系数 $\gamma_x = 1.0$ 时，b_1/t 可放宽至

$$\frac{b_1}{t} \leqslant 15\sqrt{\frac{235}{f_y}} \tag{1.3.96}$$

2）箱形截面受压翼缘板在两腹板间的宽度 b_0 与其厚度 t 之比应符合

$$\frac{b_0}{t} \leqslant 40\sqrt{\frac{235}{f_y}} \tag{1.3.97}$$

（2）腹板的局部稳定。

1）工字形截面。

工字形截面腹板的局部失稳，是在不均匀压力和剪力的共同作用下发生的，可以引入两个系数来表述两者的影响，即

$$\alpha_0 = \frac{\sigma_{\max} - \sigma_{\min}}{\sigma_{\max}} \tag{1.3.98}$$

式中　$\sigma_{\max}$——腹板计算高度边缘的最大应力；

$\sigma_{\min}$——腹板计算高度另一边缘相应的应力，压应力为正，拉应力为负。

当 $0 \leqslant \alpha_0 \leqslant 1.6$ 时

$$\frac{h_w}{t_w} \leqslant (16\alpha_0 + 0.5\lambda + 25)\sqrt{\frac{235}{f_y}} \tag{1.3.99}$$

当 $1.6 < \alpha_0 \leqslant 2$ 时

$$\frac{h_w}{t_w} \leqslant (48\alpha_0 + 0.5\lambda - 26.2)\sqrt{\frac{235}{f_y}} \tag{1.3.100}$$

式中　λ——构件在弯矩作用平面内的长细比，当 $\lambda < 30$ 时，取 $\lambda = 30$；当 $\lambda > 100$ 时，取 $\lambda = 100$。

2）箱形截面。

箱形截面腹板的 h_0/t_w 不应大于由上述式（1.3.99）和式（1.3.100）右边算得值的 0.8 倍；当此值小于 $40\sqrt{\dfrac{235}{f_y}}$ 时，取 $40\sqrt{\dfrac{235}{f_y}}$。

3）T 形截面。

当 $\alpha_0 \leqslant 1.0$ 时

$$\frac{h_0}{t_w} \leqslant 15\sqrt{\frac{235}{f_y}} \tag{1.3.101}$$

当 $\alpha_0 > 1.0$ 时

$$\frac{h_0}{t_w} \leqslant 18\sqrt{\frac{235}{f_y}} \tag{1.3.102}$$

当腹板的高厚比不符合上述要求时，可采用与轴心受压构件相同的方法来处理。但在受压较大翼缘与纵向加劲肋之间的腹板应按本节要求验算。

【例 1.3.9】　某天窗架的侧腿由不等边双角钢组成，见图 1-3-62。角钢间的节点板厚度为 10mm，杆两端铰接，杆长为 3.5m，杆承受轴线压力 $N = 3.5\text{kN}$ 和横向均布荷载 $q = 2\text{kN/m}$，Q235 钢。

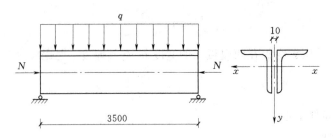

图 1-3-62 〔例 1.3.9〕图

解： 经试算初选截面：$2 \llcorner 90 \times 56 \times 6$ 双角钢。

1. 截面几何特性 $A = 1711.4 \text{mm}^2$

$$i_x = 28.8 \text{mm}, \quad i_y = 23.9 \text{mm}$$

$$W_{x1} = 24060 \times 2 = 48120 \text{mm}^3, \quad W_{x2} = 11740 \times 2 = 23480 \text{mm}^3$$

2. 验算整体稳定

$$\lambda_x = 3500/28.8 = 121.5 < 150$$

$$\lambda_y = 3500/23.9 = 146.4 < 150$$

截面对两轴都属于 b 类，查附表得：

$$\varphi_x = 0.429, \quad \varphi_y = 0.32;$$

$$N_{Ex} = \pi^2 EA/(1.1\lambda_x^2) = 3.14^2 \times 2.06 \times 10^5 \times 1711.4/(1.1 \times 121.5^2) = 2.14 \times 10^5 \text{N}$$

$$\beta_{mx} = 1.0, \quad \beta_{tx} = 1.0, \quad \eta = 1.0$$

工字形截面的 $\gamma_{x1} = 1.05$，$\gamma_{x2} = 1.2$。

$$M_{\max} = ql^2/8 = 3.06 \times 10^6 \text{N} \cdot \text{mm}$$

(1) 弯矩作用平面内的整体稳定：

$$\frac{N}{\varphi_x A} + \frac{\beta_{mx} M_x}{\gamma_{x1} W_{1x}\left(1 - \dfrac{0.8N}{N'_{Ex}}\right)}$$

$$= \frac{3.5 \times 10^3}{0.429 \times 1711.4} + \frac{1.0 \times 3.06 \times 10^6}{1.05 \times 4.812 \times 10^4 \left(1 - \dfrac{0.8 \times 3.5 \times 10^3}{2.14 \times 10^5}\right)}$$

$$= 66.1 \text{N/mm}^2 < 215 \text{N/mm}^2$$

$$\left| \frac{N}{A} - \frac{\beta_{mx} M_x}{\gamma_x W_{2x}\left(1 - \dfrac{1.25N}{N'_{Ex}}\right)} \right|$$

$$= \left| \frac{3.5 \times 10^3}{1711.4} - \frac{1.0 \times 3.06 \times 10^6}{1.2 \times 2.348 \times 10^4 \left[1 - \dfrac{1.25 \times 3.5 \times 10^3}{2.14 \times 10^5}\right]} \right|$$

$$= 110.9 \text{N/mm}^2 < 215 \text{N/mm}^2$$

(2) 弯矩作用平面外的稳定性：

当 $\lambda_y \leqslant 120\sqrt{235/f_y}$，$\varphi_b$ 可按下式近似计算，当 $\varphi_b > 1.0$ 取 $\varphi_b = 1.0$：

$$\varphi_b = 1 - 0.0017\lambda_y \cdot \sqrt{f_y/235} = 0.75$$

$$\frac{N}{\varphi_y A} + \eta \frac{\beta_{tx} M_x}{\varphi_b W_x} = \frac{3.5 \times 10^3}{0.32 \times 1711.4} + \frac{1.0 \times 3.06 \times 10^6}{0.75 \times 2.14 \times 10^5} = 25.5 \text{N/mm}^2 < 215 \text{N/mm}^2$$

杆件的整体稳定性满足

（3）局部稳定验算。

翼缘：
$$\frac{b_1}{t} = \frac{(56-6)}{6} = 8.3 < 15\sqrt{\frac{235}{235}} \quad \text{满足要求}$$

腹板：规范没有明确指出当杆内弯矩沿轴向变化时弯矩应如何取值，偏安全地按弯矩为零的杆端截面进行验算。此时 $\sigma_{max} = \sigma_{min}$，故 $\alpha_0 = 0 < 1.0$，所以应满足

$$\frac{h_0}{t_w} \leqslant 15\sqrt{\frac{235}{f_y}}$$

而
$$\frac{h_0}{t_w} = \frac{(90-6)}{6} = 14 < 15\sqrt{\frac{235}{235}} \quad \text{满足要求}$$

1.3.3.4 格构式压弯构件的稳定性

常用的格构式压弯构件截面如图 1-3-63 所示。当柱中弯矩不大或正负弯矩的绝对值相差不大时，可用对称的截面形式 [图 1-3-63（a）、（b）、（d）]，如果正负弯矩的绝对值相差较大时，常采用不对称截面 [图 1-3-63（c）]，并将较大肢放在受压较大的一侧。

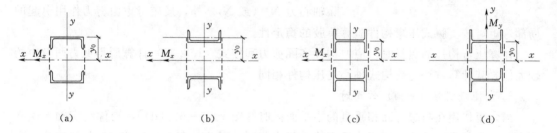

（a）　　　　　　　　（b）　　　　　　　　（c）　　　　　　　　（d）

图 1-3-63　格构式压弯构件常用截面

当弯矩绕虚轴（x 轴）作用时，在单肢对它本身两个主轴的稳定性都有保证时，整个压杆只可能在弯矩作用平面内失稳，不会在弯矩作用平面外失稳。当弯矩绕实轴（y 轴）作用时，整个压杆既可能在弯矩作用平面内失稳，也可能在弯矩作用平面外失稳。因此应对两个主轴分别进行稳定性计算。

1. 弯矩绕虚轴（x 轴）作用时

（1）弯矩作用平面内的整体稳定性计算。

弯矩作用平面内的整体稳定性可按下式验算：

$$\frac{N}{\varphi_x A} + \frac{\beta_{mx} M_x}{W_{1x}(1 - \varphi_x N/N'_{Ex})} \leqslant f \quad (1.3.103)$$

式中　M_x——对 x 轴的最大弯矩；

$\quad \varphi_x$——对 x 轴的轴心受压构件稳定系数；

$\quad N'_{Ex}$——参数，$N'_{Ex} = N_{Ex}/1.1$，$N_{Ex} = \pi^2 EA/\lambda_x$。

（2）分肢的稳定计算。

弯矩绕虚轴作用的压弯构件，在弯矩作用平面外的整体稳定性一般由分肢的稳定性计

算得到保证，故不必再计算整个构件在平面外的整体稳定性。

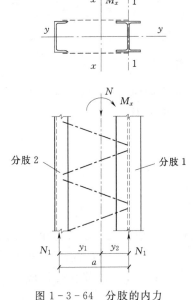

图 1-3-64　分肢的内力
计算示意图

1）缀条柱。将整个构件视为一平行弦桁架，将构件的两个分肢看作桁架体系的弦杆，如图 1-3-63 所示，两分肢的轴心力应按式 1.3.104 和式 1.3.105 计算：

分肢 1：

$$N_1 = \frac{M_x}{a} + N \frac{y_2}{a} \qquad (1.3.104)$$

式中　N——构件全截面的轴压力；

　　　y_2——构件轴线至肢件 2 轴线的距离。

分肢 2：

$$N_2 = N - N_1 \qquad (1.3.105)$$

缀条式压弯构件的分肢按轴心压杆计算。分肢的计算长度，在缀材平面内（图 1-3-64 中的 1—1 轴）取缀条体系的节间长度；在缀条平面外，取整个构件两侧向支撑点间的距离。

2）缀板柱。进行缀板式压弯构件的分肢计算时，除轴心力 N_1（或 N_2）外，还应考虑由剪力作用引起的局部弯矩，按实腹式压弯构件验算单肢的稳定性。

计算压弯构件的缀材时，应取构件实际剪力和按式（1.3.32）计算所得剪力两者中的较大值。其计算方法与格构式轴心受压构件相同。

2. 弯矩绕实轴（y 轴）作用时

当弯矩作用在与缀材面相垂直的主平面内时［图 1-3-62 （d）］，构件绕实轴产生弯曲失稳，它的受力性能与实腹式压弯构件完全相同。因此，弯矩绕实轴作用的格构式压弯构件，弯矩作用平面内和平面外的整体稳定计算均与实腹式构件相同，在计算弯矩作用平面外的整体稳定时，长细比应取换算长细比，并取 $\varphi_b = 1.0$。

【例 1.3.10】　试设计图 1-3-65 所示缀条式格构柱的截面。已知轴向偏心压力设计值 $N = 1990 \text{kN}$，偏心矩 $e = 300 \text{mm}$；在弯矩作用平面内，该柱为悬臂柱，柱长 8m；在弯矩作用平面外为两端铰接柱，且柱中点设有侧向支撑。

解：根据经验和其他类似的设计资料，初选图 1-3-65 （b）所示截面，材料选用 Q235 钢。

1. 截面的几何性质

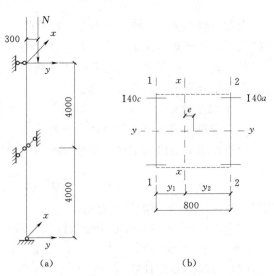

(a)　　　　　　　(b)

图 1-3-65　［例 1.3.10］图

肢件 1：截面为 140c，面积 $A_1=10200\text{mm}^2$；强轴惯性矩 $I_{1y}=23850\times10^4\text{mm}^4$，回转半径 $i_{1y}=152\text{mm}$；弱轴惯性矩 $I_1=727\times10^4\text{mm}^4$，回转半径 $i_1=26.5\text{mm}$。

肢件 2：截面为 I40a，面积 $A_2=8610\text{mm}^2$；强轴惯性矩 $I_{2y}=21720\times10^4\text{mm}^4$，回转半径 $i_{2y}=159\text{mm}$；弱轴惯性矩 $I_2=660\times10^4\text{mm}^4$，回转半径 $i_2=27.7\text{mm}$。

两肢件轴线间的距离取 $C=800\text{mm}$。缀条采用∟56×6，按 $45°$ 方向布置斜缀条，设横缀条。角钢面积 $A=836\text{mm}^2$，最小回转半径 $i_{min}=10.9\text{mm}$. 全截面面积 $A=10200+8610=18810\text{mm}^2$。

全截面形心：

$$y_1=\frac{8610\times800}{18810}=366\text{mm}；\quad y_2=800-366=434\text{mm}$$

全截面对虚轴的惯性矩及抵抗矩：

$$I_x=727\times10^4+10200\times366^2+660\times10^4+8610\times434^2=300196\times10^4\text{mm}^4$$

$$W_{1x}=\frac{I_x}{y_1}=\frac{300196\times10^4}{366}=8202\times10^3\text{mm}^2$$

全截面对 x 轴的回转半径及长细比：

$$i_x=\sqrt{\frac{I_x}{A_1}}=\sqrt{\frac{300196\times10^4}{18810}}=399\text{mm}$$

$$\lambda_x=\frac{l_{ox}}{i_x}=\frac{2\times8000}{399}=40.1$$

换算长细比 $\quad\lambda_{ox}=\sqrt{\lambda_x^2+27\frac{A}{A_1}}=\sqrt{40.1^2+27\frac{18810}{2\times836}}=43.7$

由附表查得 $\varphi_x=0.886$（b 类）。

全截面对 y 轴的回转半径及长细比：

$$i_y=\sqrt{\frac{I_y}{A}}=\sqrt{\frac{23850\times10^4+21720\times10^4}{18810}}=155.6；\quad\lambda_y=\frac{l_{oy}}{i_y}=\frac{4000}{155.6}=26.7$$

2. 截面验算

（1）弯矩作用平面内的整体稳定验算（绕虚轴）。

$$N'_{Ex}=\frac{\pi^2EA}{1.1\lambda_{ox}^2}=\frac{\pi^2\times2.06\times10^5\times18810}{1.1\times43.7^2}=18205.4\times10^3\,N$$

$$\beta_{mx}=1.0,\ M=1990\times10^3\times300=597\times10^6\,N\cdot mm$$

$$\frac{N}{\varphi_xA}+\frac{\beta_{mx}M}{W_{1x}\left(1-\varphi_x\dfrac{N}{N'_{Ex}}\right)}=\frac{1990\times10^3}{0.886\times18810}+\frac{1.0\times597\times10^6}{8202\times10^3\left(1-0.886\times\dfrac{1990\times10^3}{18205.4\times10^3}\right)}$$

$$=119.4+80.4=199.8\text{N/mm}<f=215\text{N/mm}^2$$

（2）分肢稳定验算。

当弯矩绕虚轴作用时，格构式压弯构件在弯矩作用平面外的稳定性是靠分肢在该方向的稳定性来保证的。故对分肢说，除了要验算它的弱轴（即弯矩作用平面内）的稳定性外，还要验算它的强轴（即弯矩作用平面外）的稳定性。对于热轧工字钢或槽钢截面，由于板件较厚，一般都可满足局部稳定的要求，对于其他截面的分肢，则还要验算其局部稳

定性。两分肢所受的轴向力

$$N_1 = \frac{N(y_2 + e)}{c} = \frac{1990 \times (434 + 300)}{800} = 1825.8 \text{kN}$$

$$N_2 = N - N_1 = 1990 - 1825.8 = 164.2 \text{kN}$$

对弱轴的长细比：$\lambda_1 = l_1/i_1 = 800/26.5 = 30.2$，由附表查得：$\varphi_1 = 0.935$（b 类）

对强轴的长细比：$\lambda_{1y} = l_{1y}/i_{1y} = 4000/152 = 26.3$

$$\frac{N_1}{\varphi_1 A_1} = \frac{1825.8 \times 10^3}{0.935 \times 10200} = 191.4 \text{N/mm}^2 < f = 215 \text{N/mm}^2 \quad 满足要求$$

肢件 2：

对弱轴的长细比：$\lambda_2 = l_2/i_2 = 800/27.7 = 28.9$，由附表查得：$\varphi_2 = 0.939$（b 类）

$$\frac{N_2}{\varphi_2 A_2} = \frac{164.2 \times 10^3}{0.939 \times 8610} = 20.3 \text{N/mm}^2 < f = 215 \text{N/mm}^2 \quad 满足要求$$

（3）刚度验算：$\lambda_{\max} = \lambda_{ox} = 43.7 < [\lambda] = 150$。满足要求

（4）强度验算：本题因截面无削弱，而且稳定验算时的弯矩取值与强度验算时取值相同（因为 $\beta_{mx} = 1.0$），故稳定要求能满足时强度就肯定满足，不必验算。

（5）缀条验算：因斜缀条长于横缀条，且前者的计算内力大于后者，故只需验算斜缀条。由于柱段的弯矩为均布弯矩，实际剪力为零，故应按式 $V = \frac{Af}{85}\sqrt{\frac{f_y}{235}}$ 确定计算剪力。

$$V = \frac{Af}{85}\sqrt{\frac{f_y}{235}} = \frac{18810 \times 215}{85}\sqrt{\frac{235}{235}} = 47578 \text{N}$$

一根斜缀条受力：

$$N_t = \frac{V/2}{n\cos 45°} = \frac{0.5 \times 47578}{1 \times 0.707} = 33648 \text{N}$$

斜缀条长细比：

$$\lambda = \frac{800}{\cos 45° \times 10.9} = 104$$

查附表得 $\varphi = 0.529$（b 类截面）；

折减系数：

$$\gamma_0 = 0.6 + 0.0015\lambda\sqrt{\frac{f_y}{235}} = 0.6 + 0.0015 \times 104 \times \sqrt{\frac{235}{235}} = 0.756$$

$$\frac{N_t}{\varphi A} = \frac{33648}{0.529 \times 836} = 76.5 < \gamma_0 f = 0.756 \times 215 = 162.5 \text{N/mm}^2 \quad 满足要求$$

1.3.3.5 压弯构件（框架柱）的设计

对于单独的压弯构件，采用和轴心受压构件一样的方法来确定其计算长度，即 $l_0 = \mu l$，μ 为计算长度系数。在实际工程中，绝大多数压弯构件不是独立的单个构件，两端受到与其相连的其他构件的约束作用，框架柱即是典型代表。

目前关于框架柱的稳定设计方法一般采用一阶分析理论，即不考虑框架变形的二阶影响，仅计算框架由荷载设计值产生的内力，然后把框架柱作为单独的压弯构件来设计，在稳定计算中以计算长度取代实际长度用来考虑与柱相连的其他构件的约束影响。此方法称

为计算长度法。对于框架柱，框架平面内的计算长度需通过对框架的整体稳定分析得到，框架平面外的计算长度则需根据支承点的布置情况确定。

框架柱的计算长度可根据弹性稳定理论确定，并作了如下近似假定：

（1）框架只承受作用于节点的竖向荷载，忽略横梁荷载和水平荷载产生梁端弯矩的影响。

（2）所有框架柱同时丧失稳定，即所有框架柱同时达到临界荷载。

（3）失稳时横梁两端的转角相等。

1. 框架柱在框架平面内的计算长度

（1）单层等截面框架柱在框架平面内的计算长度。

在进行框架的整体稳定分析时，一般取平面框架作为计算模型，不考虑空间作用。框架的可能失稳形式有两种：一种是有支撑框架，其失稳形式一般为无侧移的，另一种是无支撑的纯框架，其失稳形式为有侧移的。有侧移失稳的框架，其临界力比无侧移失稳的框架低得多。因此，除非有阻止框架侧移的支撑体系（包括支撑架、剪力墙等），框架的承载能力一般以有侧移失稳时的临界力确定。

框架柱的上端与横梁刚性连接。横梁对柱的约束作用取决于横梁的线刚度 I_1/l 与柱的线刚度 I/H 的比值，即

$$K_1 = \frac{I_1/l}{I/H} \tag{1.3.106}$$

对于单层多跨框架，K_1 值为与柱相邻的两根横梁的线刚度之和 $I_1/l_1 + I_2/l_2$ 与柱线刚度 I/H 之比，即

$$K_1 = \frac{I_1/l_1 + I_2/l_2}{I/H} \tag{1.3.107}$$

框架柱在框架平面内的计算长度 H_0 可用下式表达：

$$H_0 = \mu H \tag{1.3.108}$$

通常，对于有侧移的框架失稳时，框架柱的计算长度系数 μ 都大于 1.0；柱脚刚接的有侧移框架柱，μ 值约在 1.0～2.0 之间；柱脚铰接的有侧移框架柱，μ 值总是大于 2.0。《钢结构设计规范》（GB 50017—2003）对 μ 的理论值进行了调整，制定了柱的计算长度系数表。

（2）多层等截面框架柱在框架平面内的计算长度。

多层多跨框架的失稳形式也分为有侧移失稳和无侧移失稳两种情况，计算时的基本假定与单层框架相同。对于未设置支撑结构（支撑架、剪力墙、抗剪筒体等）的纯框架结构，属于有侧移失稳。对于有支撑框架，根据抗侧移刚度的大小，又可分为强支撑框架和弱支撑框架。

1）无支撑框架。

当采用一阶弹性分析方法计算内力时，框架柱的计算长度系数 μ 根据框架柱上、下端的梁柱线刚度和的比值 K_1、K_2 求得。

2）有支撑框架。

当支撑结构的侧移刚度（产生单位侧倾角的水平力）S_b 满足下式要求时，为强支撑框

架，框架柱的计算长度系数 μ 根据框架柱上、下端的梁柱线刚度和的比值 K_1、和 K_2 确定：

$$S_b \geqslant 3(1.2\sum N_{bi} - \sum N_{0i}) \tag{1.3.109}$$

式中　$\sum N_{bi}$、$\sum N_{0i}$——第 i 层层间所有框架柱用无侧移框架和有侧移框架计算长度系数算得的轴压杆稳定承载力之和。

当支撑结构的侧移刚度 S_b 不满足式（1.3.109）要求时，为弱支撑框架，框架柱的轴压杆稳定系数 φ 按下式确定：

$$\varphi = \varphi_0 + (\varphi_1 - \varphi_0) \frac{S_b}{3(1.2\sum N_{bi} - \sum N_{0i})} \tag{1.3.110}$$

式中　φ_1、φ_0——按无侧移框架柱计算长度系数和有侧移框架柱计算长度系数算得的轴心压杆稳定系数。

2. 框架柱在框架平面外的计算长度

框架柱在框架平面外的计算长度一般由支撑构件的布置情况确定。支撑体系提供柱在平面外的支承点，柱在平面外的计算长度即取决于支撑点间的距离。这些支撑点应能阻止柱沿厂房的纵向发生侧移，如单层厂房框架柱，柱下段的支撑点常常是基础的表面和吊车梁的下翼缘处，柱上段的支撑点是吊车梁上翼缘的制动梁和屋架下弦纵向水平支撑或者托架的弦杆。

所以，在框架平面外的计算长度等于侧向支承点之间的距离，若无侧向支承时，则其计算长度取柱子的全长。

【例 1.3.11】 图 1-3-66 为一有侧移双层框架，图中圆圈内的数字为横梁或柱子的线刚度。试求出各柱在框架平面内的计算长度系数 μ 值。

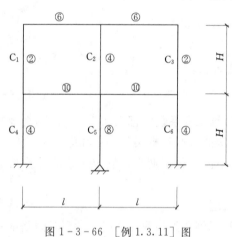

图 1-3-66　[例 1.3.11] 图

解： 根据附表，得各柱的计算长度系数 μ 如下：

柱 C1、C3：$K_1 = \dfrac{6}{2} = 3$，$K_2 = \dfrac{10}{2+4} = 1.67$，得 $\mu = 1.16$

柱 C2：$K_1 = \dfrac{6+6}{4} = 3$，$K_2 = \dfrac{10+10}{4+8} = 1.67$，得 $\mu = 1.16$

柱 C4、C6：$K_1 = \dfrac{10}{2+4} = 1.67$，$K_2 = 10$，得 $\mu = 1.13$

柱 C5：$K_1 = \dfrac{10+10}{4+8} = 1.67$，$K_2 = 0$，得 $\mu = 2.22$

1.3.3.6　框架中梁与柱的连接

在框架结构中，梁与柱的连接点一般用刚接，少数情况用铰接，铰接时柱弯矩由横向荷载或偏心压力产生。梁端采用刚接可以减小梁跨中的弯矩，但制作施工较复杂。

梁与柱的刚性连接不仅要求连接点能可靠地传递剪力而且能有效地传递弯矩。图 1-3-67 是横梁与柱刚性连接的构造图。图 1-3-67（a）的构造是通过上下两块水平板将弯矩传给柱子，梁端剪力则通过支托传递。图 1-3-67（b）是通过翼缘连接焊缝将弯矩全部传给柱子，而剪力则全部由腹板焊缝传递。为使翼缘连接焊缝能在平焊位置施焊，要在柱侧焊上衬板，同时在梁腹板端部预先留出槽口，上槽口是为了让出衬板的位置，下槽口是为了满足施工焊的要求。图 1-3-67（c）为梁采用高强度螺栓连于预先焊在柱上的牛腿形成的刚性连接，梁端的弯矩和剪力是通过牛腿的焊缝传递给柱子，而高强度螺栓传递梁与牛腿连接处的弯矩和剪力。

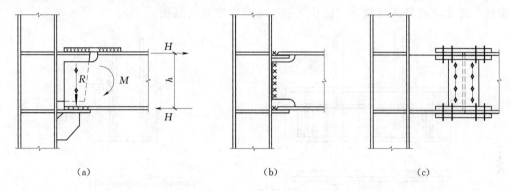

（a）　　　　　　　　　　（b）　　　　　　　　　（c）

图 1-3-67　梁与柱的刚性连接

　　在梁上翼缘的连接范围内，柱的翼缘可能在水平拉力的作用下向外弯曲致使连接焊缝受力不均；在梁下翼缘附近，柱腹板可能因水平压力的作用而局部失稳。因此一般需在对应于梁的上、下翼缘处设置柱的水平加劲肋或横隔。

1.3.3.7　框架柱的柱脚

　　框架柱的柱脚可做成铰接和刚接。铰接柱脚只传递轴心压力和剪力，其计算和构造与轴心受压柱的柱脚相同。框架柱的刚接柱脚除传递轴心压力和剪力外，还要传递弯矩。

　　图 1-3-68 和图 1-3-69 是整体式的刚接柱脚。刚接柱脚在弯矩作用下产生的拉力

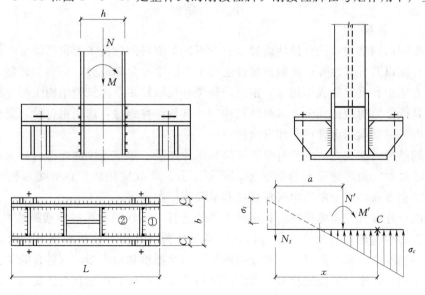

图 1-3-68　实腹柱的整体式刚接柱脚

需由锚栓来承受，所以锚栓须经过计算。为了保证柱脚与基础形成刚性连接，锚栓不宜固定在底板上而采用图1-3-68所示的构造，在靴梁侧面焊接两块肋板，并在肋板上面设置水平板，组成"锚栓支架"。锚栓固定"锚栓支架"的水平板上，为了安装时便于调整柱脚的位置，水平板上锚栓孔的直径应是锚栓直径的1.5～2倍，待柱子就位并调整到设计位置后，再用垫板套住锚栓并与水平板焊牢，垫板上的孔径只比锚栓直径大1～2mm。"锚栓支架"应伸出底板范围之外，使锚栓不穿过底板，以便于安装。此外，为增加柱脚的刚性，还常在柱身两侧两个"锚栓支架"之间布置竖向隔板。

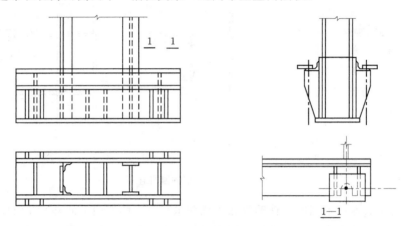

图1-3-69　格构柱的整体式刚接柱脚

　　如前所述，刚接柱脚的受力特点是在与基础连接处同时存在弯矩、轴心压力和剪力。同铰接柱脚一样，剪力由底板与基础间的摩擦力或专门设置的抗剪键传递，柱脚按承受弯矩和轴心压力计算。

小　　结

　　(1) 不同的钢结构对钢材的性能要求有所不同，钢材的性能主要包括强度、塑性、韧性、冷弯性能以及可焊性等；影响钢材性能的主要因素有化学成分、冶金和轧制、温度及硬化、应力集中和反复荷载作用等；钢材的种类和规格较多，建筑钢结构工程中所使用的钢材主要是碳素结构钢、低合金高强度结构钢和其他特种钢材，选用钢材时，要根据使用范围和原则，尽量做到合理可靠和安全稳定。

　　(2) 钢结构的连接方法主要有焊接连接和螺栓连接。焊接连接的焊缝可分为对接焊缝和角焊缝，其中，角焊缝受力性能较差，但加工方便，故应用较广；对接焊缝受力性能好，但加工精度高，用于制造中材料拼接和重要部位的连接。

　　(3) 螺栓连接分普通螺栓连接和高强度螺栓连接。工程中常用的普通螺栓C级螺栓，其排列布置必须满足构造要求，受力形式主要是抗剪和承压，设计承载力取两者中较小值，并难得构件的净截面强度。高强度螺栓又分为摩擦型和承压型，其各自的工作性能和计算特点不同，以摩擦型应用较多，可用于结构主要部位安装连接和直接受动力荷载部位的安装连接。

（4）轴心受力构件从受力上分有轴心受拉和轴心受压两种。其中轴心受拉构件应计算强度和刚度（控制长细比 λ），轴心受压构件除计算强度和刚度外，还应计算整体稳定性，其中，组合式截面还应通过验算翼缘板的宽厚比和腹板的高厚比来保证其局部稳定性。另外，对轴心受压构件的柱头和柱脚也应进行合理的设计和验算。

（5）梁应满足强度、刚度、整体稳定性和局部稳定性要求。梁的强度条件包括抗弯强度条件、抗剪强度条件和局部承压条件等。梁的刚度条件是通过限制其挠度来进行计算，梁的整体稳定性按稳定系数法进行计算，通常情况下，梁都要设置腹板加劲肋和支承加劲肋等，阻止腹板发生局部失稳。

（6）拉弯构件主要进行强度和刚度验算（也是通过控制长细比 λ），压弯构件除了要满足强度和刚度要求外，还应考虑稳定性要求。包括构件在弯矩作用平面内的整体稳定、在弯矩作用平面外的整体稳定和翼缘及腹板的局部稳定验算。

思　考　题

1. 简述哪些因素对钢材性能有影响。

2. 钢材的机械性能指标有哪些？分别代表钢材哪些方面的性能？承重结构的钢材至少应保证哪几项指标满足要求？

3. 什么是钢材的屈服点？钢结构静力强度计算为什么以屈服点为依据？

4. 简述温度对钢材性能的影响？

5. 什么叫做应力集中？举例说明设计中如何减小应力集中现象？

6. 焊接残余应力对结构有哪些影响？

7. 角焊缝的最大焊脚尺寸、最小焊脚尺寸、最大计算长度及最小计算长度有哪些规定？

8. 对接焊缝在哪种情况下才需要进行计算？

9. 螺栓在构件上的排列有几种形式？应满足什么要求？

10. 普通受剪螺栓的破坏形式有哪些？在设计中应如何避免这些破坏（用计算方法还是构造方法）？

11. 高强螺栓连接有几种类型？其性能等级分哪几级？并解释符号的含义。

12. 摩擦型高强螺栓工作机理是什么？

13. 拉杆为何要控制刚度？如何验算？拉杆允许长细比与什么有关？

14. 轴心受压构件的整体失稳承载力和哪些因素有关？

15. 初弯曲、初偏心和残余应力对轴心受压构件整体承载力有何影响？现行钢结构设计规范关于轴心压杆整体稳定设计如何考虑这些因素的影响？原因是什么？

16. 什么叫做轴压柱的等稳定设计？如何实现等稳定设计？

17. 格构柱绕虚轴的稳定设计为什么要采用换算长细比？

18. 选择轴心受压实腹柱的截面时，应考虑哪些原则？

19. 格构式轴压柱应满足哪些要求，才能保证单肢不先于整体失稳？

20. 画出由柱、底板、肋板和锚栓组成的轴压柱脚构造简图，并指明该柱脚的传力途径。

21. 为什么要验算梁的刚度？如何验算？

22. 为什么要考虑梁的整体稳定性？影响梁的整体稳定因素有哪些？如何提高梁的整体稳定？

23. 截面塑性发展系数的意义是什么？什么情况下取 1？

24.《钢结构设计规范》规定哪些情况之下，可不计算梁的整体性？

25. 什么叫做组合梁丧失局部稳定？如何避免局部失稳？

26. 梁腹板加劲肋的配置规定是什么？

27. 何为拉弯或压弯构件的强度极限状态？拉弯和压弯构件的强度如何进行验算？

28. 试述压弯构件弯矩作用平面内失稳和弯矩作用平面外失稳的概念。

29. 分析压弯构件存在的初始缺陷在平面内稳定验算公式中是如何体现的。

30. 分析压弯构件弯矩作用平面内稳定验算相关公式中各符号的意义及取值。

31. 试述压弯构件弯矩作用平面外稳定验算相关公式及各符号的意义。

32. 单轴对称的压弯构件和双轴对称的压弯构件弯矩作用平面内稳定验算内容是否相同？

习　　题

1. 如图所示悬伸板，采用直角角焊缝连接，钢材为 Q235，焊条为 E43 型，手工焊，斜向力 F 为 300kN，试确定此连接焊缝所需要的最小焊脚尺寸。

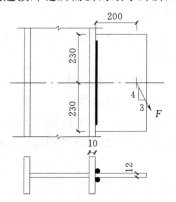

2. 如图所示，双角钢（长肢相连）和节点板用直角角焊缝相连，采用三面围焊，钢材为 Q235，手工焊，焊条 E43 型，已知：$h_f = 8mm$，分配系数 $k_1 = 0.65$、$k_2 = 0.35$，试求此连接能承担的最大静力 N？

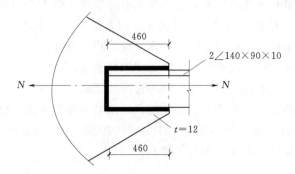

3. 拉力 F 与 4 个螺栓轴线的夹角为 45°，柱翼缘厚度为 24mm，连接钢板厚度 16mm。钢材为 Q235，8.8 级高强度螺栓摩擦型连接 M20，接触面喷砂，$\mu=0.45$，预拉力 $P=125$kN。求该连接的最大承载力？

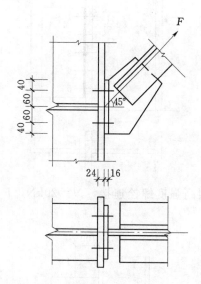

4. 两块钢板采用对接焊缝（直缝）连接。钢板宽度 $L=250$mm，厚度 $t=10$mm。钢材采用 Q235，焊条 E43 系列，手工焊，无引弧板，焊缝采用三级检验质量标准，试求连接所能承受的最大拉力？

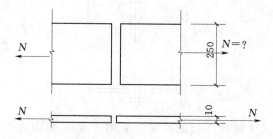

5. 钢板截面为 310mm $\times 20$mm，盖板截面为 310mm $\times 12$mm，钢材为 Q235，采用普通 C 级螺栓 M20，求该连接的最大承载力？

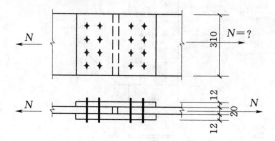

6. 如图所示，钢材为 Q235，采用 10.9 级摩擦型高强度螺栓连接，M20，接触面喷砂处理，该连接所受的偏向力 $F=200$kN，试验算其连接的强度（不必验算螺栓总的抗剪

承载力）。

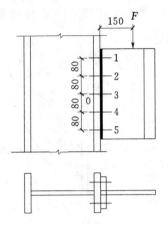

7. 图示牛腿采用摩擦型高强度螺栓连接，$N=20kN$，$F=280kN$，验算螺栓的连接强度。

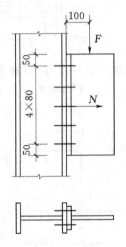

8. 试验算图示高强度螺栓连接的强度。采用 8.8 级 M20 摩擦型螺栓，$P=125kN$，$v=0.45$，$F=300kN$。

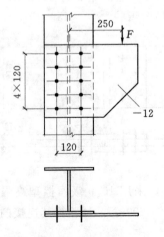

9. 有一轴心受压实腹式柱，柱截面为焊接工字形，两主轴方向均属 b 类截面，如图所示，钢材 Q235，已知：$N = 1500\text{kN}$，$l_{0x} = 10.8\text{m}$，$l_{0y} = 3.6\text{m}$，试验算此柱的整体稳定性。

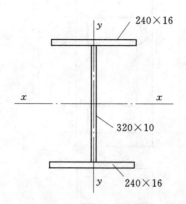

10. 图示焊接工字形截面轴压柱，在柱 1/3 处有两个 M20 的 C 级螺栓孔，并在跨中有一侧向支撑，试验算该柱的强度、整体稳定？已知：钢材 Q235—AF，$A = 6500\text{mm}^2$，$i_x = 119.2\text{mm}$，$i_y = 63.3\text{mm}$，$F = 1000\text{kN}$。

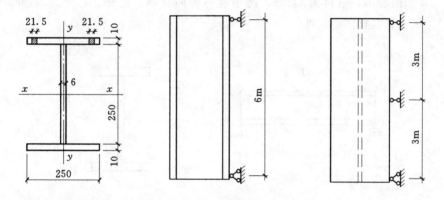

11. 某缀板式轴压柱由 2 [28a 组成，Q235—AF，$L_{ox} = L_{oy} = 8.4\text{m}$，外压力 $N = 100\text{kN}$，验算该柱虚轴稳定承载力。

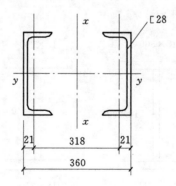

12. 如下图所示的缀板式格构柱，缀板厚度为 8mm，Q235 钢材，试验算（1）缀板

刚度是否满足要求；（2）缀板与柱肢间焊缝是否满足要求。单个槽钢的截面几何特性为：$A_1 = 31.8 \text{cm}^2$；$I_1 = 158 \text{cm}^4$；$z_0 = 2.1 \text{cm}$。

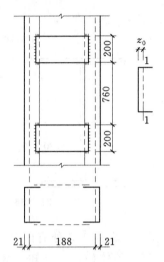

13. 有一焊接工字形等截面简支梁，跨中作用一集中荷载 $F = 400\text{kN}$，梁自重 $q = 2.4 \text{kN/m}$，如图所示，钢材为 Q235，跨中有一侧向支承，已知：$I_x = 263279 \text{cm}^4$，$I_y = 3646 \text{cm}^4$，试验算其整体稳定性。

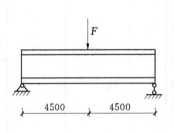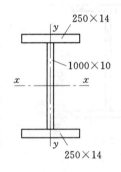

14. 如图所示为二简支梁截面，其截面面积相同，跨度均为 10m，跨间有一侧向支承，在梁的上翼缘作用有相同的均布荷载，钢材为 Q235，试比较梁的整体稳定系数，并说明何者的稳定性更好。

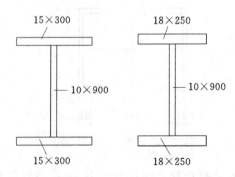

15. 如图所示一支承加劲肋，所受支反力900kN，加劲肋截面尺寸为2—10×180，十字形截面的 y 轴属 b 类截面，钢材 Q235，试：（1）验算加劲肋的端面承压强度；（2）验算加劲肋平面外的稳定。

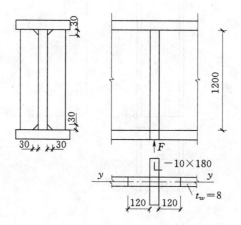

16. 由热扎工字钢 I25a 制成的压弯杆件，两端铰接，杆长 10m，钢材 Q235，作用于杆长的轴向压力和杆端弯矩如图，试由弯矩作用平面内的稳定性确定该杆能承受多大的弯矩 M？

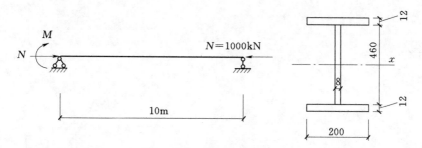

17. 试验算图示压弯构件平面外的稳定性：钢材为 Q235，$F=100$kN，$N=900$kN，跨中有一侧向支撑：已知：$A=16700$mm²，$I_x=792.4\times10^6$mm⁴，$I_y=160\times10^6$mm⁴。

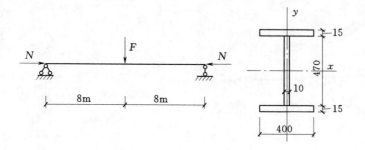

18. 如下图所示为 Q235 钢材工字形截面柱，两端铰支，中间 1/3 长度处有侧向支撑，截面无削弱，承受轴心压力的设计值为 1000kN，端弯矩为 270kN·m。试验算该构件的整体稳定承载力。

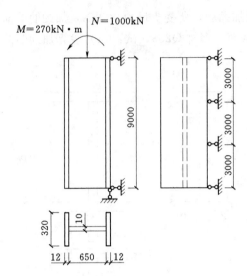

模块2 钢结构施工图识读

任务1 识读门式刚架施工图

2.1.1 学习目标

（1）理解门式刚架轻型钢结构的特点及适用范围，能识读钢结构门式刚架施工图上的各种图标。

（2）熟悉门式刚架轻型钢结构的结构组成与布置，能按照合理步骤识读并阐述钢结构门式刚架的表现内容。

（3）掌握门式刚架轻型钢结构的节点构造，能参照钢结构设计规范进行简单的门式刚架节点的设计与校核。

2.1.2 任务描述

门式刚架轻型钢结构厂房如图2-1-1所示。一般地，完整的轻钢门式刚架图纸包括图纸目录、结构设计说明、柱脚锚栓平面布置图、基础布置平面图、刚架平面布置图、屋面支撑布置平面图、柱间支撑布置平面图、屋面条布置平面、主刚架图和节点详图以及钢材表等。这些均是设计制图阶段的图纸内容，对于施工详图还需在设计制图的基础上，细化上述图纸，并增加构件加工详图和板件加工详图。

图2-1-1 轻钢结构门式刚架

通常情况下，根据工程的繁简情况，图纸内容可稍作调整，但必须将设计内容表达准确、完整。因此，本模块以单层钢结构厂房的工程图纸为例来识读门式刚架施工图。

2.1.3 任务分析

2.1.3.1 门式刚架建筑施工图识读

门式刚架厂房建筑施工图的实体元素主要有墙体、门窗和房间等，基本上都是反映建筑物组成部分的投影关系；符号元素有定位轴线、尺寸标注、标高符号、索引符号、指南针等，主要是为了说明建筑物承重构件的定位、各部分关系、标高、建筑物的朝向或是图样之间的联系。

1. 建筑平面图的图示内容

图2-1-2是单层门式刚架厂房的一层平面图，图2-1-3是屋顶平面图。由图可知：

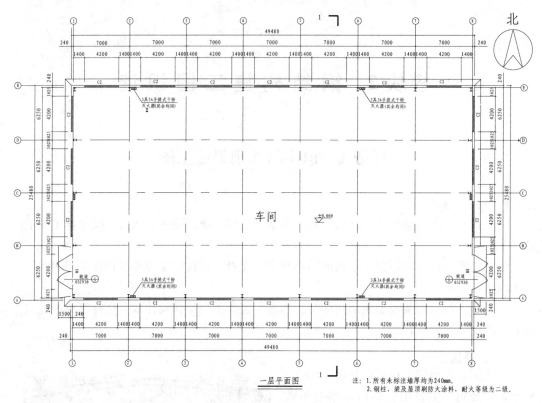

一层平面图

注: 1.所有未标注墙厚均为240mm。
    2.钢柱、梁及屋顶刷防火涂料，耐火等级为二级。

图 2-1-2 单层门式刚架厂房一层平面图

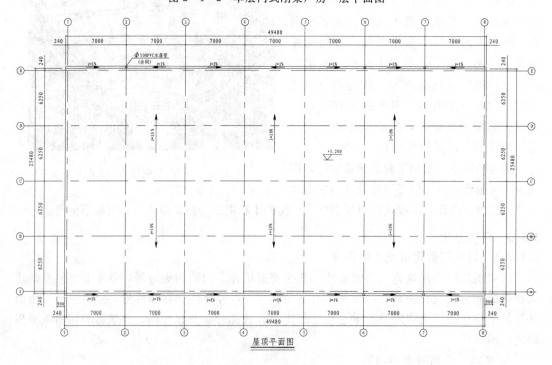

屋顶平面图

图 2-1-3 屋顶平面图

(1) 建筑物的外围尺寸（外墙外侧到外墙外侧）。

建筑物的长度是 49480mm，宽度是 25480mm。

(2) 柱和墙的定位关系。

纵向厂房柱的外翼缘紧贴纵墙的内侧，山墙柱（抗风柱）的外翼缘紧贴纵墙的内侧。Ⓐ轴和Ⓔ轴的厂房柱紧靠纵墙内侧，纵墙柱距为 7000mm；①轴和⑧轴的边柱紧靠山墙内侧，山墙柱距 6250mm，墙体厚度是 240mm。

(3) 门窗尺寸与定位。

M1 示意的是宽度为 4200mm 的双开门，其沿相邻轴线居中布置，两边距柱中心线的尺寸是 1025mm，门外侧设有 6490mm×1500mm 的坡道，坡道的做法见《住宅建筑构造图集》（03J930—1）的第 25 页的第二个详图。

C2 示意的是宽度是 4200mm 的窗，其沿相邻轴线居中布置，纵墙上的窗两边距柱中心线是 1400mm，山墙上的窗距柱中心线均是 1025mm。

门、窗的高度在立面图中会有标识。

(4) 一层平面图上"1┐"是剖切符号，表示从此处剖切后向左侧投影。$\underline{\bigtriangledown}^{\pm 0.000}$ 表示室内地坪相对标高。

(5) 从屋面平面图可以看出，屋面属于坡度为 1/10 的双坡屋面，沿纵墙方向设有天沟，天沟的排水坡度是 1%，天沟内在Ⓐ轴与②、④、⑥、⑦轴相交处以及Ⓔ轴与②、④、⑥、⑦轴相交处均设置了 4 根直径为 100mm 的 PVC 落水管；在①轴和⑧轴外侧的Ⓐ～Ⓑ轴线间各设置了宽度为 900mm 的雨篷；$\underline{\bigtriangledown}^{5.200}$ 是屋面标高。

2. 建筑立面图的图示内容

图 2-1-4 是①轴～⑧轴建筑立面图和Ⓔ轴～Ⓐ轴建筑立面图。从建筑立面图可以看出，厂房室内外的高差是 300mm，室外砖墙高度是 1200mm；M1 门的高度是 3600mm，且门上方有雨篷，C2 窗的高度是 2100mm，窗台标高是 0.9m；檐口和屋脊的标高分别是 3.6m、4.9m。

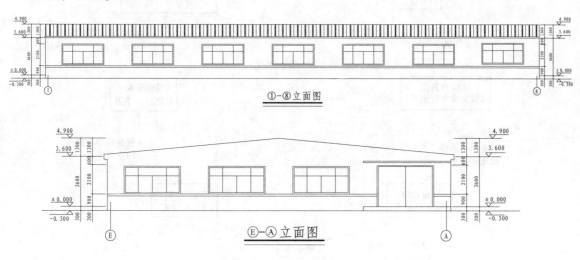

图 2-1-4　立面图

3. 建筑剖面图的图示内容

图 2-1-5 是 1—1 剖面图。从建筑剖面图可以看出，门式刚架由变截面的钢柱和等截面的斜梁组成。Ⓑ、Ⓒ、Ⓓ轴柱是抗风柱，Ⓐ、Ⓔ轴线的柱是框架柱；天沟采用了彩钢板成型的有组织排水的外天沟，屋面选用了内填保温材料的压型钢板；剖面图的标高示意同立面图。

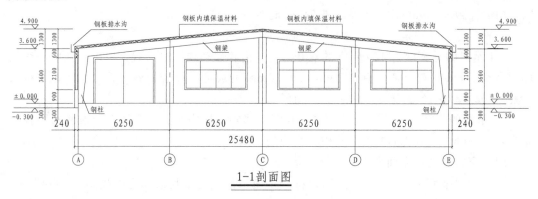

1-1剖面图

图 2-1-5　剖面图

2.1.3.2　门式刚架结构施工图识读

门式刚架结构施工图主要包括结构设计说明、锚栓平面布置图、基础布置平面图、刚架平面布置图、屋面支撑布置平面图、柱间支撑布置平面图、屋面檩条布置平面、墙面檩条布置平面、主刚架图和节点详图等。刚架的安装可以依次进行，但对于刚架构件的加工则还需要加工详图。识读门式刚架结构施工图的最终目的是对整个工程从整体到细节有一个完整的认识，为此就需要更快地熟悉整套工程图纸，图 2-1-6 说明了在施工图的识读时应注意读图的顺序和一些注意事项。

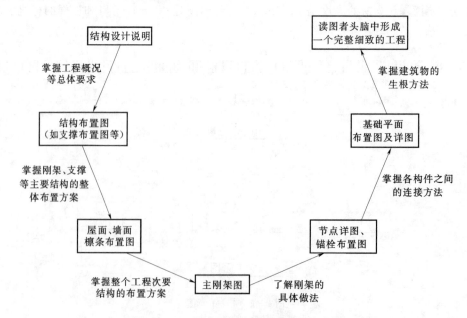

图 2-1-6　门式刚架结构施工图识读流程

1. 结构设计说明

结构设计说明主要包括工程概况、设计依据、设计荷载资料、材料的选用和制作安装等主要内容。一般可根据工程的特点分别进行详细说明，尤其是对于工程的一些总体要求和图中尚未表达清楚的问题需重点说明。所以，重点识读"结构设计说明"才能更好地掌握图纸所表达的大量信息，这往往也是大多数初学者容易忽视的。结构设计说明所包含的主要项目见表 2-1-1。

表 2-1-1　　　　　　　　　　　　　　结构设计说明

项　目	主　要　内　容	作　用
工程概论	介绍工程的结构特点，如建筑物的柱距、跨度、高度等结构布置方案以及结构的重要性等级等内容	旨在说明工程结构的一些总体信息，也为后续识图提供一些参考依据
设计依据	工程设计合同书有关设计文件、岩土工程报告、设计基础资料及有关设计规范及规程等内容	对于施工人员来讲，了解这些资料是十分必要的，甚至有些资料如岩土工程报告等亦是施工的重要依据
设计荷载资料	各种荷载的取值、抗震设防烈度和抗震设防类别等	对于施工人员来讲，尤其要注意各结构部位的设计荷载取值，在施工时务必不超过这些设计荷载，否则将会造成危险事故
材料选用	对各部分构件选用的钢材按主次分别提出钢材质量等级和牌号以及性能要求，以及相应钢材等级性能选用配套的焊条和焊丝的牌号及性能要求、选用高度螺栓和普通螺栓的性能级别等	有利于工程材料的选购和后期材料的统计
制作安装	制造的技术要求和允许偏差、螺栓连接精度和施拧要求、焊缝质量要求和焊缝检验等级要求、防腐和防火措施、运输和安装要求等	可整体作为一个条目或分条目编写，它是设计人员提供的施工指导意见和特殊要求，也是施工人员在施工过程中必须要认真贯彻的各项技术要求

2. 基础平面布置图及基础详图

基础平面布置详图主要通过平面的形式，反应建筑物基础的平面位置关系和平面尺寸。平面布置图中一般标注有基础的类型和平面的相关尺寸，如需设置拉梁，也在基础平面布置图中有标记。

由于门式刚架结构单一、柱脚类型较少，其相应的基础类型也较少，故往往将基础平面布置图和基础详图布置在同一张图纸上。但当基础类型较多时，则基础详图一般单列一张图纸。基础详图往往采用水平局部剖面图和竖向剖面图来表达，图中主要标明各种类型基础的平面尺寸、竖向尺寸以及基础中的钢筋配置情况等。

在识读基础平面布置图及其详图时，还需借助柱与定位轴线的关系，识别每一个基础与定位轴线的相对位置关系，从而确定柱子与基础的位置关系，以保证安装的准确性。对于图纸上的施工说明，亦须逐一阅读，因为它往往是图中难于表达或未作具体表达的部分。图 2-1-7 所示为某钢筋混凝土独立基础详图。

由图 2-1-7 可知，基底尺寸为 2200mm×1800mm，基础上短柱的平面尺寸为 1000mm×600mm；基础底部采用直径 12mm 的 HRB235 钢筋按照间距 150mm 双向配筋，短柱的纵筋为 12 根直径为 18mm 的 HRB335 钢筋，箍筋为直径 8mm 的 HRB335 钢筋间

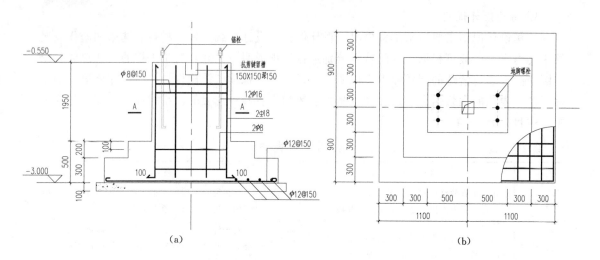

图 2-1-7　基础详图

(a) 基础平面详图；(b) A—A 剖面图

距 150mm；基础下部设有 100mm 厚垫层，基础共分成两阶，基础底部标高为－3.0m（由此可推算基础埋深）。

3. 柱脚锚栓布置图

锚栓平面布置图主要是用来对柱脚锚栓进行水平定位，并方便施工人员快速统计整个工程所需的锚栓数量。而锚栓详图则是对锚栓有关的一些竖向尺寸，主要有锚栓的直径、锚栓的锚固长度、柱脚底板的标高等做些标注。图 2-1-8 为钢结构厂房锚栓平面布置图的图例。从图 2-1-8 锚栓平面布置图中可以读出：

(1) 该建筑物共有 22 个柱脚，有 DJ—1 和 DJ—2 两种柱脚形式。

(2) 锚栓纵向间距为 7000mm，横向间距为 6250mm。柱脚下方用于上部钢结构和下部基础连接的地脚锚栓采用弯钩式，各有 4 个柱脚锚栓，锚栓纵、横向间距均为 150mm。

(3) 柱脚底板的标高为±0.000，柱底焊接－14×100×250 的钢板作为抗剪键，在基础顶面预留开槽，抗剪键是用于预埋防止柱脚底板与基础混凝土顶面间出现滑移。

(4) DJ—1 锚栓群中心线的位置偏向轴线内侧 150mm，DJ—2 锚栓群中心线的位置偏向横轴内侧 100mm。

(5) DJ 剖面图中示意需开槽 100mm 的高度，目的是实际工程中，当刚架和支撑等构件安装就位，并经检测和校正几何尺寸后，采用 C30 混凝土灌浆填实。

(6) M25 地脚螺栓直径是 25mm，锚固长度均是从二次浇灌层底面以下 625mm，锚栓下部弯折 90°，长度为 100mm，套螺纹长度为 150mm，配三个螺母和两块垫板，材质为 Q235。

4. 支撑布置图

为了保证钢结构的整体稳定性，应根据各类结构形式、跨度大小、房屋高度、吊车吨位和所在地区的地震设防烈度等分别设置支撑系统。钢结构支撑大多采用型钢制作，可分为柱间支撑（ZC）、水平支撑（SC）、系杆（XG）等。水平支撑多采用圆钢和角钢制作，垂直支撑采用的型钢类型比较多，如圆钢、角钢、钢管、槽钢、工字钢等，构造也较水平

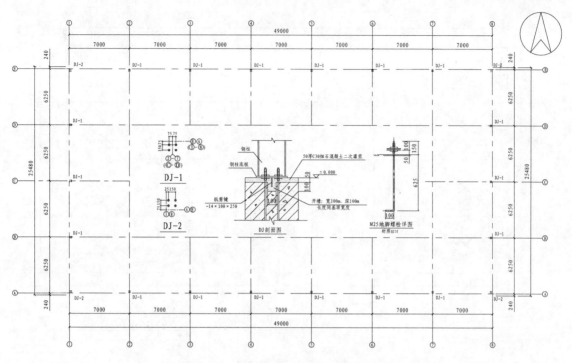

图 2-1-8　钢结构厂房锚栓平面布置图

支撑复杂，有双片式柱间支撑、双层柱间支撑、门式柱间支撑等。圆钢制作的水平支撑节点较为简单，角钢制作的水平支撑节点与柱间支撑节点基本类同。

支撑布置图包括柱间支撑布置图和屋面支撑布置图，前者主要是采用纵剖面来表示柱间支撑的具体安装位置，而后者则主要表示屋面水平支撑体系的布置以及系杆等的布置。另外，往往还配合详图共同表达支撑的具体做法和安装方法。读图时，往往需要按顺序读出一些信息，见表 2-1-2。

表 2-1-2　　　　　　　　　　　　支撑布置图主要内容

项目	明确支撑所处位置和数量	明确支撑起始位置	支撑选材和构造做法	系杆位置和截面
内容	门式刚架结构中，并非每一个开间都设置支撑，若要在某开间内设置，往往将屋面支撑和柱间支撑设置在同一开间，以形成支撑桁架体系。 因此，首先需从图中明确支撑系统设置在哪个开间及每个开间内支撑的设置数量	对于柱间支撑需要明确支撑底部的起始高程和上部的结束高程。 对于屋面支撑，则需要明确其起始位置与轴线的关系	支撑系统分为柔性支撑和刚性支撑两类，柔性支撑主要是圆钢截面，它只能承受拉力；而刚性支撑主要是角钢截面，既可受拉也可以受压。 可根据详图确定支撑截面以及它与主刚架的连接做法和支撑本身的特殊构造	当横向支撑设在第二开间时，在第一开间的相应位置应设置刚性系杆。实践中许多轻钢结构厂房的柔性系杆直接连接在柱腹板上，因其受力不大，不至于造成腹板局部失稳。若是受力较大的刚性系杆，则要借助加劲板加强连接部位

（1）屋面支撑布置图。

图 2-1-9 是屋面支撑布置图，厂房总长 49m，仅在端部有柱间支撑。

识读屋面支撑布置图 2-1-9 的顺序是：看图名称→看轴网编号、数量，并与其相应的锚栓平面布置图相互对照识读→看屋面支撑、系杆在平面图上的位置→看右下角的图纸

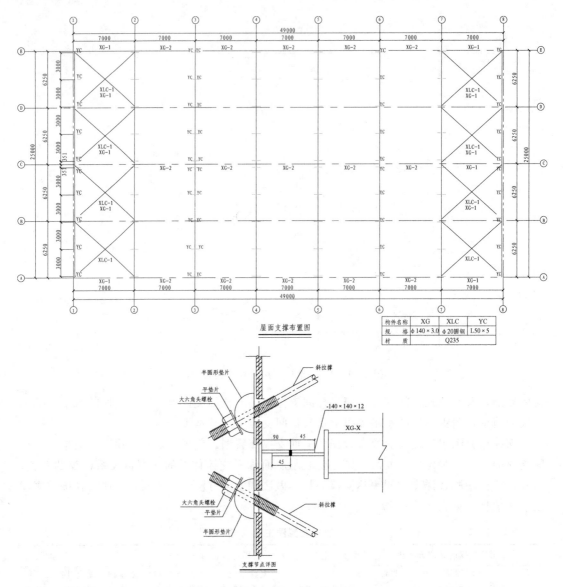

图 2-1-9　屋面支撑布置图

说明。从图中可知：

1）XG 是系杆的简称，在边柱顶部和屋脊处布共置了三道通长的系杆，且在横向水平支撑的位置也布置了短的系杆。根据系杆的长度不同分为 XG—1 和 XG—2，均选用材质为 Q235 的 φ140×3.0 无缝钢管。

2）XLC 是斜拉撑的简称，即水平支撑（SC），在房屋两端的柱间（①、②和⑦、⑧轴线间）各布置了 4 道材质为 Q235、直径为 20mm 的圆钢作水平支撑。

圆钢支撑应采用特制的连接件与梁柱腹板连接，经校正定位后固定。圆钢支撑与刚架构件的连接，一般不设连接板，可直接在刚架构件上靠外侧设孔连接。当腹板厚度 ≤5mm 时，应对支撑孔周边进行加强。

3）YC 是隔撑的简称，图中示意在屋面梁上间隔 3m 布置了一道隔撑，隔撑尺寸是 L50×5。

隔撑是连接钢梁和檩条的接近 45°方向斜撑（在梁上的连接点靠近梁的下翼缘板），其作用是为增加梁的侧面约束，防止梁侧面失稳，一般宜用当角钢制作，可以连接在刚架构件下（内）翼缘附近的腹板上举翼缘不大于 100mm，也可以连接在下（内）翼缘上。它与刚架、檩条或墙梁连接时两端均应采用单个螺栓。

（2）柱间支撑布置图。

一般在有屋面支撑的相应柱间布置柱间支撑，如图 2-1-10 所示为一柱间支撑布置图。

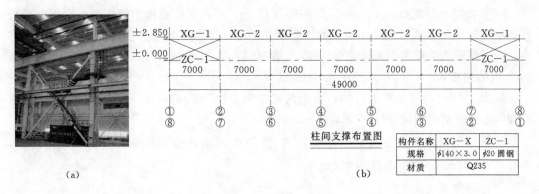

图 2-1-10　柱间支撑

(a) 实例；(b) 柱间支撑布置图

1）图 2-1-10 表达的内容有：

a. XG（系杆）的标高是 2.85m，采用了材质为 Q235 的 $\phi140\times3.0$ 无缝钢管，每个柱间均设。

b. ZC—1 是柱间支撑的简称，选用了材质为 Q235 的 $\phi20$ 圆钢。

2）图 2-1-11 是柱间支撑详图，从图中可以读出：

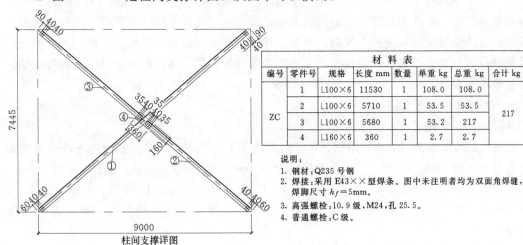

编号	零件号	规格	长度 mm	数量	单重 kg	总重 kg	合计 kg
ZC	1	L100×6	11530	1	108.0	108.0	217
	2	L100×6	5710	1	53.5	53.5	
	3	L100×6	5680	1	53.2	217	
	4	L160×6	360	1	2.7	2.7	

说明：

1. 钢材：Q235 号钢。
2. 焊接：采用 E43×× 型焊条。图中未注明者均为双面角焊缝，焊脚尺寸 $h_f=5mm$。
3. 高强螺栓：10.9 级，M24，孔 25.5。
4. 普通螺栓：C 级。

图 2-1-11　柱间支撑详图

149

a. 支撑构件采用截面规格为∟100×6 的等肢角钢（肢长 100mm、肢厚 5mm）。

b. 通长角钢和分段角钢，借助节点板（厚 6mm、宽 160mm、长 360mm 的钢板）采用角焊缝和普通螺栓连接成一整体。

c. 通长角钢采用双面角焊缝焊接在节点板上，焊脚尺寸为 5mm。分段角钢一端采用普通螺栓连接在节点板上，每端需 2 个直径为 16mm、栓距为 40mm 的 C 级（粗制）螺栓。

d. 从材料表中可知，贯通的单角钢长度为 11530mm，分段两根角钢长度为 5710、5680mm，分段支撑间距为 100mm。

3）图 2-1-12 是门式柱间支撑详图和材料说明。由图中可读出：

a. 该支撑整体宽度为 11.5m，高度为 7.145m，构件采用双槽钢组成的工字形截面杆件，2［20a 表示截面类型是 a 类、截面高度是 200mm，与柱的连接采用栓焊混合连接方式。为了保证两个槽钢共同工作，在两个槽钢间加设了填板（厚 12mm、宽 80mm、长 230mm 的钢板）。

b. 从"1—1"剖面图中可知，下侧两对槽钢长度为 5151mm。从"2—2"剖面图中可知，上侧四对槽钢长度分别为 3245mm、2750mm。

c. 槽钢钢满焊在连接板上，符号"$\underset{8\text{-}220}{\overset{8\text{-}220}{\longleftarrow}}$"表示指示处为现场施焊的双面角焊缝，焊脚尺寸为 8mm，焊缝长度为 220mm。

5. 檩条布置图

檩条布置图主要包括屋面檩条和墙面檩条（墙梁）布置图。屋面檩条布置图主要表明檩条间距和编号及檩条之间设置的直拉条、斜拉条布置和编号，另外还有隔撑的布置和编号；墙面檩条布置图一般按墙面所在轴线分类绘制，每个墙面的檩条布置图的内容与屋面檩条布置图内容基本相同。

在识读檩条布置图时，首先要弄清楚各种构件的编号规则，如工程图中檩条采用 LT—X（X 为编号）表示，直拉条和斜拉条都采用 * T—X（X 为编号）表示，隔撑采用 YC—X（X 为编号）表示，这也是较为通用的一种做法；其次要清楚每种檩条的所在位置和截面做法，檩条的位置主要根据檩条布置图上标注的间距尺寸和轴线来判断，因为门窗的开设使得墙梁的间距很不规则，所以尤其要注意墙面檩条布置图，而截面可以根据编号到材料表中查询；最后，结合详图弄清檩条与拉条连接、隔撑的做法以及檩条与刚架的连接等内容。

（1）屋面檩条布置图。

屋面檩条布置见图 2-1-13。

WL 是屋面檩条的简称，根据长度不同分为 WL—1 和 WL—2，规格均为冷弯薄壁卷边 C 型钢 C200×60×20×2.5（截面高度为 200mm，宽度为 60mm，卷边宽度为 20mm，壁厚为 2.5mm），材质为 Q235。从图 2-1-13 中可以统计出 WL—1 共 40 根，WLT—2 共 100 根。檩条的尺寸往往要与材料表结合起来识读，檩条的间距也需要依据刚架图得知。

图 2-1-14 是屋面檩条、隔撑与梁柱节点详图。

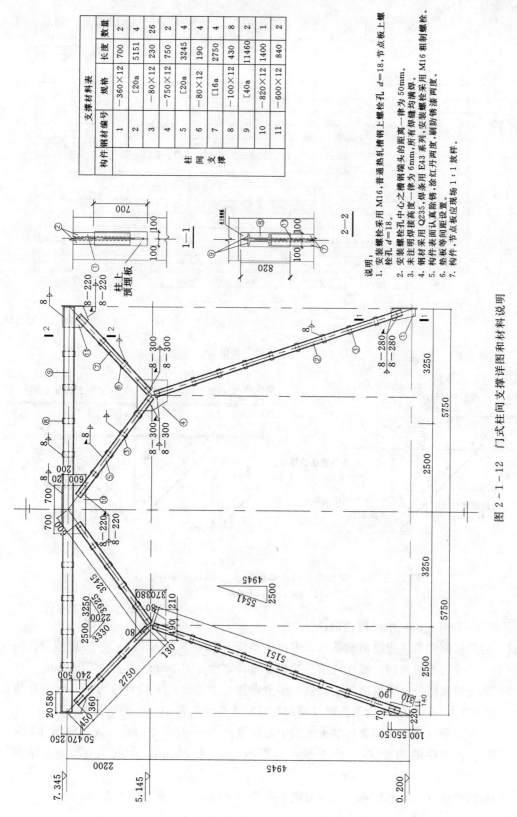

支撑材料表

构件	钢材编号	规格	长度	数量
柱间支撑	1	−360×12	700	2
	2	[20a	5151	4
	3	−80×12	230	26
	4	−750×12	750	2
	5	[20a	3245	4
	6	−80×12	190	4
	7	[16a	2750	4
	8	−100×12	430	8
	9	[40a	11460	2
	10	−820×12	1400	1
	11	−600×12	840	2

说明：
1. 安装螺栓采用 M16，普通热轧槽钢上螺栓孔 d=18，节点板上螺栓孔 d=18。
2. 安装螺栓孔中心之间的距离，所有槽钢端头一律为 50mm。
3. 未注明焊缝高度一律为 6mm，所有焊缝均满焊。
4. 钢材采用 Q235，焊条采用 E43 系列，安装螺栓采用 M16 粗制螺栓。
5. 钢材表面认真除锈，涂红丹两度，刷防锈漆两度。
6. 垫板、节点板等间距设置。
7. 构件、节点板应现场 1:1 放样。

图 2-1-12　门式柱间支撑详图和材料说明

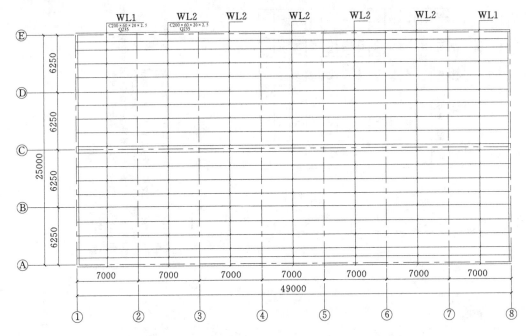

图 2-1-13 屋面檩条布置

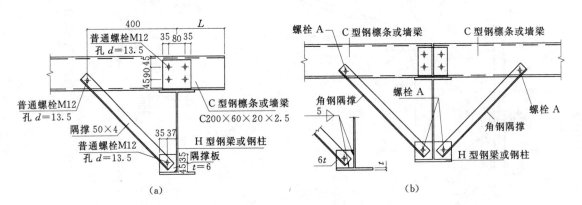

图 2-1-14 屋面檩条（或墙面檩条）、隔撑与梁柱节点
(a) 边跨；(b) 中间跨

从图 2-1-14 (a) 中可以读出：

1) 边跨屋面檩条（或墙面檩条）采用规格型号为 C200×60×20×2.5 的 C 型钢，隔撑采用 ∟50×4 的等边角钢；檩托与梁翼缘板等宽，宽度为 150mm，孔径为 13.5mm。

2) 两支屋面檩条（或墙面檩条）端头平放在檩托上，通过 4 只直径为 12mm 的普通螺栓与梁连接为一体，安装后端头间及墙檩与柱翼缘板间均留 10mm 的缝隙。

3) 屋面檩条（或墙面檩条）端头居梁中心位置 400mm 处居中打孔，通过隔撑（YC）与梁下翼缘上焊接的两块隔撑板连接，隔撑板长度为 80mm，宽度为 72mm，厚度为 6mm。

4) 屋面檩条（或墙面檩条）宽度方向上孔距为 90mm，孔两边距均为 45mm。

中间跨檩条、隅撑与梁节点详图（图2-1-14b），其识图与边跨相似。

（2）屋面拉条布置图。

对于侧向刚度较差的实腹式和平面桁架式檩条，为保证其整体稳定性，减小檩条在安装和使用阶段的侧向变形和扭转，一般需要在檩条间设置拉条，作为其侧向支撑点。

当檩条跨度不大于4m时，可按计算要求确定是否需要设置拉条；当屋面坡度$i>$1/10或檩条跨度大于4m时，应在檩条跨中受压翼缘设置一道拉条；当跨度大于6m时，宜在檩条跨度三分点处设一道拉条。在檐口处还应设置斜拉条和撑杆。圆钢拉条的直径不宜小于10mm，可根据荷载和檩距大小取10mm或12mm。

图2-1-15是屋面拉条布置图，图2-1-16是拉条与檩条连接的节点详图。

从图2-1-15中可知，LT、XLT、GLT分别是（直）拉条、斜拉条和钢拉条的简称，拉条全部采用Q235钢材。LT在檩条跨中布置一道，规格是ϕ12圆钢；XLT在屋脊和檐口布置，规格是ϕ12圆钢；GLT布置在有斜拉条的位置，规格是ϕ12圆钢＋ϕ32圆管。

从图2-1-16中可以读出，相邻两根拉条的间距为80mm。直拉条和斜拉条均采用直径为10mm的圆钢，拉条安装在距檩条上翼缘60mm处，在靠近檐口处的两道相邻檩条之间还设置了斜拉条和刚性撑杆，刚性撑杆为直径10mm的圆钢外套直径30mm、厚2mm的钢套管。

（3）墙面檩条布置图。

墙面檩条亦称为墙梁，墙梁的间距一般决定于压型板的板型和规格，并需经过力学计算后确定，但从构造要求的角度上看，一般不超过1.5m。墙面有通窗时需设置撑杆和斜拉条来防止墙梁的竖向变形。对于墙面檩条，由于檩条弱轴方向是竖直的，故设置拉条作为弱轴的支撑点，可以节约墙面檩条的用钢量。图2-1-17是墙面檩条布置图，它反映了墙面檩条与刚架柱的连接做法。

1）该建筑墙面采用C180×60×20×3.0C型钢作墙梁，墙平放在檩托上。首先在刚架柱上用两只直径为12mm的普通螺栓和$h_f=6mm$的角焊缝固定一块檩托板（焊接T形板），然后再将檩条用4只直径为12mm的普通螺栓固定在这块檩托板上。另外，图中还详细标注了螺栓数量和间距尺寸。

2）墙面直拉条采用直径为12mm的一级圆钢。

3）由图中檩条的标高可知，各道檩条间距由下往上依次为"1400mm"、"1500mm"、"1200mm"、"900mm"，其中1500mm也为窗户高度。窗下檩条槽口安装时应朝下放置，窗上檩条安装时槽口则朝上放置。

4）墙梁宽度方向上孔距为90mm，孔两边距均为50mm。

5）从"A—A"剖面可看出，檩托与柱采用双面角焊缝连接，焊脚尺寸为6mm。

6. 主刚架图与节点详图

一般门式钢结构主构件平面布置图可分为柱、梁、吊车梁平面布置图。因实际工程中门式刚架多采用变截面形式，故要绘制构件图来表达构件的外形、几何尺寸及杆件的截面尺寸。

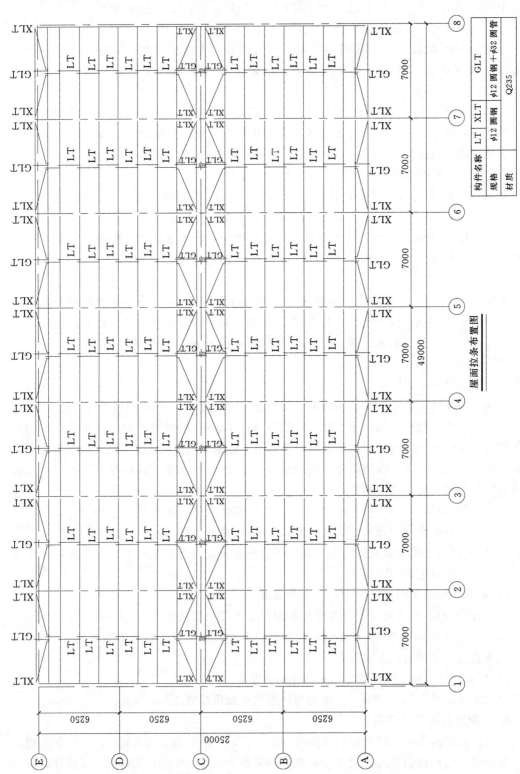

屋面拉条布置图

图 2 - 1 - 15　屋面拉条布置图

构件名称	LT	XLT	GLT
规格	φ12 圆钢	φ12 圆钢＋φ32 圆管	
材质	Q235		

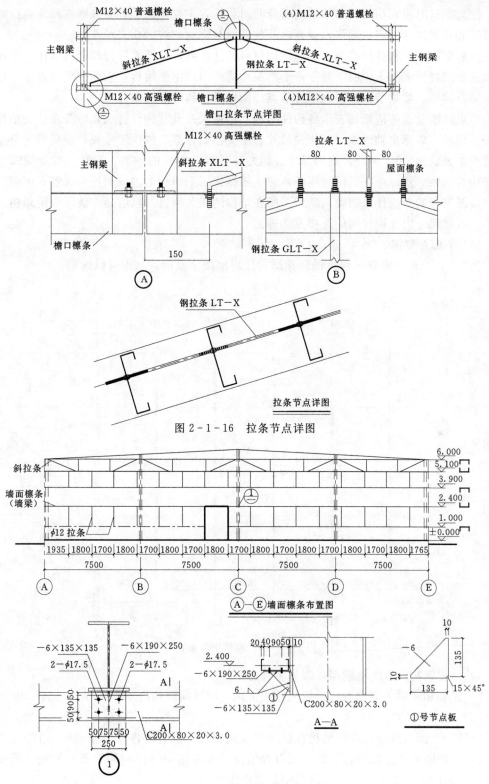

图 2-1-16　拉条节点详图

图 2-1-17　墙面檩条布置

刚架图有时可利用门式刚架结构自身的对称性，主要标注了其变截面柱和变截面斜梁的外形和几何尺寸、定位轴线和标高以及柱截面与定位轴线的相关尺寸等。

一般而言，在构件拼接处、不同结构材料的连接处以及需要特殊标记的部位，往往是借助用节点详图来深入说明。对于一个单层单跨的门式刚架结构，它的主要节点详图包括梁柱节点详图、梁梁节点详图、屋脊节点详图以及柱脚节点详图等。

节点详图是能够清晰地表示各构件的相互连接关系及其构件特点，以及在整个结构上的相关位置（即标出轴线编号、相关尺寸、主要控制标高、构件编号或截面规格、节点板厚度及加劲肋做法）。另外，焊脚尺寸、焊缝符号以及螺栓的种类、直径、数量等都会在详图中有说明。所以，在识读详图时，应先根据详图上所标的轴线和尺寸或者利用索引符号和详图符号的对应性来明确判断详图所在结构的相关位置，然后要弄清图中所画构件的品种、截面尺寸以及构件间的连接方法等。

（1）平面布置图。

图 2-1-18 为某 25m 跨度的轻钢结构厂房刚架平面图，从中可以读出：

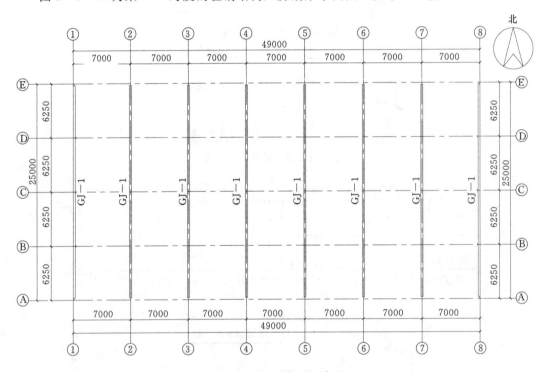

图 2-1-18　刚架平面布置

1）该建筑物共有 8 榀刚架，编号名称为 GJ—1。

2）①轴和⑧轴上分别有三根抗风柱，抗风柱轴线间距均为 6250mm。

（2）立面布置图。

钢结构立面布置图是取出结构在横向和纵向轴线上的各榀刚架（框架），用各榀刚架（框架）立面图来表达结构在立面上的布置情况，并在图中标注构件的截面形状、尺寸以及构件之间的连接节点。单层无吊车刚架立面图如图 2-1-19 所示。

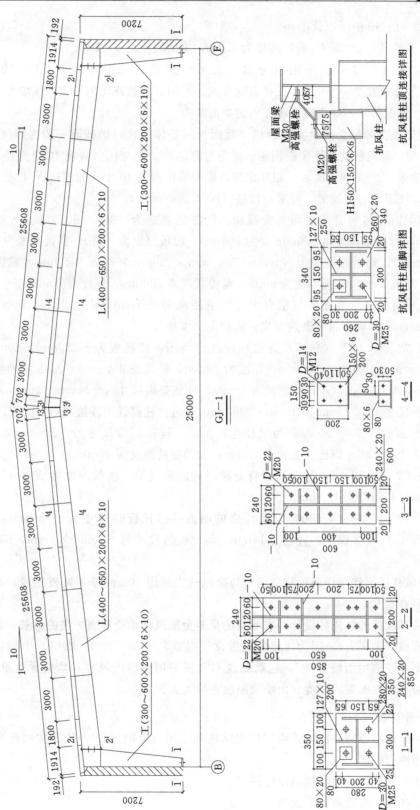

图 2-1-19　刚架平面布置（无吊车）

从图 2-1-19 中可以读出：

1）该建筑跨度为 25m，檐口高度为 7.2m，屋面坡度为 1：10。

通常，屋面坡度可以采用百分数、比例和直角三角形（图 2-1-19 采用的"10"表示坡度为 1：10）三种表现形式。采用百分数或比例形式标注坡度时，在图纸上会标注坡度符号，即指向下坡方向的单面箭头。

2）刚架是由两根变截面实腹钢柱（截面为一整体的柱，横截面一般为焊接工字型，少数为 H 型）和两根变截面实腹钢梁组成为对称结构。梁与柱由两块 14 个直径为 22mm 的孔的连接板（2—2 剖面所示）相互连接，梁与梁由两块 10 个孔的连接板（3—3 剖面所示）连接，柱下端与基础的连接采用铰接（1—1 剖面所示）。

3）刚架钢柱和钢梁截面均为变截面，钢柱的规格为（300～600）mm×200mm×8mm×10mm（截面高度由 300mm 变为 600mm，腹板厚度为 8mm，翼板宽度为 200mm，厚度为 10mm），钢梁的规格为（400～650）mm×200mm×6mm×10mm（截面高度由 400mm 变为 650mm，腹板厚度为 6mm，翼板宽度为 200mm，厚度为 10mm）。

4）从屋脊处第一道檩条与屋脊中心线的距离为 351mm，依次为 1500mm（7 个）、900mm、957mm。墙面用砖砌筑而成，无檩条（墙梁）。

5）图"2-1-19"（1—1）为边柱柱底剖面图，柱底板为 -280mm×20mm×350（"-"表示钢板，宽度为 280mm，厚度为 20mm，长度是 350mm）。M25 指地脚螺栓直径为 25mm，$D=30$ 表示开孔的直径为 30mm。柱底垫板尺寸为 -80mm×20mm×80mm，柱底加劲板尺寸为 -127mm×10mm×200mm。抗风柱柱脚详图读法与边柱类似。

6）图"2-1-19（2—2）"为梁柱连接剖面，连接板的尺寸为 -240mm×20mm×850mm。共 14 个 M20 螺栓，孔径为 22mm，加劲肋的厚度为 10mm。

7）图"2-1-19（3—3）"为屋脊处梁与梁的连接板，板的厚度为 20mm，共有 10 个螺栓，水平孔间距为 120mm。

8）图"2-1-19（4—4）"为屋面梁的剖面，檩托板的尺寸是 -150mm×6mm×200mm，有 4 个 M12 螺栓，直径为 14mm，隔撑板的尺寸为 -80mm×6mm×80mm，孔径为 14mm。

9）抗风柱柱顶连接详图示意屋面梁与抗风柱之间用 10mm 厚弹簧板连接，共用 4 个 M20 的高强度螺栓。

采用柱顶铰接的抗风柱设计，主要目的是避免抗风柱承受竖直方向的荷载，只考虑屋面传递风荷载（水平力）。因为《建筑抗震设计规范》（GB 50011—2001）中规定"单层工业厂房不允许采用山墙承重"，也就是说不允许采用山墙抗风柱和墙梁承受重力荷载，其目的是防止各榀刚架的刚度和山墙架刚度差异太大。

2.1.4　任务实施

提供一套单层单跨轻钢门式刚架厂房结构施工图（见附图 1），依次按照任务一～任务十进行详细的识读。

（1）任务一：门式刚架结构设计说明。

（2）任务二：基础布置平面图。

（3）任务三：锚栓平面布置图。

（4）任务四：刚架平面布置图。

（5）任务五：屋面支撑布置平面图。

（6）任务六：柱间支撑布置平面图。

（7）任务七：屋面檩条布置平面。

（8）任务八：墙面檩条布置平面。

（9）任务九：主刚架图。

（10）任务十：节点详图。

附图 1　门式刚架厂房施工图

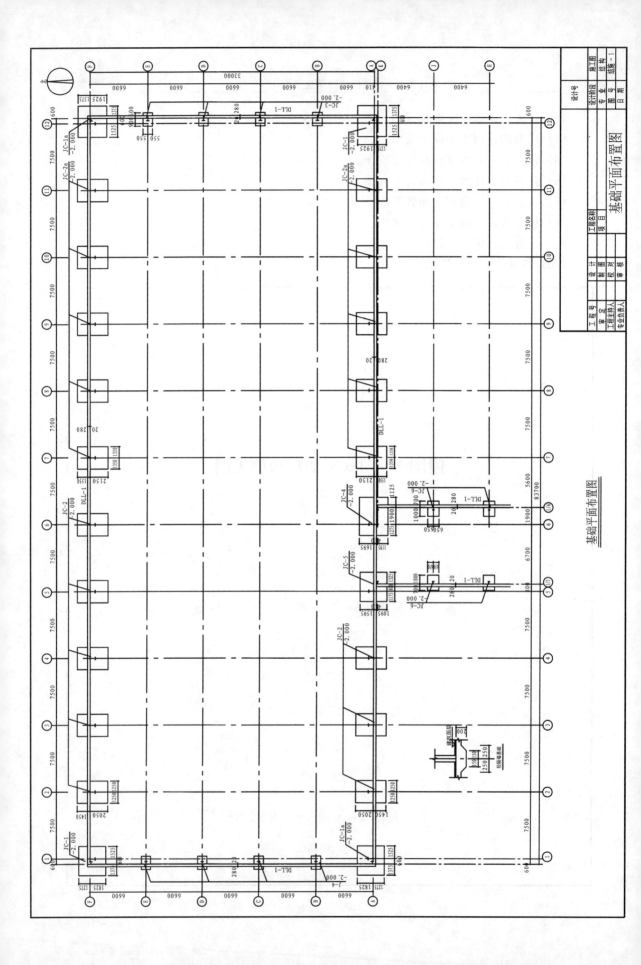

基础平面布置图

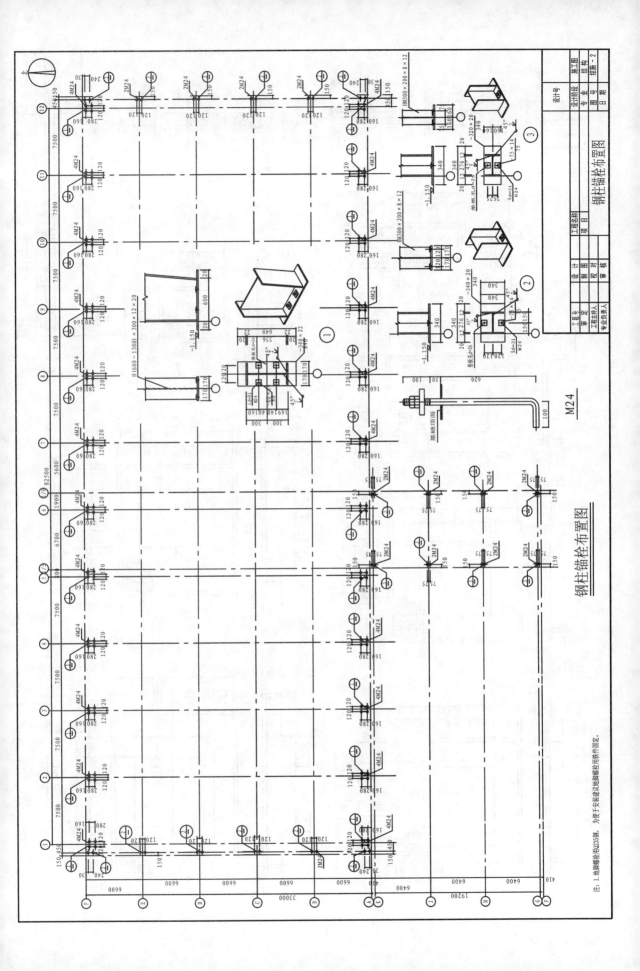

钢柱锚栓布置图

M24

注: 1. 地脚锚栓用Φ25钢, 为便于安装建议地脚锚栓用铁件固定.

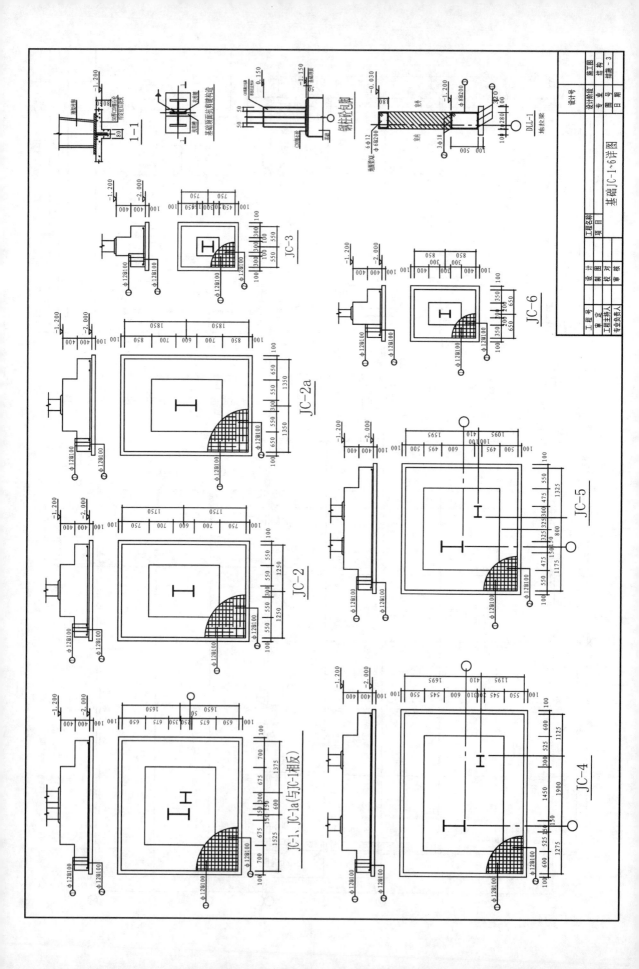

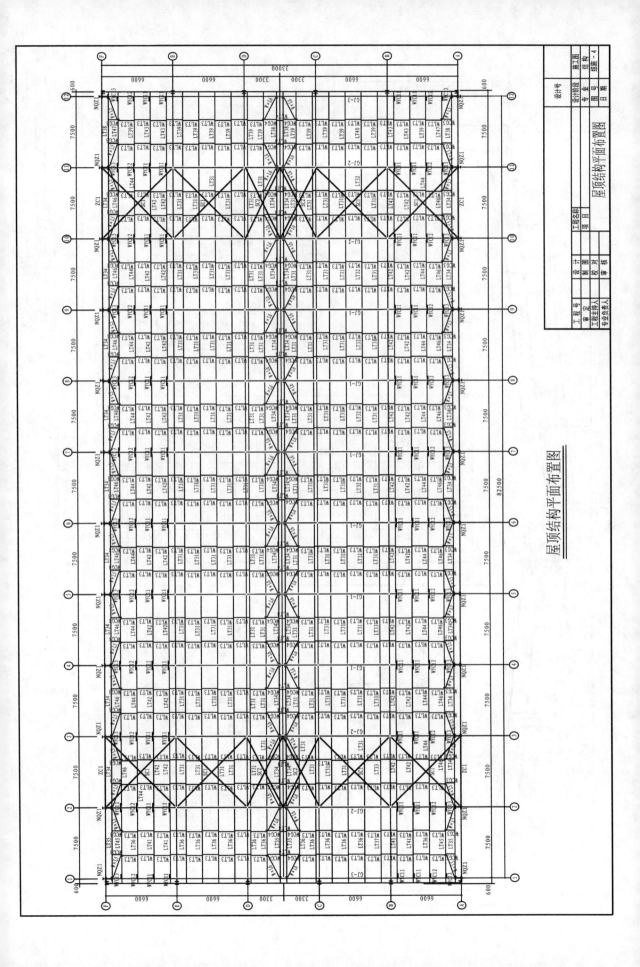

屋顶结构平面布置图

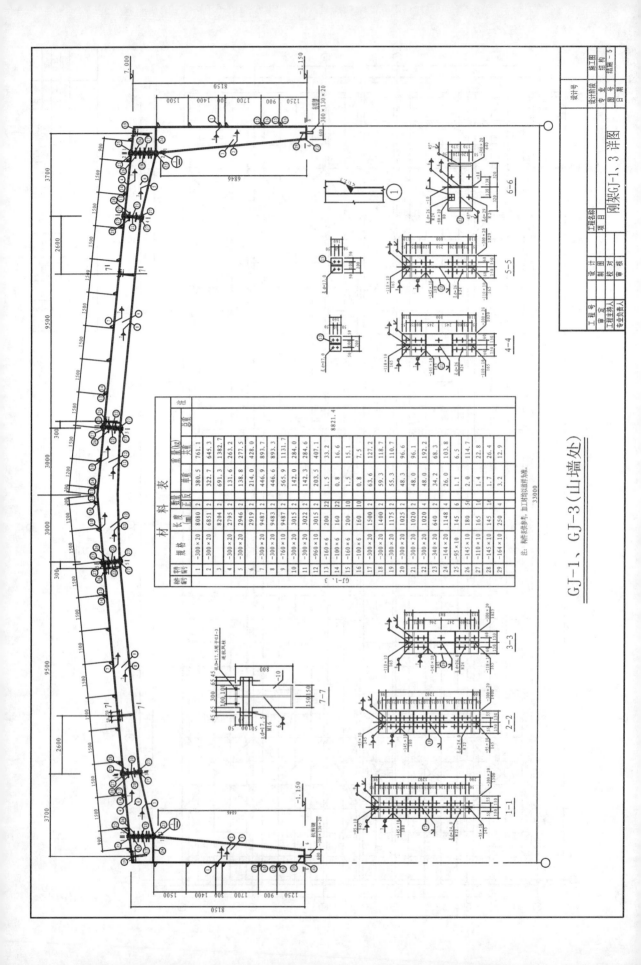

材 料 表

构件 编号	规格	长度 (mm)	数量 正反	重量(kg) 单重	共重	注
1	—300×20	8080	2	380.5	761.1	
2	—300×20	6851	2	322.7	645.3	
3		8204	2	691.3	1382.7	
4	—300×20	2795	2	131.6	263.2	
5	—300×20	2946	2	138.8	277.5	
6		2919	2	214.0	428.0	
7	—300×20	9483	2	446.9	893.7	
8	—300×20	9483	2	446.6	893.3	
9	—760×10	9487	2	565.9	1131.7	
10	—300×20	3015	2	142.0	284.0	
11	—300×20	3022	2	142.3	284.6	
12	—960×10	3015	2	203.5	407.1	
13	—160×6	200	22	1.5	33.2	
14	—100×6	160	22	0.8	16.6	
15	—160×6	200	10	1.5	15.1	
16	—100×6	160	10	0.8	7.5	
17	—300×20	1500	2	63.6	127.2	
18	—300×20	1400	2	59.3	118.7	
19	—300×20	1175	2	55.3	110.7	
20	—300×20	1025	2	48.3	96.6	
21	—300×20	1020	2	48.0	96.1	
22	—300×20	1020	4	48.0	192.2	
23	—340×20	640	4	34.2	68.3	
24	—144×20	1148	4	26.0	103.8	
25	—95×10	145	4	1.1	6.5	
26	—145×10	180	56	2.0	114.7	
27	—110×10	165	10	1.4	22.8	
28	—145×10	145	10	1.7	26.4	
29	—164×10	250	4	3.2	12.9	
				总重量	8821.4	

GJ-1、3

注：构件表参考，加工时均以放样为准。

33000

GJ-1、GJ-3（山墙处）

6—6

5—5

4—4

3—3

2—2

1—1

7—7

设计号   施工图

设计阶段   建筑

专业   结构

图号   结施 5

日期

刚架GJ-1、3 详图

工程名称   工程

项目   原

设计   制图   校对   审核

工程号   审定

工程主持人   专业负责人

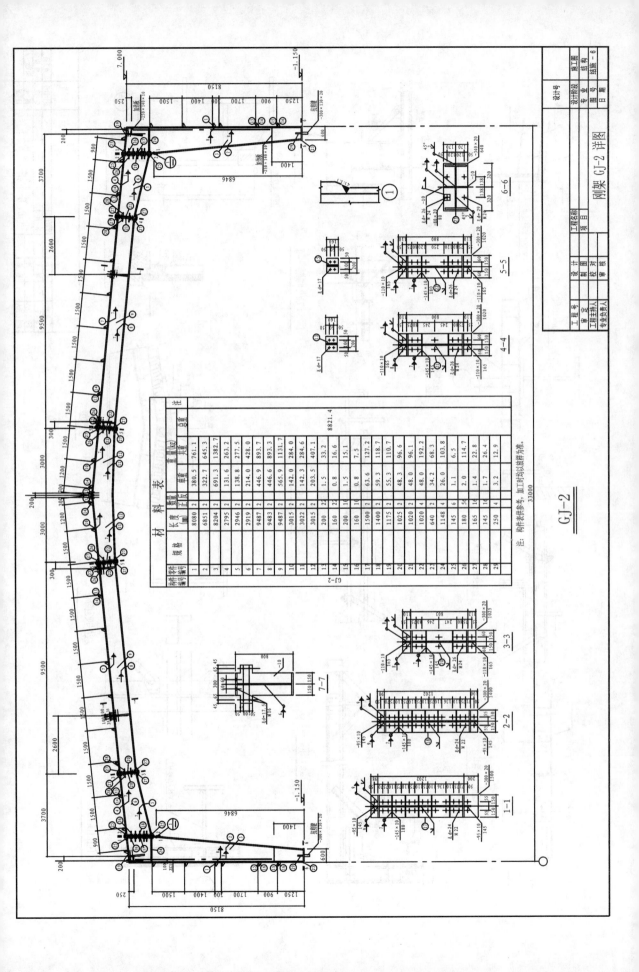

材 料 表

构件号 零件编号	规格	长度 (mm)	数量 正反	单重 (kg)	共重 (kg)	总重 (kg)	注
1		8080	2	380.5	761.1		
2		6851	2	322.7	645.3		
3		8204	2	691.3	1382.7		
4		2795	2	131.6	263.2		
5		2946	2	138.8	277.5		
6		2919	2	214.0	428.0		
7		9487	2	446.9	893.7		
8		9483	2	446.6	893.3		
9		9487	2	565.9	1131.7		
10		3015	2	142.0	284.0		
11		3022	2	142.3	284.6		
12		3015	2	203.5	407.1		
13		200	22	1.5	33.2		
14		160	22	0.8	16.6		
15		200	10	1.5	15.1		
16		160	10	0.8	7.5		
17		1500	2	63.6	127.2		8821.4
18		1400	2	59.3	118.7		
19		1175	2	55.3	110.7		
20		1025	2	48.3	96.6		
21		1020	2	48.0	96.1		
22		1020	4	48.0	192.2		
23		640	2	34.2	68.3		
24		1148	4	26.0	103.8		
25		145	6	1.1	6.5		
26		180	58	2.0	114.7		
27		165	13	1.4	22.8		
28		145	16	1.7	26.4		
29		250	4	3.2	12.9		

注：构件表参号，加工时均以成群为准。

GJ-2

1—1 2—2 3—3 4—4 5—5 6—6 7—7

33000

设计号
设计阶段　施工图
专　业　结构
图　号　结施－6
日　期

工程名称
项　目

设　计
制　图
校　对
审　核

工程号
审　核　人
工程主持人
专业负责人

刚架 GJ-2 详图

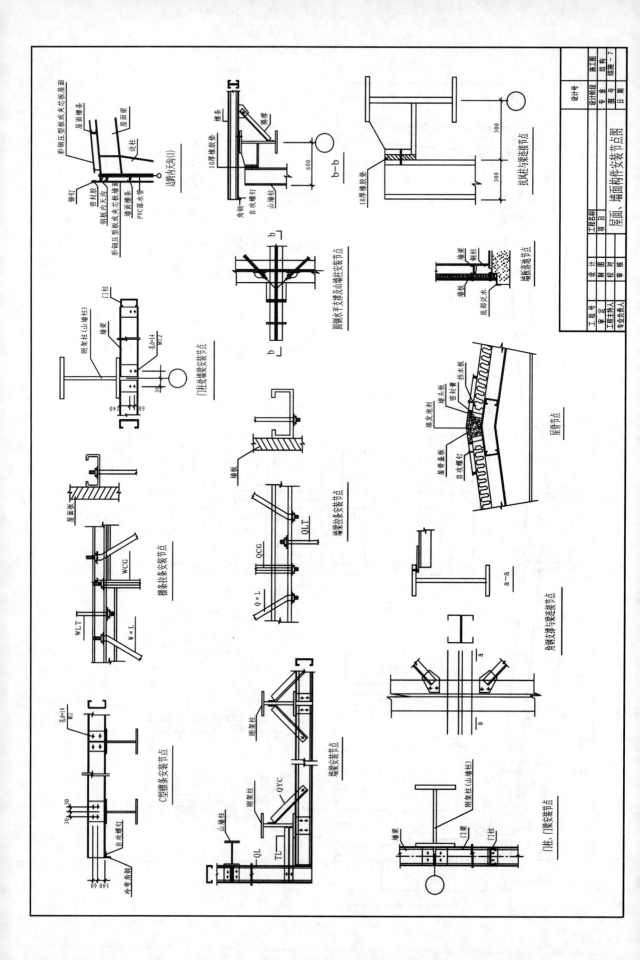

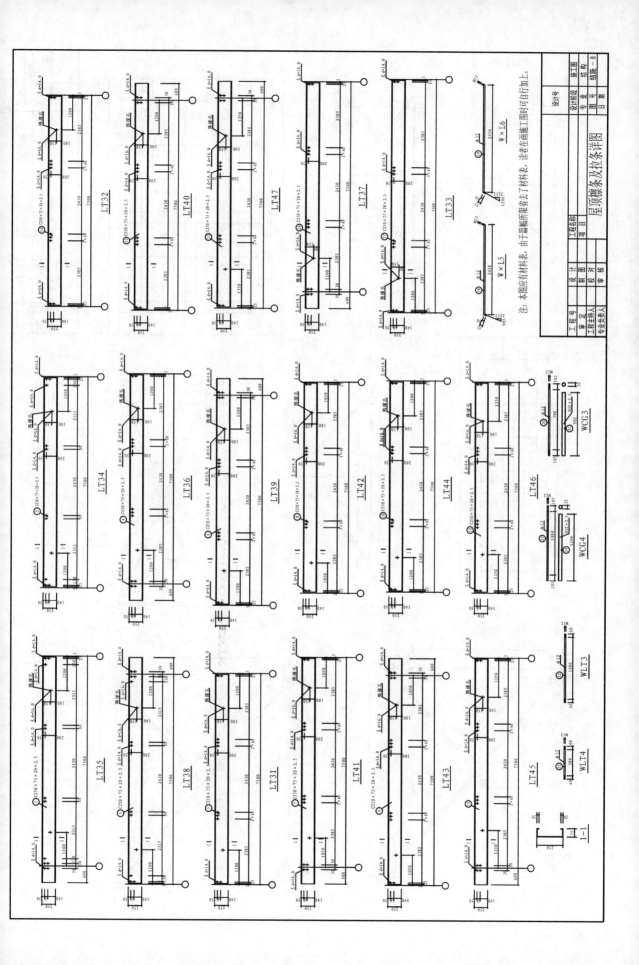

屋顶檩条及拉条详图

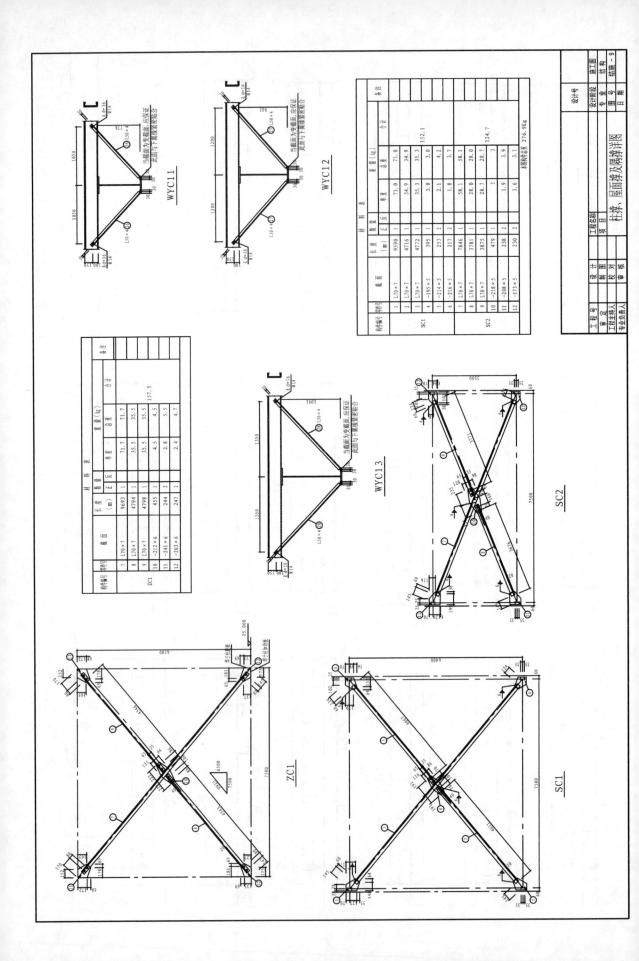

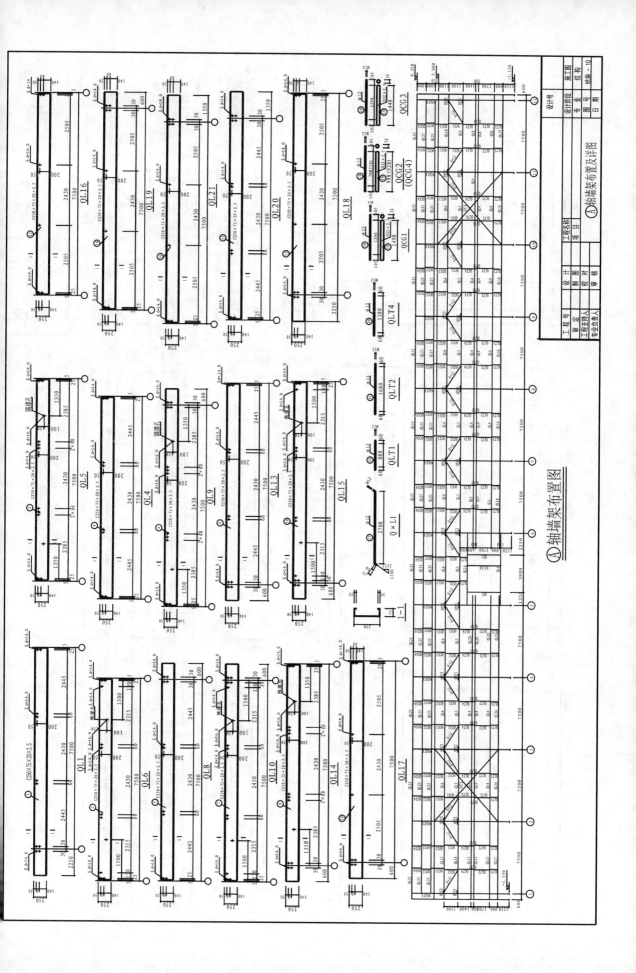

Ⓐ 轴墙架布置图

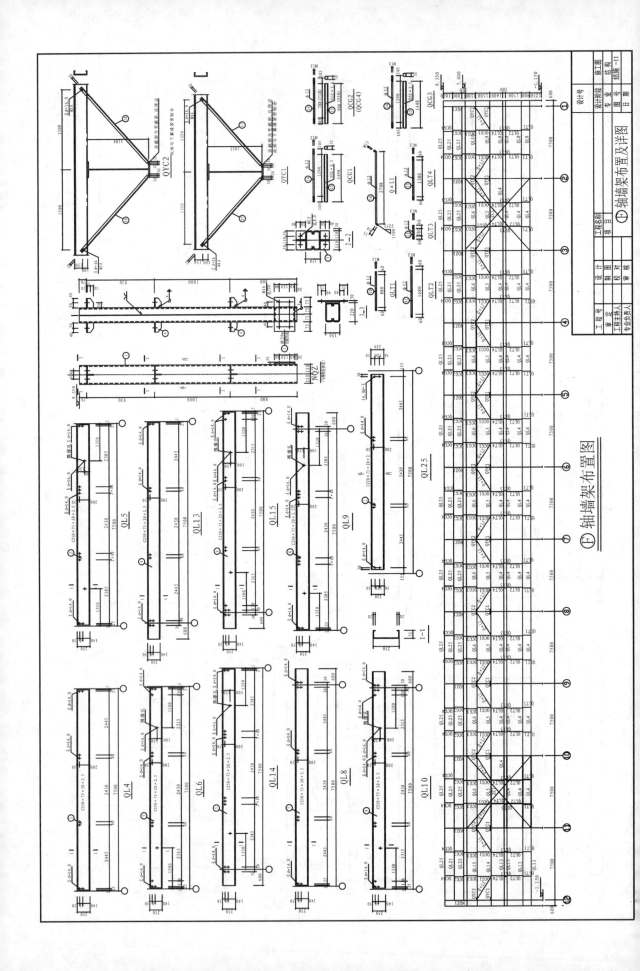

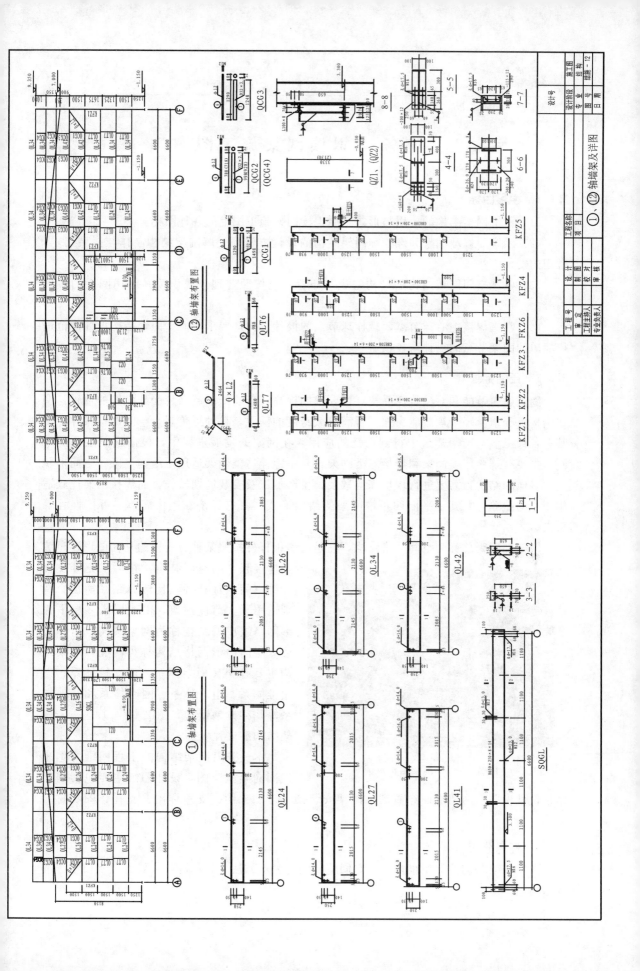

任务 2 识读网架施工图

2.2.1 学习目标

（1）了解网架结构的应用与形式，能识读网架施工图上的各种图标。

（2）了解焊接球网架和螺栓球网架结构的设计方法，了解网架结构制作与拼装要求，常用的安装方法。

（3）熟悉空间网架结构的结构组成与布置，能按照合理步骤识读并阐述网架的表现内容。

（4）掌握焊接空心球节点、螺栓球节点的设计及构造要求，能参照钢结构设计规范进行简单的网架节点的设计与校核。

2.2.2 任务描述

随着建筑节能和对建筑产品美观性要求的提高，节能产品越来越受到人们的重视。网架结构由于重量轻，承载能力强，可满足大跨度的需要，且外形美观，空间结构各异，使其在各种工业与民用建筑中得到广泛的应用。在网架的发展进程中，根据施工工艺的不同，主要有螺栓球类网架和焊接球类网架，其中螺栓球类网架适用于结构复杂、空间形状变化多样的结构，需要进行现场高空散装，生产加工及安装周期较长，而焊接网架比较适用于结构简单，尤其是平面四角锥网架的结构形式，具有经济、操作简单、可控性强等特点。

网架和网壳总称为空间网格结构，它是由多根杆件按照某种有规律的几何图形通过节点连接起来的空间结构，它可以充分发挥三维空间的优越性，且传力路径简捷，特别适用于大跨度建筑。由双层或多层平板形网格组成的结构称为网架结构，由单层或双层曲面形网格结构称为网壳。网架结构主要有交叉桁架体系、四角锥体系、三角锥体系、组合体系、网壳体系和其他体系等几种典型形式。图 2-2-1 是一个网架结构的工程实例。

图 2-2-1 网架结构实例

本任务以网架结构的工程图纸为例来识读网架施工图，设计图纸主要包括网架结构设计说明、网架平面布置图、网架安装图、球加工图、支座详图、支托详图和材料表等。

2.2.3 任务分析

虽然网架结构的类型很多，但它们施工图的表示方法大致相同，主要的区别仅在于节点球的做法。

设计制图阶段的螺栓节点球的网架施工图，主要包括螺栓节点球网架结构设计说明、螺栓节点球预埋平面布置图、螺栓节点球网架平面布置图、螺栓节点球网架节点图、螺栓节点球网架内力图、螺栓节点球网架杆件布置图、螺栓节点球节点安装详图及其他节点详图。

设计制图阶段的焊接节点球的网架施工图，主要包括焊接节点球网架结构设计说明、焊接节点球预埋平面布置图、焊接节点球网架平面布置图、焊接节点球网架节点图、焊接螺栓节点球网架内力图、焊接节点球网架杆件布置图等。

对于施工详图阶段，螺栓球网架结构的施工图主要包括网架施工详图说明、网架找坡支托平面图、网架节点安装图、网架构件编号图、网架支座详图、网架支托详图、网架杆件详图、球详图、封板详图、锥头和螺栓机构详图以及网架零件图。而焊接球节点网架的施工详图与螺栓节点球网架相比，没有封板详图、锥头和螺栓机构详图以及网架零件图，其他图纸内容只是结合构造差异有相应的调整。

图 2-2-2 说明了在网架结构施工图的识读时的基本流程，初学者可以依据网架结构施工图的图示内容，掌握网架结构施工图的识读方法。

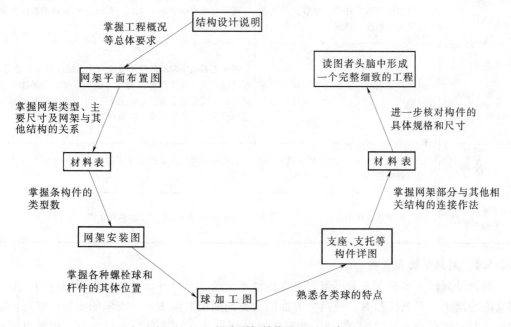

图 2-2-2　门式刚架结构施工图识读流程

在设计过程中，设计人员往往根据工程的实际情况，对图纸内容和数量作相应的调整（如网架内力图主要是为施工详图中设计节点提供的依据的，如果设计图中已给出相应的详细节点，则不必绘制此图），有时甚至将几个内容合并在一起绘制，但总的原则还是要将工程实际情况用图纸反映完整、准确、清晰。

2.2.3.1　网架结构设计说明

网架结构设计说明主要包括工程概况、设计依据、网架结构设计和计算、材料、制作、安装、验收、表面处理以及主要计算结果等内容，具体见表 2-2-1。

表 2-2-1   结 构 设 计 说 明

项 目	主 要 内 容	作 用
工程概况	工程名称、地点、网架形式和支承形式等	由"工程名称"可了解工程的具体用途,以便查询一些信息,如工程防火等级需依据它的具体用途而定;"工程地点"主要是为许多设计参数的选取和施工组织设计的制定提供依据
设计与施工依据	一般都是一些设计标准、规范、规程以及甲方的设计任务书等	明确设计图纸的参考依据,做到有"法"可依
设计技术参数	主要介绍设计所采用的软件程序、结构荷载及设计参数	网架结构荷载给出了设计中考虑的网架使用阶段各部分受荷情况,切忌在施工阶段使受力超限
材料	对网架中各杆件及配件材料（如焊接球、螺栓球、套筒、封板、锥头、高强度螺栓等）的材性提出要求	在材料采购或加工选材时必须要符合本条款要求,确保安装的质量
制作技术	主要包括对网架杆件、球节点及其他零件的加工制作的说明	现场安装人员和加工人员,都要以此来判断加工好的构件是否合格
安装与验收	对工程安装的作业条件和验收的标准作说明	网架工程施工阶段与使用阶段的受力情况有较大差异,因此设计人员往往会提出相应的施工方案。如果施工人员要改变安装施工方案,应征得设计人员的同意。加工安装前熟悉验收的标准,能确保工程质量
表面处理	除锈等级和所采用的涂料（或镀层）及涂（镀）层厚度、规格及型号等	表面防腐和防火的处理质量对杆件、节点等的保护程度不同
主要计算结果	设计网架的挠度值等	是否要求网架安装中予以起拱作说明

2.2.3.2 网架平面布置图

网架平面图主要是用来对网架的主要构件（支座、节点球、杆件）进行定位的。空间网架应绘制上、下弦杆和纵、横两个方面的关键剖面图共同表达。支座的布置往往还需要预埋件布置图配合,见图 2-2-3。如果支座全部安装在钢筋混凝土柱顶上,则可以不单独绘制预埋件布置图,只需结合土建图纸中柱布置图和预埋件详图即可。

节点球的定位主要是通过两个方向的剖面图控制的。在识图时,首先需要明确平面图中哪些节点球属于上弦节点球,哪些属于下弦节点球（在平面布置图中,与上弦杆连接在一起的球是上层的球,而与下弦杆连接在一起的球则为下层的球）,然后再按列或者定位轴线逐一进行位置的确定。在平面布置图中,粗实线一般表示上弦杆,细实线一般表达腹杆,而下弦杆则用虚线来表达。

图 2-2-4 是网架平面布置图。

通过对图 2-2-4 中平面图和剖面图的识图可以判断,平面图中在实线交点上的球均

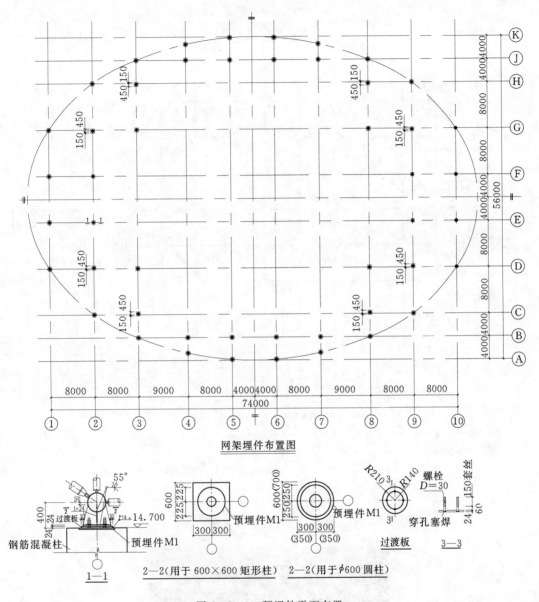

网架埋件布置图

图 2-2-3 预埋件平面布置

为上弦节点球,而在虚线交点上的球为下弦节点球;每个节点球的位置可以由两个方向的尺寸共同确定。如图 2-2-4 中最下方的一个支座上(该支座内力为 $R_y=1$,$R_z=-44$)的节点球,由于它处于实线的交点上,因此它属于上弦节点球,从 1—1 剖面图中读出它处于东西方向上距最西边 12m 的位置,且从其 A—A 剖面图读出处于南北方向最南边 9.6m 的位置。

另外,从图 2-2-4 中还可以读出网架的类型为正方四角锥双层平板网架、网架的失高为 1.5m(由剖面图可以读出)以及每个网架支座的内力。

图 2-2-5 为网架平面在现场组装完成后的图片。

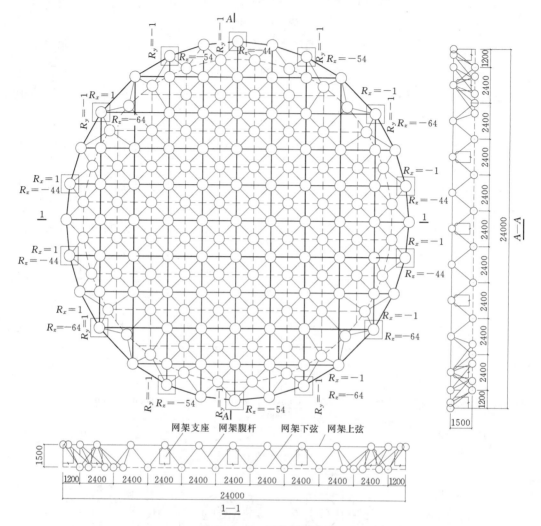

图 2-2-4　网架平面布置

图 2-2-5　网架平面现场组装

2.2.3.3　网架安装图

网架安装图包括网架上弦安装图、网架下弦安装图和网架腹杆安装图。其中，识别各杆

件和节点球上的编号是一项比较重要的内容,这些编号均是按次序编写的。具体原则是:

杆件的编号一般标注在杆件的上方或左侧,采用阿拉伯数字开头,其后紧跟一个或者不跟大写英文字母,如 1AK、2AD、3G 等。当图中杆件的编号有几种数字开头,则表明网架有几种横断面规格不同的杆件。同时,对于同种截面尺寸不同长度的杆件,通常是在数字后加上字母以区别杆件类型的不同。因此,从网架安装图上是可以得知所有杆件的类型数、每个类型杆件的具体数量以及它们所处的具体位置。

节点球的编号一般以用大写字母开头,其后紧跟一个阿拉伯数字。节点球的编号是标注在节点球内,如 A2、D8 等。当图中节点球的编号有几种大写字母开头,表明有几种球径的球,即开头字母不同的球的直径是不同的;即使直径相同的球,由于所处的位置不同,球上开孔的数量和位置也不完全相同,因此再用字母后边的数字来表示不用的编号。所以,可以从图中识别出球节点的种类和每一种球节点的个数和它所处的位置。

为了较好地识别图纸中的上层节点球、下层节点球、上弦杆、下弦杆等,正确方法是将两张图纸或多张图纸对应起来识图。为了弄清楚各种编号的杆件和球的准确位置,必须与"网架平面布置图"结合起来看。由于网架平面布置图中的杆件和网架安装图的构件是一一对应关系,故为了施工读图的方便可以考虑将安装图上的构件编号直接标注在平面布置图上。

图 2-2-6 是某体育馆的网架结构安装图,在图中,共有 2 种球径的螺栓球,分别用

图 2-2-6 网架安装图

A、B表示，其中A类型又分为39种类型、B类节点球又有10种形式。共有17种截面的杆件，编号是A～H、J～N、P～S，每种编号的杆件根据其长度不同又分了几类。

2.2.3.4　网架配件及连接

1. 网架配件识图

（1）封板杆件、锥头杆件实物制作详图（图2-2-7）。

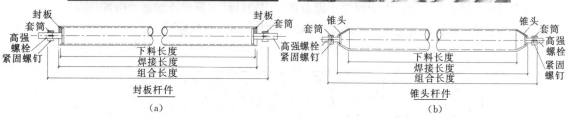

图 2-2-7　封板杆件、锥头杆件实物制作详图

（a）封板杆件；（b）锥头杆件

（2）网架节点球详图。

网架焊接球节点和螺栓球节点，实物如图2-2-8所示。

图 2-2-8　网架节点球

（a）焊接球；（b）螺栓球

网架螺栓球规格有 BS100、BS110、BS120、BS130、BS140、BS150、BS160、BS180，BS200、BS220、BS240、BS260、BS280、BS300 等（BS 代表球径）。螺栓球材质为 45 号钢或者不锈钢。

球加工图主要表达各种类型的螺栓球的开孔要求以及各孔的螺栓直径等。由于螺栓球是一个立体造型复杂、开孔位置多样化的构件，因此它往往要尽可能地选择能够反映出开孔情况的球面进行投影绘制的，然后将图上绘制出来的各孔孔径中心之间的角度标注出来。图名是以构件编号命名，且标注有该球的数量、总开孔数和球直径，图 2-2-9 示意了某螺栓球的加工详图。

在图 2-2-9 中，基准孔是垂直纸面向里的；A9 是球的编号，球径是 100mm，该球共有 9 个孔，此类型的球共有 4 个。工艺孔 M16 代表基准孔直径为 16mm。为更好的传递压力，与杆件相连的球面需

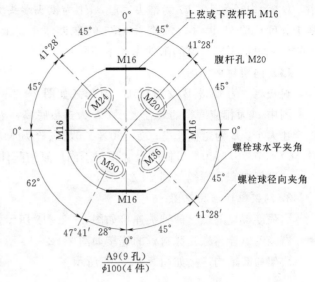

图 2-2-9　螺栓球详图

削平。为了方便统一制作，一般一种球径都有一个相应的削平量，比如图 2-2-9 中的 100mm 球径的球面均削 5mm，具体见表 2-2-2，其中"水平角"表示孔与球中心线在纸面上的角度，"倾角"表示孔与纸面的角度。

表 2-2-2　　　　　　　　　　　　螺 栓 球 开 孔

螺栓孔	M16	M20	M16	M36	M16	M30	M16	M24
水平角	0°	45°	90°	135°	180°	208°	270°	315°
倾角	0°	41°28′	0°	41°28′	0°	47°41′	0°	41°28

注　劈面量均是 5mm。

在网架结构的安装施工过程中，通常利用螺栓球详图来校核由加工厂运来的螺栓球的编号是否与图纸一致，以免在安装过程中出现差错，尤其在高空散装法的初期要特别注意。

（3）网架锥头详图。

锥头材质为 Q235B 及 Q345B，其形式如图 2-2-10，图中 D1 为相应管径的外径大

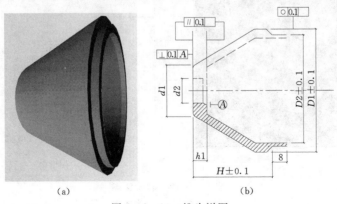

（a）　　　　　　　　　　　　　（b）

图 2-2-10　锥头详图

（a）实物；（b）构造

小，$D2$ 为内径大小，$h1$ 为锥头底厚，$d1$ 为锥头端头大小，$d2$ 为相应螺栓孔大小，H 为锥头长度；如 $\phi159\times6$，螺栓为 M36 的锥头尺寸表示如下：$D1/H/h1$：$159/86/30$。锥头的尺寸根据不同厂家的配件库各不相同。

（4）网架封板详图。

封板材质为 Q235B 及 Q345B，其形式如图 2-2-11。

图中 D 为相应管径的外径大小，h 为封板底厚，$d1$ 为封板大小内径大小，$d2$ 为相应螺栓孔大小，L 为封板长度；如 $\phi60\times3.5$，螺栓为 M20 的封板尺寸表示如下：$D\times h/L/M$：$60\times10/20/$M20。封板的尺寸根据不同厂家的配件库各不相同。

（5）网架套管详图（图 2-2-12）。

2. 网架配件连接识图

高强度螺栓与螺栓球锥头连接如图 2-2-13 所示。

高强度螺栓与螺栓球封板的连接如图 2-2-14 所示。

网架局部结构连接如图 2-2-15 所示。

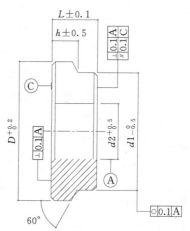

图 2-2-11　封板详图

（a）实物；（b）构造

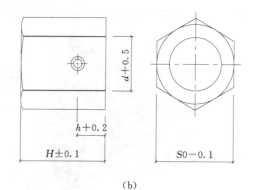

（a）　　　　　　　　　　　　（b）

图 2-2-12　套管详图

（a）实物；（b）构造

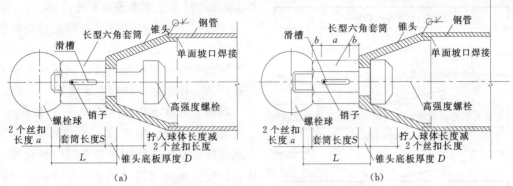

图 2-2-13　高强度螺栓与螺栓球锥头连接

(a) 拧紧前；(b) 拧紧后

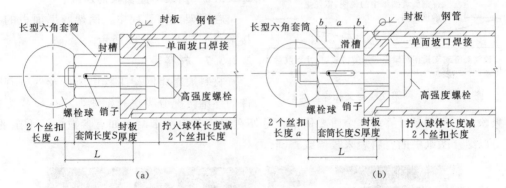

图 2-2-14　高强度螺栓与螺栓球封板连接

(a) 拧紧前；(b) 拧紧后

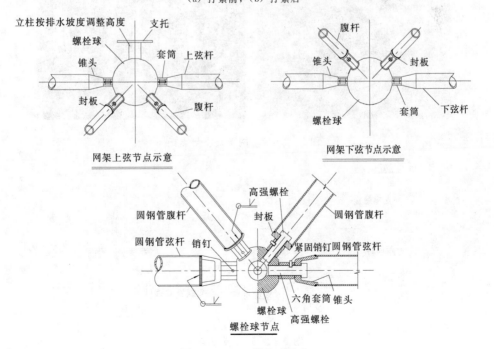

图 2-2-15　螺栓球节点

支座、支托等构件详图

掌握组成这个构件的各零件的相对位置关系,例如支座详图中,通过立面可知螺栓球、十字板和底板之间的相对位置关系。

明确各零件间在平面上的位置关系和连接做法

根据立面图中的断面符号找到相应的断面图完成。

根据立面图中的板件编号(带圆圈的数字),查明组成这一构件的每一种板件的具体尺寸和形状

仔细阅读图纸中的说明,以便更加明确该详图。

校核支座或支托在网架安装图的位置、尺寸和数量

图 2-2-16　网架支座与支托识图流程

2.2.3.5　网架支座详图与支托详图

支座详图和支托详图是能够表达局部辅助构件的大样详图,虽然两张图表达的是两个不同的构件,但从制图或者识图的角度看是相同的。识图的一般顺序见图 2-2-16。

网架支座和支托见图 2-2-17 所示。

图 2-2-18、图 2-2-19 和图 2-2-20 分别是网架结构工程中比较常用的平板铰支座、固定支座和球铰支座详图,读者可以试着采用上面的方法进行识读。

2.2.3.6　网架与屋面板的连接

在网架结构工程中,网架与屋面板的连接节点如图 2-2-21 所示。

2.2.3.7　材料表

材料表是将网架工程中所涉及的所有构件的详细情况分类进行汇总,它可以作为材料采购、工程测量计算的一个重要依据。另外在识读其他图纸时,如有参数标注不全的,也可以结合图纸中的材料表来校验或查询。

图 2-2-17　网架支座与支托

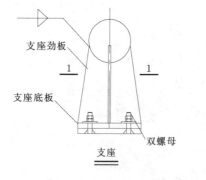

图 2-2-18　支座节点

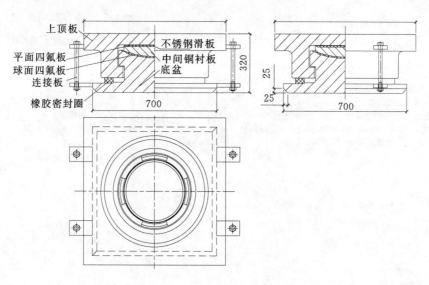

上顶板
平面四氟板
球面四氟板
连接板
橡胶密封圈
不锈钢滑板
中间铜衬板
底盆

图 2-2-19　固定支座总装图

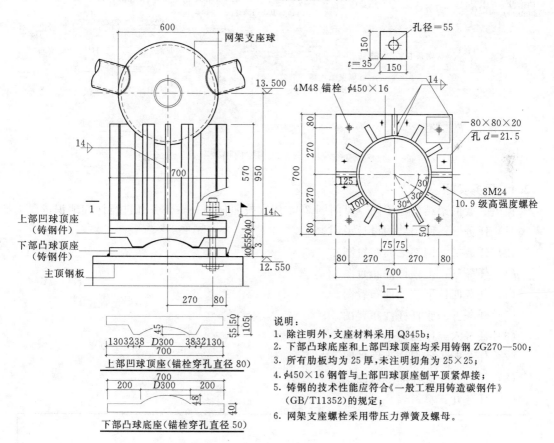

网架支座球

孔径＝55

4M48 锚栓　φ450×16

$-80×80×20$
孔 $d=21.5$

8M24
10.9 级高强度螺栓

上部凹球顶座
（铸钢件）
下部凸球顶座
（铸钢件）
主顶钢板

1—1

上部凹球顶座（锚栓穿孔直径 80）

下部凸球底座（锚栓穿孔直径 50）

说明：
1. 除注明外，支座材料采用 Q345b；
2. 下部凸球底座和上部凹球顶座均采用铸钢 ZG270—500；
3. 所有肋板均为 25 厚，未注明切角为 25×25；
4. φ450×16 钢管与上部凹球顶座刨平顶紧焊接；
5. 铸钢的技术性能应符合《一般工程用铸造碳钢件》
（GB/T11352）的规定；
6. 网架支座螺栓采用带压力弹簧及螺母。

图 2-2-20　球铰节点

183

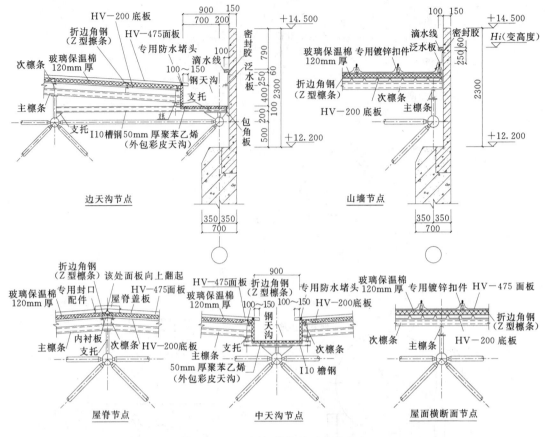

图2-2-21 网架结构屋面连接节点

2.2.4 任务实施

提供一套网架结构施工图（见附图2），依次按照任务一～任务九进行详细地识读。

（1）任务一：网架结构设计说明。

（2）任务二：网架平面布置图。

（3）任务三：上弦杆件布置图。

（4）任务四：下弦杆件布置图。

（5）任务五：腹杆杆件布置图。

（6）任务六：屋面檩条布置图。

（7）任务七：网架柱脚埋件图。

（8）任务八：螺栓球节点图。

（9）任务九：材料表。

附图2 网架结构施工图

网架结构设计说明

一、工程概况

1. 网架结构型式：本网架为螺栓球节点碳钢网架。
2. 网架平面尺寸：详见平面图。
3. 网架上为0.5厚彩钢板。
4. 屋面网架结构上弦找坡按5%起坡。
5. 网架支承形式：下弦柱点支承。
6. 网架平面布置图中方框柱为支座，支座反力单位为千牛（kN）。

二、设计所遵循规范：（施工必须遵照以下规范）

1.《建筑结构荷载规范》GB50009-2001（2006年版）
2.《建筑抗震设计规范》GB50011-2001（2008版）
3.《网架结构设计与施工规程》JGJ7-91
4.《钢结构设计规范》GB50017-2003
5.《钢结构工程施工质量验收规范》GB50205-2001
6.《钢网架行业标准》JGJ75.1~75.3-91
7.《网架工程质量检验评定标准》JGJ78-91
8.《冷弯薄壁型钢结构技术规范》GB50018-2002

三、设计技术参数

1. 上弦静载：（不含网架自重）0.35kN/m²；下弦静载 0.15kN/m²
（马道部分 0.80kN/m²）。
上弦荷载 0.5kN/m²。
2. 雪荷载 0.20kN/m²。 3. 温度荷载 ±30°。
4. 风荷载 0.65kN/m²。
5. 地震设防烈度：8度（0.20g），第一组。
6. 计算机程序自动形成网架自重。
7. 荷载必须作用在节点上，使用中不得超载，杆件不承受横向荷载。
8. 本网架工程采用浙大学3D3S.0进行满应力优化设计。

四、材料要求：

1. 钢管：选用GB700-88中的Q235B钢，采用高频焊管或无缝钢管。
2. 钢球：选用GB699-88中的Q345钢，并经正火处理。
3. 高强螺栓及螺钉：选用GB3077中的40Cr；等级符合GB/T16939，为10.9级。
4. 封板焊缝头：选用Q235B钢，钢管直径大于等于75时必须采用锥头，
连接焊缝以及任何锥头的任何载荷应与连接的钢管等强，厚度应保证强度和变形的要求，并有试验报告。
5. 套筒：选用Q235B钢。
6. 焊条选用E43系列。
7. 材料应具有质量证明书或出厂试验报告，产品质量应符合《钢网架行业标准》。

五、网架制作、安装

1. 网架安装应符合《钢结构工程施工及验收规范》的规定。
2. 未注明尺寸的焊缝一律满焊，最小焊缝高度为最小构件厚度的1.5倍且不小于4mm，最小焊缝长度为构件宽长的1.5倍且且不小于120mm。
3. 网架的制作，安装均应符合《钢结构工程施工及验收规范》的规定。
4. 预埋件与网架支座板是由螺栓连接，所以在施工中应绝对保证其位置和标高，构件出厂前必要进行预拼装工作，如在装须须注意吊点的布置及采取必要的临时加固措施。
水平允许偏差±10mm，竖直允许偏差±5mm。

六、网架除锈、涂装

1. 网架在制作前钢材必须进行彻底除锈，要求无锈蚀、无灰尘、无油等，除锈等级按《涂装前钢材表面锈蚀等级和除锈等级》GB8923-88的Sa2.5。
2. 钢材除锈后，按GB50205-2001要求来涂装。出厂前和安装后分别涂一层底漆。面漆两遍，面漆颜色由业主自定。本工程防火等级为二级，网架耐火极限为1.0 h，采用超薄涂型防火涂料，厚度按耐火极限要求确定。由甲方指定专业厂家施工。以确保网架在规定的设计使用年限内完成规定的使用功能。重新涂装的质量应符合现行国家标准《钢结构工程施工质量验收规范》的规定。
网架在使用期间应定期进行检查与维护。

七、图例

上弦杆 ———— 腹杆 ----- 下弦杆
节点 ○ 支座 □

八、网架分析结果简要

1. 网架杆件最大拉应力/压力（205.4/-781.3）kN。
2. 本网架最大挠度=-144mm。

九、网架施工应注意：

施工前须审核尺寸，荷载及支座反力，现场校对尺寸无误方可加工。

工程总称		
项目		
审定	设计	工程编号
设计负责人	制图	比例
工种负责人	日期	图号
证书编号		

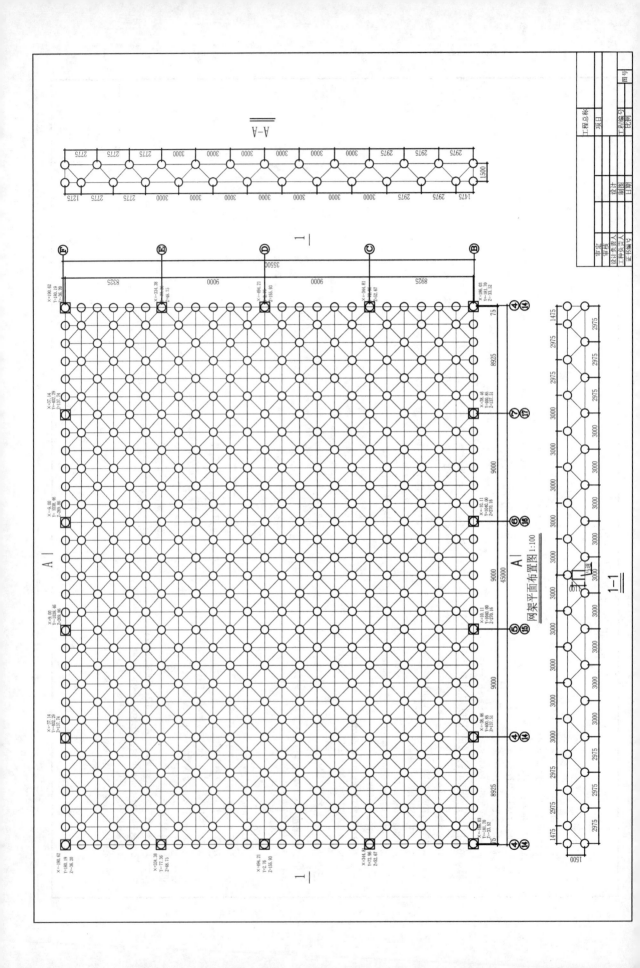

网架平面布置图 1:100

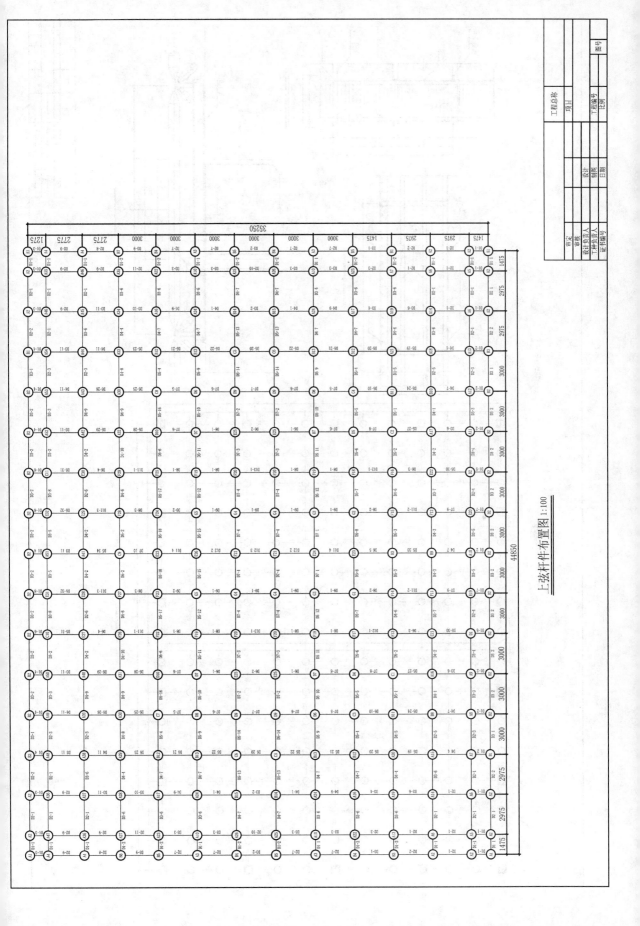

上弦杆件布置图 1:100

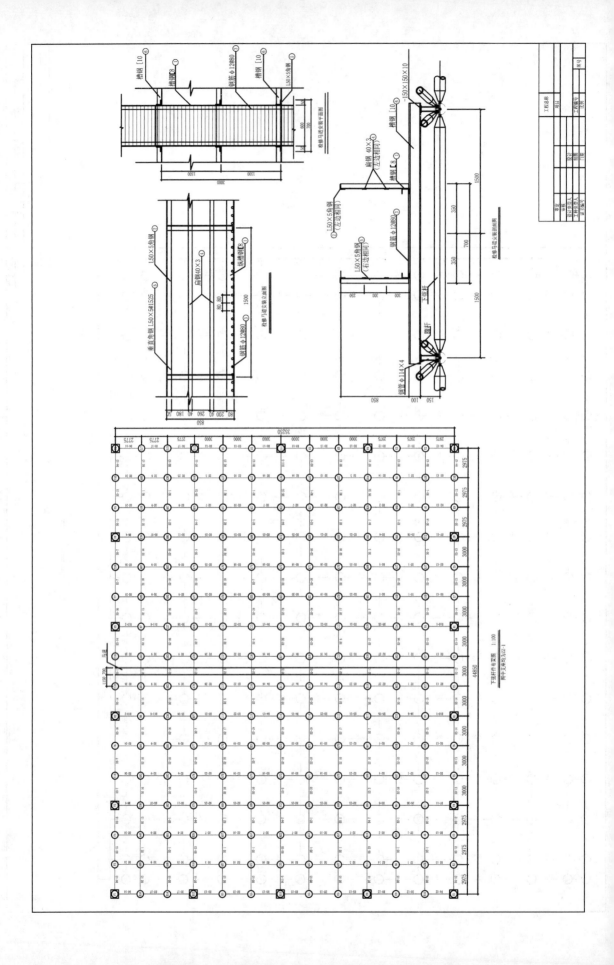

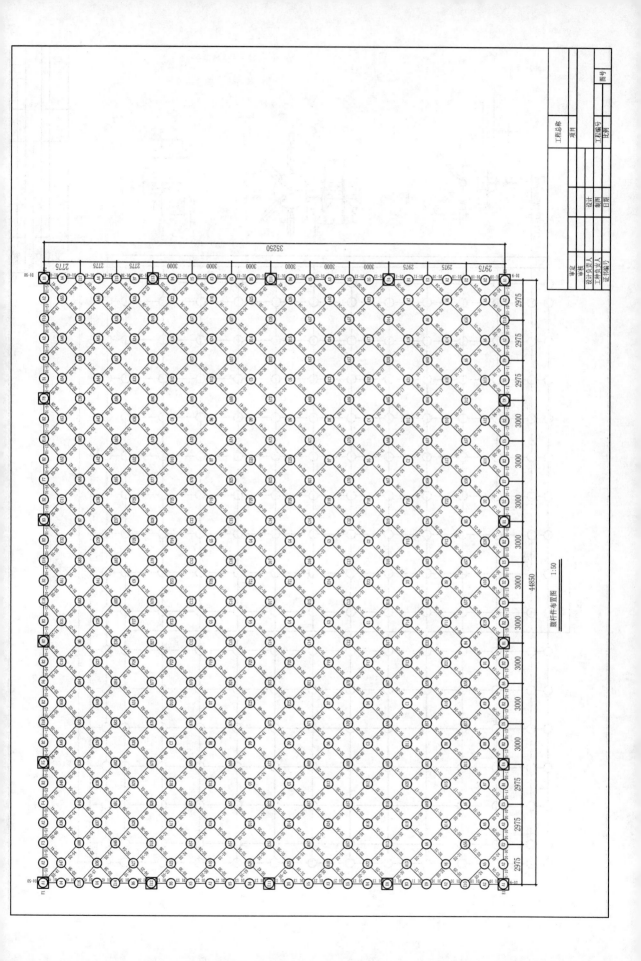

腹杆件布置图　1:50

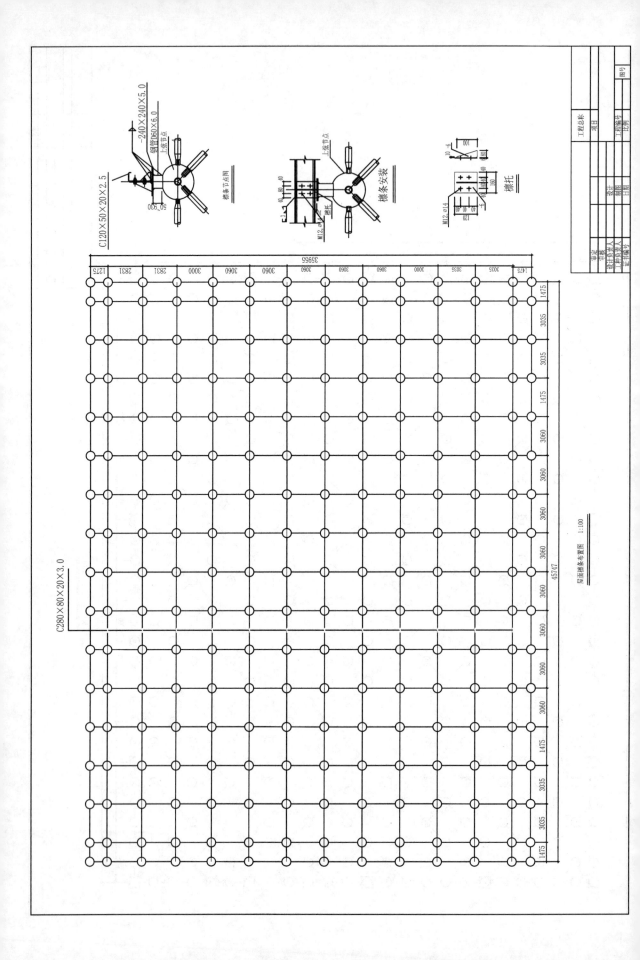

屋面檩条布置图 1:100

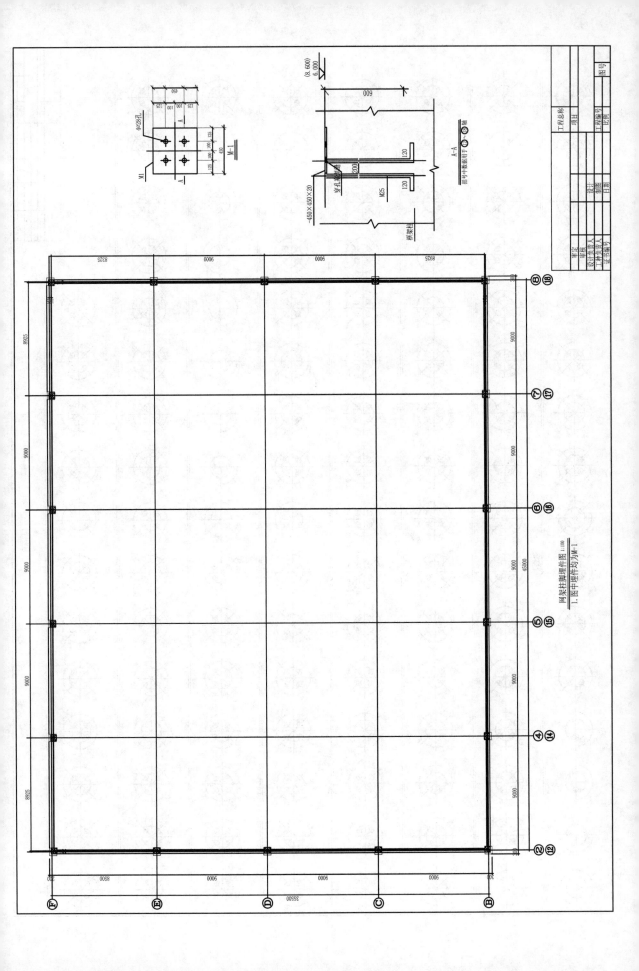

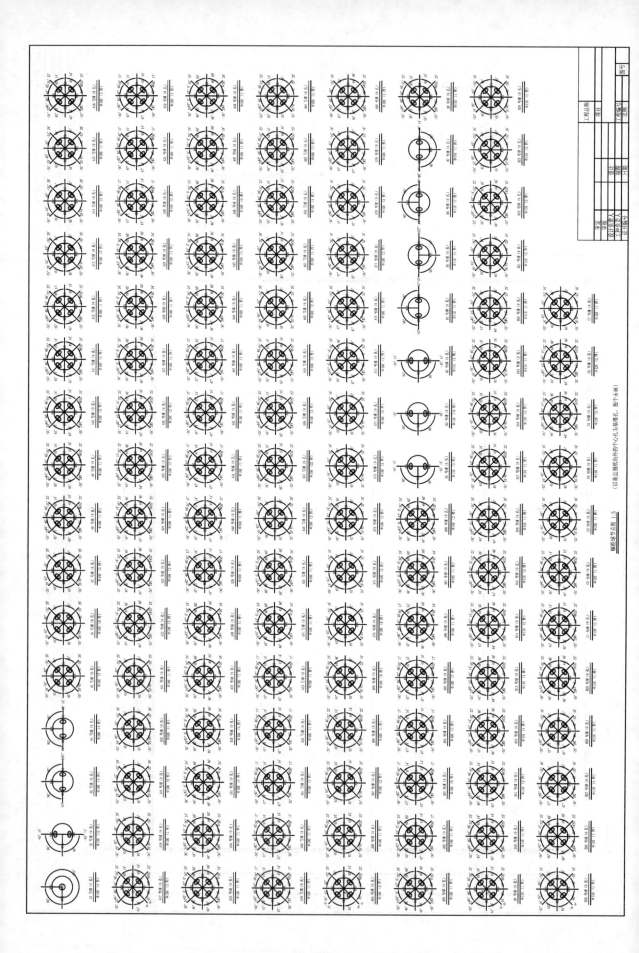

螺栓球节点图 1:5

（以垂直螺栓孔中心的中心孔为基准点，图中未画）

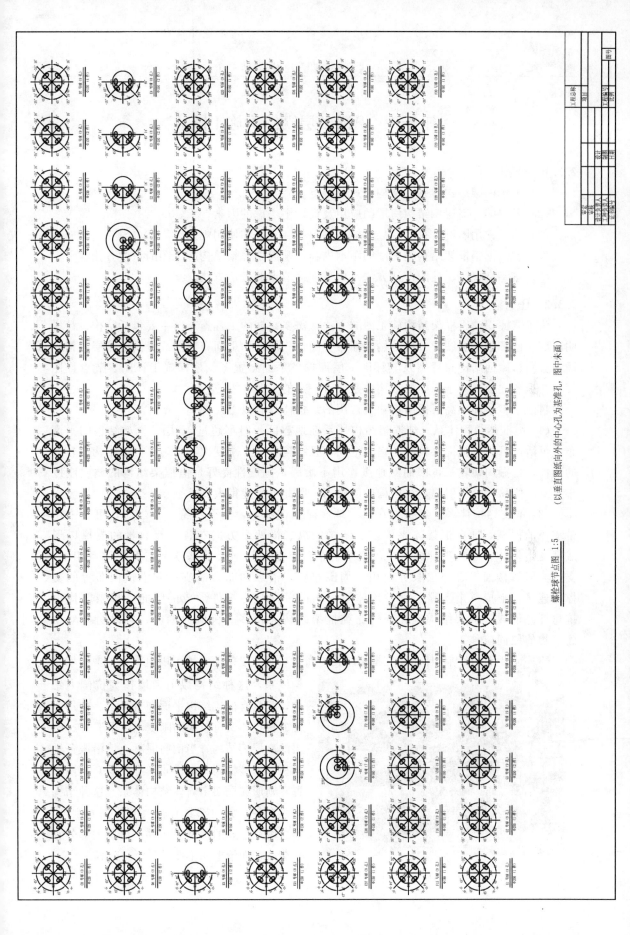

螺栓球节点图 1:5

（以垂直图纸向外的中心孔为基准孔，图中未画）

任务 3　识读多层钢结构施工图

2.3.1　学习目标

(1) 了解框架结构体系,结构形式及特点。

(2) 了解多、高层钢结构房屋的应用及设计中考虑的因素。

(3) 熟记常用图例、符号、尺寸标注的形状、意义和使用规则。

(4) 能依据钢框架结构施工图的图示内容,掌握钢框架结构施工图的识读方法。

(5) 熟练掌握梁、柱的设计方法及典型连接节点的表达方法。

2.3.2　任务描述

为了掌握识读钢框架结构施工图的方法,需要掌握的工程施工图主要包括结构设计说明、底层柱平面布置图、二层结构平面布置图、三层结构平面布置图或者其他楼层结构平面布置图、屋面结构布置图及其详图、屋面檩条平面布置图、楼梯施工详图、节点详图等。在识图之前,对于钢框架结构体系要有一定的了解。

目前,多层和小高层钢结构建筑常用的结构体系有以下几种:

(1) 纯框架结构体系。纯框架结构体系在地震区一般不超过 15 层。框架结构的平面布置灵活,可为建筑提供较大的室内空间,且结构各部分刚度比较均匀。框架结构有较大的延性,自振周期较长,因而对地震作用不敏感,抗震性能好,但框架结构的侧向刚度小、侧向位移大,易引起非结构构件的破坏,因此不宜建得太高。

(2) 框支结构体系。纯框架在风、地震荷载作用下,侧移不符合要求时,可以采用带支撑的框架,即在框架体系中,沿结构的纵、横两个方向布置一定数量的支撑以形成框支结构体系。在这种体系中,框架的布置原则和柱网尺寸基本上与框架体系相同,支撑大多沿楼面中心部位服务面积的周围布置,沿纵向布置的支撑和沿横向布置的支撑相连接,形成一个支撑芯筒。该体系采用由轴向受力杆件形成的竖向支撑来取代由抗弯杆件形成的框架结构,能获得比纯框架结构大得多的抗侧力刚度,可以明显减小建筑物的层间位移。

(3) 框架剪力墙结构体系。在框架结构中布置一定数量的剪力墙可以组成框架剪力墙结构体系,这种结构以剪力墙作为抗侧力结构,既具有框架结构平面布置灵活、使用方便的特点,又有较大的刚度,可用于 40～60 层的高层钢结构。当钢筋混凝土墙沿服务性面积(如楼梯间、电梯间和卫生间)周围设置,则形成框架多筒体结构体系。这种结构体系在各个方向都具有较大的抗侧力刚度,剪力墙是主要的抗侧力构件,承担大部分水平荷载,而钢框架主要承受竖向荷载。

图 2-3-1　钢框架施工图

图 2-3-1 是一座在施工中的钢框架

结构房屋。

2.3.3　任务分析

一套完整的钢框架结构施工图，通常情况下包括结构设计说明、基础平面布置图及其详图、柱平面布置图、各层结构平面布置图、各横轴竖向支撑立面布置图、各纵轴竖向支撑立面布置图、梁柱截面选用表、梁柱节点详图、梁节点详图、柱脚节点详图和支撑节点详图等。另外，在钢框架结构的施工详图中，往往还需要有各层梁构件的详图、各种支撑的构件详图、各种柱的构件详图以及某些构件的现场拼装图等。

在实际工程中，可以根据工程的繁简程度，将某几项内容合并在一张图纸上或将某一项内容拆分成几张图纸。例如，对于基础类型较多的工程，其基础详图往往单列一张图纸，却不与基础平面布置图合在一张图纸上；在构件截面类型较少时，梁柱截面选用表可在各层结构平面布置图中一并标出；对于小型工程，则可将各构件的节点详图合并在一张图纸上表达。

在高层钢架结构施工图中，由于其柱往往采用组合柱，构造较为复杂，故需单独的一张"柱设计图"来详细表达其构造做法。对于有结构转换层的高层钢框架结构，还需结构转换层图纸清楚表达相关信息。

对于钢框架施工图的识读，可以按照图 2-3-2 所示的流程进行，以便能对整个工程从整体到细节都有较清晰的认识。

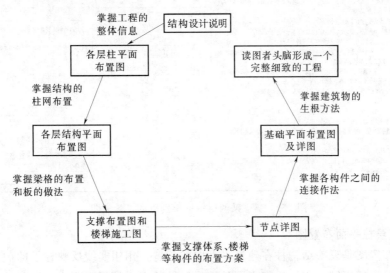

图 2-3-2　钢框架施工图识读步骤

2.3.3.1　结构设计说明

钢框架结构的结构设计说明，往往根据工程的繁简情况不同，说明中的条文也不尽相同。工程结构设计说明中所列条文都是钢框架结构工程中所必须涉及的内容，主要包括设计依据，设计荷载，材料要求，构件制作、运输、安装要求，施工验收，后续图中相关图例的规定，主要构件材料表等。

因钢框架结构的设计说明包括的基本内容与门式刚架结构和网架结构的设计说明中包括的内容基本一致，仅因结构体系和构件的不同，两者还是存在一些细微差别。

图 2-3-3 是某两层钢框架别墅的设计说明，从中不难发现，本工程较为简单，因此结构设计说明的内容也比较简单。对于轻钢门式钢架结构和网架结构大多数读者都比较陌生，因此本书作了详细介绍，而对于钢框架结构读者很熟悉的这一结构形式，本书不再详细分析它的结构设计说明了，读者可以结合前两章介绍的识读结构设计的方法来识读它。

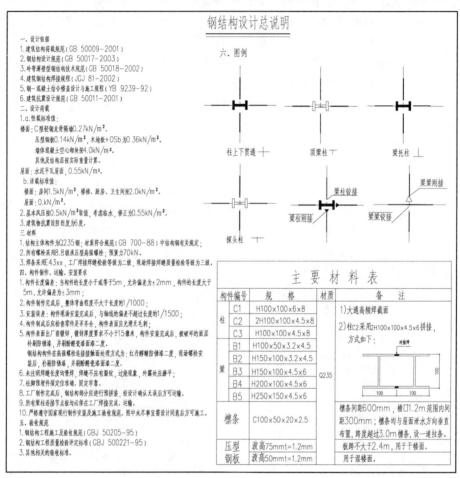

图 2-3-3　某两层钢框架别墅的设计说明

2.3.3.2　底层柱平面布置图

柱平面布置图是反映结构柱在建筑平面中的位置，用粗实线反映柱子的截面形式，根据柱子断面尺寸的不同，给柱进行不同的编号，并且标出柱子断面中心线与轴线的关系尺寸，以便给柱子定位。对于柱截面中板件尺寸的选用往往另外用列表方式表示。图 2-3-4 示意了某三层钢框架别墅的底层柱网布置图，其对应的设计说明是图 2-3-3。图 2-3-4 主要表达了本工程底层柱的布置情况，读此图需分两步完成。

（1）明确图中柱的截面类型和数量。

本图中共有两种类型的柱，即未在图 2-3-4 中注明的柱 C1 和图中注明的柱 C2；对照设计说明中的材料表图 2-3-3 可知，柱 C1 的截面为 H100×100×6×8 的焊接 H 型钢，柱 C2 的截面为 2 个 H100×100×4.5×8 的焊接 H 型钢将翼缘对接焊接组合而成，

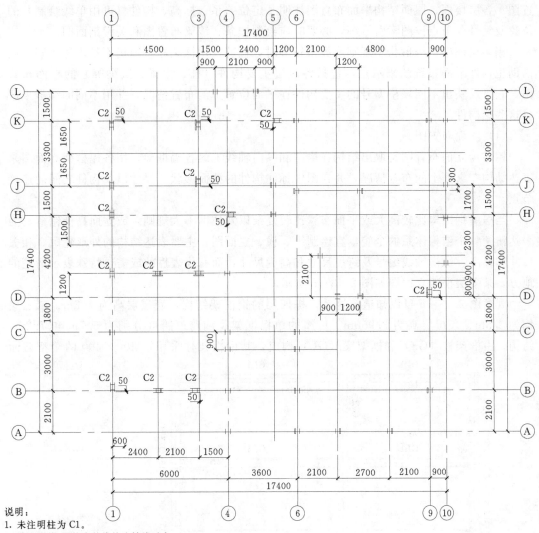

说明：
1. 未注明柱为 C1。
2. 除注明外，梁柱中的线均为轴线对中。

图 2-3-4　某三层钢框架别墅底层柱网布置

且从图 2-3-4 中可知本层柱 C1 共 29 个、柱 C2 共有 14 个。

（2）确定每一根柱的具体位置、摆放方向以及它与定位轴线之间的关系。

钢框架结构的安装尺寸要求必须精确，否则将会影响其后相关构件的安装就位，因此在识读时必须要准确掌握柱的准确位置；另外，由于柱的摆放方向与柱的受力以及整个的结构体系的稳定性都有直接的关系，所以柱的摆放方向也需要明确。如图 2-3-4 中最西南角上的柱 C2，它位于①轴线和⑧轴线相交的位置，柱的边长沿着①轴线放置，且柱中心线与①轴线重合；柱的短边沿⑧轴线布置，且柱的南侧外边缘在⑧轴线以南 50mm。

2.3.3.3　结构布置图

钢框架结构布置图是表明各类钢框架结构的布置情况，包括框架平面布置图和立面布

197

置图。各层楼面、屋面结构平面布置图注明了定位关系、标高、构件（可用单线绘制）的位置及编号、节点详图索引号等，必要时应绘制檩条、墙梁布置图和关键剖面图。

当多层框架结构形状不规则或类型较多时，倘若仅用框架布置图仍不易表达，则一般借助主构件平面布置图来示意，包括各楼层主要构件（柱、主梁、次梁等）的平面布置图，它可反映出不同规格型号的主要构件在平面位置上的布置情况，并用不同的编号来区分这些钢构件。

（1）立面布置图。

钢结构立面布置图是取出结构在横向和纵向轴线上的各榀框架，用各榀框架立面图来表达结构在立面上的布置情况，并在图中标注构件的截面形状、尺寸以及构件之间的连接节点。

当房屋钢结构比较高大或平面布置比较复杂以及柱网不太规则，或立面高低错落，为表达清楚整个结构体系的全貌，宜绘制纵、横、立面图，主要表达结构的外形轮廓、相关尺寸和标高、纵横轴线编号及跨度尺寸和高度尺寸，而有代表性的或需要特殊表示清楚的地方。某多层框架立面图如图 2-3-5 所示。

观察图 2-3-5 可以知道，这是一栋四层的钢框架结构，底层层高为 4.3m、二三层均为 3.3m、顶层层高为 3.950m。房屋的单榀框架是两跨（跨度分别为 5.7m 和 7.2m）结构，由框架柱（GZ）和框架梁（GL）构成，其中框架柱采用了 400×400 的箱型截面

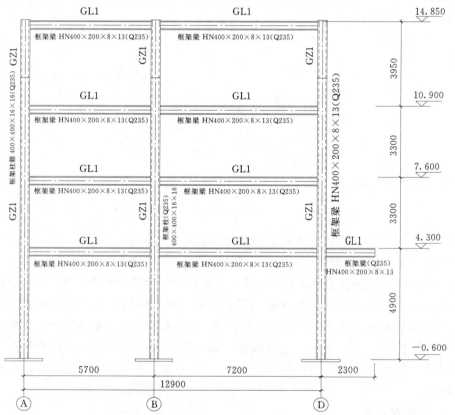

图 2-3-5 钢框架立面布置

（壁厚 16mm）、框架梁采用了中等翼缘的 H 型钢（400×200×8×13），二层楼面梁在①轴线外有一根长度为 2.3m 的悬臂梁。梁柱相交处采用的是柱贯通式，底层柱高度从柱脚底板上表面开始起算，柱高 4.900m。

（2）平面布置图。

结构平面（包括各层楼面、屋面）布置图是确定建筑物各构件在建筑平面上的位置图，应注明定位关系、标高、构件的位置、构件编号及截面型式和尺寸、节点详图索引号等，必要时应绘制檩条、墙梁布置图和关键剖面图。由柱网平面图可以读出，建筑物的宽度和长度，以及用粗实线绘制的柱、梁及各构件的平面位置和构件定位尺寸；在平面图的某位置处所标注的剖面是用来反映结构楼板、梁等不同构件的竖向标高关系；楼梯间、结构留洞等的位置也能够识别出来。

结构平面布置图的数量与确定绘制建筑平面图的数量原则相似。当各层结构平面布置图相同，则往往只有某一层的平面布置图来表达相同各层的结构平面布置图。

在识读各层结构平面布置图时，先详细识读某一层结构平面图，然后对于其他各层，重点查找与之的差异，这样可确保各层之间的信息清晰准确。详细识读某一层结构平面布置图的基本步骤是：

第一步，明确本层梁的信息。

结构平面布置图是在柱网平面上绘制出来的，所以在识读结构平面布置图之前，已经识读了柱平面布置图，故识读结构平面布置图的重点部件是梁，梁的信息主要包括梁的类型数、各类梁的截面形式、梁的跨度、梁的标高以及梁柱的连接形式等。

第二步，掌握其他构件的布置情况。

其他构件主要是指梁间水平支撑、隅撑以及楼板层的布置。虽然水平支撑和隅撑并不是所有工程中必需的构件，但如果有的话也会在结构平面布置图中示意的；楼板层的布置主要是指采用钢筋混凝土楼板时，在平面图中会表示钢筋的布置方案，有时板的布置方案是单列在另一张图纸上。

第三步，查找图中的洞口位置。

楼板层中的洞口主要包括楼梯间和配合设备管道安装的洞口，在平面图中主要明确它们的位置和尺寸大小。

图 2-3-6 是某三层钢框架别墅的二层结构平面布置对应的底层结构平面布置图是图 2-3-4，识读本图可获知的信息是：

1）本图中一共给出了五种型号的梁，编号为 B1～B5，每种梁的截面尺寸可由结构设计说明中的主要材料表查询，与查询柱截面类似。

2）从图上看，二层楼面所有梁的标高相等（均为 3.000m）。

3）梁端部有刚接和铰接两种连接形式，符号"━━▶"表示梁端与其他构件连接形式为刚接（可以抵抗弯矩的连接，常见于主梁的端部）；符号"━━━"表示梁端与其他构件的连接方式为铰接（只能承受剪力的连接方式，常见于次梁和部分主梁的端部）。

对照参照图例可以知道，梁与柱的连接节点绝大多数均为刚性连接，只有边梁（①轴线、⑨轴线梁）以及阳台挑梁（⑨轴线外侧和Ⓚ轴线外侧挑梁）与柱的连接采用了铰接方式。

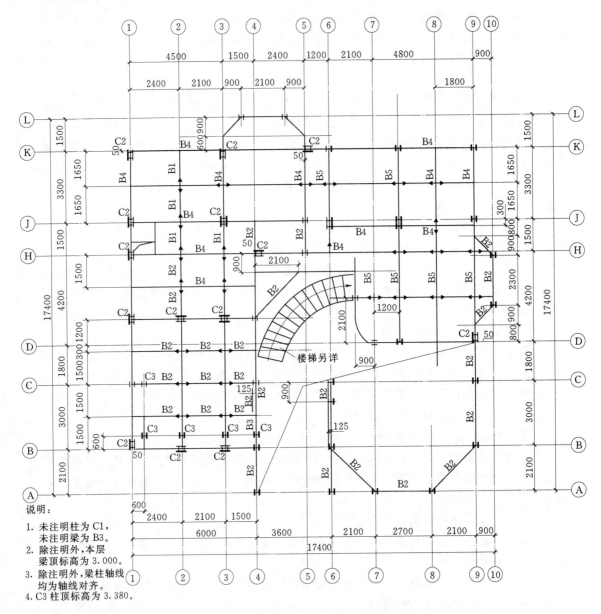

图 2-3-6　某两层钢框架别墅二层结构平面

4）绝大部分的柱是上下贯通式。Ⓑ轴略偏向Ⓒ轴线的四根柱 C3 以及Ⓗ轴略偏向Ⓙ轴线的四根柱 C1 是属于顶梁柱，也就是梁柱相交的位置梁是贯通的。

5）对于其他构件的布置情况，由于本工程梁的跨度（跨度最大的梁是处于Ⓗ轴线上、①～④轴线间的梁 B4）和梁的间距均不大，因此无水平支撑和隔撑的布置图。

6）楼板。本图的洞口主要有两处，一处是④～⑨轴与Ⓐ～Ⓓ轴四条轴线围合的区域另加楼梯间，另一处则位于①～②轴与Ⓗ～Ⓙ轴围合的区域。

对于三层结构平面布置图依据屋面结构平面图的识读，则可以与二层结构平面布置图对比识读，重点识读二者有差异的地方。

（3）组合楼板结构图。

多层轻钢建筑楼板必须有足够的刚度、强度和整体稳定性，同时应尽量采用技术和构造措施减轻楼板自重，并提高施工速度，组合楼盖是常用的楼盖之一。到目前为止，组合楼盖主要有以下三种形式：

1）压型钢板组合楼盖，其下表面凹凸不平，在民用建筑中需做吊顶，造价较高。

2）现浇整体组合楼盖，其整体性能好，但需要支模板，施工速度慢。

3）钢—混凝土叠合板组合楼盖，其整体性好，还能节省支模和吊顶的费用。

在组合楼板的应用中，为了使楼层厚度减到最小，以提供更大的无柱空间，未来的趋势是把楼板和钢梁合为一体，形成组合扁梁楼盖。压型钢板组合楼板如图 2-3-7 所示。

在压型钢板组合楼板中，栓钉焊接是个重要的环节。一般应符合的要求是焊接前应将构件焊接面上的水、锈、油等有害杂质清除干净，并按规定烘焙瓷环；栓钉焊电源应与其他电源分开，工作区应远离磁场或采取措施避免磁场对焊接的影响；施焊构件应水平放置。同时还需对栓钉焊进行质量检验，其控制内容是：

1）目测检查栓钉焊接部位的外观，四周的熔化金属以形成一均匀小圈而无缺陷为合格。

2）焊接后，自钉头表面算起的栓钉高度 L 的允许偏差为 ± 2mm，栓钉偏离竖直方向的倾斜角度 $\theta \leqslant 5°$。

3）目测检查合格后，对栓钉进行冲力弯曲试验，弯曲角度为 15°。在焊接面上不得有任何缺陷。经冲力弯曲试验合格的栓钉可在弯曲状态下使用，不合格的栓钉应更换，并经弯曲试验检验。

2.3.3.4　屋面檩条平面布置图

屋面檩条平面布置图主要表达檩条的平面布置位置、檩条的间距以及檩条的标高，其识读方法可以借鉴轻钢门式刚架的屋面檩条图的识读方法。

对于坡屋顶，往往会有屋面檩条平面布置图，它主要绘制了坡屋面中支撑檩条的斜梁的屋脊梁的布置方案，对这类图的识读可以仿照楼层的结构平面布置图识读方法，但由于坡屋顶是一个三维空间结构，因此更需要参考相关的剖面和节点详图一同来理解和比较。图 2-3-8 是屋面檩条布置图。

（1）依据图 2-3-8 中、轴线示意的标高可知，它是一个单向坡屋面，坡度是 1∶10。屋面由 4 根梁 B（规格是 H200×100×5×8）和彩钢压型板形成一个封闭平面，梁 B 与柱 C1（规格是 H250×250×9×10）的侧面相连。

（2）通过节点详图可知，屋面檩条采用 4M12 粗制螺栓与 LTB 板相连，LTB 板与梁 B 之间则采用现场双面角焊缝焊接的方式连接（　　　，表示现场焊、角焊缝、$h_f=$ 6mm、双面焊）。

（3）观察屋面结构平面图可以看出，檩条间距是 1125mm、长度是 6500mm，檩条间设置一道直拉条（ϕ12 圆钢）拉结，在近Ⓐ、Ⓑ轴线位置区域沿着还角部各设置了 2 根斜拉条。

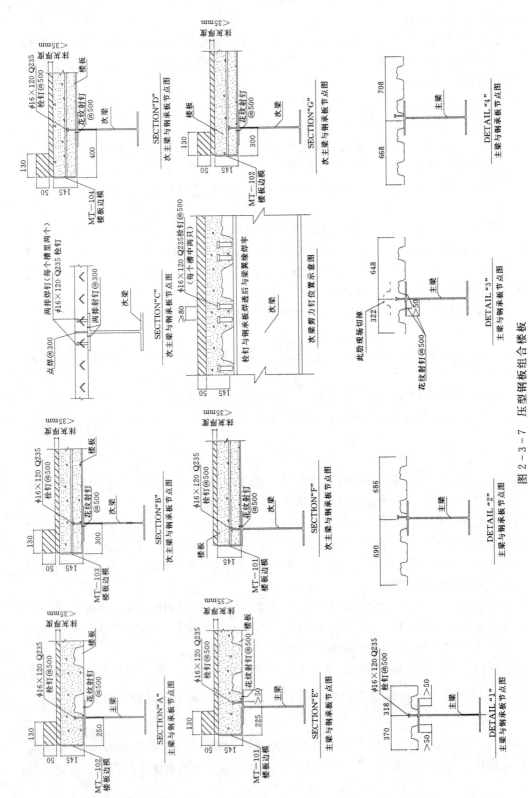

图 2 - 3 - 7　压型钢板组合楼板

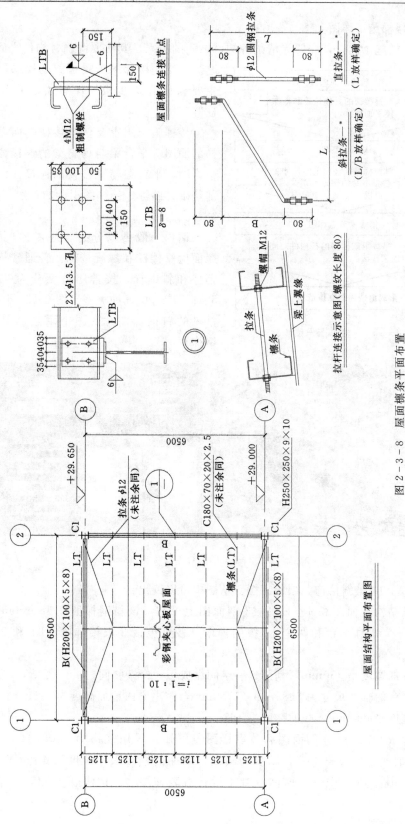

图 2-3-8 屋面檩条平面布置

2.3.3.5 楼梯施工详图

对于楼梯施工图，首先要弄清楚各构件之间的关系，其次要明确各构件之间的连接问题。钢结构楼梯多为梁板式的楼梯，因此它的主要构件有踏步板、梯斜梁、平台梁和平台柱等。

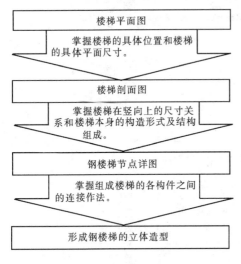

```
┌─────────────────────────────┐
│          楼梯平面图          │
├─────────────────────────────┤
│ 掌握楼梯的具体位置和楼梯     │
│ 的具体平面尺寸。             │
└─────────────────────────────┘
            ▽
┌─────────────────────────────┐
│          楼梯剖面图          │
├─────────────────────────────┤
│ 掌握楼梯在竖向上的尺寸关     │
│ 系和楼梯本身的构造形式及结构 │
│ 组成。                       │
└─────────────────────────────┘
            ▽
┌─────────────────────────────┐
│         钢楼梯节点详图       │
├─────────────────────────────┤
│ 掌握组成楼梯的各构件之间     │
│ 的连接作法。                 │
└─────────────────────────────┘
            ▽
┌─────────────────────────────┐
│       形成钢楼梯的立体造型   │
└─────────────────────────────┘
```

图 2-3-9　楼梯图识读步骤

楼梯施工图主要包括楼梯平面布置图、楼梯剖面图、平台梁与梯斜梁的连接详图、踏步板详图、平台梁与平台柱的连接详图、楼梯底部基础详图等。楼梯图识读的一般步骤见图 2-3-9。

钢梯一般可以分为普通楼梯、吊车楼梯、屋面检修楼梯和螺旋楼梯。普通楼梯，包括直钢梯和斜钢梯，按常用坡度分为 35.5°、45°、59°、73°、90°五种类型。图 2-3-10 是工程中常见的斜钢梯图片，图中示意的是一部双跑钢梯。

图 2-3-10　双跑斜楼梯

图 2-3-11 是斜楼梯一层施工图。从图中可以读出：

（1）从结构平面图和 1—1、2—2 剖面图上可知，该斜钢梯坡度为 arctan167/282＝30.8°，由一个休息平台和两个 14 级的梯段（各自包括 2 根楼梯梁 TL1 和 2 根楼梯梁 TL2）组成。

楼梯井的宽度是 550mm，利用这一空间做成了一个杂物间。

休息平台的轴线尺寸为 3685mm×1730mm，距离室内地面高度为 2.5m。

踏步宽度是 280mm，踢面高度是 167mm。

（2）从 1—1、2—2 剖面图和节点详图②可知，采用规格为 250×160×6×12 的焊接 H 型钢做楼梯梁（TL），踏步的踏面、踢面的钢板采用厚度为 4mm 的 Q235B 钢板做面层，其上浇筑 40mm 厚的混凝土做建筑装饰层，且用两根∟50×5 的角钢做支撑骨架。

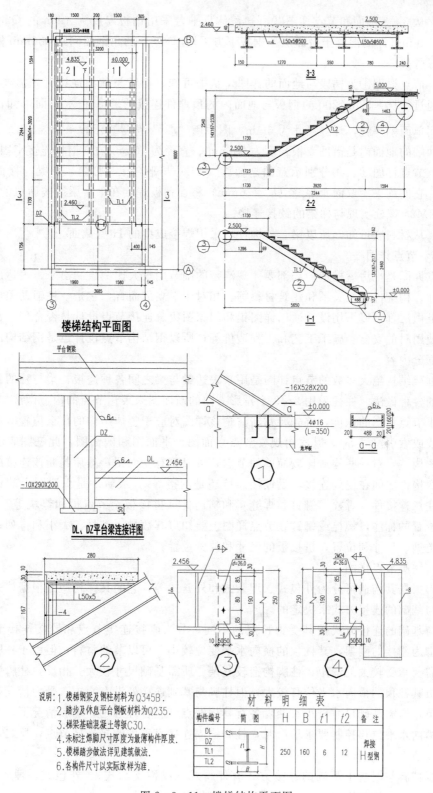

图 2-3-11　楼梯结构平面图

（3）从 3—3 剖面和节点详图②可知，休息平台采用钢板厚度为 4mm 的 Q235B 钢板做底层，40mm 厚的混凝土做面层，钢板下方采用∟50×5 的角钢按间距 500mm 做休息平台的支撑骨架。

（4）节点详图①为梯段与地面的详图，从中可知，梯段与地面连接时先需要 30.8°切角，再通过—16×528×200 的钢板与地面内的预埋件连接的。由 a—a 剖面可知，梯段与钢板采用单面围焊缝，焊缝尺寸为 6mm，图中用"$\overset{6}{\nearrow}$"符号表示。—16×528×200 钢板在梯段两端的地面内是借助 4 根长度为 350mm、直径为 16mm 的圆钢相连接牢固的。

（5）节点详图③、④分别示意的是梯梁（TL）与平台梁（DL）、梯梁与楼面梁的连接节点。它们均采用双面角焊缝（$h_f = 6$mm）将加劲板焊接在平台梁或楼面梁的腹板上，再通过 2M24 螺栓实现与梯梁的铰接连接。

（6）从材料表可知，所以梁、柱构件均采用焊接成型的 H 型截面。

2.3.3.6　节点详图

节点详图是把房屋构造的局部要体现清楚的细节用较大比例绘制出来，表达出构造做法、尺寸、构配件相互关系和建筑材料等。相对于平立剖而言，它是一种辅助图样，通常很多标准做法都可以采用设计通用详图集和国家图集。连接节点设计是否合理，直接影响到结构使用时的安全、施工工艺和工程造价等，所以钢结构节点设计也是钢结构设计很重要的一部分内容。

钢框架结构绝大多数的节点详图是用来表达梁与梁之间各种连接、梁与柱的各种连接和柱脚的各种做法。往往采用 2～3 个投影方向的断面图来表达节点的构造做法。

对于节点详图的识读，首先要判断清楚该详图对应于整体结构的什么位置（可以利用定位轴线或索引符号等），其次再观察节点立面图、平面图和侧面图，此三图表示出了节点位置的构造，对一些构造比较简单的节点，可以只有立面图，然后判断该连接的连接特点（即两构件之间在何处连接，是铰接连接还是刚接等），最后才是识读图上的标注，需要特别注意连接件（螺栓、铆钉和焊缝）和辅助件（拼接板、节点板和垫块等）的型号、尺寸和位置的标注，螺栓或铆钉在节点详图上要知道其数量、型号、大小和排列；焊缝要知道其类型、尺寸和位置；拼接板的尺寸和放置位置。

（1）柱脚节点详图。

柱脚根据其构造可分为外包式、埋入式和外露式等，它的具体构造是根据柱的截面形式及柱与基础的连接方式来决定的。

柱与基础的连接方式按其受力特点的不同，分为刚接连接节点和铰接连接节点两大类。柱脚为刚接的刚架，其柱顶的横向水平变位较小，可以节约材料；但由于柱脚与基础连接处需要承受较大的弯矩，柱脚构造较复杂，所需基础尺寸较大。相反，柱脚为铰链的刚架，虽其柱顶的横向水平位移较大，但柱脚与基础连接处没有弯矩，受力情况好，柱脚构造简单，所需基础尺寸较小。两者各有其优缺点，应合理选用。一般情况下，当荷载较小，对横向水平位移控制要求不严时，柱脚锚固连接宜采用铰接连接节点，反之，宜采用刚接连接节点。

刚接柱脚与混凝土基础的连接方式有外露式（或称支承式）、外包式、埋入式三种，铰接柱脚一般采用外露式。图 2-3-12 是外露式柱脚详图。

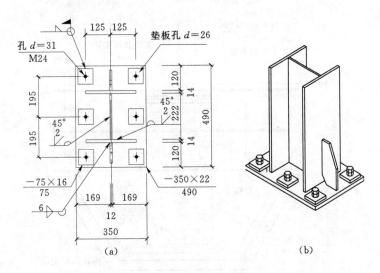

图 2-3-12　柱脚节点详图

(a) 节点详图；(b) 透视图

从图 2-3-12（a）中可以读出：

1）柱脚节点共需直径为 24mm 的螺栓 6 个，每个螺栓下放置 1 块垫板，垫板居中开一个孔，孔径为 26mm。可见采用的螺栓公差等级比较大，属 C 级螺栓。

2）柱翼缘板和腹板需开单边 V 型 45°坡口，与底板间拼焊时留 2mm 拼接缝，图中用符号"$\frac{45°}{2}$"表示，圆弧为相同焊缝符号（表示图中与所指示位置截面构造相同均采用此种焊缝）。

3）加劲板与翼缘板和柱底板的角焊缝采用双面焊，焊缝尺寸均为 6mm，图中用符号"6"表示。

4）柱垫板采用单面现场围焊，图中用符号"　"表示。圆圈是围焊符号，小黑旗是现场焊接符号，未标注焊缝尺寸的焊缝，一般图纸说明中会有要求，没有则按构造选择焊缝尺寸。

图 2-3-12（b）为该节点详图的透视图，通过它可以很直观地看出该柱脚的构造。

埋入式柱脚是将钢柱低端直接埋入混凝土基础（梁）或地下室墙体内的一种柱脚，图 2-3-13 是埋入式刚性柱脚详图（侧面图）。从图 2-3-13 中可以读出：

1）该图的钢柱为热轧宽翼缘 H 型钢（用"HW"表示），规格为 500×450（截面高为 500mm，宽度为 450mm）。

2）柱底直接埋入基础中，并在埋入部分柱翼缘上设置直径为 22mm 的圆柱头焊钉（或栓钉），间距为 100mm。

3）柱底板规格为 $-500\times450\times30$，即长度为 500mm，宽度为 450mm，厚度为 30mm，锚栓埋入深度为 1000mm，钢柱柱脚外围埋入部分的外围配置 20 根竖向 HRB335 钢筋，直径为 22mm。箍筋为 HPR235，直径为 12mm，间距为 100mm。

（2）梁柱连接节点详图。

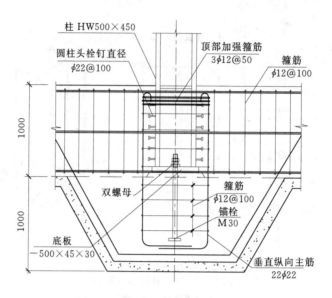

图 2-3-13 埋入式刚性柱脚详图

梁柱节点形式按连接方法分类可分为全焊接连接、全螺栓连接和栓—焊结合连接三种，按传递弯矩可分为刚性、半刚性和铰链连接三种。在梁柱节点处，为了简单构造、方便施工、提高节点的抗震能力，通常采用柱构件贯通而梁构件断开的连接形式。图 2-3-14 示意的是梁柱刚性连接节点。

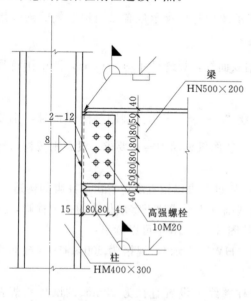

图 2-3-14 梁柱刚性连接详图

从图 2-3-14 中可以读出：

1）节点采用栓焊结合连接，节点处传递弯矩，为刚性连接。

2）钢柱为热轧中翼缘 H 型钢（用"HM"表示），规格为 400×300（截面高度为 400mm，宽度为 300mm），截面特性可查阅 GB/T 11263—2005。

3）钢梁为热轧窄翼缘 H 型钢（用"HN"表示），规格为 500×200（截面高度为 500mm，宽度为 200mm），截面特性可查阅 GB/T 11263—2005。

4）梁翼缘与柱翼缘为对接焊缝连接，焊缝为带坡口有垫块的对接焊缝，焊缝标注无数字时，表示焊缝按构造要求开口，符号"▸"表示焊缝为现场或工厂施焊。

5）"2—12"表示梁腹板与柱翼缘板是通过两块 12mm 厚的连接板连接起来的，连接板分别位于梁腹板两侧。连接板与柱翼缘为双面角焊缝连接，焊缝厚度为 8mm，连接板其他位置的焊缝标注无数字时，表示连接板满焊。

6）节点采用高强度螺栓摩擦型连接，螺栓共 10 个，直径为 20mm。至于主次梁连接节点、牛腿与柱连接节点、梁拼接节点、柱拼接节点以及钢架与混凝土连接节点，请读者依据上述的方法自行完成。

2.3.4　任务实施

提供一套某酒店餐厅的钢框架结构施工图（见附图 3），请依据钢框架结构施工图的图示内容，依次按照任务一～任务八进行详细的识读，以掌握钢框架结构施工图的识读方法。

（1）任务一：结构设计说明。

（2）任务二：地脚锚栓平面布置图。

（3）任务三：独立基础与地梁平面布置图。

（4）任务四：独立基础详图、柱脚基础详图。

（5）任务五：柱间支撑与柱脚平面布置图。

（6）任务六：第一～三层结构平面布置图。

（7）任务七：梁柱节点、楼板节点柱间支撑详图。

（8）任务八：框架结构立面布置图。

附图 3　多层钢结构施工图

钢 结 构 设 计 说 明

一、本工程采用钢结构框架支撑体系设计，设计±点按现场情况确定。

　　建筑面积585m²，地面三层。

　　图中所有尺寸除另有注明外均以毫米为单位，标高以米为单位。

二、本设计依据的主要现行设计规范（规程）：

　　1.建筑结构荷载规范（GBJ9-87）。

　　2.建筑抗震设计规范（GBJ11-89）。

　　3.钢结构设计规范（GBJ17-88）。

　　4.冷弯薄壁型钢结构技术规范（GBJ18-87）。

　　5.混凝土结构设计规范（GBJ10-89）。

　　6.门式刚架轻型房屋钢结构技术规程（CECS 102:98）。

　　7.建筑钢结构焊接规程（JGJ 82-91）。

　　8.钢结构工程施工及验收规范（GB50205-95）。

　　9.钢结构高强度螺栓连接的设计施工及验收规程（JGJ82-91）。

三、设计荷载

　　1.各层楼（地）面设计使用活载设计值：　　　　　单位：kN/m²

序号	荷载类别	标准值 kN/m²	序号	荷载类别	标准值 kN/m²
1	楼　梯	3.0	2	洗手间	2.5
3	餐　厅	3.0	4	不上人屋面	1.0

　　2.地震设防烈度为8度，地震分组第三组，设计基本加速度0.05g，

　　基本风压：0.4kN/m²，基本雪荷：0.4kN/m²，地面粗糙度：B类。

　　3.外墙为240厚结砖（最好为加气混凝土砌块，重量轻），外挂大理石；

　　钢结构楼梯周围120厚轻质墙体；餐厅区域不得任意增砖及砌块隔墙及楼面放置大的设备。

　　4.楼板采用压型钢楼层板+100mm现浇+普通地砖。

　　5.餐厅一至三层均不设吊顶。

四、材料及连接

　　1.本工程钢框架构件（包括梁、柱、支撑及连接板）

　　应符合《GB700-88》规定的345,Q235-B要求，保证其抗拉强度、伸长率、延伸率、冷弯

　　性能、屈服点，碳、硫、磷的极限含量，并保证钢材具有较好的韧性和焊接性。

　　2.钢构件的工厂制作，可优先采用埋弧自动焊，应按现行国家标准（GB/T 14957等）选择与主体金属强度相适

　　应的焊丝和焊剂，对Q235钢，采用E43＊＊型焊条；对Q345钢，采用E50＊＊型焊条。当工厂制作不易采用埋弧自动焊或施工图中

　　注明为现场焊接时，可采用手工焊。现场焊接的钢结构焊缝，应及时进行防腐蚀处理。

　　3.焊缝等级：工厂焊缝：Ⅱ级以上；现场焊缝：Ⅲ级。

　　4.对接焊缝的坡口形式，应根据板厚和施工条件按（GB958-88）和（GB986-88）的要求选用。

　　5.焊缝未加说明者均为满焊，焊缝厚度等于较薄焊件厚。

　　6.主刚架的节点连接采用10.9级高强度螺栓，钢结构表面经喷砂处理后，要求摩擦面的抗滑移系数达到0.35；

　　　地脚螺栓：Q235B，双螺母加垫片。

五、结构制造

　　1.钢结构防腐处理为抛丸除锈后喷涂防锈底漆。

　　2.消防工程甲方自己选择施工。

　　3.所有钢构件在制作前均以1:1施工大样，复核无误后方可下料。

　　4.全部钢构件出厂前在厂进行检验，合格后运工地安装。

六、结构安装

　　1.在安装钢柱、钢梁前，应检查预埋螺栓间的距离尺寸，其螺纹是否有损伤（施工时注意保护）。

　　2.结构吊装时应采取适当的措施，以防止过大的弯扭变形。

　　3.结构吊装就位后，应及时系牢支撑及其他联系构件，保证结构的稳定性。

　　4.所有上部构件的吊装，必须在下部结构就位，校正系牢支撑构件以后才能进行。

附表1　H型组合构件焊缝设计尺寸　　　　　　　　　单位：mm

0.25	翼缘厚度			
	5～6	8～10	12～16	≥18
4～5	4.0	5.0	6.0	
6～8		5.0	6.0	8.0
10～12			6.0	8.0

附表2　加劲肋焊缝设计尺寸　　　　　　　　　　　单位：mm

加劲肋厚度	H构件板厚度		
	5～6	6～8	10～12
6	4.0	5.0	6.0
8	5.0	5.0	6.0
10～12	5.0	6.0	8.0

附表3　H型构件端板焊缝设计尺寸　　　　　　　　　单位：mm

端板厚度	H构件板厚度			翼缘厚度	
	4～5	6～8	10～12	5～6	8～10
16	6.0	8.0	10.0	6.0	10.0
20～22	6.0	8.0	10.0	6.0	10.0
24～26		8.0	10.0		10.0

建设单位		审定		设计编号	
		审核		图别	结　施
		校核		图号	
项目名称	某酒店三层钢结构餐厅	设计		比例	1:1
分项工程		制图		日期	

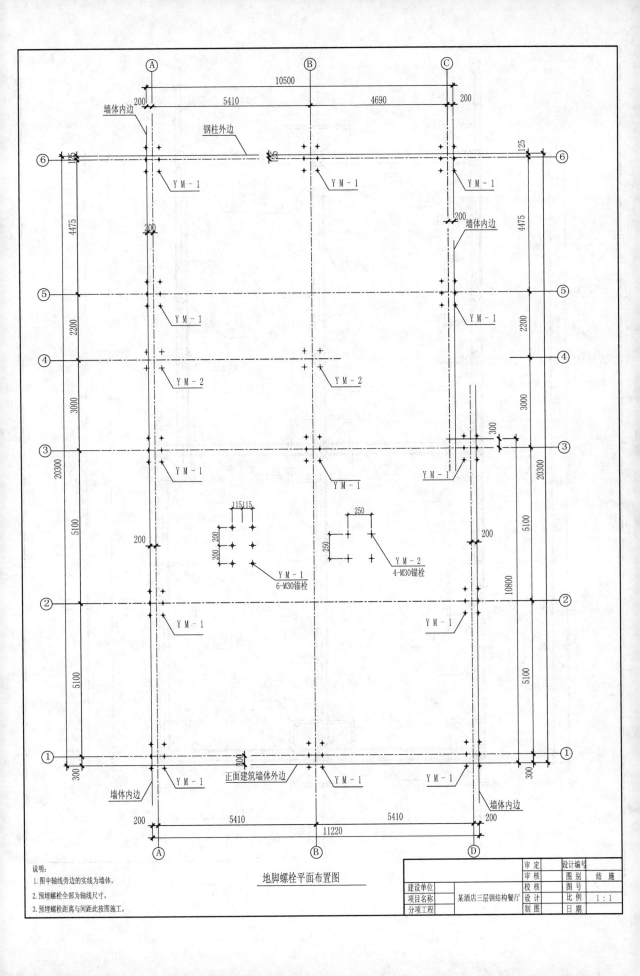

地脚螺栓平面布置图

说明:
1. 图中轴线旁边的实线为墙体。
2. 预埋螺栓全部为轴线尺寸。
3. 预埋螺栓距离与间距此按图施工。

	审 定		设计编号		
	审 核		图 别	结 施	
建设单位	校 核		图 号		
项目名称	某酒店三层钢结构餐厅	设 计		比 例	1:1
分项工程		制 图		日 期	

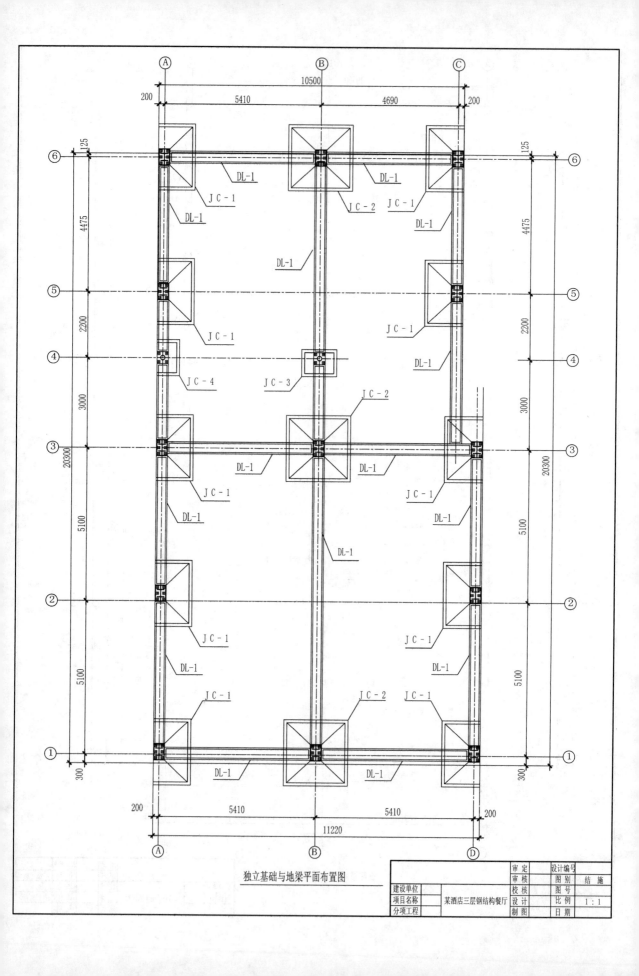

独立基础与地梁平面布置图

审 定		设计编号	
审 核		图 别	结 施
建设单位		校 核		图 号	
项目名称	某酒店三层钢结构餐厅	设 计		比 例	1:1
分项工程		制 图		日 期	

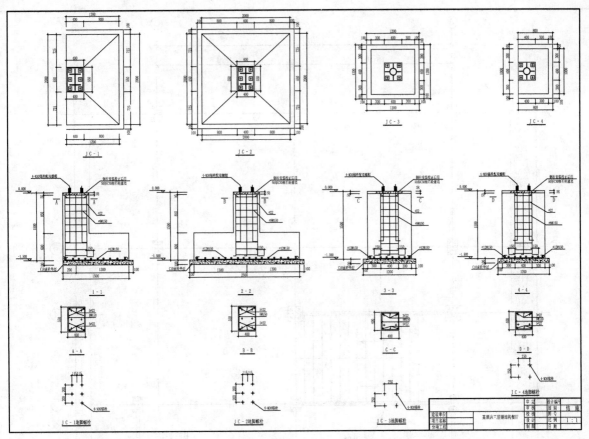

独立基础设计说明：
1、柱下基础：其地基承载力特征值fak≥130kPa
且地下水对基础混凝土无影响。
2、基础与地圈梁混凝土等级为C25，垫层为C10。
3、钢筋强度：纵向钢筋、加劲筋及加强筋HRB335级 fy=300N/mm²；
箍筋HPB235级 fy=210N/mm²。受力钢筋保护层厚40mm。
4、柱下独立基础底板配筋沿长边和短边方向均匀布置，长边的钢筋设置在下排。
5、基础采用灰土垫层进行处理，处理厚度按基底下0.6m施工，灰土比例为3:7，
压实系数不小于0.95，地基处理同时应对相邻建筑物采取结构措施和基本防水措施。

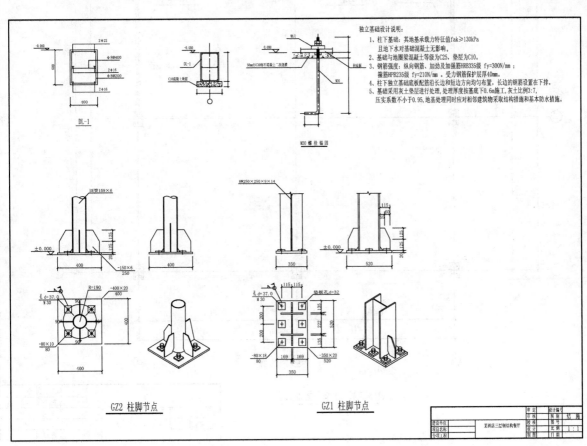

GZ2 柱脚节点   GZ1 柱脚节点

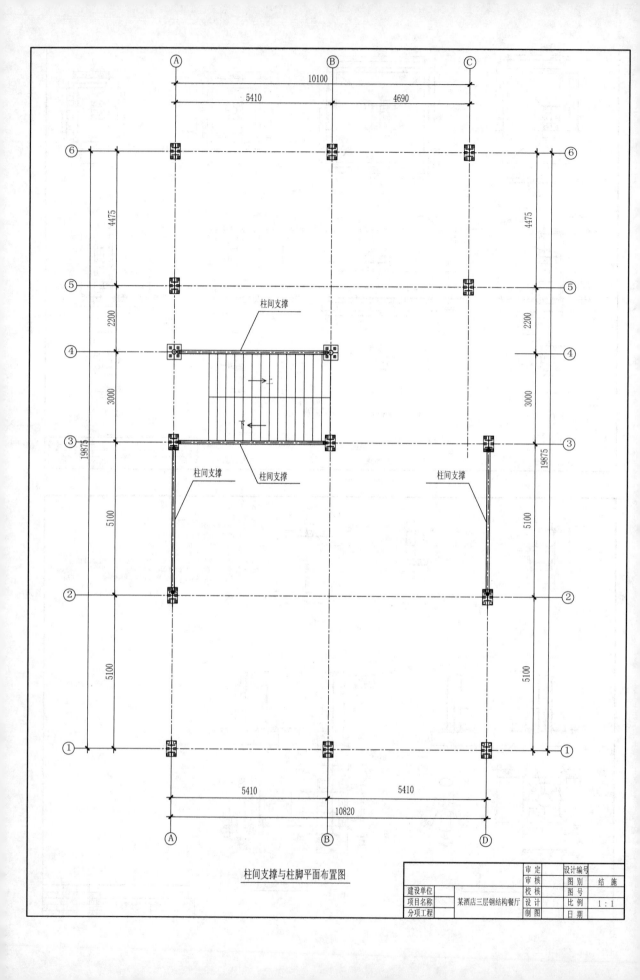

柱间支撑与柱脚平面布置图

审 定		设计编号	
审 核		图 别	结 施
校 核		图 号	
设 计		比 例	1 : 1
制 图		日 期	

建设单位

项目名称　某酒店三层钢结构餐厅

分项工程

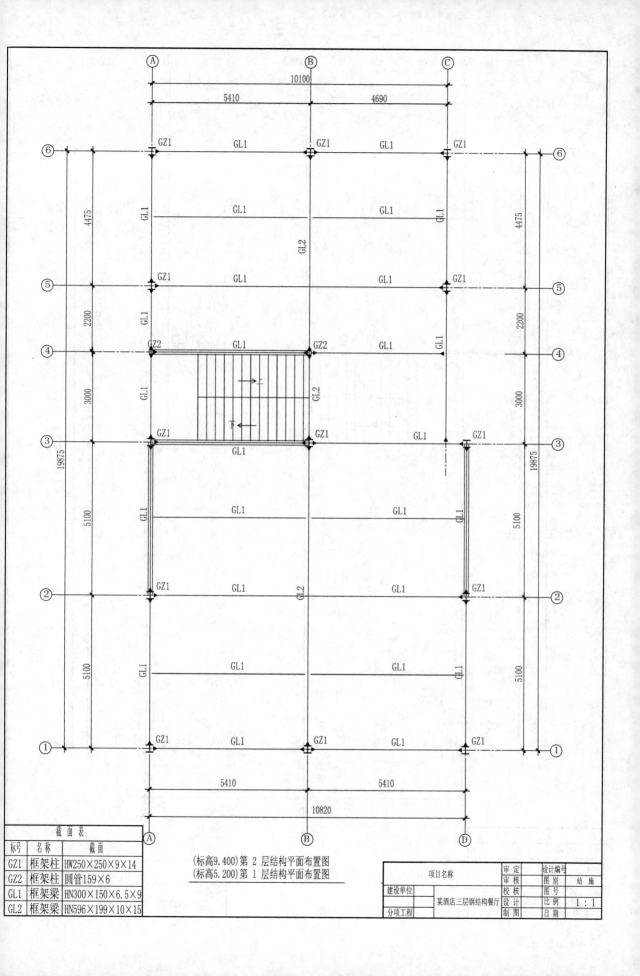

	截 面 表	
标号	名称	截面
GZ1	框架柱	HW250×250×9×14
GZ2	框架柱	圆管159×6
GL1	框架梁	HN300×150×6.5×9
GL2	框架梁	HN596×199×10×15

(标高9.400)第 2 层结构平面布置图
(标高5.200)第 1 层结构平面布置图

项目名称		审 定		设计编号	
		审 核		图 别	结 施
建设单位		校 核		图 号	
	某酒店三层钢结构餐厅	设 计		比 例	1:1
分项工程		制 图		日 期	

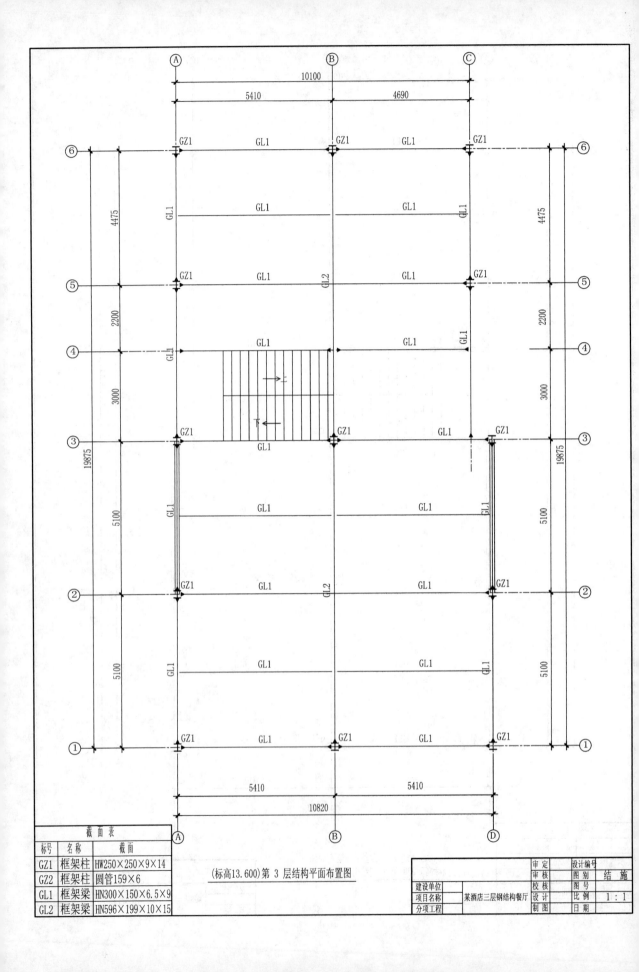

截 面 表		
标号	名称	截面
GZ1	框架柱	HW250×250×9×14
GZ2	框架柱	圆管159×6
GL1	框架梁	HN300×150×6.5×9
GL2	框架梁	HN596×199×10×15

(标高13.600)第 3 层结构平面布置图

		审 定		设计编号		结 施
		审 核		图 别		
建设单位		校 核		图 号		
项目名称	某酒店三层钢结构餐厅	设 计		比 例	1：1
分项工程		制 图		日 期		

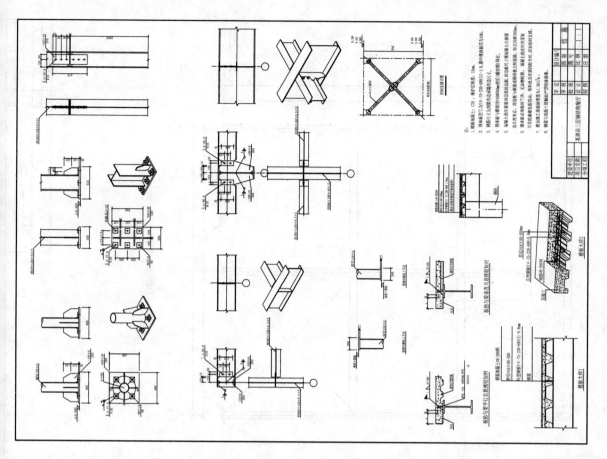

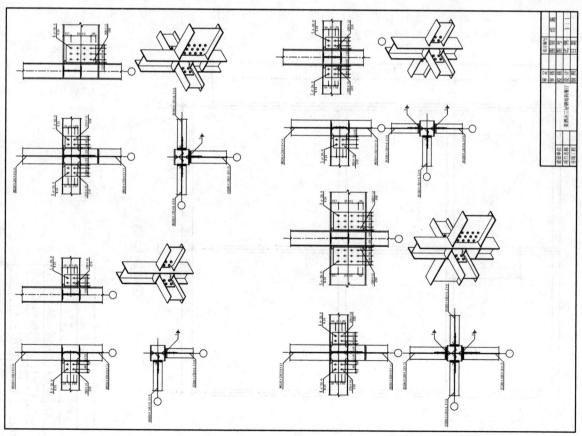

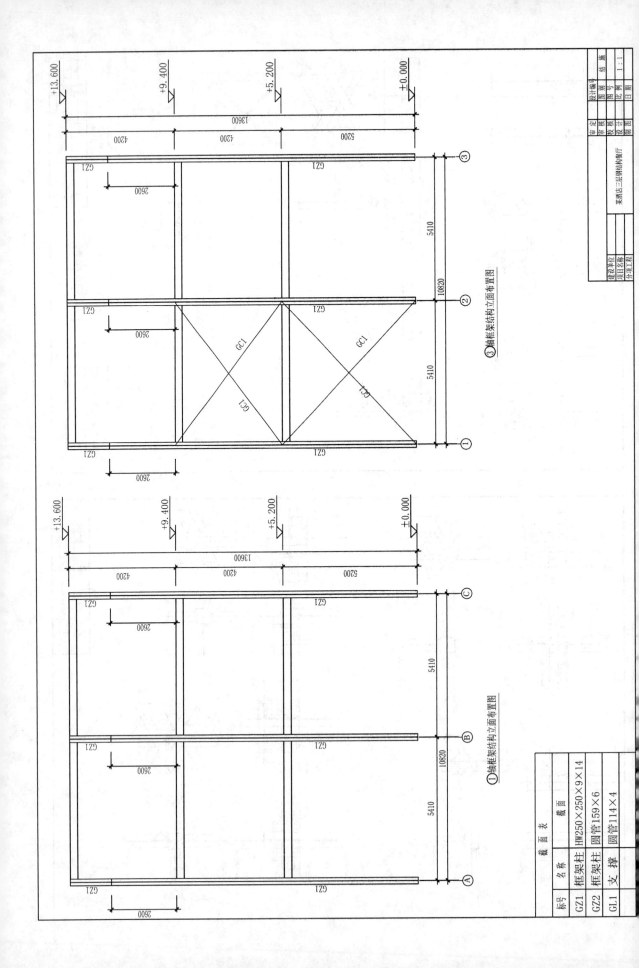

③轴框架结构立面布置图

①轴框架结构立面布置图

截面表		
标号	名称	截面
GZ1	框架柱	HW250×250×9×14
GZ2	框架柱	圆管159×6
GL1	支 撑	圆管114×4

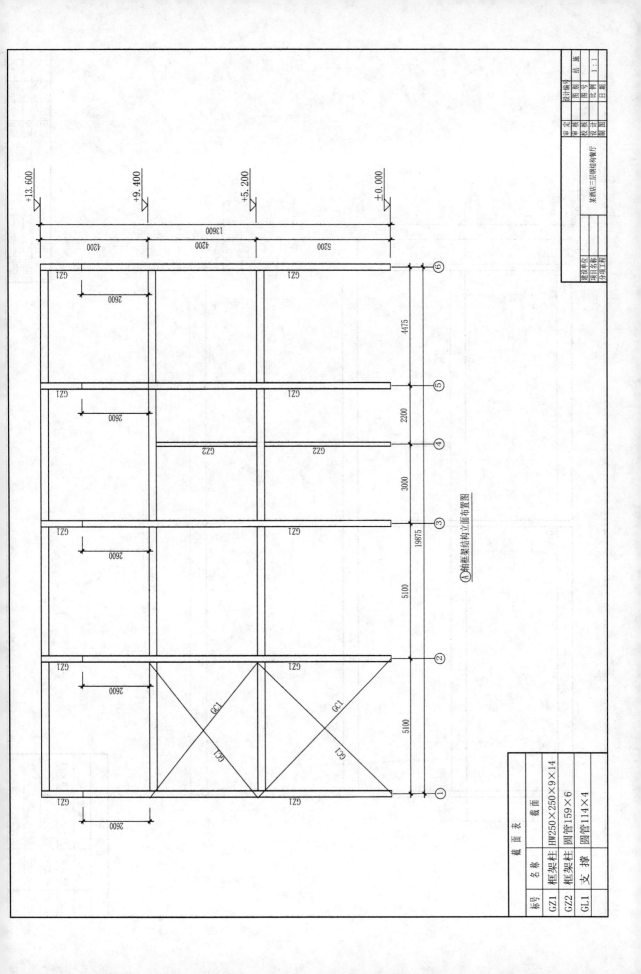

Ⓐ轴框架结构立面布置图

截面表		
标号	名称	截面
GZ1	框架柱	HW250×250×9×14
GZ2	框架柱	圆管159×6
GL1	支撑	圆管114×4

+13.600

+9.400

+5.200

±0.000

13600

4200

4200

5200

GL1

GL1

GL1

GL1

GZ1

GZ1

GZ1

GZ1

GZ1

GZ1

GZ2

GZ2

GZ1

GZ1

GZ1

GZ1

GZ1

GZ1

2600

2600

2600

2600

2600

4475

2200

3000

5100

5100

19875

① ② ③ ④ ⑤ ⑥

建设单位

项目名称   某酒店三层钢结构餐厅

分项工程

设计编号

图别编号

图号

比例   1:1

日期

审定   岳峰

审核

校核

设计

制图

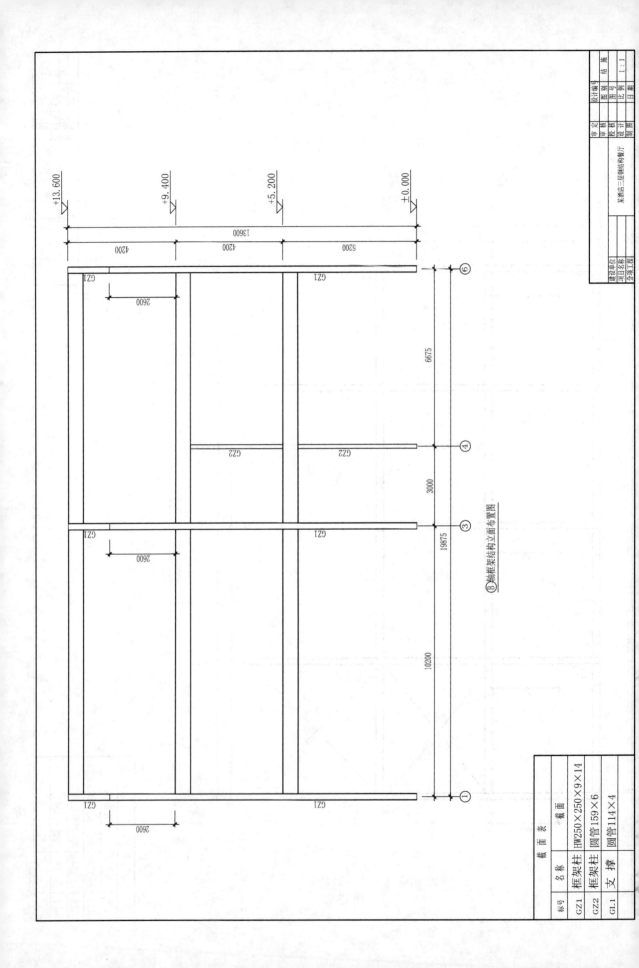

ⒷⓍ轴框架结构立面布置图

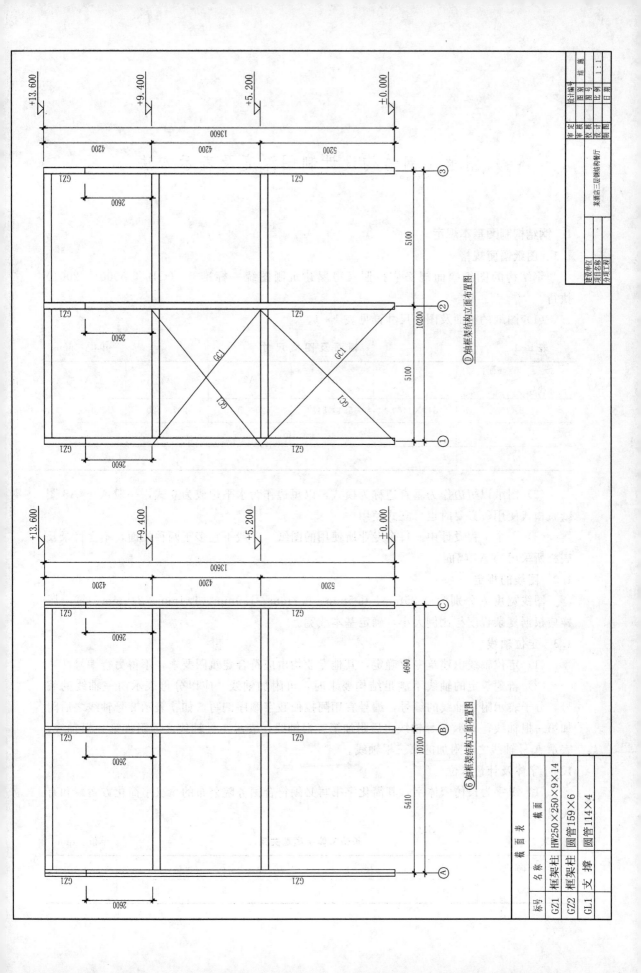

Ⓓ轴框架结构立面布置图

Ⓒ轴框架结构立面布置图

截 面 表

标号	名称	截面
GZ1	框架柱	HW250×250×9×14
GZ2	框架柱	圆管159×6
GL1	支撑	圆管114×4

附录　钢结构设计制图深度及表示方法

1　钢结构制图基本规定

1.1　图纸幅面规格

钢结构的图纸幅面规格应按照《房屋建筑制图统一标准》（GB/T 50001—2001）执行。

（1）图纸的幅面及图框尺寸详见表1-1。

表1-1　　　　　　　　　　　　幅面及图框尺寸　　　　　　　　　单位：mm

幅面代号 尺寸代号	A0	A1	A2	A3	A4
$b \times l$	841×1189	594×841	420×594	297×420	210×297
c	10				5
a	25				

（2）图纸以短边作为垂直边称为横式，以短边作为水平边成为立式，一般A0～A3图纸宜横式使用；必要时也可立式使用。

（3）一个工程设计中。每个专业所使用的图纸，一般不宜多于两种幅面，不含目录及表格所采用的A4幅面。

1.2　图线的规定

图线宽度b分别为0.35mm、0.5mm、0.7mm、1.0mm、1.4mm、2.0mm。每个图样应根据复杂程度与比例大小，确定基本线宽。

1.3　定位轴线

（1）定位轴线由建筑专业确定，其他专业均由应符合建筑图要求，不得另行编号。

（2）若建筑定的轴线不满足结构要求时，可附加轴线，应以分母表示前一轴线的编号，分子表示附加轴线的编号，编号宜用阿拉伯数字顺序编写，如：表示2号轴线之后附加第一根轴线；表示C号轴线之后附加第三根轴线；表示1号轴线之前附加第一根轴线；表示A号轴线之前附加的第三根轴线。

1.4　字体及计量单位

（1）汉字为长仿宋体字，其简化字书写必须符合国务院公布的《汉字简化方案》和有关规定。

表1-2　　　　　　　　　　　　长仿宋体字高宽关系　　　　　　　　　单位：mm

字高	20	14	10	7	5	3.5
字宽	14	10	7	5	3.5	2.5

（2）汉字、拉丁字母、阿拉伯数字与罗马数字的书写排列应遵照 GB50001 规定。

（3）钢结构的长度计量单位以 mm 计，标高以 m 计。

1.5　比例

（1）钢结构设计在绘图前必须按比例放样。绘图时根据图样的用途，被绘物体的复杂程度，选择适当比例放大样。

（2）当采用计算机放样时，因它具有捕捉功能，可不受比例大小的限制。

1.6　符号

包括剖切符号、索引符号与详图符号、引出线、对称符号和连接符号

1.7　尺寸标注

包括尺寸数字，尺寸的排列与布置，半径、直径、球的尺寸标注，角度、弧度、弧长的标注，尺寸的简化标注，节点板尺寸标注，标高等的标注。

2　钢结构设计制图阶段划分及深度

2.1　钢结构设计制图阶段划分

根据我国各设计单位和加工制作单位近年来对钢结构设计图编制方法的通用习惯，并考虑其合理性，因此建议把钢结构设计制图分为设计图和施工详图两个阶段。

钢结构设计图应由具有相应设计资质级别的设计单位设计完成。

钢结构施工详图由具有相应设计资质级别的钢结构加工制造企业或委托设计单位完成。

2.2　钢结构设计图的深度

钢结构设计图是提供编制钢结构施工详图（也称钢结构加工制作详图）的单位作为深化设计的依据。所以钢结构设计图在内容和深度方面应满足编制钢结构施工详图的要求。必须对设计依据、荷载资料、建筑抗震设防类别和设防标准、工程概况、材料选用和材料质量要求、结构布置、支撑设置、构件选型、构件截面和内力以及结构的主要节点构造和控制尺寸等均应表示清楚，以便供有关主管部门审查并提供编制钢结构施工详图的人员能正确体会设计意图。

设计图的编制应充分利用图形表达设计者的要求，当图形不能完全表示清楚时，可用文字加以补充说明。设计图所表示的标高、方位应与建筑专业的图纸相一致。图纸的编制应考虑各结构系统间的相互配合和各工种的相互配合，编排顺序应便于阅图。

2.3　钢结构设计图的内容

钢结构设计图内容一般包括：

图纸目录，设计总说明，柱脚锚栓布置图，纵、横、立面图，构件布置图，节点详图，构件图，钢材及高强度螺栓估算表。

其中设计总说明包括：设计依据、设计荷载资料、设计简介、材料的选用、制作安装以及需要做试验的特殊说明。

结构布置图主要表达各个构件在平面中所处的位置并对各种构件选用的截面进行编号。如屋盖平面布置图、柱子平面布置图、吊车梁平面布置图和高层钢结构的结构布

置图。

2.4　钢结构施工详图设计的深度

钢结构施工详图编制的依据是钢结构设计图。钢结构施工详图的深度要遵照《钢结构设计规范》按便于加工制作的原则，对构件的构造予以完善，根据需要按钢结构设计图提供的内力进行焊缝计算或螺栓连接计算确定杆件长度和连接尺寸，并考虑运输和安装的能力确定构件的分段。

通过制图将构件的整体形象、构件中各零件的加工尺寸和要求以及零件间的连接方法等详尽地介绍给构件制作人员，将构件所处的平面和立面位置以及构件之间、构件与外部其他构件之间的连接方法等详尽地介绍给构件的安装人员。

绘制钢结构施工详图关键在于"详"。图纸是直接下料的依据，故尺寸标注要详细准确，图纸表达要意图明确、语言精练，要争取以最少的图形最清楚地表达设计意图。

2.5　钢结构施工详图的设计内容

钢结构施工详图的设计内容包括两部分：第一部分根据设计单位提供的设计图对构件的钢结构构造进行完善；第二部分进行钢结构施工详图的图纸绘制。

（1）构造设计包括：焊接连接、螺栓连接和节点板及加劲肋；

（2）钢结构施工详图的图纸内容包括图纸目录、施工详图总说明、锚栓布置图、构件布置图、安装节点图和构件详图。

3　标准焊件大样（附图）

（1）手工电弧焊焊接接头		（2）手工电弧焊焊接接头		（3）手工电弧焊焊接接头			（4）手工电弧焊焊接接头		
t	≤6	t	6～9	10～16	t	6～9	10～15	16～26	t	6～9	10～16
b	$t/2$	b	1	2	b	6	8	7	b	1	2

（5）手工电弧焊焊接接头		（6）手工电弧焊焊接接头		（7）手工电弧焊焊接接头		（8）手工电弧焊焊接接头		
t	6～12	13～26	t	12～30	t	16～60	t	6～10	11～20
β	45°	35°					b	1	2
b	6	9	b	2	b	2		4	5

（9）手工电弧焊焊接接头	（10）手工电弧焊焊接接头	（11）手工电弧焊焊接接头	（12）手工电弧焊焊接接头

（9）

t	$\geqslant 12$
b	6~9

（10）

t	12~40
b	2

（11）

t	6~10	11~17	18~30
b	1	2	3
p	1	2	2

（12）

t	$\geqslant 16$
b	2

（13）埋弧焊焊接接头	（14）埋弧焊焊接接头	（15）埋弧焊焊接接头	（16）埋弧焊焊接接头

（13）

t	$\leqslant 12$
b	0^{+1}_0

（14）

t	10~16	17~20
b	6	7

（15）

t	10~20	21~30	31~50
b	6	8	10

（16）

t	10~16	17~24
β	70°	90°
b	6	8

（17）埋弧焊焊接接头	（18）埋弧焊焊接接头	（19）埋弧焊焊接接头	（20）埋弧焊焊接接头

（17）

t	16~20	21~30	31~50
b	6	8	10

（18）

t	20~30
β	55°

（19）

t	20~40
β	80°

（20）

t	10~15	16~20
h_{fmin}	4	6

（21）埋弧焊焊接接头	（22）埋弧焊焊接接头	（23）埋弧焊焊接接头	（24）埋弧焊焊接接头

（21）

t	6~12	$\geqslant 13$
β	45°	35°
b	6	9

（24）

t	16~40
β	60°

225

（25）现场焊：箱形柱的焊接		（26）现场焊：箱形柱的焊接		（27）现场焊：工字形梁翼缘与柱的焊接		（28）现场焊：工字形梁翼缘的焊接	
t	≤36	t	≤36	t	6～12	t	6～12
	≥38		≥38		≥13		≥13
β	45°	β	45°	β	45°	β	45°
	35°		35°		35°		35°
b	5	b	5	b	6	b	6
	9		9		9		9

（29）现场焊：工字形梁翼缘的焊接		（30）现场焊：工字形梁翼缘的焊接		（31）现场焊：工字形柱腹板的焊接					（32）现场焊：工字形柱腹板的焊接	
t	6～12	t	≤36	t	6	9	12	14	16	t	≥19
	≥13		≥38								
β	45°	β	45°	h_r	5	7	10	11	13	b	0.2
	35°		35°								
b	6										
	9										

模块 3 钢 构 件 制 作

任务 1 焊接 H 型钢的加工制作

3.1.1 学习目标

通过本任务的学习，要求学生了解施工图审查的要点，能够做好构件在加工前的生产准备工作，会编制钢构件加工制作的工艺流程，会指导工人下料、放样，会组织钢构件的工厂生产，熟悉零部件加工的要点，并会对构件进行涂装和质量检验。

3.1.2 任务描述

某高层钢结构住宅，采用钢框架支撑体系，钢结构总重量约为 300 吨，各类钢构件总数量约为 500 余根。

1. 构件种类

本钢结构工程的钢构件主要有钢柱、主梁、次梁、斜支撑、钢梯等。主要构件及截面形式如表 3-1-1 所示。

表 3-1-1 构 件 截 面 形 式 表

序　号	截面名称	截面形式	使用部位	主要截面尺寸（mm×mm×mm）
1	箱型		钢柱	□450×450×18 □450×450×20
2	H 型		钢梁	H500×250×8×14 H600×350×10×20 H300×150×6×8 H400×200×8×10
3	H 型		支撑	H250×250×10×12

2. 主要材料

（1）钢柱、框架钢梁、支撑（大部分）等承重构件用的钢材均采用 Q235B。

（2）Q235B 之间焊材采用 E4315 焊条。

（3）受力螺栓采用 10.9 级扭剪型高强度螺栓。

3. 节点连接方式

（1）钢柱与钢柱之间为全熔透的对接接头形式，焊缝质量等级为二级。

（2）主梁与钢柱之间、支撑与支撑牛腿之间、主梁与主梁之间为刚接接头，即腹板用高强螺栓连接，翼缘采用全熔透的焊缝。

（3）次梁与主梁之间为铰接接头，即腹板之间用高强螺栓连接，翼缘之间不连接。

3.1.3　任务分析

钢结构制造的基本元件大多系热轧型材和板材。用这些元件组成薄壁细长构件，外部尺寸小，重量轻，承载能力高。虽然说，钢材的规格和品种有一定的限度，但我们可以把这些元件组成各种各样的几何形状和尺寸的构件，以满足设计者的要求。构件的连接可以用焊接、栓接、铆接、粘接来形成刚接和铰接等多种连接形式，就现有技术设备和手段来说是非常容易的。

3.1.3.1　钢结构加工制造前的准备工作

1. 详图设计和审查图纸

（1）详图设计。

在国际上，钢结构工程的详图设计一般由加工单位负责进行。目前，国内一些大型工程亦逐步采用这种做法。为适应这种新的要求，一项钢结构工程的加工制作，一般应遵循图 3-1-1 的工作顺序：

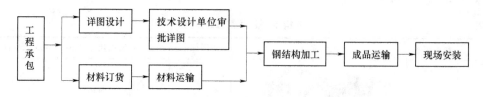

图 3-1-1　钢结构工程的工作顺序

在加工厂进行详图设计，其优点是能够结合工厂条件和施工习惯，便于采用先进的技术，经济效益较高。

详图设计应根据建设单位的技术设计图纸以及发包文件中所规定采用的规范、标准和要求进行。这就要求施工单位自己具有足够水平的详图设计能力。

为了尽快采购钢材，一般应在详图设计的同时定购钢材。这样，在详图审批完成时钢材即可到达，立即开工生产。

（2）审查图纸。

审查图纸的目的是：一方面是检查图纸的设计深度能否满足施工的要求，核对图纸上构件的数量和安装尺寸，检查构件之间有无矛盾等；另一方面是对图纸进行工艺审核，即审查在技术上是否合理，构造上是否便于施工，图纸上的技术要求按加工单位的施工水平能否实现等。

如果是由加工单位自己设计施工详图，在制图期间又已经过审查，则审图的程序可以相应的简化。

图纸审核的主要内容包括以下项目：

①设计文件是否齐全，设计文件包括设计图、施工图、图纸技术说明和设计变更通知单等；②构件的几何尺寸和相关构件的连接尺寸是否标注齐全和正确；③节点是否清楚，构件之间的连接形式是否合理；④加工符号、焊接符号是否齐全、清楚，标注方法是否符合国家的相关标准和规定；⑤标题栏内构件的数量是否符合工程的总数量；⑥结合本单位的设备和技术条件，考虑能否满足图纸上的技术要求。

图纸审核过程中发现的问题应报原设计单位处理，需要修改设计时，必须取得原设计单位同意，并签署书面设计变更文件。

为了尽快采购钢材，一般应在详图设计的同时定购钢材。这样，在详图完成时钢材即可到达，立即开工生产。

图纸审查后要做技术交底准备，其主要内容有：

①根据构件尺寸考虑原材料对接方案和接头在构件中的位置；②考虑总体加工工艺方案及重要安装方案；③对构件的结构不合理处或施工有困难的，要与甲方或者设计单位做好变更签证手续；④列出图纸中的关键部位或者有特殊要求的地方，加以重点说明。

2. 材料核对与复验

（1）对料。

1）提料。

根据施工图纸材料表算出的各种材质、规格的材料净用量，再加一定数量的损耗，编制材料预算计划。

提出材料预算时，需根据使用尺寸合理订货，以减少不必要的拼接和损耗。如钢材如不能按使用尺寸或倍数订货，则损耗必然增加。此时钢材的实际损耗率可参考表 3-1-2 所给出的数值。工程预算一般可按实际用量所需的数值在增加 10% 进行提料和备料。如技术要求不允许拼接，其实际损耗还要增加。

表 3-1-2　　　　　　　钢板、角钢、工字钢、槽钢损耗率

编号	材料名称	规格（mm）	损耗率（%）	编号	材料名称	规格	损耗率（%）
1	钢板	1～5	2.00	9	工字钢	14a 以下	3.20
2		6～12	4.50	10		24a 以下	4.50
3		13～26	6.50	11		36a 以下	5.30
4		26～60	11.00	12		60a 以下	6.00
		平均：6.00					平均：4.75
5	角钢	75×75 以下	2.20	13	槽钢	14a 以下	3.20
6		80×80～100×100	3.50	14		24a 以下	4.20
7		120×120～150×150	4.30	15		36a 以下	4.80
8		180×180～200×200	4.80	16		60a 以下	5.2
		平均：3.70					平均：4.30

注　不等边角钢按长边计，其损耗率和等边角钢相同。

2）核对。

核对来料的规格、尺寸和重量，仔细核对材质。如进行材料代用，必须经设计部门同意，并将图纸上所有的相应规格和有关尺寸全部修改。

（2）材料复验。

1）钢材复验。

当钢材属于下列情况之一时，加工下料前应按国家现行有关标准的规定进行抽样检验，其化学成分、力学性能及设计要求的其他指标应符合国家现行标准的规定。进口钢材应符合供货国相应标准的规定。

①国外进口钢材；②钢材混批；③板厚等于或大于 40mm，并承受沿板厚方向拉力作用的厚板，且设计有 Z 向性能要求；④建筑结构安全等级为一级，大跨度钢结构、钢网架结构和钢桁架结构中的主要受力构件所采用的钢材；⑤现行国家标准《钢结构设计规范》（GB 50017—2003）中未含的钢材品种及设计有复验要求的钢材；⑥对质量有疑义的钢材。

2）连接材料的复验。

①焊接材料：在大型、重型及特殊结构上采用的焊接材料，应按国家现行有关标准进行抽样检验，其结果应符合设计要求和国家现行有关产品标准的规定。②预拉力复验：扭剪型高强度螺栓连接副应按规定检验预拉力。复验用的螺栓应在施工现场待安装的螺栓批中随即抽取，每批应抽取 8 套连接副进行复验。每套连接副只应做一次实验，不得重复使用。复验螺栓连接副的预拉力平均值和标准偏差应符合相关规定。③扭矩系数复验：高强度大六角头螺栓连接副应按规定检验其扭矩系数（表 3-1-3）。复验用的螺栓应在施工现场待安装的螺栓批中随即抽取，每批取 8 套连接副进行复验。每套连接副只应做一次实验，不得重复使用。每组 8 套连接副扭矩系数的平均值应为 0.11～0.15，标准偏差小于或等于 0.01。

表 3-1-3　　　　　　　　　　扭剪型高强度螺栓紧固预拉力和标准偏差值

螺栓直径（mm）	16	20	22	24
紧固预拉力的平均值 $\overline{P}$（kN）	99～120	154～186	191～231	222～270
标准偏差 σ_p	10.1	15.7	19.5	22.7

3. 工艺准备

（1）工艺试验。

1）焊接试验。

钢材可焊性试验、焊材工艺性试验、焊接工艺评定试验等均属于焊接性试验，而焊接工艺评定试验是各工程制作时最常遇到的试验。

焊接工艺评定是焊接工艺的验证，是衡量制造单位是否具备生产能力的一个重要的基础技术资料。焊接工艺评定对提高劳动生产率、降低制造成本，提高生产质量，搞好焊工技能培训必不可少的。未经焊接工艺评定的焊接方法、技术参数不能用于施工。

焊接接头的力学性能试验以拉伸和冷弯为主，冲击试验按设计要求确定。冷弯以面弯和背弯为主，有特殊要求时应做侧弯试验。每个焊接位置的试件数量一般为：拉伸、面弯、背弯及侧弯各 2 件；冲击试验 9 件（焊缝、熔合线、热影响区各 3 件）。

2）摩擦面抗滑移系数试验。

当钢结构构件的连接采用高强度螺栓摩擦型连接时，应对接触面进行喷砂、喷丸等方法进行处理，使其接触面的抗滑移系数达到设计规定的数值。经过技术处理的摩擦面是否能达到设计规定的抗滑移系数值，需对摩擦面进行必要的检验性试验，以求得对摩擦面处理方法是否正确的可靠验证。

抗滑移系数试验可按工程量每 2000t 为一批，不足 2000t 的可视为一批，每批 3 组试件，由制作厂进行试验，另备三组试件供安装单位在吊装前进行复验。

3）工艺性试验。

对构造复杂的构件，必要时应在正式投产前进行工艺性试验。工艺性试验可以是单工序，也可以是几个工序或全部工序；可以是个别零部件，也可以是整个构件，甚至是一个安装单元或全部安装构件。

通过工艺性试验获得的技术资料和数据是编制技术文件的重要依据，同时用以指导工程的施工。

（2）制作工艺编制。

钢结构制作前，制作单位应根据设计文件、施工详图的要求及制作单位的条件，编制制作工艺，用于指导、控制加工制作的全过程。

制作工艺主要包括：施工中依据的标准，制作单位的质量保障体系，成品质量保证和为保证成品达到规定要求而制定的措施；生产场地的布置及采用的加工、焊接设备和工艺设备；焊工和检查人员的资质证明；各类检查项目表格和生产进度计划表。

制作工艺应作为技术文件经发包单位代表或监理工程师批准。

1）编制工艺规程的依据：

①工程设计图纸及根据设计图纸而绘制的施工详图。②图纸设计总说明及相关技术文件。③图纸和合同中规定的国家标准、技术规范和相关技术条件。④制作厂的作业面积，动力、起重和设备加工制作能力，生产者和技术等级等状况，运输方法和能力情况等。

工艺规程是钢结构制造中主要的根本性的指导性技术性文件，也是生产制作中最可靠的质量保证措施。因此，工艺规程必须经过一定的审批手续，一经制订就不得随意修改。

2）工艺流程编制。

钢结构制作加工工序较多，所以对加工顺序要周密安排，尽可能避免或减少倒流，以减少往返运输和周转时间，由于制作厂设备能力和构件的制作要求各有不同，所以工艺流程略有不同，图 3-1-2 为流水作业生产的一般工艺流程，图 3-1-3 为流水生产区域划分。

对于有特殊加工要求的构件，应在制作前制定专门的加工工序，编制专项工艺流程和工序工艺卡。

（3）工艺准备工作。

1）根据产品的特点，工程量的大小和安装施工进度，将整个工程合理地划分成若干个生产工号（或生产单元），以便分批投料，配套加工，配套出成品。一般遵循以下原则：

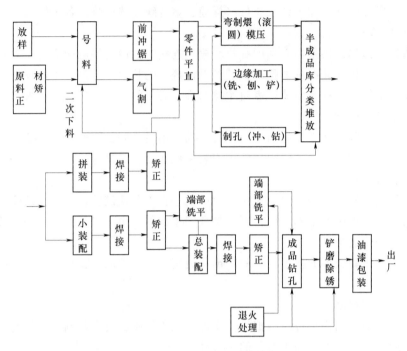

图 3-1-2　大流水作业生产的工艺流程

图 3-1-3　流水生产区域划分

①条件允许的情况下，同一张图纸上的构件宜安排在同一生产工号中加工；②相同构件或特点类似，加工方法相同的构件宜放在同一生产工号中加工，如按钢柱、钢梁、桁架、支撑分类划分工号进行加工；③工程量较大的工程划分生产工号时要考虑安装施工的顺序，先安装的构件要优先安排工号进行加工，以保证顺利安装的需要；④同一生产工号中的构件数量不要过多，可与工程质量统筹考虑。

2）从施工图中摘出零件，编制零件工艺流程表。

3）根据来料尺寸和用料要求，统筹安排合理配料，确定拼接位置：

①拼接位置应避开安装孔和复杂部位。②双角钢断面的构件，两角钢应在同一处拼接。③焊接 H 型钢的翼缘、腹板拼接缝应尽量避免在同一断面处，上下翼缘板拼接位置应与腹板拼接位置错开 200mm 以上。翼缘板拼接长度不应小于 2 倍的板宽；腹板拼接宽度不应小于 300mm，长度不应小于 600mm。④一般接头属于等强度连接，其位置一般无严格规定，但应尽量布置在受力较小的部位。⑤根据工艺要求准备必要的工艺装备（胎、夹、模具）。⑥确定各工序的精度要求和质量要求，并绘制加工卡片。对构造复杂的构件，必要时应进行工艺性实验。⑦确定焊接收缩量和加工余量。⑧根据产品的加工需要。有时

需要调拨或添置必要的机器和工具。此项工作也应提前做好准备。

4. 加工环境的要求

为保证钢结构零部件在加工中钢材原材质不变，零件冷、热加工和焊接时，应按照施工规范规定的环境温度和工艺要求进行施工。

(1) 冷加工温度要求。

1) 当零件为普通碳素结构钢，操作地点环境温度低于−20℃，或者零件为低合金结构钢，操作地点环境温度低于−15℃时，均不得进行剪切和冲孔。否则，在外力作用下容易发生裂纹。

2) 当零件为普通碳素结构钢，操作地点环境温度低于−16℃，或者零件为低合金结构钢，操作地点环境温度低于−12℃时，均不得进行矫正和冷弯曲以防在低温条件下和外力作用下发生裂纹。

3) 冷矫正和冷弯曲不但严格要求在规定的温度下进行，还要求弯曲半径不宜过小，以免钢材丧失塑性产生裂纹。

(2) 热加工温度要求。

1) 零件热加工时，其加热温度为 1000～1100℃，此时钢材表面呈现淡黄色；当碳素结构钢的温度下降到 500～550℃之前（钢材表面呈现蓝色）和低合金结构钢的温度下降到 800～850℃前（钢材表面呈红色）均应结束加工，应使加工件缓慢冷却，必要时采用绝热材料加以围护，以延长冷却时间使其内部组织得到充分的恢复。

2) 为使普通碳素结构钢和低合金结构钢的机械性能不发生改变，加热矫正时的加热温度严禁超过正火温度（900℃），其中低合金结构钢加热矫正后必须缓慢冷却，更不允许在热矫正时用浇冷水法急冷，以免产生淬硬组织，导致脆性裂纹。

3) 普通碳素结构钢、低合金结构钢的零件在热弯曲加工时，其加热温度在 900℃左右进行。否则温度过高会使零件外侧在弯曲外力作用下被过多的拉伸而减薄；内侧在弯曲压力作用下厚度增厚；温度过低不但成型较困难，更重要的是钢材在蓝脆状态下弯曲受力时，塑性降低，易产生裂纹。

(3) 焊接环境的要求。

在低温的环境下焊接不同钢种、厚度较厚的钢材时，为使加热与散热的速度按正比关系变化，避免散热速度过快，导致焊接的热影响区产生金属组织硬化，形成焊接残余应力，在焊接金属熔合线交界边缘或受热区域内的母材金属处局部产生裂纹，在焊接前应按《钢结构工程施工质量验收规范》（GB 50205—2001）标准规定的温度进行预热和保证良好的焊接环境。

1) 普通碳素结构钢厚度大于 34mm，低合金结构钢厚度不小于 30mm，当工作地点温度不低于 0℃时，均需在焊接坡口两侧各 80～100mm 范围内进行预热，焊接预热温度及层间温度控制在 100～150℃之间。

焊件经预热后可以达到以下作用：

①减缓焊接母材金属的冷却速度；②防止焊接区域的金属温度梯度突然变化；③降低残余应力，并减少构件焊后变形；④消除焊接时产生的气孔和熔合性飞溅物的产生；⑤有利于氢的逸出，防止氢在金属内部起破坏作用；⑥防止焊件加热过程中产生的热裂纹，焊

接终止冷却时产生冷裂纹或延迟性冷裂纹以及再加热裂纹。

2）如果焊接操作地点温度低于 0℃时，需要预热的温度应根据实验来确定，试验确定的结果应符合下列要求：

①焊接加热过程中在焊缝及热影响区域不发生热裂纹；②焊接完成冷却后，在焊接范围的焊缝金属及母材上不产生即时性冷裂纹和延迟性冷裂纹；③焊缝及热影响区的金属强度、塑性等性能应符合设计要求；④在刚性固定的情况下进行焊接有较好的塑性，不产生较大的约束应力或裂纹；⑤焊接部位不产生过大的应力，焊后不需作热处理等调质措施；⑥焊后接点处的各项机械性能指标，均符合设计要求。

3）当焊接重要的钢结构构件时，应注意对施工现场焊接环境的监测与管理，如出现下列情况时，应采取相应有效的防护措施：①雨雪天气；②风速超过 8m/s；③环境温度在 -5℃以下或相当湿度在 90%以上。

为保证钢结构的焊接质量，应改善上述不良的焊接环境，一般做法是在具有质量保证条件的厂房、车间内施工；在安装现场制作与安装时，应在临建的防雨、雪棚内施工，棚内应设有提高温度、降低湿度的设施，以保证规定的正常焊接环境。

5. 材料的要求

（1）钢材的质量要求见表 3-1-4。

表 3-1-4　　　　　　　　　钢 材 的 质 量 要 求

项　目	说　　　　　明
基本要求	钢材应具有质量保证书，并应符合设计要求。 当对钢材的质量有疑义时，应按国家现行有关标准的规定进行抽样检查，其结果应符合国家标准的规定和设计文件的要求方可使用
高层建筑钢结构用钢材	高层建筑钢结构的钢材，宜采用 Q235 等级的 B、C、D 的碳素结构钢，以及 Q345 等级的 B、C、D、E 的低合金高强度结构钢。当有可靠根据时，可采用其他牌号的钢材，但应符合相应有关规定和要求
承重结构用钢材	（1）承重结构的钢材应宜采用 Q235、Q345、Q390、Q420 钢，其质量应分别符合现行国家标准《碳素结构钢》（GB/T 700—2006）和《低合金高强度结构钢》（GB/T 1591—1994）的规定。当采用其他牌号的钢材时，尚应符合相应有关规定和要求。 （2）下列情况的承重结构和重要结构不应采用 Q235 沸腾钢： 1）焊接结构： ①直接承受动力荷载或振动荷载且需要验算疲劳的结构。②工作温度低于 -20℃时，直接承受动力荷载或振动荷载但可不验算疲劳的结构以及承受静力荷载的受弯及受拉的重要承重结构。③工作温度等于或低于 -30℃的所有承重结构。 2）非焊接结构：工作温度等于或低于 -20℃直接承受动力荷载且需验算疲劳的结构。 （3）承重结构的钢材应具有抗拉强度、伸长率、屈服强度和硫、磷含量的合格保证，对焊接结构尚应具有碳含量的合格保证。焊接承重结构以及重要的非焊接承重结构的钢材还应具有冷弯试验的合格证。 （4）当焊接承重结构为防止钢材的层状撕裂而采用 Z 向钢材时，其材质应符合现行国家标准《厚度方向性能钢板》（GB/T 5313—1985）的规定。 （5）对处于外露环境，且对大气腐蚀有特殊要求的或在腐蚀性气态和固态介质作用下的承重结构，宜采用耐候钢，其质量要求应符合现行国家标准《焊接结构用耐候钢》（GB/T 4172—2000）的规定
铸钢材质	钢铸件采用的铸钢材质应符合现行国家标准《一般工程用铸造碳钢件》（GB/T 11352—1989）的规定

续表

项　目	说　明
外观质量	钢材的表面外观质量除应符合国家现行有关标准的规定外，尚应符合下列规定： （1）当钢材表面有锈蚀、麻点或划痕等缺陷时，其深度不得大于该钢材的厚度允许负偏差值的 1/2。 （2）钢材表面的锈蚀等级应符合现行国家标准《涂装前钢材表面锈蚀等级和除锈等级》（GB 8923—1988）规定的 C 级及 C 级以上。 钢材表面的锈蚀等级 **等级 / 特征** A　全面的覆盖着氧化皮而几乎没有铁锈钢材表面 B　已发生锈蚀，并且部分氧化皮以及剥落的钢材表面 C　氧化皮已因锈蚀而剥落，或者可以刮除，并且有少量点蚀的钢材表面 D　氧化皮已因锈蚀而全面剥落，并且已普遍发生点蚀的钢材表面 （3）钢材端边或端口处不应有分层、夹渣等缺陷。 上述要求做全部观察检查
钢材几何尺寸检查	钢板的厚度、型钢的规格尺寸及允许偏差应符合其产品标准的要求，每一品种、规格抽查 5 处
钢材堆放保管	（1）钢材应按种类、材质、炉号（批号）、规格等分类平整堆放，并做好标记，堆放场地应有排水设施。 （2）钢材入库和发放应有专人负责，并及时记录验收和发放情况。 （3）钢结构制作的余料，应按种类、钢号和规格分别堆放，作好标记，计入台账，妥善保管

（2）焊接材料的质量要求见表 3-1-5。

表 3-1-5　　　　　　　　　　焊接材料质量要求

项　目	说　明
焊条、焊剂、焊丝	（1）焊条应符合现行国家标准《碳钢焊条》（GB/T 117—1995）、《低合金钢焊条》GB/T 5 118—1995）。 （2）焊丝应符合现行国家标准《熔化焊用钢丝》（GB/T 14957—1994）、《气体保护电弧焊用碳钢、低合金钢焊丝》（GB/T 8110—1995）及《碳钢药芯焊丝》（GB/T 10045—2001）、《低合金钢药芯焊丝》（GB/T 17493—1998）的规定。 （3）埋弧焊用焊丝、焊剂应符合现行国家标准《埋弧焊用碳钢焊丝和焊剂》（GB/T 5293—1999）、《埋弧焊用低合金钢焊丝和焊剂》（GB/T 12470—2003）的规定
保护气体	（1）气体保护焊使用的氩气应符合现行国家标准《氩》（GB/T 4842—2006）的规定，其纯度不应低于 99.95%。 （2）气体保护焊使用的二氧化碳气体应符合现行国家标准《焊接用二氧化碳》（HG/T 2537—1993）的规定，大型、重型及特殊钢结构工程中主要构件的重要焊接节点采用的二氧化碳气体质量应符合该标准中优等品的要求，即其二氧化碳含量（体积分数）不得低于 99.9%，水蒸气与乙醇总含量（质量分数）不得高于 0.005%，并不得检出液态水
填充材料复验	大型、重型及特殊钢结构的主要焊缝采用的焊接填充材料应按生产批号进行复验。复验应由国家技术质量监督部门认可的质量监督检测机构进行
钢材与焊接材料的配合	钢结构工程中选用的新钢材必须经过新产品鉴定。钢材应由生产厂家提供焊接性资料、指导性焊接工艺、热加工和热处理工艺参数、相应钢材的焊接接头性能数据等资料；焊接材料应由生产厂家提供贮存焊前烘焙参数规定、熔敷金属成分、性能鉴定资料及指导性施焊参数，经专家论证、评审和焊接工艺评定合格后，方可在工程中采用

续表

项 目	说 明
焊接接头	焊接 T 形、十字形、角接接头，当其翼缘板厚度等于或大于 40mm 时，设计宜采用抗层状撕裂的钢板。钢板的厚度方向性能级别应根据工程的结构类型、节点形式及板厚和受力状态的不同情况选择。 钢板厚度方向的性能级别 Z15、Z25、Z35 相应的含硫量、断面收缩率应符合下表规定。 钢板厚度方向性能级别及其含硫量、断面收缩率值 表见下

级别	含硫量（%）（小于等于）	断面收缩率（%）	
		三个试样平均值不小于	单个试样值不小于
Z15	0.01	15	10
Z25	0.007	25	15

（3）紧固件与组合件质量要求见表 3-1-6。

表 3-1-6　　　　　　　　　　　　　紧固件与组合件质量要求

项 目	说 明
紧固件	（1）钢结构工程所用的紧固件（普通螺栓、高强度螺栓、焊钉），应有出厂质量证明书，其质量应符合设计要求和国家现行有关标准的规定。 （2）普通螺栓可采用现行国家标准《碳素结构钢》（GB/T 700—2006）中规定的 Q235 钢制成。 （3）高强度大六角头螺栓连接副包括一个螺栓，一个螺母和两个垫圈。对于性能等级为 8.8 级、10.9 级的高强度大六角头螺栓连接副，应符合现行国家标准《钢结构用高强度大六角头螺栓》（GB/T 1228—2006）、《钢结构用高强度大六角螺母》（GB/T 1229—2006）、《钢结构用高强度垫圈》（GB/T 1230—2006）、《钢结构用高强度大六角头螺栓、大六角头螺母、垫圈技术条件》（GB/T 1231—2006）的规定。 （4）扭剪型高强度螺栓连接副包括一个螺栓，一个螺母和一个垫圈。对于性能等级为 8.8 级、10.9 级的扭剪型高强度螺栓连接副，应符合现行国家标准《钢结构用扭剪型高强度螺连接副》的规定。 （5）焊钉应符合现行国家标准，《电弧螺栓焊用圆柱头焊钉》GB 10433—2002）的规定
组合件	（1）（钢网架结构采用的焊接球、螺栓球、封板锥头、套筒等组合件应符合现行产品标准《钢网架螺栓球节点》（JG 10—1999）的规定。 （2）钢结构及其围护体系中用金属压型板应符合现行国家标准《建筑用压型板》（GB/T 12755—1991）、《铝及铝合金压型板》（GB/T 6891—2006）的规定

6. 组织技术交底

（1）钢结构工程是一个综合性的加工生产过程；构件或产品的生产从投料到成品，要经过许多道加工工序和装配连接等一系列的工作。根据构件或产品的特性和技术要求，为确保工程质量，对制作的工艺规程以及装配、焊接等生产技术问题，必须进行组织技术交底的专题讨论，这是施工前为贯彻执行工程项目技术要求，保证质量工作的专业会议。

（2）技术交底会应有下列部门和人员参加：工程图纸的设计单位，工程建设单位以及制作单位有关部门和有关人员。

（3）技术交底的主要内容由以下几个方面组成：工程概况；工程结构件数量；图纸中关键部件的说明；节点情况介绍；原材料对接和堆放的要求；验收标准的说明；交货期限，交货方式的说明；构件包装和运输要求；油漆质量要求；其他需要说明的技术要求。

（4）技术交底会的目的是对某一项钢结构工程中的技术要求进行全面的交底，确保工程质量。同时亦可对制作中的难题，进行研究讨论，以达到意见统一，解决生产上的问题。

3.1.3.2　零件加工

1. 工艺流程

一般钢结构的制作工艺流程如图 3-1-4。

2. 放样、号料

（1）放样。

1）放样的要求。

放样是整个钢结构制作工艺中的第一道工序，也是至关重要的一道工序。只有放样尺寸精确，才能避免以后各道工序的累积误差，才能保证整个工程的质量。

①放样工作包括如下内容：核对图纸的安装尺寸和孔距；按照施工图上几何尺寸以 1:1 的大样放出节点；核对各部分的尺寸；制作样板和样杆作为下料、弯制、铣、刨、制孔等加工的依据；②放样号料用的工具及设备有：划针、冲子、手锤、粉线、弯尺、直尺、钢卷尺、大钢卷尺、剪子、小型剪板机、折弯机。钢卷尺必须经过计量部门的校验复核，合格的方能使用；③放样时以 1:1 的比例在样板台上弹出大样。当大样尺寸过大时，可分段弹出。对一些三角形的构件，如果只对其节点有要求，则可以缩小比例弹出样子，但应注意其精度。放样弹出的十字基准线，二线必须垂直。然后根据十字线逐一划出其他各个点及线，并在节点旁注上尺寸，以备复查及检验。

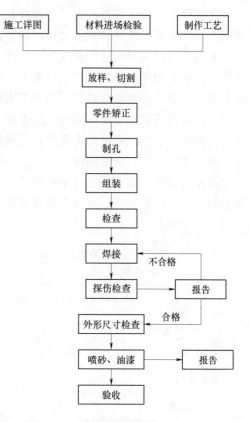

图 3-1-4　钢结构的制作工艺流程

2）样本、样杆。

样板一般用 0.50～0.75mm 厚的铁皮或塑料板制作。样杆一般用钢皮或扁铁制作，当长度较短时可用木尺杆。

用作计量长度依据的钢卷尺，特别注意应经授权的计量单位去计量，且附有偏差卡片，使用时按偏差卡片的记录数值校对其误差数。钢结构制作、安装、验收及土建施工用的量具，必须在同一标准进行鉴定，应具有相同的精度等级。

样板、样杆上应注明工号、图号、零件号、数量及加工边、坡口部位、弯折线和弯折方向、孔径和滚圆半径等。

由于生产的需要，通常制作适应于各种形状和尺寸的样板和样杆。

样板一般分为四种类型：

①号孔样板，是专用于号孔的样板。②卡型样板，是用于煨曲或检查构件弯曲形状的

样板。卡型样板分为内卡型样板和外卡型样板两种。③成型样板，是用于煨曲或检查弯曲平面形状的样板。此种样板不仅用于检查各部分的弧度，同时又可以作为端部割豁口的号料样板。④号料样板，是供号料或号料同时号孔的样板。

对不需要展开的平面形零件的号料样板有如下两种制作方法：即按零件图的尺寸直接在样板料上作出样板。

①画样法，即按零件图的尺寸直接在样板料上作出样板。②过样法，这种方法又叫移出法，分为不覆盖过样和覆盖过样两种方法。

不覆盖过样法是通过作垂线或平行线，将实样图中的零件形状过到样板料上；而覆盖过样法，则是把样板料覆盖在实样图上，再根据事前作出的延长线，画出样板。为了保存实样图，一般采用覆盖过样法，而当不需要保存实样图时，则可采用画样法制作样板。

上述样板的制作方法，同样适用于号孔、卡型和成型等样板的制作。当构件较大时，样板的制作可采用板条拼接成花架，以减轻样板的重量，便于使用。样板和样杆应妥为保存，直至工程完工后方可销毁。

放样所画的石笔线条粗细不得超过 0.5mm，粉线在弹线时的粗细不得超过 1mm。剪切后的样板不应有锐口，直线与圆弧剪切时应保持平直和圆顺光滑。样板的精度要求见表3-1-7和图3-1-5。

表 3-1-7　放样和样板（样杆）的偏差

项　　目	允许偏差
平等线距离和分段尺寸	±0.5mm
对角线差 L_1	1.0mm
宽度 B、长度 L	±0.5mm
孔距 A	±0.5mm
加工样板的角度 C	±20′

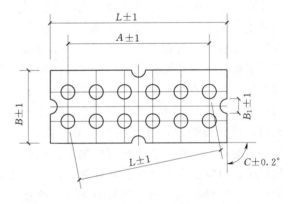

图 3-1-5　放样和样板、样杆允许偏差

放样时，铣、刨的工件要考虑加工余量，所有加工边一般要留加工余量5mm。焊接构件要按工艺要求放出焊接收缩量，表3-1-7中给出了的预防收缩量，焊接收缩量由于受焊肉大小、气候条件、施焊工艺和结构断面等多种因素的影响，其变化较大。表3-1-8中的数值仅供参考。

高层钢结构框架柱尚应预留弹性压缩量。高层钢框架柱的弹性压缩量应按结构自重（包括钢结构、楼板、幕墙等的重量）和实际作用的活荷载产生的柱压力计算。相邻柱的弹性压缩量相差不超过5mm时，允许采用相同的增长。柱压缩量应由设计者提出，由制作厂和设计者协商确定其数值。

（2）划线。

划线也称号料，即利用样板、样杆或根据图纸，在板料及型钢上画出孔的位置和零件形状的加工界线。号料的一般工作内容包括：检查核对材料；在材料划出切割、铣、刨、弯曲、钻孔等加工位置；打冲孔；标注出零件的编号等。

表 3 - 1 - 8　　　　　　　焊接结构中各种焊缝的预放收缩量

序号	结构种类	特　　点	焊 缝 收 缩 量
1	实腹结构	断面高度在 1000mm 以内 钢板厚度在 25mm 以内	纵长焊缝——每米焊缝为 0.1～0.5mm（每条焊缝）； 接口焊缝——每一个接口为 1.0mm； 加劲板焊缝——每对加劲板为 1.0mm
		断面高度在 1000mm 以上 钢板厚度在 25mm 以上 各种厚度的钢板其断面高度 在 1000mm 以上者	纵长焊缝——每米焊缝为 0.05～0.20mm（每条焊缝）； 接口焊缝——每一个接口为 1.0mm； 加劲板焊缝——每对加劲板为 1.0mm
2	格构式结构	轻型（屋架、架线塔等）	接口焊缝——每一个接口为 1.0mm； 搭接焊缝——每一条焊缝为 0.5mm
		重型（如组合断面柱子等）	组合断面的托梁、柱的加工余量按本表第一项采用； 焊接接头焊缝——每个接头为 0.5mm

1）号料时应注意以下问题：

a. 熟悉工作图，检查样板、样杆是否符合图纸要求。根据图纸直接在板料和型钢上号料时，应检查号料尺寸是否正确，以防产生错误，造成废品。允许偏差按表 3 - 1 - 9 采用。

b. 如材料上有裂缝、夹层及厚度不足等现象时，应及时研究处理。

c. 钢材如有较大弯曲、凸凹不平等问题时，应先进行矫正。

d. 号料时，对于较大型钢画线多的面应平放，以防止发生事故。

e. 根据配料表和样板进行套裁，尽可能节约材料。

表 3 - 1 - 9　　号料允许偏差

项　目	允许偏差（mm）
零件外形尺寸	±1.0
孔距	±0.5

f. 当工艺有规定时，应按规定的方向进行划线取料，以保证零件对材料轧制纹络所提出的要求。

g. 需要剪切的零件，号料时应考虑剪切线是否合理，避免发生不适于剪切操作的情况。

h. 不同规格、不同钢号的零件应分别号料，并依据先大后小的原则依次号料。尽量使相等宽度或长度的零件放在一起号料。

i. 需要拼接的同一构件必须同时号料，以利于拼接。

j. 矩形样板号料，要检查原材料钢板两边是否垂直，如果不垂直则要划好垂直线后再进行号料。

k. 带圆弧型的零件，不论是剪切还是气割，都不应紧靠在一起进行号料，必须留有间隙，以利于剪切或气割。

l. 钢板长度不够需要焊接接长时，在接缝处必须注明坡口形状及大小，在焊接和矫正后再划线。

m. 钢板或型钢采用气割切割时，要放出气割缝宽度，其宽度按下表所给出的数值考虑。

n. 号料工作完成后，在零件的加工线和接缝线上，以及孔中心位置，应视具体情况打上錾印或样冲；同时应根据样板上的加工符号、孔位等，在零件上用白铅油标注清楚，为下道工序提供方便。

2）为了合理使用和节约原材料，必须最大限度地提高原材料的利用率。常用的号料方法有如下几种：

a. 集中号料法。由于钢材的规格多种多样，为减少原材料的浪费，提高生产率，应把同厚度的钢板零件和相同规格的型钢零件，集中在一起进行号料。

b. 套料法。在号料时，要精心安排板料零件的形状位置，把同厚度的各种不同形状的零件和同一形状的零件，进行套料。

c. 统计计算法。统计计算法是在型钢下料时采用的一种方法。号料时应将所有同规格型钢零件的长度归纳在一起，先把较长的排出来，再算出余料的长度，然后把和余料长度相同或略短的零件排上，直至整根料被充分利用为止。

d. 余料统一号料法。将号料后剩下的余料按厚度、规格与形状基本相同的集中在一起，把较小的零件放在余料上进行号料。

号料有利于切割和保证零件质量。号料所画的石笔线条粗细以及粉线在弹线时的粗细均不得超过 1mm；号料敲凿子印间距，直线为 40～60mm，圆弧为 20～30mm。

表 3-1-10　　　　切割余量表

切割方式	材料厚度（mm）	割缝宽度（mm）
气割下料	≤10	1～2
	10～20	2.5
	20～40	3.0
	40 以上	4.0

（3）切割。

切割也称下料。下料是根据施工图纸的几何尺寸、形状制成样板，利用样板或计算出的下料尺寸，直接在板料或型钢表面上，画出零构件形状的加工界线，采用剪切、冲裁、锯切、气割、摩擦切割和高温热源切割等操作的过程见表 3-1-10。刨和铣加工是对切割的零件边缘加工，以便提高零件尺寸的精度，消除切割边缘的有害影响，加工焊接坡口，提高截面光洁度，保证截面能良好的传递较大压力。

施工中采用哪一种切割方法比较合适，应根据各种切割方法的设备能力、切割精度、切割表面的质量情况，以及经济性等因素来具体选定。

在钢结构制造厂中，一般情况下，钢板厚度在 12mm 以下的直线性切割，常采用剪切下料。气割多少是用于带曲线的零件或厚钢板的切割。各类型钢，以及钢管等的下料通常采用锯割，但一些中小型的角钢或圆钢等，常常也采用剪切或气割的方法。等离子切割主要用于不易氧化的不锈钢材料及有色金属如铜或铝等的切割。

1）下料准备。

①准备好下料的各种工具。如各种量尺、手锤、中心冲、划归、划针和凿子及上面提到的剪、冲、锯、割等工具；②检查对照样板及计算好的尺寸是否符合图纸的要求。如果按图纸的几何尺寸直接在板料或型钢上下料时，应细心检查计算下料尺寸是否正确，防止错误和由于错误造成的废品；③发现材料上有疤痕、裂纹、夹层及厚度不足等缺陷时，应及时与有关部门联系，研究决定后再进行下料；④钢材有弯曲和凹凸不平时，应先矫正，

以减小下料误差；⑤材料的摆放，两型钢或板材边缘之间至少有 50～100mm 的距离以便划线。规格较大的型钢和钢板放、摆料要有吊车配合进行，可提高功效保证安全。

2）下料常用的符号。

下料常用的符号见表 3-1-11。

表 3-1-11　　　　　　　　　　　常 用 下 料 符 号

序号	名　　称	符　号
1	板缝线	
2	中心线	
3	R 曲线	R曲
4	切断线	
5	余料切线（被划斜线面为余料）	
6	弯曲线	
7	结构线	
8	刨边符号	

3）下料的一般规定。

a. 切割余量的确定可依据设计进行。如无明确要求，可参见表 3-1-12 选取。

表 3-1-12　　　　　　　　　　　切 割 余 量　　　　　　　　　　单位：mm

加工余量	锯 切	剪 切	手工切割	半自动切割	精密切割
切割缝		1	4～5	3～4	2～3
刨边	2～3	2～3	3～4	1	1
铣平	3～4	2～3	4～5	2～3	2～3

b. 钢材下料的方法有氧割、机切、冲模落料和锯切等。气割和机械剪切的允许偏差分别见表 3-1-13 与表 3-1-14。

表 3-1-13　　　　　　　　　　气 割 的 允 许 偏 差　　　　　　　　单位：mm

项　目	允 许 偏 差	项　目	允 许 偏 差
零件宽度、长度	±3.0	割纹深度	0.3
切割面平面度	0.05t，且不大于 2.0	局部缺口深度	1.0

注　t 为切割面厚度。

c. 机械剪切的允许偏差。

表 3 - 1 - 14　机械剪切的允许偏差

单位：mm

项　目	允 许 偏 差
零件宽度，长度	±3.0
边缘缺棱	1.0
型钢端部垂直度	2.0

d. 钢材下料切割的方法通常可根据具体要求和实际条件，参照表 3 - 1 - 15 选用。

e. 切割后的钢材不得有分层，断面上不得有裂纹，应清除切口处的毛刺或熔渣和飞溅物。

f. 钢材切割面应无裂纹、夹渣、分层和大于 1mm 的缺棱；其切割面质量应符合下述规定：

表 3 - 1 - 15　各种切割方法分类比较

类　别	适用设备	特点及适用范围
机械切割	剪板机	切割速度快，切口整齐、效率高，适用于薄钢板、压型钢板、冷弯檩条的切割
	无齿锯	切割速度快，可切割不同形状和不同的各类型钢、钢管、钢板，切口不光洁，噪声大，适用锯切精度要求较低的构件或下料留有余量最后尚需精加工的构件
	砂轮锯	切口光滑，生刺较薄易清除，噪声大，粉尘多，适用于切割薄壁型钢及小型钢管。切割材料的厚度不宜超过 4mm
	锯床	切割精度高，适用于切割各类型钢及梁柱等型钢构件
气割	自动切割	切割精度高，速度快，在其数控切割时可省去放样、划线等工序而直接切割。适用于钢板切割
	手工切割	设备简单，操作方便，费用低，切口精度较差，能够切割各种厚度的钢材
等离子切割	等离子切割机	切割温度高，冲刷力大，切割边质量好，变形小，可以切割任何高熔点的金属，特别是不锈钢、铝铜及其合金等

①切割面平整度 u，见图 3 - 1 - 6，即在所测部位切割面上的最高点和最低点，按切割面倾角方向所做两条平行线的间距，应符合 $u \leqslant 0.05t$（t 为切割面厚度），且不大于 2.0mm。②切割面割纹深度（表面粗糙度）h，见图 3 - 1 - 7 即在沿着切割方向 20mm 长的切割面上，以理论切割线为基准的轮廓峰顶线盒轮廓各底线之间的距离，$h \leqslant 0.2mm$。③局部切口深度，即在切割面上形成的宽度、深度及形状不规则的缺陷，它使均匀的切割面产生中断。其深度应小于等于 1.0mm。④机械剪切面的边缘缺棱，见图 3 - 1 - 8，应小于等于 1.0mm。⑤剪切面的垂直度，见图 3 - 1 - 9，应小于等于 2.0mm。⑥切割面出现

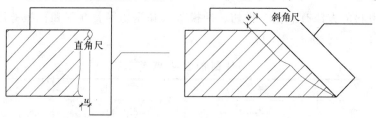

图 3 - 1 - 6　切割面平面度示意图

裂纹、夹渣、分层等缺陷，一般是钢材本身的质量问题，特别是厚度大于 10mm 的沸腾钢容易出现这类问题，所以要特别注意。

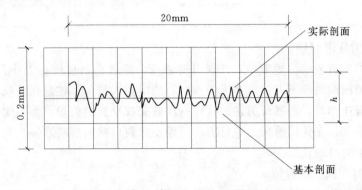

图 3-1-7　切割面割纹深度示意图

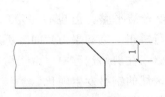

图 3-1-8　机械剪切面的
边缘缺棱示意图

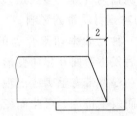

图 3-1-9　剪切面垂直图
示意图

4）冲裁下料。

对成批生产的构件或定型产品，应用冲裁下料，可提高生产效率和产品质量。

冲裁方法见图 3-1-10，冲裁时，材料置于凸凹模之间，在外力作用下，凸凹模产生一对剪切力（劈切线通常是封闭的）材料在剪切力作用下被分割。冲裁过程中材料的变形情况及断面状况，与剪切时大致相同。

5）剪切下料。

剪切一般在斜口剪床、龙门剪床、圆盘剪床等专用机床进行。

a. 在斜口剪床上剪切。

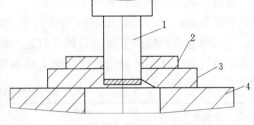

图 3-1-10　冲裁
1—凸模；2—板料；3—凹模；4—冲床工作台

为了使剪刀片具有足够的剪切能力，其上剪刀片沿长度方向的斜度一般为 $10°\sim15°$，截面的角度为 $75°\sim80°$。这样可避免在剪切时剪刀和钢板材料之间产生的摩擦，上、下剪刀刃也有约 $5°\sim7°$ 的刃口角。

上、下剪刀片之间的间隙，根据剪刀钢板厚度的不同，可以进行调整。其间隙见表 3-1-16，厚度越大，间隙应越大一些。一般斜口剪床适用于剪切厚度在 25mm 以下的钢板。

表 3 - 1 - 16　　　　　　　斜口剪床上、下剪刀片之间的间隙　　　　　　单位：mm

钢板厚度	＜9	6～14	15～30	30～40
刀片间隙	0.08～0.09	0.10～0.3	0.4～0.5	0.5～0.6

b. 在龙门剪床上剪切。

剪切前，将钢板表面清理干净，并划出剪切线，然后将钢板放在工作台上。剪切时，首先将剪切线的两端对准下刀口。多人操作时，选定一人指挥，控制操纵机构。剪床的压紧机构先将钢板压牢后，再进行剪切。这样一次就完成全长的剪切，而不像斜口剪床那样分几段进行。因此，在龙门剪床上进行剪切操做要比斜口剪床容易掌握。龙门剪床的剪切长度不能超过下刀口的长度。

c. 在圆盘剪切机上的剪切。

圆盘剪切机是剪切曲线的专用设备。圆盘剪切机的剪刀由上、下两个呈锥形的圆盘组成。上、下圆盘的位置大多数是倾斜的，并可以调节。

d. 剪切对钢材质量的影响。

剪切是一种高效率切割金属的方法，切口也较光洁平整。但也有一定的缺点。如：①零件剪切后发生弯曲和扭曲变形，剪切后必须进行矫正。②如果刀片间隙不适当，则零件剪刀断面粗糙并带有毛刺或出现卷边等不良现象。③在剪切过程中，由于切口附件金属受剪力作用而发生挤压、弯曲而变形，由此而使该区域的钢材发生硬化。

当被剪切的钢板厚＜25mm 时，一般硬化区域宽度在 1.5～2.5mm 之间。所以在制造重要的构件时，需要将硬化区的宽度刨削除掉或者进行热处理。

6）气割下料。

气割可以切割较厚的钢材，而且设备简单，费用经济，生产效率较高，并能实现空间各种位置的切割。所以在金属结构的制造和维修中，得到广泛的应用。

氧割。高温的钢能在氧气中剧烈燃烧，所有钢能以氧气切割，在切割之前首先将金属加热至燃烧点，然后用高压的氧气喷射上去，使其剧烈燃烧，同时借喷射压力将熔渣吹去，造成割缝达到切割金属的目的。但熔点高于火焰温度或难于氧化的材料（如不锈钢），则不宜用气割。氧与各种燃料燃烧时火焰温度，见表 3 - 1 - 17。

表 3 - 1 - 17　　　　　　　　氧与各种燃料燃烧时的火焰温度

燃料名称	火焰温度（℃）	燃料名称	火焰温度（℃）
乙炔气	3100～3200	甲烷气	2200～2300
汽油气体	2500～2600	丙烷气	2000～2850
煤油气体	2200～2250	液化石油气	2600～2800

气割能够切割各种厚度的钢材，设备灵活，费用经济，切割精度也高，是目前使用最广泛的切割方法。气割按切割设备不同分为：手工气割、半自动气割、仿型气割、多头气割、数控气割和光电跟踪气割。

氧气切割会引起钢材产生淬硬倾向，对 16Mn 钢材料更显著。淬硬深度约为 0.5～1.0mm，会增加边缘加工困难。

目前，H 型钢材的使用量正在不断地增加，为了适合 H 型钢的切割下料，高效率、高性能的手提式切割机的需求量也在不断增加。日本便携式 H 型钢自动切割机具具有快速精确切割工字钢的能力，切割时不需要移动工件。该机有两个马达，一个是为腹板切割，一个是为翼缘切割。当腹板切割时，机器沿轨道行走。当翼缘切割时，割炬装置沿竖向齿柱上、下移动，不需要转动工字钢。

IK—72T 便携式全方位自动气体切割机的曲面切割过程完全自动完成，切割过程简便、迅速和精确。

气割时应该正确选择割嘴型号、氧气压力、气割速度和预热火焰的能率等工艺参数。工艺参数的选择主要是根据气割机械的类型和可切割的钢板厚度。常见气割断面缺陷及其产生原因见表 3 - 1 - 18。

表 3 - 1 - 18　　　　　　　　　常见气割断面缺陷及其产生原因

缺陷名称	图　示	产　生　原　因
粗糙		切割氧压力过高； 割嘴选用不当； 切割速度太快； 预热火焰能率过大
缺口		切割过程中断，重新起割衔接不好； 钢板表面有厚的氧化皮，铁锈等； 切割坡口时预热火焰能率不足； 半自动气割机导轨上有赃物
内凹		切割氧压力过高； 切割速度过快
倾斜		割炬与板面不垂直； 风线歪斜； 切割氧压力低或嘴号偏小
上缘熔化		预热火焰太强； 切割速度太慢； 割嘴离割件太近
上缘呈珠链状		钢板表面有氧化皮，铁锈； 割嘴到钢板的距离太小，火焰太强
下缘粘渣		切割速度太快或太慢； 割嘴号太小； 切割氧压力太低

气割前，应去除钢材表面的污垢、油脂，并在下面留出一定的空间，以利于熔渣的吹出。气割时，割炬的移动应保持匀速，割件表面距离焰心尖端 2～5mm 为宜，距离太近会使切口边缘熔化，太远了热量不足，易使切割中断。气割时，要调节好气割氧气射流的形状，使其达到并保持轮廓清晰，风线长射力高。

在进行气割时需注意以下几点：①气压稳定，不漏气；②压力表、速度计等正常无损。③机体行走平稳，使用轨道时要保证平直和无振动；④割嘴气流顺畅，无污损；⑤割炬的角度和位置标准。

气割时必须防止回火，回火的实质是氧乙炔混合气体从割嘴内留出的速度小于混合气体的燃烧速度。发生回火时，应及时采取措施，将乙炔皮管折拢并捏紧，同时紧急关闭气源，一般先关闭乙炔阀，再关氧气阀，使回火在割炬内迅速熄灭，稍待片刻，再开启氧气阀，以吹掉割炬内残余的燃气和微粒，然后再点火使用。

为防止气割变形，在气割操作中应遵循下列程序：①大型工件的切割，应先从短边开始；②在钢板上切割不同尺寸的工件时，应先割小件，后割大件；③在钢板上切割不同形状的工件时，应先割较复杂的，后割较简单的；④窄长条形板的切割，长度两端留出50mm 不割，待割完长边后再割断，或者采用多割炬的对称气割的方法。

等离子切割。等离子切割应用特殊的割炬，在电流、气流及冷却水的作用下，产生高达 2000～30000℃ 的等离子弧熔化金属而进行切割的设备，它的优点是：①能量高度集中，温度高而且具有很高的冲刷力，可以切割任何高熔点金属，有色金属和非金属材料；②由于弧柱被高度压缩，温度高、直径小、冲击力大，所以切口较窄，切割边的质量好，切速高，热影响区小，变形也小，切割厚度可达 150～200mm。成本较低，特别是采用氮气等廉价的气体，成本低。

等离子弧切割目前主要用于不锈钢、铝、镍、铜及其合金等，还部分地代替氧乙炔焰，切割一般碳铜和低合金钢。另外，由于等离子弧切割具有上述优点，所以在一些尖端技术上也被广泛采用。

（4）矫正。

钢结构矫正就是通过外力或加热作用，使钢材较短部分的纤维伸长；或使较长部分的纤维缩短，最后迫使钢材反变形，以使材料或构件达到平直及一定几何形状要求，并符合技术标准的工艺方法。

1）矫正的主要形式有：

矫直：消除材料或构件的弯曲。

矫平：消除材料或构件的翘曲或凹凸不平。

矫形；对构件的一定几何形状进行整形。

2）矫正原理：利用钢材的塑性、热胀冷缩的特性，以外力或内应力应用作用迫使钢材反变形，消除钢材的弯曲、翘曲、凹凸不平等缺点，以达到矫正之目的。

3）矫正的分类：

按加工工序分有：原材料矫正、成型矫正、焊后矫正等。

按矫正时外因来源分有：机械矫正、火焰矫正、高频热点矫正、手工矫正、热矫正等。

按矫正时温度分有：冷矫正、热矫正等。

碳素结构钢在环境温度低于$-16℃$时，低合金结构钢在环境温度低于$-12℃$时，为避免钢材冷脆断裂不得进行冷矫正和冷弯曲，矫正后的钢材表面不应有明显的凹痕和损伤，表面划痕深度不得大于 0.5mm。

当采用火焰矫正时，加热温度应根据钢材性能选定。但不得超过 900℃，低合金钢在热矫正后应该慢慢冷却。

矫正就是造成新的变形区抵消已经发生的变形，型钢矫正分机械矫正、手工矫正和火焰矫正等。

型钢矫正前，先要确定弯曲点的位置（又称找弯）这是矫正工作不可缺少的步骤，在现场确定型钢变形位置，常用平尺靠量，拉直粉线来检验，但多数是用目测，如图 3-1-11 所示。确定型钢弯曲点时，应注意型钢自重下沉而产生的弯曲，影响准确查看弯曲度。因此对较长型的型钢测弯要放在水平面上或放在矫架上测量。

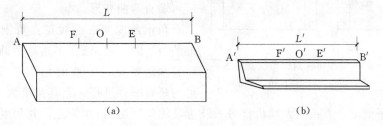

图 3-1-11 型钢目测弯曲点
（a）扁钢或方钢；（b）角钢

目测型钢弯曲点时，应以全长（L）中间（O）点为界，A、B 两人分别站在型钢的各端，并翻转各面找出所测的界面弯曲点（A 视 E 段长度、B 视 F 段长度）然后用粉笔标注。目测方法适于有经验的工人，缺少经验者目测的误差就大，因此对长度较短的型钢测弯点时应采用直尺量，较长的应采用拉线法测量。

1）型钢矫正机矫正。

型钢机械矫正时是型钢矫直机上进行的，如图 3-1-12 所示。型钢矫直机的工作力有侧向水平推力和垂直向下压力两种。两种型钢矫直机的工作部分是由两个支承和一个推

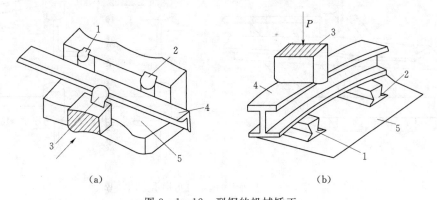

图 3-1-12 型钢的机械矫正
（a）撑直机矫正角钢；（b）撑直机（或压力机）矫正工字钢
1、2—支承；3—推撑；4—型钢；5—平台

撑构成。推撑可做伸缩运动，伸缩距离可根据需要进行控制，两个支承固定在机座上，可按型钢弯曲程度来调整两支承点之间的距离，一般矫大弯距离则大，矫小弯距离则小。在矫直机的支承、推撑之间的下平面至两端，一般安设数个带轴承的转动轴或滚筒支架设施，便于矫正较长的型钢时，来回移动省力。

　　2）型钢手工矫正。

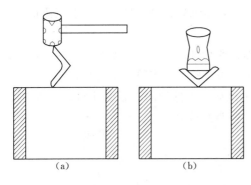

图 3-1-13　手工矫正角钢角度变形
(a) 大于 90°的矫正；(b) 小于 90°的矫正

　　型钢用人力大锤矫正，多数是用在小规格的各种型钢上，依点锤击力进行矫正。因型钢结构的刚度较薄钢板强，所以用锤击矫正各种型钢的操作原则为见凸就打。

　　a. 角钢手工矫正：角钢的矫正首先要矫正角度变形（如图 3-1-13），将其角度矫正后再矫直弯曲变形。

　　角钢角度变形的矫正：角钢批量角度变形的矫正时，可制成 90°角形凹凸模具用机械压、顶法矫正；少量的角钢角度局部变形，可与矫直一并进行。当其角度大于 90°时，将

一肢边立在平面上，直接用大锤机打另一肢边，使角度达到 90°为止；其角度小于 90°时，将内角向上垂直放一平面上，将适合的角度锤或手工锤放于内角，用大锤击打，扩大角度而达到 90°。

　　角钢弯曲手工矫正：用大锤矫正角钢的方法如图 3-1-14 所示。将角钢放在矫架上，根据角钢长度，一人或两人握紧角钢的端部，另一人用大锤击中角钢的立边面和角筋位置面，要求打准且稳。根据角钢各面的弯曲和翻转变化以及打锤者所站的位置，大锤击打角钢各面时，其锤把按图 3-1-14 所示箭头方向略有抬高或放低。锤面与角钢面的高、低夹角约为 3°～10°。这样大锤对角钢具有推、拉作用力，以维持角钢受力时的重心平衡，才不会把角钢打翻和避免发生震手的现象。

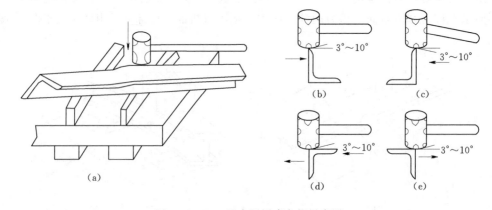

图 3-1-14　用大锤矫直角钢示意图
(a) 角钢矫直用矫架；(b) 立面拉打；(c) 立面推打；(d) 平面推打；(e) 平面拉打

b. 槽钢的矫正：槽钢大小面方向变形变曲的大锤矫正与角钢各面弯曲矫正方法相同。翼缘面局部内外凹凸变形的手工矫正方法如图 3-1-15 所示。

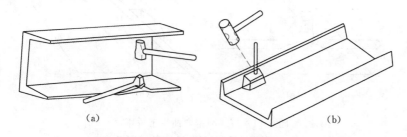

图 3-1-15　槽钢翼缘面凸变形的手工矫正
(a) 内凸检查；(b) 外凸检查

　　槽钢翼缘内凸的矫正：槽钢翼缘向内凸起矫正时，将槽钢立起并使凹面向下与平台悬空；矫正方法应视变形程度而定。当凹变形小时，可用大锤由内向外直接击打；严重时可用火焰加热其凸处，并用平锤垫衬，大锤击打即可矫正。

　　槽钢翼缘面外凸矫正：将槽钢翼缘面仰放在平台上，一人用大锤顶紧凹面，另一人用大锤由外凸处向内打击，直到打平为止。

　　c. 扁钢矫正：矫直扁钢侧向变形时，将扁钢凸面朝上、凹面朝下放置于矫架上，用大锤由凸处最高点依次击打，即可矫正。

　　扁钢的扭曲矫正见图 3-1-16。小规格的扁钢扭曲矫正先将靠近扭曲处的直段用虎钳夹紧，用扳制的开口扳手插在另一端靠近扭曲处的直段，向扭曲的反方向加力扳曲，最后放在平台上用大锤修整而矫正扁钢。扁钢扭曲的另一种矫正方法是将扁钢的扭曲点放在平台边缘上，用大锤按扭曲反方向进行两面逐段来回移动循环击打即可矫正。

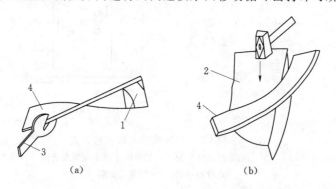

图 3-1-16　扁钢扭曲矫正
(a) 小规格扁钢用虎钳夹紧法矫正；(b) 扁钢放置平台边缘击打矫正
1—虎钳；2—平台；3—开口板具；4—扭曲角钢

　　d. 圆钢弯曲矫正：手工矫正方法见图 3-1-17。当圆钢制品件质量要求较严时应将弯曲凸面向上放在平台上，用摔子锤压凸处，用大锤击打便可矫正。

　　一般圆钢的弯曲矫正时，可两人进行。一人将圆钢的弯处凸面向上放在平台一端固定处，来回转动圆钢，另一人用大锤击打凸处，当全圆钢矫正一半时，从圆钢另一端进行矫

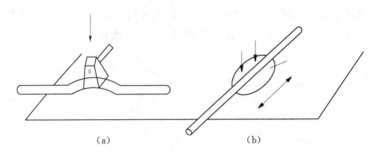

图 3-1-17 圆钢弯曲手工矫正

（a）用撺子锤矫正；（b）用大锤击打矫正

正，直到整根圆钢全部与平台面相接触即可。

另外，较细成盘圆钢的矫正可用拉力机进行拉伸矫正。在没有拉力机的情况下，还可用适当吨位的卷扬机进行拉伸矫正。

3）型钢火焰矫正法。

用氧——乙炔焰或其他气体的火焰对部件或构件变形部位进行局部加热，利用金属热胀冷缩的物理性能，钢材受热冷却时产生很大的冷缩应力来矫正变形。

加热方法：点状加热、线状加热、三角形加热三种。

a. 点状加热：加热点呈小圆形，直径一般为 10～30mm，点距为 50～100mm，呈梅花状布局，加热后点的周围向中心收缩，使变形得到矫正，如图 3-1-18 所示。

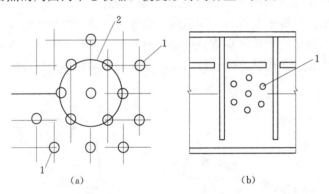

图 3-1-18 火焰加热的点状加热方式

（a）点状加热布局；（b）用点状加热矫正吊车梁腹板变形

1—点状加热点；2—梅花形布局

b. 线状加热：加热带的宽度不大于工件厚度的 0.5～2.0 倍。由于加热后上下两面存在较大的温差，加热带长度方向产生的收缩量较小，横方向收缩量大，因而产生不同收缩使钢板变直，但加热红色区的厚度不应超过钢板厚度的一半，常用于 H 型钢构件翼板角变形的矫正如图 3-1-19 所示。

c. 三角形加热：见图 3-1-20（a）、（b）。加热面呈等腰三角形，加热面的高度与底边的宽度一般控制在型材高度的 1/5～2/3 范围内，加热面应在工件变形凸出的一侧，三角顶在内侧，底在工件外侧边缘处，一般对工件凸起处加热数处，加热后收缩量从三角形

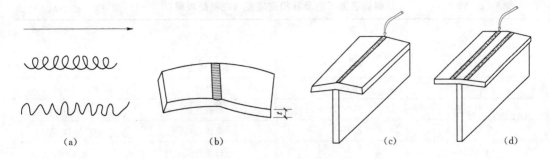

图 3-1-19　火焰加热的线状加热方式

（a）线状加热方式；（b）用线状加热矫正板变形；（c）用单加热带矫正 H 形梁翼缘角变形；

（d）用双加热带矫正 H 形梁翼缘角变形；t—板材的厚度

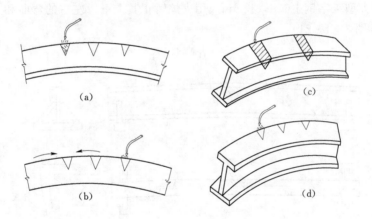

图 3-1-20　火焰加热的三角形加热方式

（a）、（b）角钢、钢板的三角形加热方式；（c）、（d）用三角形矫正 H 型梁拱变形和旁弯曲变形

顶点起沿等腰边逐渐增大，冷却后凸起部分收缩使工件得到矫正，常用 H 型钢构件的拱变形和旁弯的矫正见图 3-1-20（c）、（d）。

火焰加热温度一般为 700℃ 左右，不应超过 900℃，加热应均匀，不得有过热过烧现象；火焰厚度较大的钢材时，加热后不得用冷水冷却；对低合金钢必须缓慢冷却，因水冷却使钢材表面与内部温差过大，易产生裂纹；矫正时应将工件垫平，分析变形原因，整体选择加热点、加热温度和加热面积等，同一加热点的加热次数不宜超过 3 次。

点状加热适于矫正板料局部弯曲或凹凸不平；线状加热多用于较厚钢板（10mm 以上）的角变形和局部圆弧、弯曲变形的矫正；三角形加热面积大，收缩量也大，适于型钢、钢板及构件（如屋架、吊车梁等成品）纵向弯曲及局部弯曲变形的矫正。

火焰矫正变形一般只适于低碳钢、Q345 钢；对于中碳钢、高合金钢、铸铁和有色金属等脆性较大的材料，由于冷却收缩变形会产生裂纹，不得采用。

低碳钢和普通低合金钢火焰矫正时，常采用 600~800℃ 的加热温度。一般加热温度不宜超过 850℃，以免金属在加热时过热，但也不能过低，因温度过低时矫正效率不高，实践中凭钢材的颜色来判断加热温度的高度，加热过程中，钢材的颜色变化所表示的温度见表 3-1-19 所示。

表 3-1-19　　　　　　　　　　钢材表面颜色及其相应温度（在暗处观察）

颜　色	温　度 (℃)	颜　色	温　度 (℃)
深褐红色	500～580	亮樱红色	830～900
褐红色	580～650	橘红色	900～1050
暗樱红色	650～730	暗黄色	1050～1150
深樱红色	730～770	亮黄色	1150～1250
樱红色	770～800	白黄色	1250～1300
浅樱红色	800～830		

d. 火焰矫正实例：

实例 1：大型工字钢Ⅰ60d，长 6m，用火焰矫正其上下、左右的弯曲和上下翼缘与腹板的不垂直（图 3-1-21）。

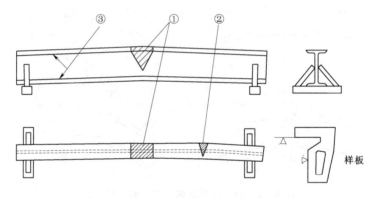

图 3-1-21　大型工字钢的火焰矫正示意

矫正方法是：先架起两端，烤①处，以矫正其上下弯曲，此时至少用两支烤枪使整个阴影部分全部加热至 700℃以上，冷却后观察其变形是否达到要求，如达不到要求，再烤一次。待达到要求后再烤②处，以矫正其水平弯曲。待水平和垂直弯曲矫正完毕，方可烤③处，以矫正其翼板不垂直于腹板，方法是见红即往前走，烤完全长（或局部），冷却后观察之，并用样板进行检查，间隙不超过规定即可。

实例 2：一钢板弯曲情况如图 3-1-22 所示，试用火焰娇正。

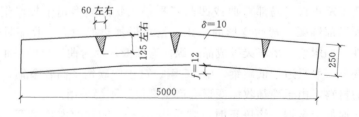

图 3-1-22　火焰矫正钢板示意

方法 1：集中加热 3 个三角形，加热范围应到达钢板宽度中心，每处边缘处宽度取 60mm 宽，加热温度取 900～700℃。冷却后观察，如有不足，在两间距中间再加热 2 处，根据残余变形量的大小调节加热区的宽度。

方法 2：在中间 3～4m 长度范围内均匀加热其凸出的边缘，烤枪按螺旋形走向运作，宽度约 30mm，见红就走。此时由于受热面积小，冷却较快，很快可以见到矫正的效果。但因钢板易产生平面外的挠曲，宜在反面同样烤 1 次。

4）高频热点矫正。

高频热点矫正是火焰矫正的基础上发展起来的一种新工艺。用它可以矫正任何钢材的变形，尤其是对一些尺寸较大、形状复杂的工件矫正效果更显著。

高频热点矫正法的原理和火焰矫正法的原理相同，所不同的是热源不用火焰而是用高频感应加热。当用交流电通入高频感应圈后，感应圈随即产生交变磁场。当感应圈靠近钢材时，由于交变磁场的作用，使钢材内部产生感应电流，由于钢材电阻的热效应而发热，使温度立即升高，从而进行加热矫正。因此，用高频热点矫正时，加热位置的选择与火焰矫正相同。

5）矫正允许偏差，见表 3-1-20。

表 3-1-20　　　　　　　　　钢材矫正后的允许偏差　　　　　　　　　单位：mm

项次	偏差名称	示意图	允许偏差
1	钢板、扁钢的局部挠曲矢高 f		在 1m 范围内 $\delta>14$，$f\leqslant 1.0$；$\delta\leqslant 14$，$f\leqslant 1.5$
2	角钢、槽钢、工字钢的挠曲矢高 f		长度的 1/1000 但不大于 5
3	角钢肢的垂直度 Δ		$\Delta\leqslant b/100$ 但双肢铆接连接时角钢的角度不得大于 90°
4	翼缘对腹板的垂直度		$\Delta\leqslant b/100$，且不大于 2.0（工字钢）（H 字钢）

（5）边缘加工和端部加工。

在钢结构制造中，经过剪切或气割过的钢板边缘，其内部结构会硬化和变态。所以，如桥梁或重型吊车梁的重型构件，须将下料后的边缘刨去 2～4mm，以保证质量。此外，为了保证焊缝质量和工艺性以及装配的准确性，前者要将钢板边缘刨成或铲成坡口，后者要将边缘刨直或铣平。

1）一般需要作边缘加工的部位：

①吊车梁翼缘板、支座支承面等具有工艺性要求的加工面。②设计图纸中有技术要求

的焊接坡口。③尺寸精度要求严格的加劲板、隔板、腹板及有孔眼的节点板等。

常用的边缘加工主要方法有：铲边、刨边、铣边和碳弧气刨边四种。

2）边缘加工的质量标准见表 3-1-21：

表 3-1-21　　　　　　　　　　　边缘加工的允许偏差

项　目	允 许 偏 差	项　目	允 许 偏 差
零件宽度、长度	±1.0mm	加工面垂直度	$0.025t$，且不大于 0.5mm
加工边直线度	$L/3000$，且不大于 2.0mm	加工面表面粗糙度	$\overset{50}{\diagup}$
相邻两边夹角	±6′		

注　t—构件厚度；L—构件长度。

3）边缘加工方法。

a. 铲边。

对加工质量要求不高，并且工作量不大的边缘加工，可以采用铲边。铲边有手工铲边和机械铲边两种。手工铲边的工具有手锤和手铲等。机械铲边的工具有风动铲锤和铲头等。

一般手工铲边和机械铲边的构件，其铲线尺寸与施工图尺寸要求不得相差 1mm。铲边后的棱角误差不得超过弦长的 1/3000，且不得大于 2mm。

铲边的注意事项：

①空气压缩机开动前，应放出贮风管内的油、水等混合物；②铲前应检查空气压缩机设备上的螺栓、阀门完整情况，风管是否破裂漏风等；③铲边时，铲头要注机油或冷却液，以防止铲头退火；④铲边结束时，应卸掉铲管妥善保管，冬季施工后应盘好铲锤风带放于室内，以防带内存水冻结；⑤高空铲边时，操作者应带好安全带；⑥铲边时，对面不得有人和障碍物。

b. 刨边。

刨边使用的设备是刨边机，需切削的板材固定在作业台上，由安装在移动刀架上的刨刀来切削板材边缘。

一般的刨边加工余量为 2～4mm，具体见表 3-1-22，一般刨边的进刀量和走刀速度见表 3-1-23。刨边机的刨削长度一般为 3～15mm。当构件长度大于刨削长度时，可用移动构件的方法进行刨边；构件较小时，则可采用多构件同时刨边。对于侧弯曲较大的条形构件，先要校直。气割加工的构件边缘必须把残渣除净，以便减少切削量和提高刀具寿命。对于条形构件刨边加工后，松开夹紧装置可能会出现弯曲变形，需在以后的拼接或组装中利用夹具进行处理。

表 3-1-22　　　　　　　　　　　刨边加工余量

钢板性质	边缘加工形式	钢板厚度（mm）	最小余量（mm）	钢板性质	边缘加工形式	钢板厚度（mm）	最小余量（mm）
低碳钢	剪切机剪切	≤16	2	各种钢材	气割	各种厚度	4
低碳钢	气割	>16	3	优质低合金钢	气割	各种厚度	>3

表 3 - 1 - 23　　　　　　　　　　刨削时的进刀量和走刀速度

钢板厚度（mm）	进刀量（mm）	切削速度（m/min）	钢板厚度（mm）	进刀量（mm）	切削速度（m/min）
1～2	2.5	15～25	13～18	1.5	10～15
3～12	2.0	15～25	19～30	1.2	10～15

c. 铣边。

铣边机利用滚铣切削原理，对钢板焊前的坡口、斜边、直边、U 形边能同时一次铣削成形，比刨边机提高功效 1.5 倍，且耗能少，操作维修方便。一般铣边的加工质量优于刨边的加工质量。表 3 - 1 - 24 给出了两种加工方法的质量标准对比数值，表面铣边精度高于刨边。

表 3 - 1 - 24　　　　　　　　　　边缘加工的质量标准（允许偏差）

加工方法	宽度长度	直 线 度	坡度	对角差（四边加工）
刨边	±1.0mm	L/3000，且不得大于 2.0mm	±2.5°	2mm
铣边	±1.0mm			1mm

d. 气割机切割坡口。

气割坡口包括手工气割和半自动、自动气割机进行坡口切割。其操作方法和使用工具和气割相同。所不同的是将割炬嘴偏斜成所需的角度，对准要开坡口的地方，运行割炬即可。

此种方法操作简单易行，效率高，能满足开 V 形、X 形坡口的要求，已被广泛采用，但要注意切割后须清理干净氧化铁残渣。

（6）制孔。

孔加工在钢结构制造中占有一定的比重，尤其是高强螺栓的采用，使孔加工不仅在数量上，而且在精度要求上都有了很大的提高。

制孔通常有钻孔和冲孔两种方法。钻孔是钢结构制造中普遍采用的方法，能用于几乎任何规格的钢板、型钢的孔加工。钻孔的原理是切割，孔的精度高，对孔壁损伤较小。冲孔一般只用于较薄钢板和非圆孔的加工，而且要求孔径一般不小于钢材的厚度。冲孔生产效率虽高，但由于孔的周围产生冷作硬化，孔壁质量差等原因，在钢结构制造中已较少采用。

1）制孔的标准及允许偏差。

a. 精制螺栓孔的直径与允许偏差。精制螺栓孔（A、B 级螺栓孔——Ⅰ类孔）的直径应与螺栓公称直径相等，孔应具有 H12 的精度，孔壁表面粗糙度 $Ra \leqslant 12.5\mu m$。其允许偏差应符合表 3 - 1 - 25 的规定。

b. 普通螺栓孔的直径及允许误差。普通螺栓孔（C 级螺栓孔——Ⅱ类孔）包括高强度螺栓孔（大六角头螺栓孔、扭剪型螺栓孔等）、普通螺栓孔，半圆头铆钉等。其孔直径应比螺栓杆、钉杆公称直径大 1.0～3.0mm。螺栓孔孔壁粗糙度 $Ra \leqslant 25\mu m$。孔的允许偏差应符合表 3 - 1 - 26 的规定。

表 3 - 1 - 25　精制螺栓孔径 允许偏差　单位：mm		
螺栓公称直径、 螺孔直径	螺栓公称直径 允许偏差	螺栓孔直径 允许偏差
10～18	0 −0.18	+0.18 0
18～30	0 −0.21	+0.21 0
30～50	0 −0.25	+0.25 0

表 3 - 1 - 26　普通螺栓孔允 许偏差　单位：mm	
项　　目	允　许　偏　差
直径	+1.0 0
圆度	2.0
垂直度	$0.03t$，且不大于 2.0

注　t 为板的厚度

c. 零、部件上孔的位置偏差。零、部件上孔的位置，在编制施工图时，应按照国家标准《形状和位置公差》（GB/T 1182——1996）计算标注；如设计无要求时，成孔后任意二孔间距离的允许偏差应符合表 3-1-27 的规定。

表 3 - 1 - 27	孔 距 的 允 许 偏 差			单位：mm
项　　目	允　许　偏　差			
	≤500	501～1200	1201～3000	>3000
同一组内任意两孔间距离	±1.0	±1.5	—	—
相邻两组的端孔间距离	±1.5	±2.0	±2.5	±3.0

注　孔的分组规定：① 节点中连接板与一根杆件相连的所有连接孔划为一组；② 接头处的孔：通用接头—半个拼接板上的孔为一组；阶梯接头—二接头之间的孔为一组；③ 在两相邻节点或接头间的连接孔为一组，但不包括注①、②所指的孔；④ 受弯构件翼缘上，每 1m 长度内的孔为一组。

孔超过偏差的解决办法：螺栓孔的偏差超过上表所规定的允许值时，允许采用与母材材质相匹配的焊条补焊后重新制孔，严禁采用钢块填塞。

当精度要求较高、板叠层数较多、同类孔距较多时，可采用钻模制孔或预钻较小孔径，在组装时扩孔的方法。预钻小孔的直径取决于板叠的多少，当板叠少于五层时，预钻小孔的直径小于公称直径一级（−3.0mm）；当板叠层数大于五层时，预钻小孔的直径小于公称直径二级（−6.0mm）。

2）钻孔的加工方法：

a. 划线钻孔。钻孔前先在构件上划出孔的中心和直径，在孔的圆周上（90°位置）打四只冲眼，可作钻孔后检查用。孔中心的冲眼应大而深，在钻孔时作为钻头定心用。划线工具一般用划针和钢尺。

为提高钻孔效率，可将数块钢板重叠起来一齐钻孔，但一般重叠板厚度不超过50mm，重叠板边必须用夹具夹紧或点焊固定。

厚板和重叠板钻孔时要检查平台的水平度，以防止孔的中心倾斜。

b. 钻模钻孔。当孔量较大，孔距精度要求较高时，采用钻模钻孔。钻模有通用型、组合式和专用钻模。

通用型积木式钻模，可在当地模具出租站订租。组合和专用钻模则由本单位设计制造。也可先在钻模板上钻较大的孔眼，由钳工将钻套进行校对，符合公差要求后，把紧螺栓，然后将模板大孔与钻套外圆间的间隙灌铅固定。钻模板材料一般为 Q235，钻套使用材料可为 T10A（热处理 HRC55～60）。

c. 数控钻孔。无需在工件上划线，打样冲眼，整个加工过程都是自动进行的，高速数控定位，钻头行程数字控制，钻孔效率高、精度高。特别是数控三向多轴钻床的开发和应用。其生产效率比摇臂钻床提高几十倍，它与锯床形成连动生产线，是目前钢结构加工的发展趋向。

（7）组装。

组装，亦可称拼装、装配、组立。组装工序是把制备完成的半成品和零件按图纸规定的运输单元。装配成构件或者部件，然后将其连接成为整体的过程。

1）组装工序的一般规定：

a. 产品图纸和工艺规程是整个装配准备工作的主要依据，因此，首先要了解以下问题：了解产品的用途及结构特点，以便提出装配的支承与夹紧等措施；了解各零件的相互配合关系，使用材料及其特性，以便确定装配方法；了解装配工艺规程和技术要求，以便确定控制程序、控制基准及主要控制数值。

b. 拼装必须按工艺要求的次序进行，当有隐蔽焊缝时，必须先预施焊，经检验合格方可覆盖。当复杂部位不易施工焊接时，亦须按工艺规定分别先后拼装和施工焊接。

c. 布置拼装胎具时，其定位必须考虑预放出焊接收缩量及齐头、加工的余量。

d. 为减少变形，尽量采取小件组焊，经矫正后再大件组装。胎具及装出的首件必须经过严格检验，方可大批进行装配工作。

e. 组装时的点固焊缝长度宜大于 40mm，间距宜为 500～600mm，点固焊缝高度不宜超过设计焊缝高度的 2/3。

f. 板材、型材的拼接，应在组装前进行；构件的组装应在部件组装、焊接、矫正后进行，以便减少构件的焊接残余应力，保证产品的制作质量。

g. 构件的隐蔽部位应提前进行涂装。

h. 桁架结构的杆件装配时要控制轴线交点，其允许偏差不得大于 3mm。

i. 装配时端板要求磨光顶紧或喷砂处理的部位，其顶紧接触面应有 75% 以上的面积紧贴，用 0.3mm 的塞尺检查，其塞入面积应小于 25%，边缘间隙不应大于 0.8mm。

j. 拼装好的构件应立即用油漆在明显部位编号，写明图号、构件号和件数，以便查找。

2）钢构件组装方法。

钢结构构件组装方法的选择，必须根据构件的结构特性和技术要求，结合制造厂的加工能力、机械设备等情况，选择能有效控制组装精度、耗工少、效益高的方法进行。

a. 钢板拼接。钢板拼接在装配台上进行。将钢板零件摆列在平台板上，调整粉线，用撬杠等工具将钢板平面对接缝对齐，用定位焊固定。在对接焊缝的两端设引弧板，尺寸不小于 100mm×100mm。重要构件的钢板需用埋弧焊自动焊接。焊后进行变形矫正，并需要进行无损检测。

b. 桁架拼接。桁架是在装配平台上方实样拼装，应预防焊接收缩量（一般经验，放至规范公差上限值可满足收缩需要）。设计有起拱要求的桁架应预防出起拱线，无起拱要求的，也应起拱 10mm 左右，防止下挠。桁架拼装多用仿形装配法，即先在平台上放实样，据此装配出第一单面桁架，并施工定位焊，之后在用它做胎膜，在它上面进行复制，装配出第二个单面桁架，在定位焊完了之后，将第二个桁架翻面 180°下胎，再在第二个桁架上，以下面角钢为准，装完对称的单面桁架，即完成一个桁架的拼装。同样以第一个单面桁架为底样（样板），依此方法逐个装配其他桁架。

c. H 型钢拼接。一般是在胎具上平装。先将腹板平放于装配胎上，再将两块翼板立放两侧，三块钢板对齐一端，用弯尺找正垂直角，用"H"形夹具配以楔形铁块（或螺栓千斤顶）自工件的一端向另一端逐步将翼缘和腹板之间的间隙夹紧（或顶紧），并在对准装配线后进行定位焊。为防止焊接和吊运时变形，装配完成后，再在腹板翼缘板之间焊点上数个邻近斜支撑杆拉住翼板，使其保持垂直，对不允许点焊的工件应采用专用的夹具固定。

常用的钢构件组装的方法见表 3-1-28。

表 3-1-28　　　　　　钢构件的组装方法

名　称	装　配　方　法	适　用　范　围
地样法	用比例 1：1 在装配平台上放构件实样，然后根据零件在实样上的位置，分别组装起来成为构件	桁架、框架等少批量结构组装
仿形复制装配法	先用地样法组装成单面（单片）的结构，并且必须定位点焊，然后翻身作为复制胎膜，在上装配另一单面的结构，往返 2 次组装	横断面互为对称的桁架结构
立装	根据构件的特点，及其零件的稳定位置，选择自上而下或自下而上地装配	用于放置平稳，高度不大的结构或大直径的圆筒
卧装	构件放置卧的位置的装配	用于断面不大，但长度较大的细长构件
胎膜装配法	把构件的零件用胎膜定位在其装配位置上的组装	用于制造构件批量大精度高的产品
备注	在布置拼装胎膜时必须注意各种加工余量	

3）焊接 H 型钢的组装。

a. 装配要点：H 形梁装配在组装平台上进行。装配前，应先将焊接区域内的氧化皮、铁锈等杂物清除干净；然后用石笔在翼缘板上划线，标明腹板装配位置，将腹板、翼缘板置于平台上，用楔子、角尺调整 H 形梁截面尺寸及垂直度，装配间隙控制在 2～4mm（半熔透焊缝、贴角焊不留间隙），点焊固定翼缘板，再用角钢点焊固定。点焊焊材材质应与主焊缝材质相同，长度 50mm 左右，间距 300mm，焊缝高度不得大于 6mm，且不超过设计高度的 2/3。

b. 焊接要点：H 形梁焊接采用 CO_2 气体保护焊打底，埋弧自动焊填充、盖面，船形焊施焊的方法；工艺参数应参照工艺评定的数据，不得随意更改；焊接顺序：打底焊一道；填充焊一道；碳弧气刨清根；反面打底、填充、盖面；正面填充、盖面焊具体施焊时还要根据实际焊缝高度，确定其充焊的次数，构件要勤翻身，防止构件产生扭曲变形。如果构件长度>4m，则采用分段施焊的方法。如图 3-1-23 所示。

c. 矫正要点：H 形梁焊接后容易产生挠曲变形、翼缘板与腹板不垂直，薄板焊接还会产生波浪形等焊接变形，因此一般采用机械矫正及火焰加热矫正的方法矫正。

机械矫正，矫正前，应清扫构件上的一切杂物，并将与压辊接触的焊缝焊点修磨平整。

使用机械矫正（翼缘矫正机）注意事项：构件规格应在矫正机的矫正范围之内。即：翼缘板最大厚度不大于 50mm；翼缘板宽度为 180～800mm；腹板厚度不大于 50mm；腹板高度在 350mm 以上；工件材质

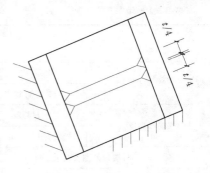

图 3-1-23　分段施焊示意图

Q235（Q345 时被矫正板厚为 Q235 的 70%）工件的厚度和宽度须符合表 3-1-29 的规定。

表 3-1-29　　　　　　　　　　　　工件厚度与宽度对应表

翼缘板最大厚度（mm）	10～15	15～25	25～30	30～35	35～40	40～50
翼缘板宽度（mm）	150～800	200～800	300～800	350～800	400～800	500～800

当翼缘板厚度超过 30mm 时，一般要求往返几次进行矫正，每次矫正量 1～2mm。机械矫正时，还可以采用压力机根据构件实际变形情况直接矫正。火焰矫正应根据构件的变形情况，确定加热的位置及加热顺序；加热温度最好控制在 600～650℃。

d. 二次下料。二次下料用来确定构件基本尺寸及构件截面的垂直度，作为制孔、装焊其他零件的基准。当 H 形梁截面小于 750mm×520mm 时，可采用锯切下料；当 H 形梁截面大于 750mm×520mm 时，可采用铣端来确定构件的长度。并应注意二次下料时根据工艺要求加焊接收缩余量。

e. 制孔要点：构件小批量制孔，先在构件上划出孔的中心和直径，在孔的圆周上（90°位置）打四个冲眼，作钻孔后检查用，中心冲眼应大而深。当制孔量比较大时，要先制作钻模，再钻孔。制作钻模的原则是：同一类孔超过 50 组；一组孔由 8 个以上孔组成；重要螺栓孔。钻孔时，摆放构件的平台要平整，以保证孔的垂直度。

f. 质量标准：保证项目。钢材的品种、型号、规格和质量必须符合设计和施工规范的规定，并应有出厂合格证、质量保证书和试验报告。钢材切割断面必须无裂纹、夹层和大于 1mm 的缺棱。

基本项目。构件正确无明显凹面和损伤，表面划痕不超过 0.5mm。构件磨光组装的顶紧面紧贴不少于 80% 且边缘最大间隙不超过 0.8mm。

允许偏差。见表 3-1-30。

（8）成品的表面化处理、油漆、包装、堆放及运输。

1）高强螺栓摩擦面的处理。

摩擦面的加工是使用高强度螺栓作连接节点处的钢材表面加工，高强度螺栓摩擦面处理后的抗滑移数值必须符合设计文件的要求（一般为 0.45～0.55）。

表 3 - 1 - 30　　　　　　　　焊接 H 型钢的允许偏差

项　目		允许偏差 (mm)	检 验 方 法
梁跨度	端部刀板封头	-5	用钢尺检查
	其他型式	$\pm L/2500$ 且不大于 10	
端部高度	$H \leqslant 2m$	± 2	
	$H > 2m$	± 3	
两端最外测安装孔距		± 3	
起拱度		5 且不得下挠	用拉线和钢尺检查
侧弯矢高		$L/2000$ 且不大于 10	用拉线和钢尺检查
扭曲		$h/250$	用拉线、吊线用钢尺检查
腹板局部平直度	$\sigma < 14mm$	$3L/1000$	用 1m 直尺和塞尺检查
	$\sigma \geqslant 14mm$	$2L/1000$	
翼缘板倾斜度		2	用直角尺和钢尺检查
上翼缘板与轨道接触面平直度		1	用 1m 直尺、200mm 直尺和塞尺检查
腹板中心线偏移		3	用钢尺检查
翼缘板宽度		± 3	

注　L 为梁的长度；H 为梁的端部高度；σ 为腹板厚度。

2）钢构件的表面处理。

钢结构件在涂层之前应进行除锈处理，锈除得干净则可提高底漆的附着力，直接关系到涂层的好坏。

构件表面的除锈方法分为喷射、抛射除锈和手工或动力工具除锈两大类。构件的除锈方法与除锈等级应与设计文件采用的涂料相适应。构件除锈等级见表 3 - 1 - 31。

表 3 - 1 - 31　　　　　　　　除 锈 等 级

除锈方法	喷射或抛射除锈			手工和动力具除锈	
除锈等级	Sa_2	$Sa_{2.5}$	Sa_3	St_2	St_3

手工除锈中 Sa_2 为一般除锈，St_3 为彻底除锈。喷、抛射除锈中 Sa_2 为一般除锈，$Sa_{2.5}$ 为较彻底除锈，Sa_3 为彻底除锈。本工程采用喷丸处理。

当设计无要求时。钢材表面的除锈等级应符合表 3 - 1 - 32 的要求。

表 3 - 1 - 32　　　　　　各种底漆或防锈漆要求最低的除锈等级

涂 料 品 种	除 锈 等 级
油性酚醛、醇酸等底漆或防锈漆	St_2
高氯化聚乙烯、氯化橡胶、氯磺化聚乙烯、环氧树脂、聚氨酯等底漆或防锈漆	Sa_2
无机富锌、有机硅、过氯乙烯等底漆	$Sa_{2.5}$

3）钢结构的油漆或超薄型防火涂料。

钢结构的油漆或防火涂料应注意下述事项：

a. 涂料、涂装遍数、涂层厚度均应符合设计文件和涂装工艺的要求。当设计文件对工程涂层厚度无要求时，一般宜涂装四至五遍，涂层干漆膜总厚度应达到以下要求：室外应为 $150\mu m$，室内应为 $125\mu m$，其允许偏差为 $-25\mu m$。每遍涂层干漆膜厚度的允许偏差为 $-5\mu m$。涂层中几层在工厂中涂装，几层在工地涂装，应在合同中作出规定。

b. 配置好的涂料不宜存放过久，涂料应在使用的当天配置。稀释剂的使用应按说明书的规定执行，不得随意添加。

c. 涂装时的环境温度和相对湿度应符合涂料产品说明书的要求。当产品说明书无要求时，室内环境温度宜在 $5\sim38℃$ 之间，相对湿度不应大于 85%。构件表面有结露时，不得涂装。雨雪天不得室外作业。涂装后 4h 之内不得淋雨，防止尚未固化的漆膜被雨水冲坏。

各种常用涂料表干和实干时间见表 3-1-33。

表 3-1-33　　　　　　　　常用涂料表干和实干时间

涂料品种	表干不大于（h）	实干不大于（h）	涂料品种	表干不大于（h）	实干不大于（h）
红丹油性防锈漆	8	36	各色醇酸磁漆	12	18
钼铬环氧酯防锈漆	4	24	灰铝锌醇酸磁漆	6	24
铝铁酚醛防锈漆	3	24			

注　工作温度在 25℃，湿度小于 70% 的条件下。

d. 施工图中注明不涂装的部位不得涂装。安装焊缝处应留出 $30\sim50mm$ 暂不涂装。

e. 涂装应均匀，无明显起皱、流挂，附着应良好。

f. 涂装完毕后，应在构件上标注构件的原编号。大型构件应标明其重量、构件重心位置和定位标记。

4）成品检验。

成品是指工厂制作的结构产品，如钢柱、钢梁、钢支撑、钢檩条、吊车梁等。成品可根据起重能力、运输工具、道路状况、结构刚性等因素选择最大重量和最大外廊尺寸出厂。

5）钢结构包装。

钢结构的包装方法应视运输形式而定，并应满足工程合同提出的包装要求。

a 钢结构包装的原则：

①包装工作应在涂层干燥后进行，并应注意保护构件涂层不受损伤。包装方式应符合运输的有关规定；②每个包装的重量一般不超过 $3\sim5t$，包装的外形尺寸则根据货运能力而定。如汽车运输，一般长度不超过 12m，个别不超过 18m，宽度不超过 2.5m，高度不超过 3.5m。超长、超宽、超高时要做特殊处理；③包装和捆扎均应注意密实和紧凑，以减少运输时的失散、变形，而且还可以降低运输的费用；④钢结构的加工面、轴孔和螺纹，均应涂以润滑脂和贴上油纸，或用塑料布包裹，螺孔应用木楔塞住；⑤一些不装箱的小件和零配件可直接捆扎或用螺栓扎在钢构件主体的需要部位上，但要捆扎、固定牢固，

且不影响运输和安装；⑥包装时要注意外伸的连接板等物要尽量置于内侧，以防造成钩刮事故，不得不外露时要做好明显标记；⑦经过油漆的构件，在包装时应该用木材、塑料等垫衬加以隔离保护。

包装时应填写包装清单，并核实数量。

b. 构件重心和吊点的标注。

构件重心的标注。重量在 5t 以上的复杂构件，一般要标出重心，重心的标注用鲜红色油漆标出，再加上一个向下箭头。如图 3-1-24 所示。

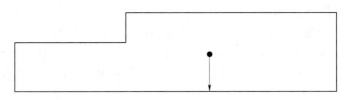

图 3-1-24　构件的重心标志

吊点的标注。在通常情况下，吊点的标注是由吊耳来实现的。吊耳，也称眼板，在制作厂内加工、安装好。眼板及其连接焊缝要做无损探伤，以保证吊运构件时的安全性。

c. 钢结构构件的标记。

钢结构构件包装完毕，要对其进行标记。标记一般由承包商在制作厂成品库装运时标明。

对于国内的钢结构用户，其标记可用标签方式带在构件上，也可以用油漆直接写在钢结构产品包装箱上。对于出口的钢结构产品，必须按海运要求和国际通用标准标明标记。

标记通常包括下列内容：工程名称、构件编号、外廓尺寸（长、宽、高，以 m 为单位）、净重、毛重、始发地点、到达港口、构件收货单位、制造厂商、发运日期等，必要时要标明重心和吊点位置。

6）钢结构成品堆放。

成品验收后，在装运或包装以前堆放在成品仓库。目前，国内钢结构产品的主件大部分露天堆放，部分小件一般可用捆扎或装箱的方式放置于室内。由于成品堆放的条件一般较差，所以堆放时更应注意防止失散和变形。

①成品堆放地的地基要坚实，地面平整干燥，排水良好。②堆放场地内备有足够的垫木、垫块，使构件得以放平、放稳，以防构件因堆放方法不正确而产生变形。③钢结构产品不得直接置于地上，要垫高 200mm 以上。④侧向刚度较大的构件可水平堆放，当多层叠放时，必须使各层垫木在同一垂线上。⑤大型构件的小零件应放在构件的空档内，用螺栓或铁丝固定在构件上。⑥不同类型的钢构件一般不堆放在一起。同一工程的构件应分类堆放在同一地区内，以便于装车发运。

7）钢构件运输。

应根据钢构件的长度、重量选用车辆，钢构件在运输车辆上的支点、两端伸出的长度及绑扎方法均应保证钢构件不产生变形、不损伤涂层。

①构件或零件按图纸加工完成、通过质量验收后才能运输出厂；②运输前必须核对构

件编号是否正确；③运输前构件必须进行认真包装，应保证构件不变形、不损坏、不散件；④连接板等小件应装箱与构件配套运输；⑤构件装车时应大小、轻重拼装，使货车容积、载重力充分利用；⑥构件出厂装车必须有专人管理，仔细清点构件、同时办理出库单；⑦构件在车上必须捆扎牢固、确保运输途中构件不松动；⑧构件运输必须按安装要求配套出厂。

(9) 焊接 H 型钢生产线。

随着钢结构建筑的蓬勃发展，各种专项的钢结构生产线设计制造出来，并投入使用。下面就其中使用最广泛的 H 型钢生产线做一简单介绍。

1) 焊接 H 型钢生产线生产工艺流程。

焊接 H 型钢生产线生产工艺流程如图 3-1-25 所示。

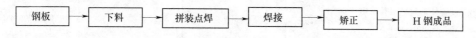

图 3-1-25　焊接 H 型钢生产线生产工艺流程

2) 焊接 H 型钢生产线设备及工作过程原理。

a. 下料设备。焊接 H 型钢生产线的下料设备一般配备数控多头切割机或直条多头切割机。此类切割设备是高效率的板条切割设备，纵向割炬可根据要求配置，可一次同时加工多块板条。设备状况及技术性能可参见气割下料有关部分。

b. 拼装点焊设备。焊接 H 型钢生产线的拼装点焊设备为 H 型钢自动组立机。此类设备一般采用 PLC 可编程序控制器，对型钢的夹紧、居中、定位点焊及翻转实行全过程自动控制，速度快、效率高。

H 型钢组立机的工作程序分两步：第一步组成倒 T 形，第二步组成工形，其工作原理是：翼缘板放入，由两侧辊道使之对中。腹板放入，由翻转装置使其立放，有辊道使之对中。由上下辊使翼缘板和腹板之间压紧（组对翼板、腹板间留有间隙的 H 型钢时，要采取垫板等特殊措施）。数控的点焊机头自动在两侧每隔一定间距点焊一定长度，一定的焊缝高度的间断焊。

c. 焊接设备。H 型钢生产线配备的焊机一般为埋弧自动焊机，从类型上分，可分为门式焊机及悬臂式焊机两种类型。焊机一般都配备有焊缝自动跟踪系统，焊剂自动输送回收系统，并具有快速返程功能。主机与焊机为一体化联动控制，操作方便，生产效率高。

d. 翻转机和移钢机。H 型钢生产线上配以链条式翻转机和移钢机，可达到整个焊接、输送、翻转过程的全自动化生产。在组对、焊接过程中不可避免要翻转工件，在生产线中配有翻转机，则在避免等待行车而大大提高工效。

翻转机应有前后两道，其工作原理是：平时放松，不与工件接触，使用时张紧提起链子，转动链轮，使工件转至需要角度再放下。

e. H 型钢翼缘矫正机。它可以解决 H 型钢的翼缘产生的菌状变形以及翼缘板与腹板的垂直度偏差。表 3-1-34 为江苏阳通集团生产的 H 型钢翼缘矫正机及其技术参数。

表 3 - 1 - 34　　　　　　　　　　　　H 型钢翼缘矫正机技术参数

型　　号	HYJ—800	HYJ—600	H 型钢液压矫正机
翼缘宽度（mm）	200～800	150～600	180～800
翼板厚度（mm）	≤40	≤20	≤60
腹板最小高度（mm）	350	160	350
材质	Q235、Q345	Q235、Q345	Q235、Q345
矫正速度（m/min）	18	5.7	7.5
电机功率（kW）	22	7.5	29.5
设备外形尺寸（长×宽×高）（mm×mm×mm）	3500×1500×1700	3600×720×1800	4050×2900×2190
设备总重（kg）	9000	7000	20000

经过焊接，H 型钢的翼缘板必然产生菌状变形，而且翼缘板与腹板的垂直度也有偏差，H 型钢矫正机可以解决这两个问题。其原理如图 3 - 1 - 26 所示。导辊布置在图剖面的前后，以矫正垂直。从图的矫平原理看出，可以是两侧下压，也可以是主动托辊上下，而两侧压辊只作左右调整。这样机构比较合理，但同时由于托辊的上下行动，其前后辊道也需要调整其高度。

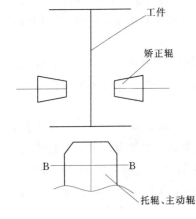

图 3 - 1 - 26　H 型钢矫正原理

f. H 型钢拼、焊、矫组合机。在 H 型钢制作过程中，其中 2 块翼缘板和 1 块腹板的拼装、点焊、焊接及焊后翼缘矫正，按常规工艺是由 3 台设备来完成的，而 H 型钢拼、焊、矫组合机将上述三道工序集于一身，具有结构紧凑、占地省、生产效率高等优点。表 3 - 1 - 35 为该机的主要技术参数。

表 3 - 1 - 35　　　　　　　　　　　　H 型钢拼、焊、矫组合机技术参数

名　　称	参　数	名　　称	参　数
适用 H 型钢翼板宽度（mm）	150～800	适用 H 型钢腹板厚度（mm）	5～16
适用 H 型钢翼板厚度（mm）	6～25	整机总功率（不含焊机）（kW）	15
适用 H 型钢腹板宽度（mm）	200～1200	系统压力（MPa）	12

3）焊接 H 型钢的允许偏差。

焊接 H 型钢翼缘板和腹板的气割下料公差、拼装 H 型钢的焊缝质量均应符合设计要求和国家规范的有关规定。焊接 H 型钢的外形尺寸允许偏差见表 3 - 1 - 36。

表 3 - 1 - 36　　　　　　　　　　　**焊接 H 型钢的允许偏差**

项　目		允许偏差（mm）	图　例
截面高度（h）	$h < 500$	±2.0	
	$500 \leqslant h \leqslant 1000$	±3.0	
	$h > 1000$	±4.0	
截面宽度（b）		±3.0	
腹板中心偏移		2.0	
翼缘板垂直度（Δ）		$b/100$ 3.0	
弯曲矢高		$l/1000$ 5.0	
扭曲		$h/250$ 5.0	
腹板局部平面度（f）	$f < 14$	3.0	
	$f \geqslant 14$	2.0	

3.1.4　课题实施

3.1.4.1　焊接 H 型钢梁制作工艺流程（如图 3 - 1 - 27 所示）

1. 下料

H 形梁的板材需经矫正，满足规范要求后方可使用。本工程采用焊接 H 形梁的规格尺寸大多为：H500×250×8×14、H600×350×10×20、H300×150×6×8、H400×200×8×10；梁长度为 12m。为保证焊接 H 形梁的翼缘板和腹板的下料质量。采用整体板材拼接，焊缝质量等级为一级、Ⅱ级评定、A 级检验，进行 100% 超声波检查，合格后备案使用。下料时应注意以下事项：

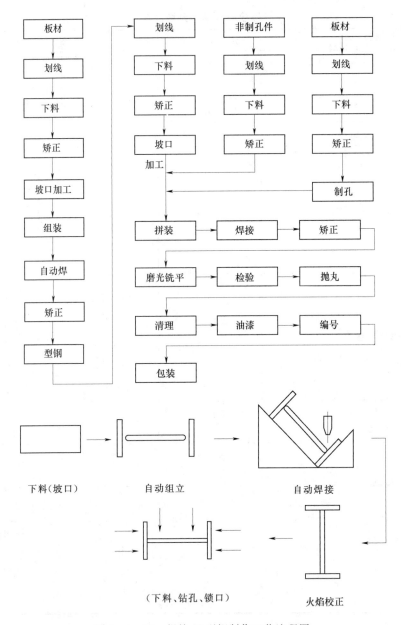

图 3-1-27　焊接 H 型钢制作工艺流程图

①下料前应将钢板上的铁锈、油污等清除干净，以保证切割质量；②本工程钢板采用数控多头切割机，并且几块板同时下料，以防侧弯。若采用手工切割或剪切，则需另加余量进行边缘加工；③钢板下料应根据配料单规定的规格、尺寸下料并适当考虑构件加工时的焊接收缩余量（表 3-1-37）。焊接 H 型钢、断面高不大于 1000mm，且板厚小于 25mm 时，4 条纵焊缝每米共收缩 0.6mm。所以，焊接收缩量应为 4.2mm；④开坡口采用坡口倒角机或半自动切割机；⑤下料后将割缝处的流渣清除干净，转入下道工序。

表 3 - 1 - 37		自 动 切 割 量		单位：mm
板厚	3～5	6～10	12～20	22～28	30～40
割口量	1.5	2	2.5	3	3.5

焊接 H 型钢纵向焊缝较长，焊缝收缩问题应在下料时考虑，尤其在翼缘板和腹板厚度较大，焊脚高度较大时更应该注意。一般，焊缝收缩量以每米焊缝收缩 1mm 计算，加在应下料的总长度内即可。焊接 H 型钢厚度较大，焊脚高度大于 12mm 时，可按每米收缩 1.5～2mm 计算（见表 3 - 1 - 37）。

需制作的焊接 H 型钢，长度应再加预留量，因在结构制作时还要再次考虑焊接收缩量、角度和铣端等各方面因素，以及超高建筑钢结构框架柱的弹性压缩量等，为此在焊接 H 型钢制作时除留有焊接收缩余量外还应每根再留 30～50mm 的加工余量。

2. H 形梁组装

切割完成的板材，经质检人员全面检查，符合图纸及规范要求后，利用专用的 H 形梁组装胎具，以基准端（已开坡口处）为始点，进行 H 形梁的组装并由专职焊工点焊固定。点焊固定翼缘板，再用角钢点焊固定。点焊焊材，焊接材料型号与焊件材质应相互匹配，焊缝高度不宜超过设计焊缝厚度的 2/3 且不应大于 6mm，焊缝长度为 50mm，间距为 300mm。

焊接 H 形钢的翼、腹板拼接缝应尽量避免在同一断面处，上下翼缘板拼接位置应与腹板拼接位置错开 200mm 以上（图 3 - 1 - 28）。翼缘板拼接长度不应小于 2 倍板宽；腹板拼接宽度不应小于 300mm，长度不应小于 600mm。

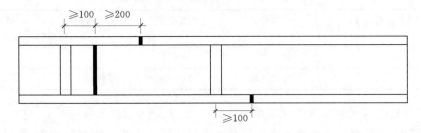

图 3 - 1 - 28　翼、腹板拼接焊缝

H 钢组装方法，先把腹板平放在胎模上，然后，分别把翼缘竖放在靠模架上，先用夹具固定好一块翼缘板，再从另一块翼缘板的水平方向，增加从外向里的推力，直至翼腹板紧密贴紧为止，最后用 90°角尺测其二板组合垂直度，当符合标准即用电焊定位［图 3 - 1 - 29 (a)］。一般装配顺序从中心向二面组装或由一端向另一端组装，这种装配顺序是减少其装配产生内应力最佳方法之一。当 H 结构断面高度大于 800 时或大型 H 结构在组装时应增加其工艺撑杆，来防止其角变形产生［图 3 - 1 - 29 (b)］。

3. 焊接

焊接 H 型钢的焊接采用 CO_2 气体保护焊打底，埋弧自动焊填充、盖面，船型焊施焊方法进行施焊。焊接 H 型钢应做外观质量检查，不得有裂纹、夹渣、气孔等缺陷，发现以上缺陷应铲除（个别气孔，其深度小于 0.5mm，可不铲除）。焊接时也应留有间隙，具

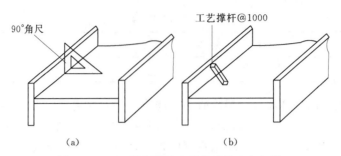

图 3-1-29 H 组装法中的角度检查与加撑

体如下：

焊接间隙：腹板厚度：6～16mm　　间隙 0～5mm

腹板厚度：20～30mm　　间隙 0～1mm

若构件长度大于 4m，则应分段施焊，本工程长度为 12m，故应分成 3 段进行施焊。

焊接顺序：打底焊一道→填充焊一道→碳弧气刨清根→反面打底、填充、盖面焊→正面填充、盖面焊。具体施焊时，应根据焊缝实际高度，确定填充焊的次数，构件要勤翻身，防止构件产生扭曲变形。

焊缝完全冷却后，进行超声波探伤（UT）检验，100%合格。检查应在焊接 24h 后进行引弧板和引出板，应用气割割除，严禁用锤击打掉的办法，割除后引弧板和引出板遗留根部痕迹，应用角磨机修平。

H 形梁的焊接采用埋弧自动焊，焊接工艺参数见表 3-1-38。

表 3-1-38　　　　　　　船型位置 T 形接头单道自动焊接参数

焊脚 （mm）	焊丝直径 （mm）	焊接电流 （A）	电弧电压 （V）	焊接速度 （m/min）	送丝速度 （m/min）
9	5	700～750	34～36	0.42	0.83～0.92
12	5	750～800	34～36	0.3	0.9～1

4. 焊接 H 形梁的矫正及二次装配

焊接完的 H 型钢必须冷却到常温后在进行翼缘矫正。焊接完成后的 H 形梁，出于焊缝收缩常常引起翼缘板弯曲和梁的整体扭曲，因此必须通过翼缘矫正机进行矫正，对局部波浪变形和弯曲变形采取火焰矫正法处理。矫正机工作的环境温度不应低于 0℃，可采用逐级矫正方式实施矫正，以保证翼缘板表面不出现严重损伤，角焊缝不发生裂纹。采用火焰矫正时应控制好加热温度，避免出现母材损伤。加热温度不得超过 900℃，并采用三角形加热法，根据 H 形梁弯曲的程度，确定加热三角形的大小和个数。同一部位加热矫正不得超过二次；矫正后应缓冷，不得用冷水骤冷，矫正后的 H 形梁应满足表 3-1-36（焊接 H 型钢的允许偏差）的要求。

（1）翼缘板角变形的火焰矫正。

矫正角变形，在翼缘板上面（对准焊缝处）纵向带状加热，在焰炬后面一定距离处用一个带有一排小孔的水管喷水冷却，焰炬和水管以相同的速度向前移动，可矫正角变形，选择中温矫正（600～700℃），如图 3-1-30 所示。

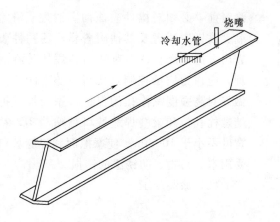

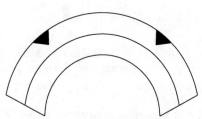

图 3-1-30 焊接 H 型钢翼
缘板角变形的火焰矫正

图 3-1-31 焊接 H 型钢梁
的弯曲变形火焰矫正

（2）焊接 H 型钢的弯曲矫正。

三角形加热法矫正弧形焊 H 型钢的水平弯曲变形由于腹板上的板筋较多，焊接量较大，由于受热不均匀，会产生向内或向外的弯曲，焊接完成后，出现了弯曲，在上、下弧形翼缘板上同时进行三角形加热。由顶部开始，然后由中心向两侧扩展，一层一层加热，直到三角形的底为止。三角形的高不得超过梁宽的一半，加热完成后，用水冷却，选择中温矫正，即可矫正焊接 H 型钢的弯曲变形，如图 3-1-31 所示。

经修正合格的 H 形梁，要整齐摆放在经测量找平的组装平台上，根据图纸尺寸组装加劲板，确定腹板开孔位置，并将开孔中心线移置于翼缘板的侧面。待焊接完加劲板后，再检查腹板开孔中心线位置的准确性，最后切割腹板预留孔并双面组焊加强圈，这样可以减小腹板的焊接变形。

H 形梁加劲板组装焊接完成后，经过二次修正合格，以组装时的基准端按图纸尺寸号标出梁两端的高强度螺栓孔位置线，将孔位检查线和端面铣位置线标注清楚，并打上样冲眼，以便于施工和检查。H 形梁端坡口二次切割时，采用半自动切割机气割。切割质量标准见表 3-1-39。超差部位应补焊，并用角向磨光机修整合格。

表 3-1-39　　　　　　　　　　气切坡口允许偏差

项　　目	允许偏差	项　　目	允许偏差
切割面平面度	$0.05t$ 且不大于 2.0mm	坡口角度 α	$\pm 5°$
割纹深度	0.2mm	钝边尺寸 p	± 1mm
局部缺口宽度	1.0mm		

H 形梁连接板、垫板都要按同一类别用螺栓和铁丝紧固在一起，成束或装箱发运，且应注意对摩擦面的保护。

5. 涂装

（1）基层处理工艺。

几何尺寸、外观质量检查合格的 H 形梁，运至成品专用场地后，钢结构在涂刷防锈

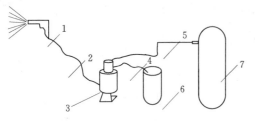

图 3-1-32　涂装施工示意图

1—喷枪；2—高压油漆输送管；3—气泵；4—油漆
吸入软管；5—气管；6—油漆；7—压缩空气储气桶

1）涂装施工示意如图 3-1-32。

2）涂装限制如表 3-1-40。

涂料前，必须对构件表面彻底清理，清除毛刺、铁锈、油污及其他附着物，使构件表面露出金属光泽。特别对油污和焊接飞溅的清理，应作为质量控制点实行专验。涂装前应做好对高强度螺栓孔的保护，用胶带纸把梁端螺栓孔位和梁端焊缝坡口粘贴严实，粘贴宽度不小于 100mm。使摩擦面和焊缝坡口不受雨水、污物、防锈漆的锈损。

（2）涂装施工。

表 3-1-40　　　　　　　　　　　　　　涂　装　限　制

禁　止　条　件	处　理　措　施	禁　止　施　工　原　因
1. 超过规定涂装时间	重新抛丸	因时间间隔太久，构件可能生锈及集尘
2. 环境温度低于 50℃或超过 500℃	待恢复常温或移至温度调节符合规定处施工	低温：不易干燥，易发生龟裂；高温：易产生气泡与针孔
3. 空气湿度超过 85%	停止施工	附着不良并导致起泡生锈
4. 被涂物表面有泥沙、油脂或其他污物附着	使用适当电动工具、手动工具、抹布揩试干净，油脂用有机溶剂洗去	漆膜会附着不良，易时起泡和生锈
5. 环境灰尘较多	停止作业，或在适当遮盖下施工	容易引起漆膜的附着不良
6. 被涂表面未按设计规定进行除锈处理	按设计规定重新除锈	漆膜附着不良
7. 混合型涂料已超过使用时间	必须废弃不用	降低漆膜的品质与性能
8. 油漆外观不均匀有异物	重新充分搅拌混合油漆，仍有异状时废弃不用	降低漆膜的品质与性能
9. 下层漆未干	待完全干透后再施工	易引起下层漆的起皱与剥离
10. 超过规定涂装间隔	使用适当工具将漆面磨粗糙	降低漆膜间的附着性，容易引起层间剥离
11. 需要焊接部位	用胶带粘贴后施工	影响焊接质量
12. 与混凝土接触面或预埋件部分	不作涂装	无需涂装
13. 高强螺栓连接磨擦面	不得涂装	降低抗滑移系数，影响磨擦结合

3）涂装膜厚检验标准：

油漆干膜厚用电子膜厚计测量，被检测点中有 90% 以上的点达到或超过规定膜厚，未达到规定膜厚的点的膜厚值达到或超过规定膜厚值的 90%。

4）补漆：

a. 预涂底漆钢材如表面因滚压、切割、焊接或安装磨损，以致油漆损坏或生锈时，必须用喷珠或电动工具清理后，再行补漆。

b. 油漆涂装后，漆膜如发现有龟裂、起皱、刷纹、垂流、粉化、失光等现象时，应将漆膜刮除以砂纸研磨后重新补漆。

c. 油漆涂装后，如有发现起泡、裂陷洞孔、剥离生锈或针孔等现象时，应将漆膜刮除并经表面处理后，再按规定涂装间隙层次予以补漆。

d. 补漆材料必须采用与原施工相同性质的材料。

6. 摩擦面的处理

（1）高强度螺栓摩擦面处理后的抗滑移系数数值应符合设计的要求。

（2）采用砂轮打磨处理的摩擦面时，打磨范围不应小于螺栓孔径的 4 倍，打磨方向宜与构件受力方向垂直。

（3）经处理的摩擦面，出厂前应按批作抗滑移系数试验，最小值应符合设计的要求；出厂时应按批附 3 套与构件相同材质。

（4）处理好的摩擦面，不得有飞边、毛刺、焊疤或污损等，并做好保护。

3.1.4.2　质量检查与验收

1. 质量检查

根据钢结构施工的特点。结合 H 形梁制作质量控制手册，每个工序施工都按班组自检互检，半成品零部件质量、H 形梁组装质量、H 形梁焊接质量、成品质量检查作为质量控制点，安排专职检查员负责检查验收。每个质量控制点实行工序否决，即半成品零件质量不合格的，坚决不予安装，按废品处理。组装质量不合格的坚决不焊接，返修具备焊接条件后才进行焊接。消除以往因工序质量不合格而影响整体构件质量的弊端。

2. H 形梁验收

（1）自查 H 形梁所用材料保证资料是否齐全。

（2）自查主要分项工程施工记录是否完备。

（3）自查各分项工程验评记录是否完备。

（4）将上述资料及申请表上报监理、监造人员，请求检查验收。

（5）对监理和监造提出的问题和不足之处，要及时整改，同时要上报整改方案。

（6）再次申请对整改部分的检查验收。

3.1.4.3　钢结构制作的安全

钢结构生产的现场环境，不管是室内还是室外，往往均处于一个立体的操作空间之下，这对安全生产应极为重视，尤其在室内流水生产布置条件下，生产效率很高，工件在空间大量、频繁地移动。一般统计，其移动重约为产出量的 4～10 倍。工件多由行车等起吊在空间作纵横向及上下向的线性运动，其移动几乎遍及生产场所每一角落的上空。

为便于钢结构的制作和操作者的操作活动，构件均宜在一定高度上搁置。无论是堆放的搁置架、装配组装胎架、焊接胎架等都应与地面离开 0.4～1.2mm。因此，操作者实际上除在安全通道外，随时随地都处于重物包围的空间范围内。

在制作大型钢结构，或高度较大、重心不稳的狭长构件和超大构件时，结构和构件更有倾倒和倾斜的可能性，因此必须十分重视安全事故的防范。除操作者自身应有防护意识外，还需各方位都应加以照看，以避免安全事故的发生。

从钢结构生产的各个工序中，很多都要使用剪、冲、压、锯、钻、磨等机械设备，这是一种人与机械直接接触的操作，被机械损伤的事故时有发生。但机械损伤事故的概率仅次于工件起运中坠落的事故，更须作必要的防护和保护。

安全防护包括：

（1）自身防范：必须按国家规定有关的劳动法规条例，对各类操作人员进行安全学习和安全教育，特别对特殊工种必需持证上岗。对生产场地必须留有安全通道，设备之间间距不得太小。进入现场，无论是操作者或生产管理人员，均应穿戴好劳动防护用品，并应注意观察和检查周围的环境。为安全生产，加工设备之间要留有一定的间距作为工作平台和堆放材料、工件等之用。

（2）他人防范：操作者必须严格遵守各岗位的操作规程，以免损及自身和伤害他人，对危险源应作出相应的标志、信号、警戒等，以免现场人员遭受无意的损害。

（3）所有构件的堆放、搁置应十分稳固，欠稳定的构件应设支撑或固结定位，超过自身高度构件的并列间距底大于自身高度，（如吊车梁、屋架、桁架等）以避免多米诺骨牌式的连续塌倒。构件安置要求平稳、整齐，堆垛不得超过二层。

（4）索具、吊具要定时检查，不得超过额定荷载。焊接构件时不得留存、连接起吊索具。被碰甩过的钢绳，一律不得使用。正常磨损股丝应按规定更新。

（5）所有钢结构制作中半成品和成品胎具的制造和安装，应进行强度验算，切切不能凭经验自行估算。

（6）钢结构生产过程的每一工序或工步中所使用的乙炔、氧气、丙烷、电源必须有安全防护措施，定期检测泄漏和接地现象。

（7）起吊构件的移动和翻身，只能听从一人指挥，不得两人并列指挥或多人参与指挥。起重物件移动时，不得有人在本区域投影范围内滞留、停立和通过。

（8）所有制作场地的安全通道必须畅通。

任务 2　网架结构的制作加工

3.2.1　学习目标

通过本任务的学习，会编制网架结构加工制作的工艺流程图，熟悉网架结构加工制作的工艺要点，会组织杆件的下料、制作以及球节点的加工，会进行网架结构加工制作的质量检验以及成品的堆放及运输。

3.2.2　任务描述

本工程为××试验厅网架结构工程（图 3-2-1），该网架工程的投影形状为矩形，投影尺寸为 70.2m×52.2m，网架结构投影面积 3664m²。

网架工程采用 70.2m×52.2m 的单跨平板型变截面正放四角锥螺栓球节点网架结构形式，结构矢高为 2.0m。标准网格投影尺寸为 4m×4m，采用长向侧边柱间距为 12m、6m，短向端边柱间距为 12m、6m 的下弦柱节点支承形式。

本工程网架的防腐采用 QZJ633 型钢管抛丸清理机对钢管外壁进行基层除锈处理，工

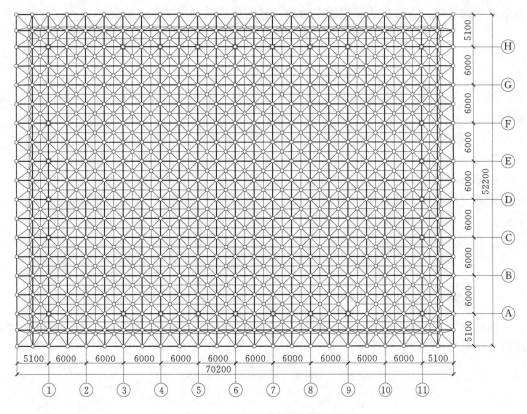

图 3 - 2 - 1　试验厅网架施工图

件表面清洁度和粗糙度达到 Sa$_{2.5}$ 级，然后涂刷两道环氧富锌防腐底漆，厚度大于 $70\mu m$；云母氧化铁环氧中间漆一道，厚度大于 $35\mu m$，可覆涂聚氨酯面漆二道，厚度大于 $50\mu m$。本工程采用的材料为：

杆件：选用 GB700 中的 Q235B 钢或 20 号钢，采用高频焊管；

钢球：螺栓球选用 GB699 中的 45 号钢；

高强螺栓：选用 GB 3077—1999 中的 40Cr 或 20MnTiB，等级要求符合 GB1228 的 10.9S 级；

封板锥头：选用 Q235B，圆钢锻压而成；

套筒：选用 Q235B 钢材，截面与相应杆件截面等同；

焊条：焊接 Q235 钢选用 E43 系列；焊接 Q345B 钢选用 E50 系列焊条。

3.2.3　任务分析

网架结构就是一种由多根杆件按照一定的网格形式通过节点连接而成的空间钢结构产品。由于它具有空间受力、重量轻、刚度大、抗震性能好等优点，得到了广泛的应用；网架结构的加工生产质量直接影响工程的质量，要高质量完成网架结构的加工制作，需要以下技能：首先能读懂网架结构的设计图，并能根据设计图绘制网架结构的施工详图，根据施工图纸确定网架结构构件制作加工的工艺流程图；其次要熟悉网架结构构件加工制作的工艺及技术要领，并编制材料的采购计划，进行施工技术交底和安全交底；最后熟悉构件质量检验的标准，会进行质量检验及验收，并安排成品的堆放和运输等。

由于焊接球节点网架结构焊接应力较大，不能完全实现自动化，而螺栓球节点网架可以实现全自动化，同时目前数控技术发展迅速，螺栓球节点网架的加工制作已经实现自动化，加工精度高，便于安装，操作简便，受力明确，所以螺栓球节点网架得到广泛地应用于体育馆、展览厅、候车厅、餐厅等大型建筑中，在这里主要介绍螺栓球网架的质量控制。

3.2.3.1　钢网架结构

1. 分类

根据钢网架球节点分类，网架球节点分为螺栓球节点和焊接球节点两大类，分别执行专业标准《钢网架螺栓球节点》（JGJ 75.1—91）和《钢网架焊接球节点》（JGJ 75.2—91）。

螺栓球的规格系列表示为：

螺栓球节点构造如图 3-2-2 所示，包括球、螺栓、封板或锥头、套筒、螺钉部分。球的规格系列见表 3-2-1 所示。

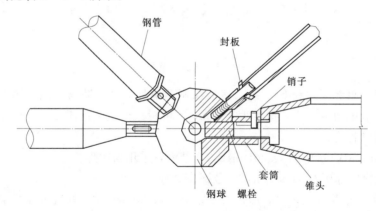

图 3-2-2　螺栓球节点构造详图

表 3-2-1　　　　　　　　　　　　　螺 栓 球 规 格 系 列

螺栓球代号	螺栓球直径 D（mm）	螺栓球代号	螺栓球直径 D（mm）	螺栓球代号	螺栓球直径 D（mm）
BS 100	100	BS 130	130	BS 190	190
BS 105	105	BS 140	140	BS 200	200
BS 110	110	BS 150	150	BS 210	210
BS 115	115	BS 160	160	BS 220	220
BS 120	120	BS 170	170	BS 230	230
BS 125	125	BS 180	180	BS 240	240

焊接球节点分为不加肋焊接空心球和加肋焊接空心球（见图 3 - 2 - 3），其表示方法为：

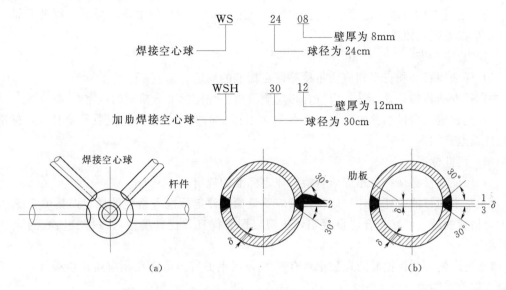

图 3 - 2 - 3　焊接球节点

(a) 不加肋焊接空心球；(b) 加肋焊接空心球

2. 材料

钢网架结构所用的材料，根据其所在网架中所处的位置不同而不同，如杆件、封板、锥头、套筒和焊接空心球均为 Q235 钢或 16Mn 钢；空心螺栓球为 45 号钢；螺栓、销子或螺钉均为 40Cr、40B、20MnTiB 钢；8.8S 的高强度螺栓可采用 45 号钢等。

制作材料必须符合设计要求，如无出厂合格证或有疑问时，必须按照现行国家标准《钢结构工程质量验收规范》（GB 50205—2001）的规定对其进行机械性能试验和化学分析，证明符合标准和设计要求后方可使用。

3. 质量评价

现阶段网架工程的制作和安装过程有两种形式：第一种是网架的制作和安装均由生产和安装资质的生产厂家来完成；第二种是网架的部件由专业产品制造厂提供，由具有安装能力的施工队伍来安装。由于网架结构本身的特点，绝大部分网架工程均由生产厂家来生产和安装。

网架工程是单项建筑工程结构分部工程的一部分如果网架工程是采用上述第二种形式来完成的，则在制作过程中应对节点，杆件及配件按《钢网架螺栓球节点》（JGJ 75.1—91）或《钢网架焊接球节点》（JGJ 75.2—91）及《钢网架检验及验收标准》（JGJ 75.3—91）进行检验，检验结果不参与主体分部工程的质量检验评定。如果网架工程采用上述第一种形式来完成，则在制作、安装过程中应对各分项工程（节点制作、杆件制作、安装、油漆、防腐、防火）按《网架结构工程质量检验评定标准》（JGJ 78—91）进行检验，检验结果都参与主体分部工程的质量检验评定。

如果网架工程所含分项工程的质量全部合格，就可将网架结构工程的整体质量评定为合格，如果网架工程所含分项工程质量全部是合格，且其中 50％ 及以上是优良，就可将网架结构工程的整体质量评定为优良。

按《建筑工程质量评定检验评定标准》（GBJ 301—88）的要求，分项工程的质量等级评定应按下列规则进行：

（1）合格标准：

1）保证项目必须符合相应质量检验评定标准的规定。

2）基本项目抽验处（件）应符合相应质量检验评定标准合格栏的规定。

3）允许偏差项目抽验的点数中，有 70％ 及以上的实测值应在相应质量检验评定标准的允许偏差范围内。

（2）优良标准：

1）保证项目必须符合相应质量检验评定标准的规定。

2）基本项目抽验处（件）应符合相应质量检验评定标准合格栏的规定；其中 50％ 及以上合格者的处（件）符合优良规定，该项目即为优良。优良项数应占检验项数的 50％ 及其以上。

3）允许偏差项目抽验的点数中，有 90％ 及以上的实测值应在相应质量检验评定标准的允许偏差范围内。

3.2.3.2　钢网架焊接球节点的制作与检验

1. 焊接球节点的制作与检验

（1）焊接球节点的制作。

焊接球的加工有热轧和冷轧两种方法，目前生产的球多为热轧。具体步骤如下：圆板下料；热轧半球；机械加工；装配焊接。用热轧方法生产的球容易产生壁厚不均匀、"长瘤"和"荷叶边"等情况，网架规程对壁厚不均匀程度进行了限制。球体不允许"长瘤"，"荷叶边"应在切边时切除。

由于轧制模具的磨损和冷却收缩率考虑不足等原因，经常出现成品球直径偏小的情况，这种情况容易造成网架总拼尺寸偏小。因此，网架规程对球的直径偏差也有明确的限制。

球的圆度（即最小直径与最大直径之差），不仅影响拼装尺寸，而且又会造成节点偏心，故应控制在一定范围之内。

焊接球是由两个热轧的半球经车床加工后焊接而成，如果两个半球对得不准或大小不一，则在接缝处会产生"错边"，《网架结构工程质量检验评定标准》（JGJ 78—91）对"错边"程度进行了限制。

（2）焊接球的检验。

《网架结构工程质量检验评定标准》（JGJ 78—91）对焊接球的质量按照保证项目、基本项目和允许偏差项目分类进行了控制，见表 3-2-2。

2. 焊接球的杆件制作和检验

（1）杆件的制作。

网架结构中的杆件有钢管和角钢两种，钢管的下料应使用机床，当壁厚超过 4mm 时，由机床加工成坡口，以确保其长度和坡口的准确度，而角钢的下料宜用剪床、砂轮切割或气割。

表 3-2-2　　　　　　　　　　　焊接球的允许偏差及检验方法

项次	项　目	允许偏差（mm）	检　验　方　法
1	球焊缝高度与球外表面平齐	±0.5	用焊缝量规，沿焊缝周长等分取 8 个点检查
2	球直径 $D \leqslant 300$	±1.5	用卡钳及游标卡尺检查，每个球量测各向三个数值
3	球直径 $D > 300$	±2.5	
4	球的圆度 $D \leqslant 300$	≤1.5	用卡钳及游标卡尺检查，每个球测三对，每对与互成 90°，以三对直径差的平均值计
5	球的圆度 $D > 300$	≤2.5	
6	两个半球对口错边量	≤1.0	用套模及游标卡尺检查，每球取最大错边处一点

　　不管是钢管还是角钢都应考虑其焊接收缩量。影响焊接收缩量的因素较多，如焊缝的长度、环境温度、电流强度、焊接方法等。焊接收缩量的大小可根据各自以往的经验，再结合现场和网架的具体情况通过试验来确定。

　　下料计算：

　　当网架用钢管杆件及焊接节点的方案时，球节点通常由工厂定点制作，而钢管杆件往往现场加工，加工前首先根据下式计算出钢管杆件的下料长度 l。

$$l = l_1 - 2\sqrt{(R^2 - r^2)} + l_2 - l_3 \tag{3.2.1}$$

式中　　l_1——根据起拱要求等计算出杆的中心长；

　　　　R——钢管外圆半径；

　　　　r——钢管内圆半径；

　　　　l_2——预留焊缝收缩量（2～3.5mm）；

　　　　l_3——对接焊缝根部宽（3～4mm）。

　　下料长度 l 计算的几何关系，如图 3-2-4 所示。

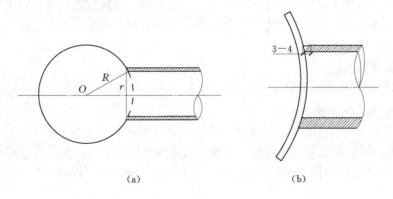

（a）　　　　　　　　　　　　　　　　（b）

图 3-2-4　下料长度几何关系
（a）R、r 的几何关系；（b）对接焊缝尺寸

　　（2）杆件的检验。

　　《网架结构工程质量检验评定标准》（JGJ 78—91）规定了焊接网架杆件质量保证项目

和允许偏差项目的控制，见表 3-2-3。

表 3-2-3　　　　　　　　　　　杆件允许偏差及检验方法

项　次	项　目	允许偏差（mm）	检 验 方 法
1	角钢杆件制作长度	±2	用钢尺检查
2	焊接球网架钢管杆件制作长度	±1	用钢尺及百分表检查
3	螺栓球网架钢管杆件成品长度	±1	
4	杆件轴线不平直度	$L/1000$ 且 $\leqslant 5$	用百分表、V 型块检查
5	封板或锥头与钢管轴线垂直度	$0.05\%r$	

注　L—杆件长度；r—封板或锥头底半径。

3.2.3.3　钢网架螺栓球的制作与检验

1. 螺栓球节点的制作和检验

（1）螺栓球的制作：

螺栓球的毛坯加工方法有两种，一为铸造，一为模锻。铸造球容易产生裂缝、砂眼；模锻球质量好、工效高、成本低。

为确保螺栓球的精度，应预先加工一个高精度的分度夹具；用分度夹具生产工件成品的精度，为分度夹具本身精度的 1/3。

球在车床上加工时，先加工平面螺栓孔，再用分度夹具加工斜孔，各螺栓孔螺纹和螺纹公差、螺孔角度、螺孔端面距球心尺寸的偏差详见《网架结构工程质量检验评定标准》（JGJ 78—91）的规定。

螺栓球的生产流程：圆钢经模锻→工艺孔加工→编号→腹杆及弦杆螺孔加工→涂装→包装。圆钢下料采用锯床下料，坯料相对高度 H/D 为 2～2.5，禁用气割。锻造球坯采用胎模锻，锻造温度在 1200～1150℃下保温，使温度均匀，终锻温度不低于 850℃，锻造设备采用空气锤或压力机。锻造后，在空气中自然正火处理。

螺纹孔及平面加工应按下述工艺过程进行：劈平面→钻螺纹底孔→孔口倒角→丝锥攻螺纹。螺纹孔加工在车床上配以专用工装，螺纹孔与平面一次装夹加工。在工艺孔平面上打印球号、加工工号。

（2）螺栓球的检验：

《网架结构工程质量检验评定标准》（JGJ 78—91）规定了螺栓球节点质量检验保证项目和允许偏差项目的控制。

螺栓球的主要检测控制有：①过烧、裂纹：用放大镜和磁粉探伤检验；②螺栓质量：应达到 6H 级，采用标准螺纹规检验；③螺纹强度及螺栓球强度：采用高强螺栓配合用拉力试验机检验，按 600 只为一批，每批取 3 只；④允许偏差项目的检查：检验标准见表 3-2-4。

2. 螺栓球的杆件制作和检验

（1）杆件的制作：

在焊接球网架中杆件与球体直接焊接，而在螺栓球网架中杆件是通过螺栓与球体连接，杆件除本身的钢管之外，还包括组成杆件的封板、锥头、套筒和高强度螺栓。因此，在考虑杆件的焊接收缩量时，杆件应作为整体来考虑，其允许偏差值是指组合偏差。

表 3-2-4　　　　　　　　　　螺栓球允许偏差及检验方法

项　次	项　　目		允许偏差 （mm）	检　验　方　法
1	球毛坯直径	$D \leqslant 120$	+2.0 -1.0	用卡钳、游标卡尺检查
		$D > 120$	+3.0 -1.5	
2	球的圆度	$D \leqslant 120$	1.5	
		$D > 120$	2.5	
3	螺栓球螺孔端面与球心距		±0.20	用游标卡尺、测量芯棒、高度尺检查
4	同一轴线上两螺孔端面平行度	$D \leqslant 120$	0.20	用游标卡尺、高度尺检查
		$D > 120$	0.30	
5	相邻两螺孔轴线间夹角		±30′	用测量芯棒、高度尺、分度头检查
6	螺孔端面与轴线的垂直度		0.5%r	用百分表

杆件由钢管、封板或锥头、高强螺栓组成，其主要工艺过程有：钢管下料坡口并编号→钢管与封板或锥头、高强螺栓配套并点焊→全自动或半自动二氧化碳气体保护焊接→抛丸除锈→涂装→包装。

1）钢管下料：

a. 钢管设计尺寸如图 3-2-5 所示。

b. 钢管初始弯曲不大于 $L/1000$，且不大于 4mm，下料前需检验。

c. 钢管下料长度要小于设计长度 2mm。

d. 钢管下料采用的设备及配置如下：

①采用砂轮片锯配置钢管定制平台，切

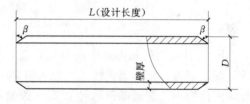

图 3-2-5　钢管极限尺寸图

割钢管。其特点是工作环境较差，保证质量需依靠人的因素。②采用带锯床，配置钳口夹持钢管，切割下料。其特点是质量易保证，但效率稍低。③采用专用钢管切割机床，有的还能一次倒坡角 β 加工出来。其工作环境、质量、效率均比以上两种方法都好。④如果钢管直径、壁厚尺寸较大，以上三种设备及配置无法切割下料，此时采用（火焰）管道切割机，既切割下料又可切出倒坡角度 β，钢管在哪里就可在哪里切割，可流动作业。

e. 钢管下料经常出现的缺陷有：

①下料长度超出规定。造成的原因是钢管在平台上的长度定位设置有误差，或在下料过程长度定位设置松动移位。避免该缺陷的方法是下料时进行首件检查，过程中进行抽查，及时矫正并紧固定位设置。②钢管下料其端面出现斜口。造成的原因是钢管在平台上放置的轴线与砂轮片（或钢带锯条）不垂直，或在下料过程中钢管移动。避免该缺陷的方

法是下料时进行首件检查，过程中进行抽查，以及时纠正钢管侧向定位装置位置，并予以紧固。

2）钢管倒坡。

钢管倒坡的设备有：专用钢管切割机床，既可下料，又可同时倒坡。管螺纹车制机床（机床主轴内孔可以装夹钢管），可用于钢管倒坡。（火焰）管道切割机。可用于钢管倒坡。有的企业按照管螺纹车制机床自制专用机床，用于钢管倒坡，也比较适用。

3）杆件组装。

a.杆件组装的工艺设备：杆件组装需有工艺装备来控制设计图规定的长度。杆件组装的工艺设备一般由导轨（按金属切削机床的导轨类型）和定位导板组成，如图 3 - 2 - 6 所示。定位导板和导轨配合，能够沿导轨直线移动，以按杆件组合长度定位，定位导板上（一对）设有能卡高强度螺栓的定位槽，保证两定位导板的两槽同轴，且高强度螺栓与定位槽适当滑动，但间隙不得过大。

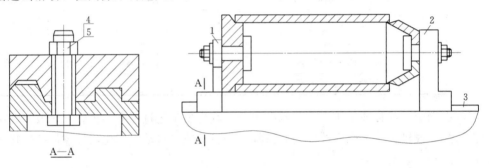

图 3 - 2 - 6　杆件组装工艺装备示意图
1、2—定位导板；3—导轨；4、5—螺栓、螺母

b.杆件组装的操作：由两位操作者，一头一位，锥头（或封板）套上相应的高强螺栓，配上螺母，套入钢管两端，放入组装工艺装备的定位导板中间，高强度螺栓嵌入定位板的定位槽中，旋紧螺母以使锥头（或封板）端面贴紧定位导板定位平面，之后，定位焊，钢管直径 $\phi89$ 以内的杆件组合定位焊三点，以圆周均分，定位焊长度 3～5mm；钢管直径 $\phi114$ 以内的杆件组合定位焊四点，以圆周均分，定位焊长度 6～10mm；定位焊缝的厚度不宜超过钢管厚度的 2/3，定位焊缝使用与成型焊缝同型号的焊条。

c.杆件的组装要点：高强度螺栓嵌入定位装备定位槽两头到位，螺母拧紧，定位焊位置沿圆周分布均匀，以避免端面倾斜，组装杆件在转运过程中如碰掉锥头或封板，需在工艺装备上重新组装，切忌将锥头或封板随意装入，以防高强度螺栓装错和影响杆件位置精度和尺寸精度。

（2）杆件的检验：

《网架结构工程质量检验评定标准》（JGJ 78—91）对杆件本身及组成杆件的部件的质量检验标准，分别按保证项目和允许偏差项目进行了控制。

（3）焊接钢板节点的制作与检验。

焊接钢板节点通常由十字节点板和盖板组成，适用于连接焊接型钢杆件。制作钢板节点的材料应与所连接杆件的材料相同。按《网架结构工程质量检验评定标准》（JGJ

78—91）的规定，对焊接钢板节点质量检验保证项目和允许偏差项目进行控制，见表 3-2-5。

表 3-2-5　　　　　　　　封板、锥头、套筒允许偏差及检查方法

项　次	项　　　　目	允许偏差（mm）	检　验　方　法
1	封板、锥头孔径	+0.5	用游标卡尺检查
2	封板、锥头底板厚度	+0.5 -0.2	
3	封板、锥头底板二面平行度	0.3	用百分表、V 形块检查
4	封板、锥头孔与钢管安装台阶同轴度	0.5	用百分表、V 形块检查
5	锥头壁厚	+0.5 0	用游标卡尺检查
6	套筒内孔与外接圆同轴度	1	用游标卡尺、百分表、测量芯棒检查
7	套筒长度	±0.5	用游标卡尺检查
8	套筒两端面与轴线的垂直度	0.5%r	用游标卡尺、百分表、测量芯棒检查
9	套筒两端面的平行度	0.5	

3.2.4　任务实施

1. 施工准备工作

（1）设计阶段。

根据建设单位意图，了解其总体设想，积极参与图纸会审，及时提出问题请求答复，积极协助建设单位对各种材料进行选型、订货。组织技术人员熟悉图纸进行加工图的设计，加工图的设计工作是构件加工的基础，加工图的准确度直接影响工程的质量及进度。公司技术部设有翻样科专门从事加工图的设计工作，并由工艺科负责加工图的工艺审查。本项目网架部分都将安排 21 名技术人员负责加工图的设计，1 名技术人员校对，并有技术、质量、生产、安装等部门的有关人员审核，确保图纸的准确性、完整性、工艺性。

（2）编制依据。

1）××试验厅网架结构施工图

2）设计与施工技术规范：

a.《网架结构设计与施工规程》（JGJ 7—1991）。

b.《钢结构设计规范》（GB 50017—2003）。

c.《钢结构工程施工质量验收规范》（GB 50205—2001）。

d.《钢网架螺栓球节点用高强度螺栓》（GB/T 16939）。

e.《建筑结构荷载规范》（GB 50009—2001）2006 年版。

f.《建筑抗震设计规范》（GB 50011—2010）。

g.《建筑结构可靠度设计统一标准》（GB 50068—2008）。

h.《网壳结构技术规程》（JGJ 61—2003）。

i. 《冷弯薄壁型钢结构技术规范》（50018—2002）。

2．网架的加工制作

（1）螺栓球加工。

1）螺栓球加工工艺流程图，如图 3-2-7 所示。

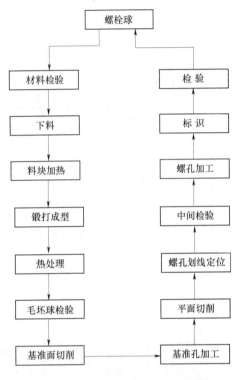

图 3-2-7　螺栓球加工工艺流程图

2）控制螺栓球加工精度。

足够的加工精度是减少网架安装时产生装配应力的主要措施之一，又是保证空间网架各向几何尺寸和空间形态符合设计要求的重要前提，更会直接影响螺栓球螺孔与高强度螺栓之间的配合轴向抗拉强度，因此按照企业标准高于国家行业标准要求的原则制定螺栓球节点加工精度标准，并采取措施予以保证：

a. 螺栓球任意螺孔之间的空间夹角角度误差控制在 $\pm 20'$ 之内（国家行业标准为 $\pm 30'$）。具体措施是：

毛坯球不圆度在 1.5～2.0mm 范围内。用卡钳、游标卡尺检查；用分度头（最小刻度为 $2'$）控制，用铣床加工螺栓球的螺孔端面；定期检查工装夹具精度，误差控制为 $\pm 2'$。

b. 螺栓球的螺孔端面至球心距离控制在 ± 0.1mm 之内（国家行业标准为 ± 0.2mm）。具体措施是：

毛坯球直径误差控制在 -1.0～$+2.0$mm 范围内。用卡钳、游标卡尺检查；采用专用工装，并定期检查工装精度。

c. 保证螺栓球的螺孔的加工精度，使螺纹公差符合国家标准《普通螺纹公差与配合》（GB 197—81）中 6H 级精度的规定。具体措施是：采用由××工具厂生产的优质丝攻加工螺纹孔，每支丝攻的累计加工使用次数限定为 200 次，满 200 次即报废，确保丝攻的自身精度。

d. 成品球的加工精度检验。用标准螺纹规（螺栓塞规）检查螺孔的螺纹加工精度和攻丝深度；用万能角尺检查螺栓球任意两相邻螺孔轴线间夹角角度，检查数量为每种规格的成品球抽查 5%，且不少于 5 只；用万能试验机检测螺栓球螺纹孔与高强度螺栓配合轴向抗拉强度，检查数量为受力最不利的同规格的螺栓球 600 只为一批（不足 600 只仍为一批计），每批取 3 只为一组随机抽检，一般检查成品球上的最大螺孔。

（2）杆件加工。

1）杆件加工制作工艺流程，如图 3-2-8 所示。

2）保证杆件的加工精度。

杆件的加工精度与螺栓球的加工精度同样重要，是直接影响空间曲面网架各向几何尺寸的重要因素。为保证杆件的加工精度符合国家行业标准的要求，采取如下措施予以保证：

a. 严格按照设计图纸和质量评定标准控制锥头的加工精度，每种规格锥头按 5％的比例（且不少于 10 只）抽样进行外观和加工精度的检验。外观检查保证不许有裂纹、过烧及氧化皮，加工精度的检验采用游标卡尺、百分表和 V 型块等工具，确认符合设计图纸和《网架结构工程质量评定标准》（JGJ 78—91）中第 3.3.3 条的规定后方可投入使用。

b. 通过试验事先确定各种规格杆件预留的焊接收缩量，在计算杆件钢管的断料长度时计入预留的焊接收缩量。

c. 严格控制杆件钢管的断料长度，在丈量尺寸时必须使用经计量室事先标定过的钢卷尺，钢卷尺应每月定期标定。

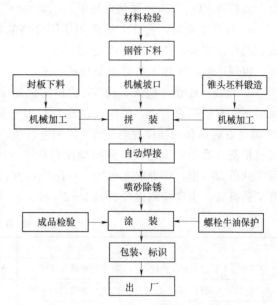

图 3-2-8　杆件加工制作工艺流程图

d. 断料长度尺寸偏差控制在±1.0mm 以内。断料后在自检的基础上，由专检人员按 5％比例随机抽检。用钢卷尺、钢直尺复核断料长度尺寸，并作记录。经复验合格后方允许转入下一工序。

e. 钢管两端与锥头的装配在 V 型铁上进行，根据设计图纸的要求，用事先经计量室标定过的钢尺控制，调整并固定装配工装，通过固定后的装配工装的限位作用，把杆件装配长度尺寸偏差控制在±1.0mm 之内。

f. 在自检基础上由专检人员按 5％比例随机抽检经装配后的杆件半成品长度尺寸，并作记录，经复验合格后方允许转入下一工序。

3）控制杆件焊缝质量。

钢管两端与锥头之间的连接焊缝属对接焊缝，要求与母材等强，焊缝质量等级必须达到《钢结构工程施工质量验收规范》（GB 50205—2001）中规定的二级质量标准。保证杆件焊缝质量的具体措施是：

a. 杆件钢管的断料在 QZ11—17×350 型钢管自动坡口切断机上进行，保证钢管两端的坡口尺寸以及钢管断面与管轴线的垂直度符合设计要求。

b. 杆件装配时，钢管两端与锥头之间的连接采用 CO_2 气体保护焊机 KR500 施焊点固。保证杆件半成品两端锥头顶面与钢管轴线的垂直度达到 $0.5\%R$（R 为锥头底端部半径）、杆件半成品两端锥头端面圆孔与钢管轴线的同轴度达到±1.0mm。并保证在钢管端部与锥头之间预留有一定的间隙（焊缝位置）。预留的间隙尺寸视杆件规格的不同而变化。

c. 杆件两端焊缝的施焊在 NXC—2×500KR 型网架杆件双头自动焊接机床上进行。在正式施焊作业前，操作人员必须及时调整双头自动焊接机床上的工装夹具及焊接工艺参数，并检查 CO_2 气体压强是否足够。

d. 施焊作业时，操作人员必须使用合格的焊丝、导电嘴、焊接防飞溅剂，必须遵守规定的焊接规程，执行事先确定的焊接工艺与参数，并将自己的焊工序号标记于焊缝附近，以便追溯。操作人员必须是持证焊工。

e. 检验：①由专检人员按 5% 比例随机抽检，用焊缝量规，钢尺检查焊缝外观。焊缝表面不许有气孔、夹渣、裂纹、烧穿及较大弧坑。②由专业人员根据标准 JGT 3034.2—96 对受力最不利的杆件焊缝按 5% 比例进行超声波无损探伤，并作记录及报告。③由专检人员根据《网架结构工程质量检验评定标准》（JGJ 78—91）规定取受力最不利的杆件，每 300 根为一批，每批取 3 根为一组随机抽查，在中心试验室进行焊缝承载力试验，并出具试验报告，主要检测设备如表 3-2-6。

表 3-2-6 主要检测设备

设 备	项 目	设 备	项 目
CTS—23 型超声波探伤仪	用于对焊缝无损探伤	WE—30 型 300kN 万能试验机	用于焊缝承载力试验
CTS—230A 型超声波探伤仪	用于对焊缝无损探伤	6000kN 材料万能试验机	用于焊缝承载力试验
WI—1000 型 1000kN 万能试验机	用于焊缝承载力试验		

（3）支座加工。

1）支座加工工艺流程图，如图 3-2-9 所示。

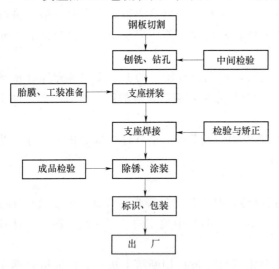

图 3-2-9 支座加工工艺流程图

主要事项：

a. 支座的加工必须符合设计图纸和《钢结构工程施工质量验收规范》（GB 50205—2001）的要求。

b. 支座钢板放样和号料时应预留制作，安装时的焊接收缩余量及切割、刨边、铣平等加工余量。

c. 支座钢板放样应使用经计量室事先标定过的钢尺，放样、号料，气割的尺寸偏差值必须符合《钢结构工程施工质量验收规范》（GB 50205—2001）要求。

d. 支座钢板下料后应及时进行矫正，经矫正后的钢板平面度允许偏差当钢板厚度不超过 20mm 时不得大于 1.5mm；当钢板厚度超过 20mm 时不得大于 1.0mm。

e. 支座钢板制孔在钻床上进行，其加工精度和孔距偏差必须符合《钢结构工程施工质量验收规范》（GB 50205—2001）要求。

f. 支座组装必须对支座各部件事先进行检验，合格后方能组装。连接接触面和沿焊缝边缘每边 30~50mm 范围内的铁锈、毛刺、污垢等应清除干净。支座组装的允许偏差必须符合《钢结构工程施工质量验收规范》（GB 50205—2001）要求。

g. 支座焊接应由持证焊工操作，焊工必须使用经烘焙过的合格焊条，必须遵守有关的焊接规程和执行事先制定的焊接工艺。当钢板厚度超过 50mm 时，施焊前应将钢板的焊道两侧预热至 $100\sim150$℃，焊后应进行保温。

2）检验。

a. 由专检人员对焊缝的外观进行检查，焊缝表面不得有气孔、裂纹、烧穿、咬肉、较大弧坑等缺陷。

b. 如有对接焊缝，由专业人员根据标准 JCT 3034.2—96 对支座钢板间的对接焊缝进行超声波探伤，并作记录及报告。

主要检测设备：CTS—23 型超声波探伤仪，用于支座钢板间对接焊缝的无损探伤。

（4）网架钢构件的基层表面处理。

1）网架钢构件基层表面处理方式。

采用全自动机械抛丸除锈方式。利用钢制弹丸由高速旋转的叶轮产生离心力加速达到每秒 $70\sim80m$ 速度而产生的动能轰击到工件表面，将工件表面上的氧化皮或锈蚀层清除掉。

2）网架钢构件基层表面处理时的工件状态。

半成品状态：即网架钢构件基层表面处理时应待网架钢构件的机械加工或成型焊接加工结束后进行，并清除工件表面厚的锈层、可见的油脂和污垢。

3）网架钢构件基层表面处理的质量标准和质量等级。

抛丸除锈的质量等级必须达到《涂装前钢材表面锈蚀等级和除锈等级》（GB 8923—88）中规定的 $Sa_{2.5}$ 级标准。

4）网架钢构件基层表面处理质量控制。

a. 抛丸除锈使用的钢丸必须符合质量标准和工艺要求，钢丸直径控制在 $0.8\sim1.2mm$ 之间，对允许重复使用的钢丸，必须根据规定的质量标准进行检验，确认合格后方能使用。

b. 抛丸除锈操作环境的相对湿度不应大于 85%，确保钢材表面不生锈。

c. 抛丸除锈操作时，应根据各种不同规格的杆件，选取与之相适应的工件输送速度，使工件表面达到规定的粗糙度。

d. 网架杆件上料、下料时要做到轻拿轻放，抛丸处理后的杆件要存放于无积水、无积尘、无油污和通风干燥的场所进行表面防腐处理。

5）网架钢构件基层表面处理质量检验。

a. 抛丸除锈后，用肉眼检查网架钢构件外观，应无可见油脂、污垢、氧化皮、焊渣、铁锈和油漆涂层等附着在工件表面，表面应显示均匀的金属光泽。

b. 检验钢材表面锈蚀等级和除锈等级应在良好的散射日光下或在照度相当人工照明条件下进行，检查人员应具有正常的视力。

c. 待检查的钢材表面应与现行国家标准《涂装前钢材表面锈蚀等级和除锈等级》GB 8923规定的图片对照观察检查。

6）网架钢构件基层表面抛丸除锈后的处理。

a. 用压缩空气或毛刷、抹布等工具将工件表面的浮尘和残余碎屑清除干净。

b. 网架钢构件基层表面抛丸除锈施工验收合格后必须在 6h 内喷涂第一道环氧富锌防锈底漆。

（5）包装与标识。

1）包装。

a. 网架杆件采用打扎成捆的包装方式。

b. 网架球节点和网架支座、支托采用装框的包装方式，铁框以圆钢或扁铁与钢管焊接而成。

2）标识。

a. 捆扎件采用木板标签牌标识，标签牌应标明工程名称和工程的部位或区域。

b. 单元球节点采用冲击钢印字母和数字与油漆字母和数字重复的标识方式，其标记应与设计编号完全一致。

c. 单元杆件采用油漆字母和数字单一的标识方式，其标记应与设计编号完全一致。

3. 网架构件运输

网架构件由加工厂至××试验厅现场工地的运输采用汽车集中运输。网架构件和屋面板的垂直运输采用现场塔吊或汽吊。

4. 网架结构质量标准和质量等级

（1）××试验厅网架结构的工厂加工制作和现场施工质量的验收以设计图纸及《网架结构设计与施工规程》（JGJ 7—1991）、《网架结构工程质量检验评定标准》（JGJ 78—91）、《钢结构工程施工质量验收规范》（GB 50205—2001）的依据，验收合格标准是：纵横向边长偏差允许值为长度的 1/2000，且不大于 30mm；中心偏移允许值为跨度的 1/3000，且不大于 30mm；相邻支座高差不大于相邻支座间距离的 1/800，且不大于 30mm；网架结构挠度值不大于设计值的 1.15 倍。

（2）××试验厅网架结构的工厂加工制作和现场安装施工质量在达到验收合格标准的基础上确保达到国家和部颁现行标准，确保优良工程。

5. 网架构件工厂加工制作质量保证技术措施

（1）原材料、零配件质量保证。

a. 进货检验步骤。

原辅材料、零配件购进后，仓库人员及时委托质检员进行进货检验或验证。进货检验的内容包括：

材料的外观、尺寸、钢材的物理性能及化学成分、高强螺栓的表面硬度、承载力等；对于无相应检测设备无法检测的原辅材料（如焊条、焊丝等），应根据材料供应部向分承包方要求提供的有关检验报告、质保书或合格证进行验证，经过进货检验或验证的原辅材料方能投入使用。

b. 进货外观、尺寸检验和验证。

每种、每批材料、零配件必须附质保书，并按有关标准规范要求对原材料、零配件的外观和尺寸进行检验，检验和验证内容见表 3-2-7。

c. 原材料、零配件物理性能检测。

按有关标准规范要求抽样复验各种原材料、零配件的化学成分和物理性能，见表 3-

2-8。

表 3-2-7　　　　　　　　　材料、零配件检验和验证内容

材料、零配件名称	检 验 内 容	验 证 内 容
毛坯钢球	直径、圆度、表面过烧、裂纹	质保书
钢管	管径、壁厚、表面锈蚀、麻点、凹坑、裂纹	质保书
钢板	厚度、平整度、表面锈蚀、麻点、划痕	质保书
高强度螺栓	外观尺寸、裂纹、损伤	产品合格证、质保书
封板、锥头、套筒	外观尺寸、裂纹、过烧、氧化皮	质保书
焊条、焊丝、焊剂	—	质保书、品种、规格

表 3-2-8　　　　　原材料、零配件的化学成分和物理性能检测内容

主 要 检 测 设 备	主 要 检 测 内 容
化 学 分 析 仪 器	测定钢材的五大元素（碳、硫、磷、硅、锰）
WI—100 型 1000kN 万能试验机	测定钢材的物理性能
WE—30 型 300kN 万能试验机	测定钢材的物理性能

　　由于高强度螺栓是网架杆件与螺栓球连接的传力构件，是拉应力最集中的部位，必须绝对保证安全，因此对高强度螺栓的检验采取逐个全数检验方式，不仅检查每一批、每一根高强度螺栓的外观尺寸和表面缺陷，还检验每一批、每一根高强度螺栓的表面硬度，确保每一根高强度螺栓的表面硬度达到《网架结构设计与施工规程》（JGJ 7—1991）中规定的 HRC32～36 之要求，从而保证每一根高强度螺栓的抗拉强度符合设计和 JGJ 7—1991 要求。同时还按照标准要求，以同规格螺栓 600 只为一批（不足 600 只仍为一批），每批取 3 只为一组做成试件，进行高强度螺栓承载能力的检验，其结果必须符合承载力检验安全系数允许值。经上述检验确认合格后的高强度螺栓方可入库使用，并由质管部检验室出具检验报告。表 3-2-9 是常用的检测设备。

表 3-2-9　　　　　　　　　主 要 检 测 设 备

主要检测设备	主要检测内容
SWGY—I 型数字式钢材材质无损分选仪	测定高强度螺栓表面硬度
WI—100 型 1000kN 万能试验机	测定高强度螺栓的承载力
WE—30 型 300kN 万能试验机	测定高强度螺栓的承载力
6000kN 材料万能试验机	测定高强度螺栓的承载力

　　（2）生产过程的质量保证。

　　1）生产工艺流程的确定。螺栓球节点网架的加工、安装工艺流程图如图 3-2-10 所示；

　　2）特殊工序和关键工序的确定。网架生产的特殊工序为网架杆件的焊接，关键工序为网架球加工工序，钢结构的特殊工序为钢结构的焊接，针对特殊工序和关键工序的生产特点，依据《网架工程质量评定检验标准》（JGJ 78—91）及《钢结构工程施工质量验收

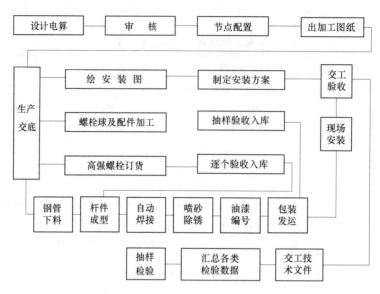

图 3-2-10 螺栓球节点网架加工、安装、工艺流程图

规范》（GB 50205—2001）要求，结合公司的生产设备，通过反复试验取得的数据，制定了适合工序生产的《网架杆件焊接工艺规程》、《网架球加工工艺规程》、《钢结构焊接工艺规程》等，在生产过程中必须严格按各工艺规程及图纸要求进行生产，操作工按要求填写监控记录，质检员定期对其进行监督检查。

根据生产工艺特点制定了工序流转卡，做到卡随物走，既能控制质量又能实现追溯，每件产品出来都能追溯到班组，使得奖罚有依据，增强了工人的责任心。

（3）包装、运输、装卸、堆放。

1）包装：出厂产品（零部件、构件等）均按功能要求进行包装，其中：螺栓球采用铁桶或铁箱包装；网架杆件采用钢管架捆装；封板、锥头均与杆件焊接后，随杆件包装，六角套筒则采用铁桶密封包装；支座、支托用钢箱包装；檩条加工后采用钢带捆轧包装；屋面板自动生产线自动采用塑料薄膜包装。在包装物外进行编号，记录包装物内产品规格、零件编号、数量清单，以便核对和现场验收。

2）运输：根据产品的特性和长度确定运输工具，确保产品质量和运输安全，梁、柱尽量采用长货车，特殊长度应对车厢进行适当改装。应与运输公司签订行车安全责任协议，严禁野蛮装卸。

3）装卸：原则上柱、大型构件都用吊车或行车装运，其他杆件和零件有外包装的可用铲车装卸。卸货时，均应采用机械卸货，严禁自由卸货，装卸时应轻拿轻放，车上堆放合理，绑扎牢固，装车时有专人检查。

4）堆放：产品堆放尽可能堆放室内、平整不积水的场地，高强螺栓连接副在现场必须室内干燥的地方堆放，厂内、外堆放都必须整齐、合理、标识明确，必要时做好防雨、雾处理，连接摩擦面应得到确实保护。

模块 4　钢结构安装施工

任务 1　门式刚架轻型房屋钢结构安装

4.1.1　学习目标

通过本任务学习，使学生了解轻型钢结构安装特点；初步掌握门式刚架轻型房屋钢结构的安装工艺流程和施工要点；熟悉安装过程的技术、安全及质量管理和控制；掌握编制轻型钢结构工程施工方案的方法。培养组织钢结构安装施工的能力。

4.1.2　任务描述

本工程共包括六栋门式刚架轻型房屋钢结构厂房。其中1号厂房一栋，跨度17.00m、柱距6.00m、全长97.00m，设10t单梁吊车2台，牛腿标高7.00m，女儿墙顶标高10.90m；2号厂房五栋，跨度11.00m、柱距6.00/5.00m，全长29.00m，局部设夹层，设5t单梁吊车2台，牛腿标高5.40m，女儿墙顶标高7.78m。

围护结构：所有厂房围护墙标高0.9m以下为砖墙，0.9m以上墙板和屋面板分别采用内外彩钢板中间75mm厚或100mm厚玻璃丝棉保温层现场复合彩板，屋面面板采用YX51-380-760型压型板，墙面面板采用YX10-100-840压型板。屋面采用内天沟排水。1号厂房横向剖面示意如图4-1-1所示。

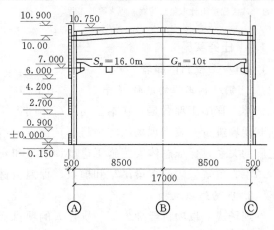

图4-1-1　1号厂房横向剖面

结构设计基准期均为50年，耐火等级二级，抗震设防烈度七度。门式刚架梁柱和吊车梁采用Q235B钢材，其他构件采用Q235A.F钢材。钢结构制作、安装工程量统计见表4-1-1。

4.1.3　任务分析

门式刚架轻型房屋钢结构属于典型的轻型钢结构，主要用于承重结构为单跨或多跨实腹门式刚架，采用轻质复合围护材料，无桥式吊车或有起重量不大于20t的A1～A5工作级别桥式吊车或3t悬挂式起重机的单层房屋钢结构。门式刚架轻型房屋钢结构安装包括主体结构、支撑结构和围护结构三部分，其所有柱、斜梁、吊车梁、系杆、檩条、墙梁、拉条、围护板材重量较小，刚度较弱，安装标高不大，施工工期较短，因此，一般选用移动速度快、机动性好、回转半径大的中、轻型起重设备即可满足吊装要求。

表 4-1-1 钢结构制作、安装工程量统计

序号	项目	单位	2号厂房工程量/栋	栋数	5栋总工程量	1号厂房工程量/栋	栋数	总工程量
1	地脚螺栓	t	0.5	5	2.5	2.2	1	4.7
2	钢结构	t	20.6	5	103.0	95.0	1	198.0
3	檩条	t	10.0	5	50.0	36.0	1	86.0
4	屋面板	m²	316.7	5	1583.5	1696.0	1	3279.5
5	墙面板	m²	770.5	5	3852.5	2236.6	1	6089.1
6	雨水管	m	94.8	5	474.0	178.5	1	652.5
7	天沟	m	59.2	5	296.0	192.0	1	488.0
8	雨棚	m²	8.1	5	40.5	29.0	1	69.5
9	推拉门	m²	19.1	5	95.5	57.3	1	152.8
10	推拉窗	m²	76.1	5	380.5	94.0	1	474.5
11	固定窗	m²	101.3	5	506.5	285.1	1	791.6
12	胶合板门	m²	14.7	5	73.5	6.0	1	79.5

注 本工程量统计未包括防腐、防火涂装工程。

4.1.4 任务实施

4.1.4.1 工程总体部署

1. 钢结构工程的总体部署

本工程施工部署是：在本公司生产车间进行钢构件的加工制作，然后，将成品陆续运输到现场进行安装。现场派驻项目部，负责钢结构安装，协调钢结构施工和其他相关专业之间的关系，保证总体安装施工进度、质量和安全等事宜。

甲方负责采购的单梁吊车和檩条、保温板材、门窗应分别在规定时间内运到现场

2. 现场组织机构

现场成立以项目经理为第一责任人的项目管理机构，全面负责现场施工管理。

3. 本工程拟投入的主要机械设备计划表见表 4-1-2

表 4-1-2 拟投入主要机械设备计划表

序号	设备名称	型号规格	数量	国别产地	制造年份	额定功率（kW）	用于施工部位	备注
1	液压汽车吊	16t	2台				吊装	自备
2	液压汽车吊	8t	2台				吊装	自备
3	卡车	9T	4台				运输	自备
4	电焊机	BXI—630	6台				焊接	自备
5	多头切割机	CGI—3000	1台				切割下料	自备
6	自动埋弧焊机	MF—1000B	2台				焊接	自备

续表

序号	设备名称	型号规格	数量	国别产地	制造年份	额定功率（kW）	用于施工部位	备注
7	摇臂钻床	E3050X16	2台				钻孔	自备
8	扭矩扳手	TXN360	4把				安装高强螺栓	自备
9	H型钢矫直机	JE—20	1台				矫正H型钢	自备
10	经纬仪		2台				控制偏差	自备
11	水准仪		1台				控制偏差	自备
12	磁力钻	φ32	2台				钻孔	自备
13	电动套丝机		1台				套丝扣	自备
14	半自动切割机	CGI—3000B	2台				切割下料	自备
15	角磨机	2.2kW	4台				制作、安装	自备
16	手枪电钻		4台				安装屋面板	自备
17	砂轮机		1台				制作	自备
18	手拉葫芦	5t	2个				吊装、校正	自备
19	千斤顶	10t	2个				校正	自备

4. 本工程安装拟投入劳动力计划表见表4-1-3

5. 钢结构的制作、安装工期计划

根据甲方要求，本工程钢结构制作、安装总工期为3个月，4月1日开工，6月底竣工验收。具体事宜由项目经理统一安排，合理施工，确保工程进度。钢结构施工进度计划见表4-1-4。

6. 彩板、门窗采购

本公司委托专业厂家生产门窗，运输到现场进行安装。

表4-1-3　拟投入劳动力计划表

工种	4月	5月	6月
铆工	4	20	30
封板工	0	30	40
电焊工	3	5	5
油漆工	6	6	6
电工	2	2	2
起重工	2	6	6
力工	10	15	15
测量	2	2	2
管理	3	3	3
总计	32	89	109

4.1.4.2　施工平面图设计

在结构平面纵横轴线定位基础上，结合现场场地条件，布置起重设备的位置及起重范围，机械行走路线；确定配电箱、电焊机等电器设备的布置位置；布置现场施工道路、消防道路和排水系统；确定构件堆放位置。本项目施工现场平面布置如图4-1-2。

4.1.4.3　主要起重机械选择

在拟定结构安装吊装工程施工方案时，应根据建筑物的平面形状和尺寸、跨度、结构特点、构件类型、构件外形尺寸和重量、安装高度以及施工现场具体条件，并结合现有设备情况合理选择起重机械。门式刚架轻型房屋钢结构单个构件重量较小，刚度较弱，安装高度不大，因此，一般根据大跨度刚架斜梁起重高度（包括索具高度）、重量确定起重设备，选择机动性好、移动迅速、回转角度大、可负载行驶的履带式起重机、汽车式起重机，或轻便式小型起重机作为现场安装起重设备。根据现场条件和结构型式，可采用单机或双机抬吊，根据工期要求也可采取多机流水作业。

表4-1-4　　　　　　　　　　　钢结构制作、安装进度计划

序号	内　容	4月		5月		6月	
1	详图设计及材料采购						
2	钢结构制作。构件依安装顺序运输到现场						
3	现场安装门式刚架柱、梁、支撑。柱脚二次灌浆						
4	吊车梁安装、轨道安装						
5	桥式单梁吊就位						
6	女儿墙内天沟安装						
7	屋面檩条及墙面檩条安装拉条安装，调整，						
8	屋面保温板安装						
9	墙面保温板安装、天沟保温板安装						
10	女儿墙内板、顶板及各处彩板包件安装						
11	门窗安装						
12	竣工验收						

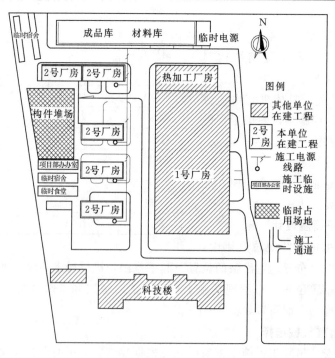

图4-1-2　施工现场总平面布置

本工程为典型的轻型钢结构厂房，高度较小，刚架梁、柱，吊车梁等所有构件单重较小，吊装机械选择两台16t和两台8t汽车式起重机进行。

4.1.4.4 现场结构安装工艺流程图

现场钢结构工程安装工艺流程如图 4-1-3。

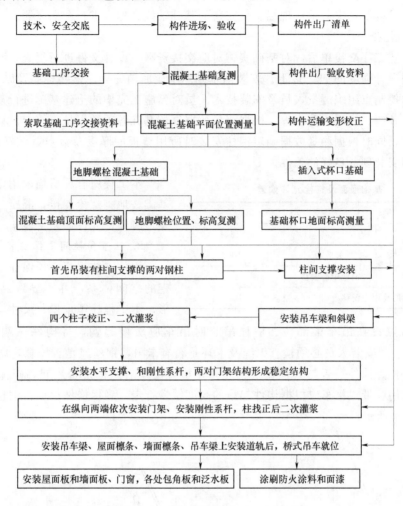

图 4-1-3 现场钢结构安装工艺流程

4.1.4.5 结构安装主要技术环节

1. 安装施工技术准备

（1）安装计划的编制。

本工程施工现场空地较少，没有足够的构件堆放场地。要求在加工厂完成的钢结构制作要密切配合现场安装进度，因此，制定准确、合理的构件运输安装计划，是至关重要的。

（2）规范、标准的准备。

安装开始前，事先准备与钢结构安装有关的施工验收规范和验评标准，制定钢结构安装的技术准备文件，并将有关施工方法、措施及允许偏差等要求编制成施工手册，发放到作业层，让每个施工作业组按施工手册要求对照检查校对，真正做到自检、自查、自纠。本工程门式钢架轻型房屋钢结构的安装允许偏差，应严格按照国家标准《钢结构工程施工

《质量验收规范》（GB 50205—2001）的有关规定，或不低于国家标准的本企业标准执行。

（3）编制各分部、分项工程切实可行的施工方案、作业计划。

（4）基础复测：安装前对现场交付安装的基础轴线、标高进行全面复测。

2. 基础复验

接到土建工序交接单后，对基础实物对应交接资料、设计文件进行复查。基础混凝土强度应达到设计强度的 75% 以上。安装前基础周围应回填完毕。落实标高及轴线控制点，依据交接的控制点组织测量人员及安装技术人员对已施工完毕的土建基础进行复测，包括基础标高、轴线、柱距、跨度等；根据测量数据复核基础各项数据是否符合设计图纸及国家规范要求，同时根据测量数据确定钢柱安装时所用垫板的厚度及数量，做好测量记录，为下一步的安装创造良好的条件。

表 4-1-5　基础顶面及锚栓允许偏差

项　　目		允 许 偏 差
基础顶面	标高	±3
	水平度	L/1000
地脚锚栓	锚栓中心偏移	5
预留孔中心偏移		10

本工程所有厂房均采用平板式刚接基础，地脚螺栓连接，混凝土基础顶面及地脚锚栓允许偏差见表 4-1-5：

3. 柱子和柱间支撑安装

构件安装程序必须保证结构形成稳定的空间体系，并不导致结构永久变形。本工程柱子重量、尺寸均较小，整体安装，吊点设在吊车梁部位。钢柱吊装时吊车应缓慢起钩，待构件一端离开地面 1000mm 左右，安装人员必须检查钢绳及卡环是否有卡阻，钢丝绳是否压擦，防止钢丝绳单股受力；检查构件是否与其他构筑物相碰；检查吊车后跑板是否翘起，确保吊装的安全；如果采用履带式吊车应根据构件起吊的高度缓慢行走，确保构件稳定。钢柱起吊示意如图 4-1-4 所示。

图 4-1-4　钢柱起吊示意

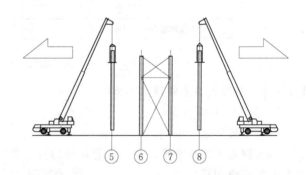

图 4-1-5　柱子、柱间支撑安装示意

柱子系统从柱间支撑跨开始安装。支撑两侧的两榀刚架和柱间支撑、屋面支撑、刚性系杆和檩条全部安装完成并形成稳定体系后，其他各榀可以分别向两边安装，用系杆和吊车梁连接。安装过程中重点要控制柱子的牛腿标高一致。柱子系统安装示意如图 4-1-5 所示。

钢柱找正：用 2 台经纬仪成 90°分别架设在基础引出的轴线上，对柱子进行测量控制，当然在柱子吊装未摘钩前，必须保证柱子三面轴线与基础轴线相符且在公差范围内，钢柱倾斜偏差主要通过调整柱底部调节螺母和上部缆风绳调整；钢柱校正完毕后必须将上面双螺帽锁紧。钢柱中心线与基础中心线偏差控制在 5mm 以内，在二次浇灌混凝土前，用经纬仪在两个方向观察柱上端中心线，用缆风绳校正柱的垂直度时，旋转螺母应与松紧缆风绳同步进行，校正后再收紧缆风绳。控制柱上端的极限偏差不超过 25mm。钢柱校正示意如图 4-1-6 所示。

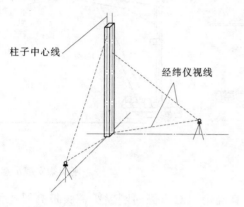

图 4-1-6　钢柱校正示意

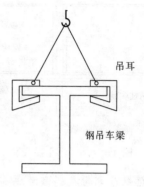

4-1-7　钢吊车梁吊装示意

4. 吊车梁系统安装

复测柱子的垂直度，柱牛腿标高是否准确。在柱牛腿上测放出吊车梁安装中心线。根据吊车梁实际高度提前准备梁底垫板。

吊装前应清除吊车梁表面的灰尘，油污和泥土等。

吊车梁的安装应从有柱间支撑的跨间开始，在柱子校正固定及柱间支撑安装完成后进行。吊车梁采用四点吊装，为确保吊装的安全性，应利用工具式吊耳进行起吊，如图 4-1-7 所示。为了减少安装时高空作业量，对于不等肩钢柱的吊车梁宜将其制动系统在地面拼装后整体吊装。吊车梁就位前应根据吊车梁截面误差，用垫板垫平，吊装后均应进行临时固定以防倾倒。相邻吊车梁之间必须采用螺栓连接固定。

吊车梁顶面标高调整：根据钢柱标高调整柱底钢凳高度，控制吊车梁牛腿标高。根据相邻两吊车梁截面高差调整吊车梁与柱牛腿支撑面间垫板厚度，控制吊车梁标高。调整后垫板应与钢柱牛腿支撑板焊接牢固。

吊车梁垂直度偏差调整应在跨中两侧进行。吊车梁平面位置校正包括跨距和轴线的调整，应注意优先保证跨距，防止因累积误差较大而出现下一吊车梁无法安装问题。吊车梁安装及垫板加设如图 4-1-8 所示。

吊车梁系统安装应注意，对进场的构件应该检查质量证明书、设计变更文件、构件交工所必需的技术资料；严禁在吊车梁的下翼缘和腹板上焊接悬挂物和卡具；吊车梁依序出厂，否则吊装时中间留出部分无法镶进去，给安装带来施工难度。

5. 斜梁安装

起吊方法：门式刚架斜梁其特点是跨度大，侧向刚度小，为确保质量、安全，提高生产效率，减小劳动强度，根据现场场地条件和起重设备能力，最大限度地扩大拼装工作，在地面组装好斜梁吊起就位，并与柱连接。

斜梁吊装可选用单机两点或三、四点起吊或用铁扁担起吊以减少索具对斜梁产生的压力，或者双机抬吊，防止斜梁侧向失稳，如图 4-1-9 所示。

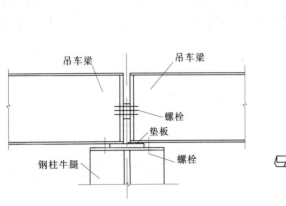

图 4-1-8　吊车梁安装示意　　　　　　　图 4-1-9　刚架梁安装示意

吊点选择：大跨度斜梁吊点须经计算确定。对于侧向刚度小，腹板高厚比大的构件，为防止构件吊装过程中出现扭曲和损坏，主要从吊点设置或采用双机抬吊安装防止出现。双机抬吊时，两台机械应做到动作协调，同步运行，必要时，可在两机大钩之间拉一根钢丝绳，固定起钩时两机距离，防止互拽。

对吊点部位，应设置加强肋板或木方子填充，进行绑扎，防止构件局部变形和损坏。

6. 其他构件安装

本工程其他构件安装包括天沟支架、天沟、屋面檩条、墙面檩条、拉条、系杆等安装和调平。

7. 高强度螺栓安装

本工程门式刚架梁梁、梁柱连接，吊车梁与制动板等连接均为高强度螺栓连接，现场高强度螺栓安装工程量较大。高强螺栓进场必须要有合格证，并作复验，合格后方可使用。

钢结构加工厂应有摩擦面试验合格报告并提供摩擦系数试验板三套给安装试验用，并确定合格后方可进行安装作业。

在安装前对钢构件连接处的摩擦面进行检查，并用钢丝刷除去摩擦面上的浮锈，连接板必须平整无弯曲，保证摩擦连接面贴紧，确保摩擦系数及扭矩系数值，并做好隐蔽工程记录。高强螺栓的长度为：

螺栓长度＝母材厚度＋连接板厚度＋螺帽厚度＋（2～3）个丝扣。

（1）节点处理。

高强度螺栓连接应在其结构架设调整完毕后，再对接合件进行矫正，消除接合件的变形、错位和错孔、板束接合摩擦面贴紧后，进行高强度螺栓安装。为了接合部板束间摩擦面贴紧，结合良好，先用临时普通螺栓和手动扳手紧固、达到贴紧为止。在每个节点上穿入临时螺栓的数量应由计算决定，一般不得少于高强度螺栓总数的 1/3，最少不得少于两个。冲打穿入螺栓的数量不宜多于临时螺栓总数的 3%。不允许用高强度螺栓兼临时螺栓，以防止损伤螺纹，引起扭矩系数的改变。

因板厚公差，制造偏差或安装偏差产生的接合面间隙，如小于1.0mm，可以不处理；如间隙在1.0～3.0mm之间，可将厚板的一侧磨成1∶10的缓坡，使间隙小于1.0mm即可；如间隙大于3.0mm，则需加垫板，垫板的材质和摩擦面的处理与构件相同。

（2）螺栓安装。

高强螺栓安装时，高强螺栓必须能自由穿入。错孔在2～5mm时可先用普通螺栓把紧连接板，再用绞刀铣孔的方法处理，当螺孔超过规范要求的2mm时，换用相应规格的高强螺栓，当孔大于5mm以上时，先用电焊补孔，再重新钻孔。

高强度螺栓安装在节点全部处理好后进行，高强度螺栓穿入方向要一致。一般应以施工方便为准，并力求一致。扭剪型高强度螺栓连接副的螺母带后面的一侧应朝向垫圈有倒角的一侧，并应朝向螺栓尾部。对于大六角高强度螺栓连接副在安装时，根部的垫圈有倒角的一侧应朝向螺栓头，安装尾部的螺母垫圈则应与扭剪型高强度螺栓的螺母和垫圈安装相同。严禁强行穿入螺栓；如不能穿人时，螺孔应用绞刀进行修整，用绞孔修整前应对其四角的螺栓全部拧紧，使板叠密贴后再进行。修整时应防止铁屑落入板叠缝中。绞孔完成后用砂轮除去螺栓孔周围的毛刺，同时清理干净铁屑。

往构件连接点上安装的高强度螺栓，要按设计规定选用同一批量的高强度螺栓、螺母和垫圈的连接副，一种批量的螺栓、螺母和垫圈不能同其他批量的螺栓混同使用。

（3）螺栓紧固。

高强度螺栓紧固时，应分初拧、终拧。对于大型节点可分为初拧、复拧和终拧。高强螺栓的初拧、复拧、终拧、油漆封闭在24h内完成。

初拧：由于钢结构的制作、安装等原因发生翘曲、板层间不密贴的现象，当连接点螺栓周围螺栓紧固以后，其轴力分摊而降低。所以，为了尽量缩小螺栓在紧固过程中由于钢板变形等的影响，采取缩小互相影响的措施，规定高强度螺栓紧固时，至少分两次紧固。第一次紧固称之为初拧。初拧轴力一般宜达到标准轴力的60%～80%。初拧轴力值最低不应小于标准轴力的30%。

复拧：即对于大型节点高强度螺栓初拧完成后，在初拧的基础上，再重复紧固一次，故称之为复拧，复拧扭矩值等于初拧扭矩值。

终拧：对安装的高强度螺栓作最后的紧固，称之为终拧。终拧的轴力值以标准轴力为目标，并应符合设计要求。考虑高强度螺栓的蠕变、终拧时预拉力的损失、根据实验，一般为设计预拉力的5%～10%。螺栓直径较小时，如M16，宜取5%；螺栓直径较大时，如M24，则取10%。于是终拧扭矩按下式计算；

$$M=(P+\Delta P)kd \tag{4.1.1}$$

式中　M——终拧扭矩，kN·m；

　　　P——设计预拉力，kN；

　　ΔP——预拉力损失值，一般为设计预拉力的5%～10%；

　　　k——扭矩系数；

　　　d——螺栓公称直径，mm。

（4）拧紧顺序。

每组高强度螺栓拧紧顺序应从节点中心向边缘依次施拧，使所有的螺栓都能起有效作用。

（5）紧固方法。

高强度螺栓的拧紧，根据螺栓的构造形式有两种不同的方法。对于大六角高强度螺栓的拧紧，通常采用扭矩法和转角法：

扭矩法：即用能控制紧固扭矩的带响扳手，指针式扳手或电动扭矩扳手施加扭矩，使螺栓产生预定的预拉力。其扭矩值按下式计算：

$$M = kdP \qquad\qquad (4.1.2)$$

式中　M——预定扭矩，kN·m；

$\quad\quad\ P$——预拉力，kN；

$\quad\quad\ d$——螺栓的公称直径，mm；

$\quad\quad\ k$——扭矩系数、根据生产厂提供或现场试验确定。

转角法：转角法按初拧和终拧两个步骤进行，第一次用示功扳手或风动扳手拧紧到预定的初拧值；终拧用风动机或其他方法将初拧后的螺栓再转一个角度，以达到螺栓预拉力的要求。其角度大小与螺栓性能等级，螺栓规格类型、连接板层数及连接板厚度有关。其值可通过试验确定。

对于扭剪型高强度螺栓紧固，也分初拧和终拧。初拧一般使用能够控制紧固扭矩的紧固机来紧固；终拧紧固使用专用电动扳手紧固。拧至尾部的梅花卡头剪断，即认为紧固终拧完毕。其紧固顺序如下：

1）在螺栓尾部卡头上插入扳手套筒，一面摇动机体、一面嵌入；嵌入后，在螺栓上嵌入外套筒，嵌入完成后，轻轻的推动扳机，使与钢材成垂直。

2）在螺栓嵌入后，按动开关，内、外套筒两个方向同时旋转，尾部切口切断。

3）切口切断后，关闭开关，使扳手提起、紧固完毕。

4）再按扳手顶部的吐口开关，尾部从内套筒内退出。

8．现场焊接

本类工程现场焊接量很少，角焊缝为Ⅲ级角焊缝，采用手工电弧焊，仅需检查焊缝外观质量，不得有裂纹、气孔、夹渣等缺陷。对接焊接为等强连接，现场焊缝为Ⅱ级以上，应按照比例探伤。对于厚度超过10mm的板，还需要预先制作坡口。

冬季施焊环境温度低于0℃时，在施焊点附近100mm范围内用火焰加热至30℃以上，方可施焊。对于对接接口板厚不小于36mm的低合金钢，施焊前应进行预热，预热采用电加热块加温，温度为120～130℃，预热范围为焊缝两侧宽度不小于板厚的2倍，并且不小于100mm，预热测温点应在距焊缝50mm处。焊后进行保温。现场焊接如果采用气体保护焊，应注意防风，可制作便于携带的局部挡风罩在焊接位置使用。

9．钢结构安装允许偏差

（1）单层钢结构柱子安装允许偏差见表4-1-6。

（2）钢吊车梁安装允许偏差表4-1-7。

表 4 - 1 - 6　　　　　　　　　　　　**柱子安装允许偏差**

目　　录		允 许 偏 差	图　例	检 查 方 法
柱脚底座中心线对定位轴线的偏移		5.0		用吊线和钢尺检查
柱基准点的标高	有吊车梁的柱	+3.0 −5.0		用水准仪检查
	无吊车梁的柱	+5.0 −8.0		
挠曲矢高		$H/1000$ 15.0		用经纬仪或拉线、钢尺检查
柱轴线垂直度	层柱	$H \leqslant 10\text{m}$　$H/1000$		用经纬仪或吊线和钢尺检查
		$H > 10\text{m}$　$H/1000$ 且 不大于 25mm		

表 4 - 1 - 7　　　　　　　　　　　　**钢吊车梁安装允许偏差**

项　　目		允许偏差	图　例	检 查 方 法
梁跨中垂直度		5.0		用吊线和钢尺检查
侧向弯曲矢高		$L/1500$ 且 不应大于 10.0		
垂直上拱矢高		10.0		
两端支座中心位移	安装在钢柱上，对牛腿中心的偏移	5.0		用拉线和钢尺检查
	安装在混凝土柱上，对定位轴线的偏移	5.0		
吊车梁支座加劲板中心承压加劲板中心偏移		$t/2$		用吊线和钢尺检查

续表

项 目		允许偏差	图 例	检查方法
同跨间内同一横截面吊车梁顶面高差	支座处	10.0		用经纬仪、水准仪和钢尺检查
	其他处	15.0		
同列相邻两柱间吊车梁顶面高差		$L/1500$ 10.0		用水准仪和钢尺检查
同跨内任一截面的吊车梁中心跨距		±10.0		用经纬仪和光电测距仪检查；跨度小时用钢尺检查
相邻两吊车梁接头部位	中心错位	3.0		钢尺检查
	顶面高差	1.0		
轨道中心对吊车梁腹板轴线的偏移		10.0		用吊线和钢尺检查

（3）墙架、檩条等次要构件安装允许偏差见表4-1-8。

表4-1-8 墙架、檩条等次要构件安装允许偏差

项 目		允 许 偏 差	检 查 方 法
墙架	中心线对定位轴线的偏移	10.0	用钢尺检查
	垂直度	$H/1000$，且不应大于10.0	用经纬仪或吊线和钢尺检查
	弯曲矢高	$H/1000$，且不应大于15.0	用经纬仪或吊线和钢尺检查
抗风桁架的垂直度		$h/250$，且不应大于15.0	用吊线和钢尺检查
檩条、墙梁的间距		±5.0	用钢尺检查
檩条的弯曲矢高		$L/750$，且不应大于12.0	用拉线和钢尺检查
墙梁的弯曲矢高		$L/750$，且不应大于10.0	用拉线和钢尺检查

注 H 为墙架立柱的高度；h 为抗风桁架的高度；L 为檩条或墙梁的高度

（4）钢平台、钢梯和防护栏杆安装允许偏差见表4-1-9。

表4-1-9 钢平台、钢梯和防护栏杆安装允许偏差

项 目	允许偏差	检查方法
平台高度	±15.0	用水准仪检查
平台梁水平度	$L/1000$，且不应大于20.0	用水准仪检查
平台支柱垂直度	$L/1000$，且不应大于15.0	用经纬仪或吊线和钢尺检查

项　目	允许偏差	检查方法
承重平台梁侧向弯曲	$L/1000$，且不应大于 10.0	用拉线和钢尺检查
承重平台梁垂直度	$L/250$，且不应大于 15.0	用吊线和钢尺检查
直梯垂直度	$L/1000$，且不应大于 15.0	用吊线和钢尺检查
栏杆高度	±15.0	用钢尺检查
栏杆立柱间距	±15.0	用钢尺检查

10. 钢结构安装质量保证措施

（1）钢结构安装的施工、检查、评定和验收必须严格遵循国家相关技术规范和技术文件标准。

（2）现场成立 QC 质量小组，对每一个施工环节进行层层监控，实行过程控制，确保每个环节的施工质量，决不把质量隐患带到下个工序。

（3）建立奖惩制度，提高作业者的积极性，提高工作效率，保证产品质量。

（4）安装前，应按构件明细表核对进场构件，查验产品合格证；对工厂预拼装过的构件在现场组装时，应根据预拼装记录进行复核。

（5）钢构件进入现场后应进行质量检验，以确认在运输过程中有无变形、损坏和缺损，发现问题，及时会同有关部门处理。

（6）拼装前应检查构件几何尺寸、焊缝坡口、起拱度、油漆等是否符合设计图纸规定，发现问题后应及时报请有关部门，必须在吊装前处理完毕。

（7）每道工序必须填写施工质量记录，质量检验合格后方可进行下道工序。

（8）钢结构的安装应按施工组织设计进行，安装程序必须保证结构的稳定性和不导致永久变形。

（9）钢结构吊装前应清除其表面的油污、冰雪、泥沙等杂物。

（10）钢结构组装前应对胎架定位轴线，基础轴线和标高位置等进行检查。

（11）结构构件安装就位后，应立即进行校正、固定。安装的结构构件应形成稳定的空间体系。

（12）钢结构组装、安装、校正，应根据风力、温差、日照等外界环境和焊接变形等因素的影响，采取相应的调整措施。

（13）焊接、高强螺栓施工均应按相应的施工规范操作，施工前应由专业技术人员编制作业指导书，并进行技术交底。

（14）测量仪器应进行定期检验校正，确保仪器在有效期内使用，在施工中所使用的仪器必须保证精度。

（15）各控制点应分布均匀，并定期复测，以保证控制点的精度。

11. 钢结构安装安全保证措施

（1）施工前必须进行安全技术交底，交底内容针对性要强，并作好记录，明确安全责任制。

（2）加强施工中的安全信息反馈，不断消除施工过程中的事故隐患，预防和控制事故的发生。

（3）加强雨季施工的防护措施，及时掌握气象资料，以便提前做好工作安排和采取预防措施，防止雨天对施工造成恶劣影响。

（4）大风、大雨不得从事露天高空作业，施工人员应注意防滑、防雨、防水及用电防护。

（5）雨天进行焊接作业时需设置可靠的挡风、遮雨棚。

（6）加强对大风的防护措施，大风来临前现场零散物品应集中，施工材料、工具回收入工具房内，施工废料集中安放在临时堆场，已安装的结构点应固定，整体结构必须保证稳定。

（7）重视安全宣传，以教育为主，惩罚为辅，加强安全管理。

（8）易燃、易爆、有毒物品一定要隔离，加强保管，禁止随意摆放。

（9）吊装设备和结构件要充分做好准备，专人指挥操作，遵守吊装安全规程。

（10）施工现场焊接或切割等动火操作时，要事先清除周围有易燃、易爆等危险物品，防止失火、爆炸等事故发生。

（11）施工用电、照明用电按规定分线路接线，绝缘保护层裸露的电线要严禁使用。

（12）各种施工材料要分类堆放整齐，对余料注意定期回收，对废料及时清理，定点设垃圾箱，保持施工现场的清洁整齐。

（13）定期进行安全与文明检查评比，根据评比分数高低给予作业组相应的奖惩，把安全文明施工工作做好。

（14）结构构件运输、倒运必须绑扎牢固，堆放平衡可靠，防止变形、坍落。

（15）各特殊工种人员持证上岗，严格遵守本工种安全操作规程，在安装施工中不能抱侥幸心理而忽视安全规定。

（16）结构构件不固定决不许摘钩，吊索靠棱角处必须加护套。

（17）施工人员必须养成良好工作习惯，不动一切与自己无关的电气开关。

（18）施工人员要随时注意已安装结构有无出现破坏、损伤，以免发生意外事故。

（19）夜间施工必须有足够照明，周边空洞要及时封堵。

（20）构件之间接头连接和安装就位等高空连接工作，应搭设稳定可靠的临时工作平台。

（21）为便于施工人员高空作业，应采用直爬梯或悬挂式钢吊篮操作。

（22）作业前应对脚手架、爬梯、悬挂式钢吊篮等设施进行检查，确保万无一失后再使用。

（23）高空作业点下面不允许站人，防止高空坠物伤害事故。

（24）施工用电设施应专人维护，定期保养，严格遵循用电规程，保证安全用电，节约用电。

（25）严格遵守施工工地有关防火规定，加强防火设施，杜绝火灾事故。

（26）起吊用工具和钢丝绳必须有足够的安全系数，一般不得小于 5～6 倍。

（27）施工临时设施的制作和设置不能随意降低要求，对准备使用的工具、材料及通用设备应认真检验，有缺陷之处应及时修复，该报废的决不能继续使用。

（28）使用起重机时指挥员和司机应密切配合，严格执行起重机械"十不吊"规定。

（29）屋面、墙面系统构件安装除正常系挂安全带外，还须沿厂房四周及易坠人落物的空间设置安全网，有针对性地编制专项安全措施。

12. 钢结构安装工程雨季、冬季施工措施

（1）冬、雨季施工期间，需时刻注意天气预报和气候变化情况，在雨天来临之前，挖好现场和道路的排水沟渠，做好防水工作。

（2）对于在雨、雪天不能运输的构件、材料，需提前做好储备工作，以保证施工的正常运行。

（3）对怕淋的材料、构件、工具等，在雨、雪天来临之前或晚上收工时，均需及时收集保管。对于怕潮的材料、构件，还应要做好防潮措施。

（4）机电设备，要做好接地防漏电、防雷电措施，尤其在雨季，要经常检查是否安全可靠，如有隐患及时排除。

（5）合理安排施工顺序，在冬、雨季施工时，各项工作计划都要留有余量。

4.1.4.6　轻型钢结构厂房围护工程施工

本工程围护板采用内外压型彩钢板中间玻璃丝棉保温层现场复合彩板。

1. 排板设计

压型板在加工前应进行屋面板、墙板及零配件排板图设计，以便定尺加工和按图施工。排板图设计的内容有：板的材质、颜色、长度、各型号数量、节点构造、泛水和包角等。排板图应力求准确详细。

2. 压型钢板运输和堆放

压型钢板运输和装卸应成摞用尼龙绳或麻绳捆扎牢固，防止变形和损坏；堆放应用垫木垫平，压型板离地不小于 200mm，垫木间距不大于 2m，捆与捆之间不得直接重叠堆放。

压型板不得被其他物体撞击，严禁在压型板上行走或堆放其他物品。

零配件在库房存放，保证不使材料受潮、受腐蚀，对于成品的堆放位置应根据施工方便的原则，就近堆放，并标识成品的型号及使用部位，有利于施工的顺利进行。

3. 压型板进场检验

压型板制作成型进场后，应对压型板的型号、表面质量、尺寸等进行检查，镀层应表面光洁平整，不得有裂纹、剥落和擦痕等缺陷；板宽、板长、横向剪切等均应符合国家现行规定，确认合格后，方可进行安装。

脊瓦、包角、泛水、屋面变形缝盖板、屋脊堵头板、挡水板、檐口堵头板、墙面内外堵头等异形板的外观不应有机械刮痕、涂层脱落等缺陷，几何尺寸必须符合有关标准及设计要求；自攻螺丝等零配件出厂应有质保书。

4. 围护板安装

本工程屋面板采用内外压型彩钢板中间 100mm 厚玻璃丝棉保温材料现场复合，屋面板构造示意如图 4-1-10 所示。该产品结构形式隐藏了自攻螺钉，防水性好。安装过程中一定要注意保护板面漆膜。屋面板铺设时，应同步安装屋脊盖板，檐口堵头板、挡水

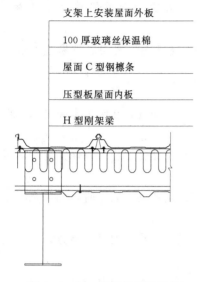

支架上安装屋面外板

100 厚玻璃丝保温棉

屋面 C 型钢檩条

压型板屋面内板

H 型刚架梁

图 4-1-10　屋面板构造示意

板，并在搭接缝处敷设防水密封胶，边安装边清理屋面上的施工杂物。

（1）现场复合屋面板安装。

压型钢板吊至屋面准备安装时，应注意确保所有的钢板正面朝上，而且所有的搭接边朝向将要安装的屋面板方向。现场复合屋面板的安装程序如下：安装底板—铺设玻璃丝棉—安装屋面板固定座—安装面板—安装屋面板配件—屋面工程收尾。

1）底板安装：底板采用起重设备提升，檩条连接采用自攻螺钉，安装时应注意各点尺寸的控制，搭接部位要求平直、美观。

2）保温层安装：屋面底板安装完毕，将玻璃丝棉卷铺设在底板上，并用屋面板固定座将玻璃丝棉固定于底板上。玻璃丝棉接缝处的搭接长度应大于 50mm，并采用胶水密封，以防止水汽渗透。

第一块屋面板支座固定座安装时，必须将固定座用自攻螺钉固定在位于钢板两端的檩条上，其定位应保证第一块屋面板与建筑物的其他构件的相对位置正确，利用纵梁线或第一块钢板的直角，对第一列固定座调整和固定，以确保基准板的就位准确性。

3）面板安装。

a. 屋面面板固定用的固定座已在保温层的安装过程中安装完毕。

b. 将屋面板安放在已固定的固定座上，屋面板的纵向悬于天沟上，然后用脚使其与每块固定座的中心肋和底肋压实，并使它们完全咬合。

c. 定位下一列固定座，每个支撑面一个，箭头记号指向铺设方向，并且使固定座的联锁肋条直立边咬合于已安装好的屋面板的外肋之上，每个固定座用两个自攻螺钉固定。

d. 将第二块钢板放在第二次列固定座上，内肋叠在第一块钢板或前一块外肋上，中心肋位于夹板的中心肋直立边上。

e. 固定座的联锁肋条和屋面板中心肋条应完全咬合，要达到完全联锁，重叠在下面的外肋边的凸肩，必须压入搭接内肋的凹肩。当沿着外肋边的凸肩被嵌入内肋的凹肩时，应听到清晰的"咔哒"声。

f. 用同样办法安装后续的屋面板。

g. 当屋面坡度较小时，需用下弯扳手将钢板下缘（即紧靠着天沟的钢板）的平板部分向下弯曲，以免雨水沿着彩板逆流。

（2）屋面板安装要求。

1）在檩条上搭设人行走道，确保施工安全和施工进度。

2）安装时，用起重机或卷扬机把屋面板起吊到屋面上。起吊带必须使用尼龙带或布带等柔性吊带，不得使用钢带。在包装之前应插入保护性木条，以防止板缘变形。

3）安装前应首先把板材表面清除干净，然后检查板面是否有残留物，如有可用清洁剂和水把残留物清洗干净，并用干布抹干表面的湿气。

4）屋面板的铺设方向应顺视角主导方向铺设。在屋面板安装过程中，必须随时弹线，以防累计误差。

5）在屋面板安装过程中，屋脊盖板和防水堵头安装必须同时进行，预防下雨时进水。

6）彩板对集中荷载较敏感，因此屋面彩板施工时，施工人员不得聚集在一起，以免集中荷载导致压型板的局部破坏。

7）安装屋面板时采用边吊运边安装，做到把吊运到屋面上的彩板当天安装完，凡是当天没有安装完的压型板，必须采取相应措施防止坠落。

8）质量要求，压型板尺寸准确、表面干净、无可察觉的凸凹和折纹，接搓顺直，纵横搭接均成直线，接缝均匀整齐、严密无翘曲。

（3）墙板安装。

墙板安装时先在山墙端部准确设立基准线，第一块板的安装质量将直接影响此后一系列板的安装质量。第一块板的外边缘要与基准线重合，以后每安装五块板检查一次，及时纠正安装偏差；檐口处应拉线，使檐口处板平齐；应设垂直控制线，水平挂齐脚线，每安完十块板，吊垂线检查垂直度。此外，板安装时采用专用工具咬合板与板之间板缝及板与固定支架间的板缝。

门窗上口泛水应在墙板之前安装。墙板有管道或杆件穿过时，应先实测其部位、尺寸和形状，在地面进行加工处理，然后安装，不得烧洞。

5. 包角等零配件安装质量要求

（1）泛水板、包角板之间以及泛水板、包角板与压型墙面板之间的搭接部位，按照设计文件的要求敷设防水密封材料。

（2）墙面窗口包边的周边满涂密封膏。

（3）屋脊板、高低跨相交处的泛水板均按逆主导风向铺设。

（4）檩条上的固定支架在纵横两个方向均应成行成列，各在一条直线上。每个固定支架与檩条的连接采用镀锌自攻螺栓。

（5）屋面板屋脊端部封头板的周边满涂密封膏。屋面板屋脊端部的挡水板必须与屋脊板压坑咬合。

6. 门窗安装施工方法

成品门窗及配套的附件必须有出厂合格证。由于运输、堆放等原因受损的门窗应修理，合格后方可使用。安装步骤如下：

（1）门窗洞口包件检查。

门窗安装前，洞口的彩钢板窗台板、泛水板以及洞口包边都已安装好。这些部位包口板设计、安装首先应满足构造防水要求，必要部位要填充防水胶。检查合格后再安装门窗。

（2）尺寸检查。

门窗洞口的长宽尺寸应比门、窗框大 3mm；两条对角线长度差应小于 3mm。

（3）挂水平钢线和垂线。

保证同一横排窗口在同一水平线上、同一竖排在同一垂线上。

（4）缺陷的修理。

门窗框就位前，尺寸、水平度偏差都可通过调整包口板位置来修复，合格后再安装门窗，保证门窗安装后横平竖直。

（5）检查和验收。

窗框安装后，用发泡胶和玻璃胶填充周边缝隙，确保门窗的严密。门窗不仅有使用功能，它的安装质量和观感还影响对整体钢结构建筑的评价。这点一定要引起质量管理人员和操作人员的重视。

7. 围护工程质量检验评定标准

（1）屋面压型钢板安装质量检验评定标准见表 4-1-10。

表 4-1-10　　　　　屋面压型钢板安装质量检验评定标准

类别	序号	项　目	质　量　标　准		检验方法及器具
			合　格	优　良	
保证基目	1	屋面钢板、泛水板、包角板和连接件的品种、规格以及防水密封材料的性能	应符合设计要求和国家现行有关标准的规定		检查质量证明卡、出厂合格证或复验报告
	2	压型钢板、泛水板和包角板的固定连接和外敷材料	固定可靠，无松动、防腐涂料和防水密封材料涂刷或敷设完好。连接件数量、间距符合设计要求和国家现行有关标准规定		
基本项目	1	压型钢板屋面的外观质量	屋面平整，接槎顺平，板面无施工残留杂物和污物；檐口下端基本呈直线，无未经处理的错钻孔洞	屋面平整清洁，接槎顺直，檐口下端呈直线，无错钻孔洞	观察检查
允许偏差项目	1	檐口对屋脊的平行度（mm）	10		用拉线和钢尺检查
	2	压型钢板波纹线对屋脊的垂直度（mm）	$L/1000$，20		
	3	檐口相邻两块压型钢板的端部错位（mm）	5		
	4	压型金属板卷边板件最大波峰高（mm）	3		

注　L 为单坡长度。

（2）墙面压型钢板安装质量检验评定标准见表 4-1-11。

（3）钢门窗安装质量检验评定标准见表 4-1-12。

表 4 - 1 - 11　　　　　　　　　墙面压型钢板安装质量检验评定标准

类别	序号	项目	质量标准		检验方法及器具
			合格	优良	
保证项目	1	墙面钢板、泛水板、包角板和连接件的品种、规格以及防水密封材料的性能	应符合设计要求和国家现行有关标准的规定		检查质量证明卡、出厂合格证或复验报告
	2	压型钢板、泛水板和包角板的固定连接和外敷材料	固定可靠，无松动、防腐涂料和防水密封材料涂刷或敷设完好。连接件数量、间距符合设计要求和国家现行有关标准规定		观察检查
基本项目	1	压型钢板墙面的外观质量	墙面平整，接槎顺平，板面无施工残留杂物和污物；墙面下端基本呈直线，无未经处理的错钻孔洞	墙面平整清洁，接槎顺直，墙面下端呈直线，无错钻孔洞	观察检查
	2	压型钢板的搭接部位和搭接长度	压型钢板在墙皮檩条上搭接长度不小于120mm	符合合格规定且接缝均匀整齐、严密无翘曲	观察和用钢尺量
允许偏差项目	1	墙面板波线的垂直度（mm）	$h/1000$, 20.0		拉线、吊线检查，必要时可用经纬仪检查
	2	墙面包角板的垂直度（mm）	$h/1000$, 20.0		
	3	相邻两板下端错位（mm）	5.0		
	4	螺栓排列水平偏差（mm）	15		拉 10m 线检查

表 4 - 1 - 12　　　　　　　　　　钢门窗安装质量检验评定标准

类别	序号	项目	单位	质量标准		检验方法和器具
				合格	优良	
保证项目	1	钢门窗及其附件质量		必须符合设计要求和有关标准的规定		观察和检查出厂合格证
	2	安装位置、开启方向		必须符合设计要求		观察检查
	3	安装牢固性		必须牢固，埋件数量、位置、埋设和连接方法必须符合设计要求		隐蔽前观察、手扳，隐蔽后查隐蔽记录

续表

类别	序号	项目		单位	质量标准		检验方法和器具
					合格	优良	
基本项目	4	钢门窗扇安装			应关闭严密，开关灵活，无倒翘	应关闭严密，开关灵活，无阻滞、回弹、倒翘	观察和开闭检查
	5	附件安装			应附件齐全、安装牢固，应启闭灵活适用	应附件齐全、位置正确，安装牢固、端正，闭启灵活适用	观察和手扳检查
	6	框与墙体间缝嵌填质量			应嵌填饱满，材料符合设计要求	应嵌填饱满密实，表面平整，材料、方法、符合设计要求	观察检查
允许偏差限值项目	7	框对角线长度差	≤2	mm	5		用钢卷尺检查、量里角
			>2	mm	6		
	8	窗框扇配合间隙的限值	铰链面	mm	≤2		用 2×50 塞片量铰链面；用 1.5×50 塞片量框大面
			执手面	mm	≤1.5		
	9	窗框扇搭接量的限值	实腹窗	mm	≥2		用钢针划线和深度尺量
			空腹窗	mm	≥4		
	10	门窗框（含拼樘料）正、侧面垂直度		mm	3		用 1m 托线板检查
	11	门窗框水平度（含拼樘料）		mm	3		用 1m 水平尺和塞尺检查
	12	门无下槛内门扇与地面间留缝限值		mm	4～8		用塞尺检查

8. 围护工程施工主要安全措施

(1) 屋面施工前应先安装安全栏杆。

(2) 墙面安装作业人员必须佩戴安全带，挂在墙皮檩条上。工具拴上安全绳，螺丝装在随身工具袋内。

(3) 屋面上堆放的板未安装前应与檩条捆扎牢固，安装就位的板应立即咬合固定，以防大风吹落、吹折和伤人。

(4) 六级以上大风天气不能作业。

其他方面应遵守现场安全纪律和有关安全规程。

9. 围护结构工程质量保证措施

(1) 围护结构安装前必须对钢结构屋面和墙皮的檩条进行检查验收，并办理工序交接手续。

(2) 原材料必须具有质量保证书，其材质、厚度、色彩以及泛水、包边等配件、防水密封材料的性能，必须符合设计要求和国家现行有关标准规定。

（3）对成型的压型板不得用电焊、气焊进行切割。

（4）电焊作业的零线不得与压型板直接接触，以免烧坏压型板。

（5）泛水板的长度不宜大于 2m，与压型钢板的搭接宽度不小于 200mm。

（6）屋面操作必须铺设跳板，屋面上不得大量集中堆载，以防构件变形损坏。严防材料、工具等碰伤屋面板。

（7）手动咬边时，压型板必须向下压，确保两张板边沿到位后再咬合；手动咬边机不能用反，分清护边和咬合边；电动咬边机咬口时，应使咬轮紧靠，必要时调整咬合轮松紧程度及行走轮高度。

（8）屋脊板、屋脊堵头板、屋脊挡水板、屋面变形缝盖板等容易引起屋面渗漏的地方，铺设时应高度重视。

（9）屋面泛水板顺水流方向或主导风向铺设。

（10）对污染不洁的墙面板必须处理干净再进行安装。

（11）墙板尽量避免搭接，若搭接时必须保证搭接长度，密封处必须严密。

习　　题

1. 到门式刚架轻型房屋钢结构安装现场参观实习，学习单层轻型钢结构安装方法。

2. 选择起重设备主要考虑哪些因素？

3. 门式刚架轻型房屋钢结构安装包括哪些内容，其要点有哪些？

4. 高强度螺栓安装施工要点有哪些？

任务 2　网 架 结 构 安 装

4.2.1　学习目标

通过本任务的学习，使学生全面了解网架结构的安装方法；初步掌握工作平台滑移法安装网架结构的工艺流程和施工要点；熟悉安装过程的安全、技术、质量管理和控制；掌握编制网架结构工程施工方案的方法；培养组织钢结构安装施工的能力。

4.2.2　任务描述

蓝天国际机场货运站网架工程主要分为 14 个区块，总体网架面积为 72960m²，货运站平面示意如图 4-2-1。屋面结构采用正放四角锥螺栓球网架，其中 1 区、2 区、3 区和 4 区间采用中间和周边多点柱支承（中间采用柱帽支承）；其余区块为周边多点柱支承，屋面采用现场复合彩色压型板。

根据设计文件，本工程采用的材料为：

杆件：选用 GB/T 700—1988 中的 Q235 钢，采用高频焊管或无缝钢管；

钢球：螺栓球选用 GB/T 699—1999 中的 45 钢；

高强螺栓：选用 GB/T 3077—1999 中的 40Cr，等级要求符合 GB/T 1231—1991；

封板锥头：选用 Q235 圆钢锻压而成；

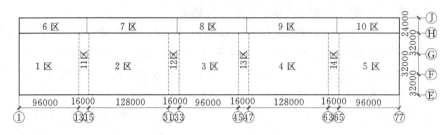

图 4 - 2 - 1　货运站平面示意图

套筒：选用 45 钢，截面与相应杆件截面等同；

焊条：选用 E43××系列。

4.2.3　任务分析

本工程的主要特点为：网架分布面积大，分块多，总体工程量较大，质量要求高，相对工期较紧，因而必须选择合理可行的安装方案，制定科学严谨的施工计划，各部门、各工序紧密配合、各个部位的交叉施工配合要求严格紧凑。

4.2.4　任务实施

4.2.4.1　安装方案确定

1. 安装方案比较分析

网架工程安装方法主要有：

（1）整体吊装法：指网架在地面上总拼后，用起重设备将其整体吊装就位的安装方法。

（2）整体提升法：指在结构柱上安装提升设备，将在地面上总拼好的网架提升就位的安装方法。

（3）整体顶升法：指在设计位置的地面将网架拼装成整体，然后用千斤顶将网架顶升到设计高度的安装方法。

（4）高空散装法：指在地面搭设满堂脚手架，用起重机械将运输单元（平面桁架或锥体）或散件吊升到高空对位拼装成整体结构的安装方法。

（5）分条或分块安装法：指将网架分成条状或块状单元分别由起重设备吊装至高空设计位置就位搁置，然后再拼成整体的安装方法。

（6）高空滑移法：指将分条的网架单元在事先设置的高空滑轨上单条（或逐条）滑移到设计位置拼接成整体的安装方法。

（7）工作平台滑移法：指在设计位置的地面沿平台滑移方向（纵向）铺设滑移轨道，横向局部预先搭设工作平台（支架），用起重机械将运输单元或散件吊升到高空平台上拼装就位，其后，随着平台逐渐向前移动，网架安装范围不断扩大，直至整体网架安装就位。

针对本工程特点，可供选择比较的有以下安装方法，见表 4 - 2 - 1。

2. 安装方案的选择

针对上述安装方案的分析比较，最终决定采用工作平台滑移法安装。其理由主要有：

（1）类似平板网架高度低，网架标高变化较小，并较规则，适宜于架子滑移法安装。

表 4-2-1　　　　　　　　　　网架安装工程方法比较

安装方法	优　点	缺　点
高空散装法	高空散装、网架安装就位，不存在技术难度，施工安全可靠，网架就位变形小，质量容易保证	脚手架搭、拆工程量大，并占用其他工种的施工作业面，工期不易保证，费用高，经济性差
整体提升法	地面安装，脚手架搭拆量很少	沿周边支座和中间独立柱要抽空大量的网格，提升受力点要进行设计和安装，提升到高空后要进行吊点置换，高空补缺和置换量大。同时不但需要大量的同步提升设备和技术，还因提升时各提升点受力与原网架不同，需要对网架进行重行受力分析，会导致网架用钢量增大。另外，由于提升置换、补缺等工作很难避免网架变形，对质量有一定的影响
分条或分块吊装法	地面安装，较少脚手架	由于吊重能力与吊机回转半径关联较大，所以需要大型吊机。网架需按吊装要求进行重新受力分析，会增加用钢量。高空连接拼装的工作量很大，影响质量
高空滑移法	脚手架量较少、对场地要求不高	柱与柱之间需要有辅助联系梁，费用较高
工作平台滑移法	网架高空局部散装，网架安装即就位，安装质量容易保证。同时脚手架搭拆工作量较小，占用施工作业面较少，时间也较短，较少影响其他工序施工，对工期、质量都较有保证	对地面有一定的要求，需一定数量的轨道系统

（2）架子搭拆工作量较小，成本较低。

（3）国内对滑移架使用较多，不但滑移工作平台的施工经验丰富，而且具有大量的、成套的滑移轨道系统（钢轨、滑轮系统、工作平台和安全防护系统等）。

（4）占用较少施工作业面，不但对土建施工等的施工影响小，而且对网架安装的工期、质量、安全性都有保证。

（5）针对本工程中间有部分建筑物的情况，公司在原来开发的采用网架结构作为滑移工作平台的基础上，对滑轮和轨道适当改进，使系统具有变轨功能，工作平台及轨道滑移系统架搭设示意如图 4-2-2 所示。

（6）具体安装方法是以滑移架安装为主，对有建筑物阻挡的部分，拟在建筑物上搭设固定工作平台进行网架安装，工作平台都将在设计验算的基础上架设，确保工作平台的强度、刚度、稳定性、安全满足要求。11～14 区工作平台结构布置示意如图 4-2-3 所示。

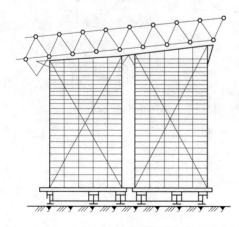

图 4-2-2　工作平台及轨道滑移架搭设示意图

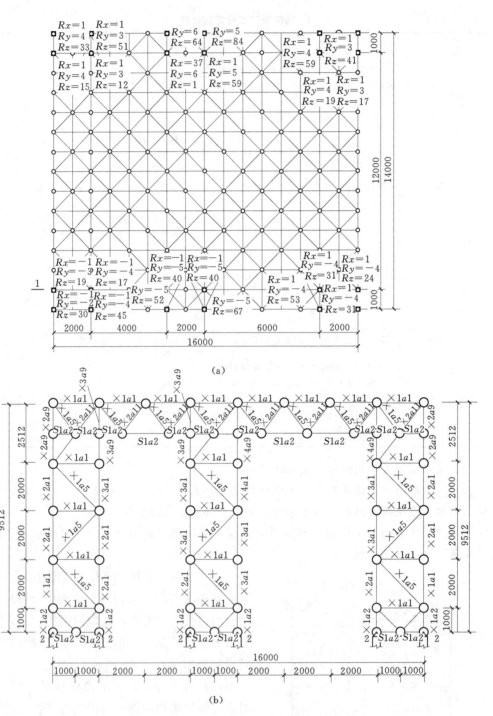

图 4-2-3 工作平台结构布置示意图

(a) 平面图；(b) 1—1 剖面图

3. 安装顺序安排

分三支队伍同时施工，网架安装顺序为：第一支队伍负责安装1区、2区、11区、12

区，由①轴向㉛轴方向滑移；第二支队伍负责安装 3 区、4 区、5 区、13 区、14 区，由㉝轴向㊲轴方向滑移；第三支队伍负责安装 6 区、7 区、8 区、9 区、10 区，由①轴向㊲轴方向滑移，其中有 11～14 区的安装方向为由Ⓔ轴向①轴滑移，安装过程穿插于 1～5 区的安装过程之中。具体的脚手架搭设及安装方向情况详见总平面示意图。

4.2.4.2 工期计划

本工程要求总工期为 120 天，9 月 1 日开工，12 月 31 日前竣工。根据企业的加工、安装能力，工期具体安排如下：

施工详图及工艺设计：15 天。即 9 月 15 日前完成。

加工制作：80 天。但确保在 30 天内能提供首批发货，也即在 9 月 30 日能提供（不含工作平台搭设）网架的现场安装。

安装施工：为 80 天。即 10 月 1 日～12 月 20 日完成安装施工。

交工验收：10 天。12 月 31 日前验收交工。

网架结构制作、安装进度计划见表 4-2-2。

表 4-2-2　　　　　　　　　网架结构制作、安装进度计划

序号	内容	9	10	11	12
1	施工详图及工艺设计	——			
2	加工制作	——	——	——	—
3	工作平台搭设	——			
4	现场安装施工		——	——	——
5	竣工验收				——

4.2.4.3 工厂制作工艺及技术措施

1. 施工设计控制

设计的内容主要有结构设计、加工图设计（翻样）和模具胎架设计。分别由设计单位和企业技术部完成。这里主要针对加工图设计（翻样）和胎架设计作说明。

加工图和胎架设计由技术部根据结构设计图翻样成供生产制作的加工图，供现场安装的安装图，供组装和现场拼接的胎架，供制作加工的工艺文件等。针对本工程，技术部将抽调设计、工艺等工程师组成项目设计组来完成本工程的设计任务，确保设计的工艺性、先进性、安全性、经济性。设计的主要内容和要求如下：

（1）加工图设计。

1）加工图设计由技术部根据设计单位提供的设计图和相应的软件进行加工图设计，主要工作内容包括编制材料清单、下料图表、零件加工详图、构件组装图等加工设计相关资料。

2）加工图设计必须经监理、设计单位、总包单位认可后才能用于生产制作。

3）加工图设计后，必须请公司工艺、生产制作、安装、质量等部门有关人员进行审核，以确保工艺性、经济性及质量要求等。

（2）节点设计。

节点设计包括支座节点设计、球节点设计、屋面节点设计，确保节点设计的工艺性、

安全性和制作加工、安装的方便，节点设计必须做到以下几点：

1）主要拼接节点细化设计方案须经焊接工艺试验、模型试验，验证节点强度是否满足设计要求，并通过工艺试验评定，确定焊接工艺参数。

2）经过焊接工艺试验验证的节点细化设计方案，还须取得监理、设计单位、总包单位的认可。

3）节点细化设计方案将在监理、设计单位、总包单位认可的前提下，尽量采用新工艺、新技术，并通过必要的检验测试加以论证。

（3）组装焊接工艺文件设计。

1）根据《建筑钢结构焊接规程》和《钢制压力容器焊接工艺评定》的规定，提出焊接工艺评定方案。

2）对首次采用的钢材、焊接材料、焊接方法、焊后热处理等，以及焊接工艺指导书，做焊接工艺评定。

3）通过焊接工艺评定试验，确定焊接工艺参数，编制组装焊接工艺指导书。

2. 原材料进厂及质量控制

本工程所用原材料都必须在合同签订后 30 天内全部落实，其中杆件和螺栓球必须合同签订后 10 天内提供制作加工，样品材料必须在合同签订后 7 天内提供检验和工艺评定。

本工程原材料采购和质量控制将严格按照国家规范、标准，业主（招标文件）要求及各公司质量手册、程序文件、作业指导书规定控制，确保各种原、辅材料满足工程设计要求及加工制作的进度要求。

对本工程的材料供应，各部门履行以下职责，以保证材料的质量和及时供应。

（1）设计单位及技术部根据标准及设计图及时算出所需的各种原、辅材料和外购零件、配件的规格、品种、型号、数量、质量要求以及设计及甲方指定的产品清单，送交综合计划部。

（2）综合计划部根据库存情况以及技术部提供的原、辅材料清单，及时排定原材料及零配件的采购计划，并明确说明材料品种、规格、型号、数量、质量要求、产地及分批次到货日期，送至供应部采购。

（3）供应部将严格按技术部列出的材料品种、规格、型号、性能要求进行采购，严格按程序文件要求到合格分承包方处采购。具体将根据合格分承包方的供应能力，及时编制采购作业任务书，责任落实到人，保质、保量、准时供货到厂。对特殊材料应及时组织对分承包方的评定，采购文件应指明采购材料的名称、规格、型号、数量、采用的标准、质量要求及验收内容和依据。

（4）质管部负责进厂材料的检查、验收，根据设计要求及作业指导书的验收标准和作业方法进行严格进货检验。确保原材料的质量符合要求。

本工程所用的材料主要为各种钢管、钢板、焊丝、焊条、油漆等，必须按 ISO 9001 标准的程序文件和作业指导书规定要求，由合格分承包方供应，以及进行进厂前的检验、化验、试验。其他辅助材料，如焊剂、氧气、乙炔、二氧化碳等，也都必须由合格分承包方供应，并按规定项目进行检查。所有采购的原材料均由设计部提前制定采购需求计划，并应具体明确每批次材料的到货期限、规格、型号、质量要求、数量、采用的技术标准等，各主要材料检验的主要项目除核对采购文件外，具体要求内容见表 4 – 2 – 3。

表 4 – 2 – 3　　　　　　　　　　　主要原、辅材料检验内容和方法

材料名称	检验内容		检验方法和手段	检验依据
钢材	质保资料		对照采购文件采用标准、数量、规格、型号及质量指标	采购标准
	外观损伤	结疤、发纹、铁皮、麻点、压痕、刮伤	宏观检查，目测判断	相应标准
		裂纹、夹杂、分层、气泡	宏观检查，机械仪器检查，如超声波探伤仪、磨光机、晶向分析仪	相应标准
	化验	C、Si、Mn、P、S、V、Nb、Ti、Al	锰磷硅微机数显自动分析仪，微机数字显示碳硫自动分析仪、光谱分析仪、常规技术分析	相应标准及规范
	力学性能	屈服强度、破坏强度、伸长率	万能液压试验机进行拉伸试验	相应标准及规范
		冲击力	冲击试验机	
		弯曲试验	万能液压试验机及应变仪	
		厚度（钢板壁厚超过 30mm）的 Z 向性能试验	电焊、拉伸，采用万能液压试验机	
		焊接性能、加工工艺性	焊接工艺评定，金相分析仪	
		几何尺寸	直尺、卷尺、游戏卡尺、样板	相应标准及规范
焊条、焊丝	规格、型号、生产日期、外观采用标准，质保书、合格证		对照采购文件及标准检查	采购文件，相应的标准及规范
	焊接工艺评定		拉力试验机、探伤仪、金相分析仪	
涂料	生产日期、品种、合格证、权威部门鉴定报告，外观		对照采购文件及标准检查	采购文件，相应的标准及规范
	工艺性能试验		附着力试验，涂层测厚仪	
焊剂	质保书、湿度			相应标准
气体	质保书、纯度			相应标准

　　（5）仓库根据程序文件及作业指导书要求，入库材料必须分类、分批次堆放，做到按产品性能进行分类堆放标识，确保堆放合理，标识明确，做好防腐、防潮、防水、防破坏、防混淆工作，做到先进先出，定期检查。特别是对焊条、焊丝、焊剂做好防潮和烘干处理，对油漆进行保质期控制。

　　3. 加工设备配置

　　加工设备配置见表 4 – 2 – 4，检测设备配置见表 4 – 2 – 5。

表 4 - 2 - 4　　　　　　　　　主要加工设备配置

序号	设备名称	规格型号	数量	设备能力	备注
1	数控平面钻床	PCM - 1600L	1	钢构件的钻孔设备	日本进口
2	数控铣边机	PX - 90W	1	钢构件的机加工设备	日本进口
3	林肯 CO_2 半自动焊机	CV400 - I	40	钢构件焊接设备	美国进口
4	松下 CO_2 半自动焊机	YD - 500KR	64	钢构件焊接设备	
5	碳弧气刨机	YD - 630	8	钢构件缺陷修正设备	日本进口
6	整流弧焊机	ZXG - 500	40	钢构件焊接设备	
7	交流弧焊机	BX3 - 500	46	钢构件焊接设备	
8	大台面剪板机	Q11Y - 12×8000	1	能剪长度×厚度 8000mm×12mm	
9	剪板机	Q11Y - 20×3200	2	能剪长度×厚度 3200mm×20mm	
10	等离子切割机	MAX - 200	1	精密构件、不锈钢切割	美国进口
11	数控自动切割机	EXA5000×18000	1	钢板切割机下料	上海伊萨
12	八抛头专用抛丸清理机	BP - 98 - ES	2	钢构件表面处理设备	美国进口
13	相贯面五轴切管机	HID600EBS	2	600mm×12000mm	日本进口
14	四柱万能液压机	YX - 500F	2	5000kN	
15	管子车床	Q1319 - 1A	2	管件下料加工	
16	自动切管机	QZ11 - 16×3500	1	管件下料加工	
17	自动切管机	QJ1111	5	管件下料加工	
18	剪板机	QC12Y - 16×3500	1	钢板下料剪切	
19	液压弓锯床	GT2	18	圆钢下料	
20	自动带锯床		2	圆钢下料	
21	液压机	YX32 - 315	1	网架零件锻压设备	
22	液压机	YX32 - 500	1	网架零件锻压设备	
23	液压机	YF32 - 630B	1	网架零件锻压设备	
24	空气锤	C41 - 250	3	网架零件锻压设备	
25	空气锤	C41 - 750	2	钢球锻造设备	
26	普通车床	C6140 - A	56	网架部件机加工设备	
27	铣床	XQ6225	4	网架部件机加工设备	
28	牛头刨床	B6063	2	网架部件机加工设备	
29	摇臂钻床	Z3080 - 16	2	网架部件机加工设备	
30	平面磨床	H7130	1	网架部件机加工设备	
31	整流弧焊机	ZXG - 500	28	构件焊接设备	
32	交流弧焊机	BX3 - 500	42	构件焊接设备	
33	网架杆件双头自动焊机	NZC - 2X500	6	构件焊接设备	
34	抛丸除锈机	Z062B	1	构件表面处理设备	
35	抛丸除锈机	QG03H	1	构件表面处理设备	
36	喷漆机	ST395	10	涂装设备	美国进口

表 4-2-5　　　　　　　　　检 测 设 备 配 置

序号	设备名称	规格型号	数量	设备能力	进场时间	备注
一、测量类						
1	水准仪	DS3-D2	15			
2	经纬仪	J1、T2	15			
3	激光测距仪	J2-JD	2			
4	焊接检验仪	HJC60	10			
5	螺纹环塞规	M16～M68	20套			
二、探伤仪						
1	超声波探伤仪	CTS-22A	3			
2	超声波探伤仪	CTS-22	3			
3	超声波探伤仪	CTS-12	2			
4	磁粉探伤仪	DCE组合式				
5	数字钢铁材质无损分选仪	SWGY-11	2			
6	裂纹深度测量仪	LS-3	2			
三、化验设备						
1	分光光度计	721	2			
2	温度自动控制台	KSY-ID-16	2			
3	单管定碳电阻炉	SK2-2-13T	2			
4	鼓风电热恒温干燥箱	SC101-2	2			
5	电光分析天平	NG003	1			
6	电热蒸馏水器		1			
7	锰磷硅型微机数显自动分析仪	HCA-3B	1			
8	微机数显碳硫自动分析仪	HV-4B	1			
四、其他设备						
1	液压万能试验机	WE-1000A	1			
2	涂层测量仪	ECC-24	6			
3	洛氏硬度计	HR-150A	2			
4	数显量以测力计	SLC	1			
5	表面除锈样本		2套			
6	高强螺栓紧固轴力计	CAI-YB-M16-M20	2			
7	高强螺栓紧固轴力计		2			
8	高强螺栓紧固轴力计	CAI-YB-M27	2			
9	手持智能应变仪	CAI-YB-M24	1			
10	扭矩传感器	YJS-XZ-01	4			
11	静态电阻应变仪	CGJ-YB-M20	2			
12	扭矩扳手	YJB-5	5			
13	称重传感器	20-100N.M	2			
14	冲击试验机	JY-20tJB-30B	1			

4. 制作加工的工艺流程及技术措施

本工程厂内制作的主要产品有螺栓球、杆件、檩条，其制作过程主要为：

（1）网架结构零部件加工工艺规程。

1）杆件制做。

a. 由钢管与锥头或封板（锥头或封板内装高强度螺栓）组成。

b. 制做按下述工艺过程进行：

钢管采购→检验材质、规格、表面质量→下料、开坡口→与封板或锥头组装点焊→正式焊接→杆件尺寸及焊接质量检验→抛丸除锈处理→涂装。

c. 钢管下料及坡口采用 QB19-1A 及 QZ11-16×3500 自动管子切割机床一次完成。

d. 杆件组装点焊：按翻样图规定取配对的钢管、锥头或封板以及高强螺栓采用在胎具上组装点焊。

e. 杆件连接焊采用 NZC-2×500 全自动二氧化碳气体保护焊。

f. 连接焊缝要求至少与钢管等强度，焊丝采用 H08Mn2SiA。

g. 杆件施焊应按《钢结构工程施工质量验收规范》（GB 50205—2001）和《建筑钢结构焊接规程》（JGJ 81—1991）规定执行。

h. 在 Z062 全自动杆件抛丸除锈机上进行杆件抛丸除锈，合格后进行表面涂装。

2）螺栓球制做。

a. 螺栓球制做按下述工艺工程进行：

圆钢下料→锻造球坯→正火处理→加工工艺孔及其平面→加工各螺栓孔及平面→打印加工号、球号→除锈处理→防腐处理。

b. 圆钢下料采用锯床下料，坯料相对高度 H/D 为 2～2.5，禁用气割。

c. 锻造球坯采用胎模锻，锻造温度在 1150～1200℃下保温，使温度均匀，终段温度不低于 850℃，锻造设备采用空气锤或压力机。锻造后，在空气中自然正火处理。

d. 螺纹孔及平面加工应按下述工艺过程进行：劈平面→钻螺纹底孔→孔口倒角→丝锥攻螺纹。

e. 螺纹孔加工在车床上配以专用工装，螺纹孔与平面一次装夹加工。

f. 在工艺孔平面上打印球号、加工工号。

g. 按设计要求进行防腐处理。

3）封板制做。

a. 封板的制做按下述工艺流程进行：圆钢下料→机械加工。

b. 封板下料采用锯床下料。

c. 按封板标准图在车床上加工。

4）锥头制做。

a. 锥头的制做按下述工艺过程进行：圆钢下料→胎模锻造毛坯→正火处理→机械加工。

b. 圆钢下料采用锯床下料。

c. 锥头锻造毛坯采用压力机胎模锻造，锻造温度在 1150～1200℃下保温，使温度均匀，终锻温度不低于 850℃，锻造后在空气中自然正火处理。

5）套筒制做。

a. 套筒制做按下述工艺进行：圆料→胎膜锻造毛坯→正火处理→机械加工→防腐处理（除锈）。

b. 圆钢下料采用锯床下料。

c. 用压力机胎膜锻造毛坯，锻造温度在 1150～1200℃，保持温度均匀，终段温度不低于 850℃，锻造后在空气中自然正火处理。

d. 按套筒标准要求车削加工。

e. 根据设计要求进行除锈处理。

6）支座制做。

a. 支座制做按下述工艺过程进行：支座的肋板和底板下料→支座底板钻孔→支座肋板与底板、肋板与肋板、肋板与球的组装焊接→防腐前处理（除锈）→防腐处理（涂装）。

b. 支座的肋板和底板的下料采用上海伊萨（德国）EXA - 500 型微机自动钢板切割机下料。

c. 支座底板采用日本 PLM - 1600L 数控平面钻床和摇臂钻床钻孔。

d. 肋板与底板、肋板与肋板的焊接采用 CO_2 气体保护焊或手工电弧焊接，焊接材料使用 H08Mn2SiA 焊丝、E5015 焊条。肋板与焊接球或螺栓球的焊接采用手工电弧焊，选用 E5016 电焊条焊接，焊接前预热处理，然后分层焊接，要求焊缝保温缓冷。

e. 按设计要求进行防腐处理。

7）支座预埋板加工。

支座预埋板加工工艺：钢板下料切割→钢板上钻孔及灌浆孔加工→地脚螺栓加工→组装电焊（塞焊）。

a. 支座预埋板采用伊萨 EXA - 500 型微机钢板下料切割机进行边缘下料切割和灌浆机孔加工。采用数控平面钻床进行地脚螺栓孔加工。

b. 组装电焊在模台胎架上进行，地脚螺栓采用与预埋板孔径、孔位相同的两板定位模版与预埋板在胎架上共同定位，待定位准确后进行电焊，待电焊冷却后才能取下定位模版。

8）支托。

a. 支托加工按下述工艺过程进行：支托管及支托板下料→焊接。

b. 支托管下料采用管子切割机下料。

c. 支托管与支托板的连接采用 E4303 电焊条手工电焊焊接。

d. 根据设计要求进行防腐处理。

（2）制作加工的检验过程。

网架制作的零部件主要有螺栓球、焊接球、杆件、套筒、封板、锤头、支座、支托。其制作、检验过程如下：

1）螺栓球：由 45 圆钢经模锻→工艺孔加工→编号→腹杆及弦杆螺孔加工→涂装→包装。螺栓球的主要质量控制检测的项目有：

a. 过烧、裂纹：用放大镜和磁粉探伤检验。

b. 螺栓质量：应达到 6H 级，采用标准螺纹规检验。

模块 4　钢结构安装施工

c. 螺纹强度及螺栓球强度：采用高强度螺栓配合拉力试验机检验，按 600 只为一批，每批取 3 只。

d. 螺栓球允许偏差项目检查及标准，见表 4－2－6。

表 4－2－6　　　　　　螺栓球制作加工的允许偏差　　　　　　单位：mm

项次	项　目		允许偏差	检 验 方 法
1	球毛坯直径	$D\leqslant120$	+2.0/−1.0	用卡钳、游标卡尺检查
		$D>120$	+3.0/−1.5	
2	球的圆度	$D\leqslant120$	1.5	
		$D>120$	2.5	
3	螺栓球螺孔端面与球心距		±0.20	用游标卡尺、测量芯棒、高度尺检查
4	同一轴线上两螺孔端面平行度	$D\leqslant120$	0.20	用游标卡尺、高度尺检查
		$D>120$	0.30	
5	相邻两螺孔轴线间夹角		±30′	用测量芯棒、高度尺分度头检查
6	螺孔端面与轴线的垂直度		0.5%r	用百分数

注　D—球毛坯直径；r—球半径。

以上项目除强度试验外均为全检、螺栓球采用铁桶或铁箱包装。

2）杆件：杆件由钢管、封板或锤头、高强螺栓组成。其主要工艺过程有：钢管下料坡口并编号→钢管与封板或锤头、高强螺栓组配并点焊→全自动或半自动二氧化碳气体保护焊接（2 级焊缝）→抛丸除锈（Sa$_{2.5}$级）→涂装→包装。杆件的主要质量控制检测的项目有：

a. 杆件的坡口及坡口后杆件的长度，要求达到±1mm。

b. 编号及焊缝质量，焊缝质量采用超声波探伤，抽查 30%。

c. 焊缝的强度破坏性试验，采用拉力试验机，抽样数量为 300 根为一批，每批抽查 3 根。

d. 除锈质量：应达到 Sa$_{2.5}$级，样板与目视检查。

e. 涂装质量：采用温湿度计控制测厚仪检查，温度为大于 5℃，湿度为小于 80%，厚度为每遍（25±5）μm。

3）封板、锤头、套筒：封板、锤头、套筒均为机加工零部件，其主要加工过程为：锻压→金属加工，主要检验控制的内容有：

a. 过烧、裂纹、氧化皮等外观缺陷，用放大镜等采用 10% 数量抽查。

b. 套筒按 5‰压力承载试验，封板或锤头与杆件配合进行强度（拉力）试验。

c. 封板、锤头、套筒加工制作允许偏差见表 4－2－7。

d. 封板、锤头均与杆件焊接后，随杆件包装，六角套筒则采用铁桶密封包装。

4）支座、支托加工：支座、支托都是在加工完毕的基础上进行制作加工的。其主要工艺过程是：钢板切割→钢板间底座或托架焊接→球焊接→包装，其检验的主要内容有：

a. 钢板间的焊接：均为角焊缝，应达到 3 级以上焊缝质量，焊缝高度应满足设计及规定要求。

表 4-2-7　　　　　　　封板、锥头、套筒加工制作允许偏差　　　　　　　单位：mm

项次	项　目	允许偏差	检　验　方　法
1	封板、锥头孔径	+0.5	用游标卡尺检查
2	封板、锥头底板厚度	+0.5 −0.2	
3	封板、锥头底板二面平行度	0.1	用百分表、V 形块检查
4	封板、锥头孔与钢管安装台阶同轴度	0.2	用百分表、V 形块检查
5	锥头壁厚	+0.2 0	用游标卡尺检查
6	套筒内孔与外接圆同轴度	0.5	用游标卡尺、百分表、测量芯棒检查
7	套筒长度	±0.2	用游标卡尺检查
8	套筒两端面与轴线的垂直度	$0.5\%r$ r 为球半径	用游标卡尺、百分表、测量芯棒检查
9	套筒两端面的平行度	0.3	

　　b. 与球的焊接：采用 E50 系列焊条或 CO_2 半自动气保焊，焊接质量应达到 3 级以上，高度必须满足设计要求。

　　c. 底座支托板的平整度应不大于 3mm。

　　d. 焊接球与支座的中心偏移应不大于 ±3mm。

　　e. 支座、支托用钢箱包装。

　　(3) 檩条制作及检验。

　　檩条制作由檩条成形机一次加工完成，成形后的檩条必须进行端部磨平整理。在厂内檩条的主要检验内容有：长度 L 不大于 ±2mm，高度 H 不大于 ±1mm，弯曲：不大于 $L/1000$，且不大于 3mm，外观不允许存在肉眼可见的损伤。檩条加工后采用钢丝捆扎包装。

　　(4) 预拼装。

　　拼接时，应取出一块具有代表性的网架（不小于 $500m^2$）在刚性拼台上拼装（必须配备专用于大型钢结构构件预拼装场地）。拼装前，应根据安装图上所示的球号和杆件，在平台上按 1∶1 大样，搭设立体模拼台来控制和定位网架的外形尺寸、标高，拼台应能灵活调节节点和杆件的中心位置，以利节点中心的调整。在拼装过程中应随时复检，如有问题，应及时修正后再重新拼接。

　　5. 焊接工艺及焊接工艺评定方案

　　所有构件的焊接，除支座、支托、封板锥头在车间的半自动和全自动气保焊机上焊接外，檩条等均在现场焊接。

　　(1) 焊接工艺规程。

　　本工艺规程用于蓝天国际机场货运站网架焊接的施工和管理。

　　1) 焊工：参加该工程焊接的焊工应持有行业指定部门颁发的焊工合格证书。严格持上岗证从事与其证书等级相应的焊接工作，并得到甲方的认可。

　　2) 重要结构装配定位焊时，应由持定焊工资格证的焊工进行操作。

　　3) 持证焊工如中断焊接工作连续时间超过半年者，该焊工再上岗前应重新进行资格考试。

4）焊工考核管理由质管部归档。

（2）焊接工艺方法及焊接设备。

本网架工程焊接用手工电弧焊、CO_2 气体保护自动和半自动焊等焊接工艺方法。

1）为保证网架工程具有优良的焊接质量，本工程施工使用的主要焊接设备有：交直流手工电弧焊焊机，CO_2 气体保护自动和半自动焊机（美国林肯或唐山松下公司产），焊接材料烘焙设备及焊条保温筒。

2）钢材焊接材料订购、进库、检验及管理要求：钢材焊接材料的订购、进库、检验及管理。按公司制定的程序文件规定，并严格做到：

a. 焊材的选用必须满足本网架工程的设计要求并选用本网架工程技术规范指定的焊接材料。

b. 本网架工程的焊接材料必须具有材料合格证书，每批焊接材料入场后，应由公司质量部门按采购必须要求和检验标准进行检验，合格后方可使用。

c. 焊接材料的贮存、运输、焊前处理（烘干、焊丝油漆处理等），烘焙和领用过程中都要有标识，表明焊接材料的牌号、规格、厂检号或生产厂批号等。焊接材料的使用应符合制造厂的说明和焊接工艺评定试验结果的要求。

d. 焊接材料使用过程中应追踪控制，产品施工选用的焊接材料型号与工艺评定所用的型号一致，本网架工程施焊拟定采用的焊接材料为：

手工电弧焊：E4303。

CO_2 气体保护焊：YJ502Q 药芯焊丝或 ER49 - 1 焊丝。

CO_2 气体（纯度大于 99.5%）。

e. 焊条从烘箱和保温筒中取出并在大气中放置四小时以上的焊条需要放回烘箱重新烘培。重复烘培次数不允许超过两次。

f. 关于本网架工程所用焊接材料的管理和发放等规定，按公司有关的焊接材料管理方法和发放条例执行。

（3）焊接施工要求。

1）定位焊。

a. 装配精度、质量符合图纸和技术规范的要求才允许定位焊。

b. 若焊缝施焊要求预热时，则一定要预热到相应的温度以后才能允许定位焊。

c. 定位焊完毕后若产生裂纹，分析产生原因并采取适当措施后才能在其附近重新定位焊，并将产生裂纹的定位焊缝剔除。

2）焊接环境。

a. 原则上本网架工程的焊接应在车间或相当车间的环境中进行。

b. 对于在车间外的焊接环境，必须要满足以下条件：钢板表温度不小于 0℃，相对湿度不大于 80%，风速不大于 10m/s（手工电弧焊）或风速不大于 2m/s（气体保护焊）。

3）对焊工的要求。

a. 施焊时应严格控制能量（≤45kJ/cm）和最高层间温度（≤350℃）。

b. 焊工应按照工艺规程中所指定的焊接参数、焊接施焊方向、焊接顺序等进行施焊；应严格按照施工图上所规定的焊角高度进行焊接，原则上要求对称同时进行。

c. 焊接前应将焊缝表面的铁锈、水分、油污、灰尘、氧化皮、割渣等清理干净。

d. 不允许任意在工作表面引弧损伤母材，必须在其钢材或在焊缝中进行。

e. 施焊应注意焊道的起点、终点及焊道的接头不产生焊接缺陷，多层多道焊时焊接接头应错开。

f. 焊后要进行自检、互检，并做好焊接施工记录。

4）焊缝表面质量。

a. 对接焊缝的余高为 2~5mm，必要时用砂轮磨广机磨平。

b. 焊缝要求与母材表面匀顺过渡，同一焊缝的焊脚高度要均匀一致。

c. 焊缝表面不准电弧灼伤、裂纹、超标气孔及凹坑。

d. 主要对接焊缝的咬边不允许超过 0.5mm，次要受力焊缝的咬边不允许超过 1mm。

e. 管子的对接焊缝应与母材表面打磨齐平。

（4）焊缝检验和返修。

本网架工程无损探伤由质检部门的专职人员担任，且必须经岗位培训，考核取得相应的资格证书后方能按持证范畴上岗检验、检测。

1）焊缝检验主要包括如下几个方面：

a. 母材的焊接材料。

b. 焊接设备、仪表、工装设备。

c. 焊接接口、接头装配及清理。

d. 焊工资格。

e. 焊接环境条件。

f. 现场焊接参数、次序以及现场施焊情况。

g. 焊缝外观和尺寸测量。

2）焊缝外观应均匀、致密，不应有裂纹、焊瘤、气孔、夹渣、咬边弧坑、未焊满等缺陷。焊缝外观检查的质量要求应符合《钢结构焊缝外形尺寸》（JB/T 7949—1999）技术规范的规定，无损探伤须在焊缝外观检查合格后，24 小时之后进行。无损探伤的部位、探伤方法、探伤比例等按《钢焊缝手工超声波探伤方法和探伤结果分级》（GB/T 11345—1989）规定施工。

3）焊缝无损探伤发现超标缺陷时，应对缺陷产生的原因进行分析，提出改进措施，焊缝的返修措施应得到焊接技术人员同意，返修的焊缝性能和质量要求与原焊缝相同。返修次数原则上不能超过两次，超次返修需要经焊接工程师批准。

4）返修前需将缺陷清除干净，经打磨出白后按返修工艺要求进行返修。

5）待焊部位应开好宽度均匀、表面平整、过渡光顺、便于施焊的凹槽，且两端有 1：5 的坡度。

6）焊缝返修之后，应按与原焊缝相同的探伤标准进行复检。

（5）焊缝工艺评定

1）焊缝工艺评定根据《钢结构工程施工质量验收规范》（GB 50205—2001）规定，按《钢制压力容器焊接工艺评定》（JB 4708—2000）和《建筑钢结构焊接技术规程》（JGJ 81—2002）及施工图技术要求进行。

2）焊接工艺评定之前应根据钢网架节点形式提出相应的焊接工艺评定指导书，用来指导焊接工艺评定试验（已做过的焊接工艺评定试验，经工程监理确认后可免做或替代）。焊接工艺评定试验经多次检验或试验评定合格后，由公司检测中心根据试验结果出具焊拼工艺评定报告。

3）焊接工艺评定前，主管焊接工程师应根据国家规范和设计要求，并结合产品的结构特点、节点形式等编制焊接工艺评定试验方案。

4）焊接工艺评定试验方案由主管焊接工程师提出，经业主或监理会签后实施。

5）施工单位根据焊接工艺评定报告，编制焊接工艺指导书用于指导产品的焊接。

（6）焊接工艺评定说明、试件制备、检验。

说明：焊接工艺评定用设备应处于正常工作状态，钢材、焊接材料必须符合相应标准，由本单位技能熟练的合格焊接人员焊接试验。

a. 评定对接焊缝焊接工艺时，采用对接焊缝试件，评定角接焊缝焊接时，采用角焊缝试件，对接焊缝试件评定合格的焊接工艺适用于角焊缝。

b. 板材对接焊缝试件评定合格的焊接工艺适用于管材的对接焊缝。反之亦然。

c. 板材角焊缝试件评定合格的焊缝工艺适用管与板（或管）的角焊缝。

评定合格的对接焊缝试件的焊接工艺，适用于焊件的母材厚度和焊缝金属厚度有效范围见表 4-2-8 和表 4-2-9 的规定执行。

d. 对接焊缝试件或角焊缝试件评定合格的焊接工艺用于焊接角焊缝时，焊件厚度的有效范围不限。

<table>
<tr><td>表 4-2-8</td><td colspan="2">试件母材厚度　　　单位：mm</td></tr>
<tr><td rowspan="2">试件母材厚度 t</td><td colspan="2">适用于母材厚度的有效范围</td></tr>
<tr><td>最小值</td><td>最大值</td></tr>
<tr><td>1.5<t<8</td><td>1.5</td><td>2t，且不大于 12</td></tr>
<tr><td>t≥8</td><td>0.75t</td><td>1.5t</td></tr>
</table>

<table>
<tr><td>表 4-2-9</td><td colspan="2">焊缝金属厚度　　　单位：mm</td></tr>
<tr><td rowspan="2">试件焊缝金属厚度 t</td><td colspan="2">适用于母材厚度的有效范围</td></tr>
<tr><td>最小值</td><td>最大值</td></tr>
<tr><td>1.5<t<8</td><td>不限</td><td>2t，且不大于 12</td></tr>
<tr><td>t≥8</td><td>不限</td><td>1.5</td></tr>
</table>

6. 工程产品的包装、搬运、堆放、装卸

（1）包装：所有工具、杆件、球等零部件均采用钢箱包装，包装物内零部件应编号，包装物应做好护角防损措施及对包装物内零部件应有清单，合理设计吊点。

（2）搬运：厂内搬运工作均采用铲车、吊车及手推车，现场则宜采用手推车、汽车式起重机和汽车搬运，搬运过程中应保护好成品产品，严禁损坏标识、零部件及混淆零部件堆垛。

（3）堆放：产品应尽可能堆放在室内，如露天堆放应避开低洼积水、污泥污物及有损产品的地方，产品应堆放整齐，表面清洁，做好防雨、防潮工作。

（4）装卸：所有零部件均应采用铲车、吊车、汽车式起重机等进行装卸，严禁自由装卸，在工厂、车间、车站、工地都应指派专人指导和监督装卸。

4.2.4.4　现场安装施工方案

1. 施工总平面图及前期准备

安装前，项目经理部及有关人员应提前到达施工现场进行安装前各项准备工作。

（1）施工总平面布置。

本工程的总平面的主要布置内容为：

1）项目经理部及安装工人的办公室、临时生活设施。

2）材料运输通道和吊机吊装（开行）通道。

3）脚手架工作平台的搭设位置和滑移方向。

4）原材料、设备、零部件的堆放场地。

5）电源位置的确定和布置。

6）对拼装场地、轨道、支承点及预埋件位置的测量定位。

（2）交接准备工作。

1）与甲方进行现场交底，如原材料、零部件及设备的堆放场地，行车通道、水、电、食宿，办理好施工许可手续，协调并确定施工日期和各工序施工计划，与其他施工单位交叉作业协调计划。

2）对施工前道工序（基础埋件及相关设施）进行复核，确保预埋件质量、标高、中心轴线、几何尺寸、平行度等正确，做好交接手续。

3）做好机具及辅助材料的准备工作，如吊机、滑移系统、电焊机、测量仪器、手动工具及其他辅助用具。

4）检查、复核胎架、支架及工作平台等。

5）对制作、施工的机械、胎具及零部件合理堆放，以方便施工减少搬运次数、便于保管为原则。

根据现场实际情况，对施工作业计划进行适当的调整和补充。

2. 施工机械配置

本工程网架采用架子滑移法进行安装（局部采用满堂脚手架）。在工作平台上放置托架以定位网架节点，所以无需大型的吊机，除滑移脚手架以外，主要施工机械配置如下：吊装设备见表 4-2-10，测量工具见表 4-2-11，焊接设备见表 4-2-12。其他诸如钢丝绳、电线、电灯等其他辅佐机具不再一一列出。

表 4-2-10　　　　　　　　　　吊　装　设　备

序　号	名　　称	起重量（t）	数量（台）	用　　途
1	汽车式起重机	25	2	卸货、提升
2	卷扬机	2～5	20	构件垂直运输
3	滑车	2～5	30	构件安装微调
4	千斤顶	2～10	80	构件安装微调

表 4-2-11　　　　　　　　　　测　量　工　具

序　号	名　称	规格、型号	数量（台）	用　途
1	全站仪	TC2002	1	轴线校测、支座埋设及节点投测
2	经纬仪	J2	8	各种施工测量
3	水准仪	NA20	8	标高投测配套
4	钢卷尺	3～50m	若干	配套测量

表 4 - 2 - 12　　　　　焊　接　设　备

序　号	名　　称	规格、型号	数量	用　途
1	直流弧焊机	AX - 320	20 台	支座、檩条安装
2	交流弧焊机	BX - 320	10 台	返工焊接
3	半自动气保焊机	DC - 4001 或 YD - 500KR	20 台	焊接球电焊
4	弧焊整流机	YD - 630SS3HGE	5 台	碳弧气刨
5	电源箱	250kVA	15 台	
6	多头烘箱	大号	10 台	预热
7	射吸式割炬	小号	10 台	
8	电热烘箱		5 台	焊条焙烘
9	超声波探伤仪		1 台	焊缝质量检查
10	角向砂轮机		20 台	焊道、焊缝打磨
11	焊条保温桶		20 台	
12	碳弧气刨枪		1 把	
13	测温计		2 支	检查预热
14	手动扳手		若干	
15	电动扳手		30 把	

表 4 - 2 - 13　项目部人员组成

工　种	人　数	工作内容
项目经理	1	工程内外总负责
项目常务副经理	1	常务现场负责安装
项目总工程师	1	技术总负责
施工组	4	网架施工
质安组	6	质量与安全检查
材料管理组	5	现场材料管理
后勤保卫组	6	后勤管理
测量组	5	技术测量、定位
电焊组	24	檩条及其他构件电焊
涂装组	30	现场涂装
网架安装组	80	结构吊装及组装拼接
钳工组	2	机械、工装修理
屋面安装组	50	屋面板安装
架子组	50	脚手架搭设
合计	265	

注　由于各工段和工种有交叉作业，所以实际现场人员，
可能会少于 265 人。

3. 施工人员配置

现场施工人员主要为电焊工、网架安装工、屋面安装工、架子工、涂料工以及施工员、质量员、安全员及负责探伤、材料、后勤、测量等人员，具体组成如下。

（1）人员组成：现场设项目经理部，由项目经理全权负责。项目经理部人员由公司调集优秀人员担任。项目部人员见表 4 - 2 - 13。

（2）对施工技术、管理人员进行交底，并编制相应的施工计划，交底的主要内容有：

1）工程概况及施工部署。

2）合同及有关协议。

3）施工组织设计。

4）质量、安全及组织纪律。工作流程如图 4 - 2 - 4。

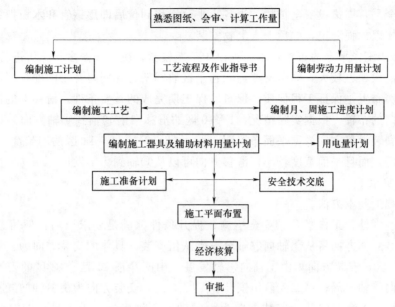

图 4-2-4 施工现场准备工作流程

4. 安装施工方案及技术措施

（1）对预埋件埋设要求。

1）在预埋件埋设前，应对土建混凝土的浇筑质量进行检验和测量，充分掌握柱面标高、中心轴线位置的有关数据。

2）在预埋件埋设前，先在柱顶安装胎模以便于埋件的位置调整和固定定位，以确保预埋件定位准确，不变形，不走位。

3）预埋件采用全站仪和水平仪测量定位，用全站仪定位预埋板的中心高差和轴线位置，用水平仪定位预埋板的水平度。

4）预埋板埋设前，应先对柱顶及预埋件的预埋螺栓用套模进行复测，复测合格后再埋设。

（2）工作平台搭设。

本工程以滑移工作平台为主，辅以局部固定平台安装整个网架工程，搭设的位置和滑移方向详见总平面布置图，具体搭设要求如下：

1）滑移架工作平台的搭设：经过设计院及技术部研究，针对本工程网架的安装及工期要求，决定采用先进的网架结构的滑移脚手架，这种脚手架不仅拆装比钢管脚手架要便捷，而且结构稳定性要比钢管脚手架高，具体的搭设方法如下：

在地面基本整平的基础上铺设枕木（或路基箱），对枕木的基本要求是平整、稳定。然后在枕木上铺设轨道，对轨道的要求是平行、平整、结实。滑移工作平台就在轨道上搭设，先在轨道上安装滚动滑轮和轨道系统，然后在滑轮系统上搭设网架结构滑移工作平台，滑移要确保平台结实、稳定、可靠、安全。滑移工作平台的基本要求是平台面铺脚手板或木板，承载能力应达到 $250\text{kgf}/\text{m}^2$。高度为网架下弦下浮 30～50cm，平台与平台之间的间距 50～80cm，安装时工作平台与地面立杆应垫实，使滑移架处于稳定状态。平台面上铺设安全网，周边设安全护栏，当各小平台滑移到位后即用钢管和木板把各工作平台串连成一整体以加强稳定，然后上人上物安装。

2）滑移架工作平台的布置：本工程由于工期较紧，决定分派多支队伍进行同时施工，所以滑移架搭设量也较大，同时又要注意各个区块网架之间同时开工的配合问题，所以合理的安装分块布置是保证工程保质、保量、保工期完成的首要条件。滑移架的搭设取决于网架安装方向的布置，根据实际情况，1～10 区的滑移架沿Ⓔ轴到Ⓙ轴方向并排布置，具体各区块的安装滑移方向详见平面布置图（图 4-2-3），11～14 区的网架高度相对 1～5 区的高度要低，而且平面宽度较小，滑移方向可以从Ⓔ轴到Ⓙ轴发展。

5. 网架安装

（1）安装的基本方法。

待土建预埋件、工作平台、安全措施、提升条件都满足要求以后，即可进行网架安装。网架安装总体方向将从①轴向⑰轴分三支队伍安装，具体的安装方向为：第一支队伍安装 1 区、2 区，安装方向为由①轴向㉝轴发展，中间穿插 11 区、12 区的安装，安装方向为由Ⓔ轴向Ⓙ轴发展；第二支队伍安装 3、4、5 区，安装方向为由㉝轴向⑰轴发展，中间穿插 13 区、14 区的安装，安装方向为由Ⓔ轴向Ⓙ轴发展；为了尽量能够缩短安装工期，应在网架安装一定距离后，即时跟上屋面檩条及屋面板的安装，涂装等工序也穿插进行，实行各工序立体交叉作业。安装时，先把本区域要安装的网架部件提升到工作平台，在柱顶放置好支座，然后按正放四角锥网架安装方法进行安装。具体的安装方法如下：

1）下弦杆与球的组装：根据安装图的编号，垫好垫实下弦球的平面，把下弦杆件与球连接并一次拧紧到位。

2）腹杆与上弦球的组装：腹杆与上弦球应形成一个向下四角锥，腹杆与上弦球的连接必须一次拧紧到位，腹杆与下弦球的连接不能一次拧紧到位，主要是为安装上弦杆起松口服务。

3）上弦杆的组装：上弦杆安装顺序就由内向外传，上弦杆与球拧紧应与腹杆和下弦球拧紧依次进行。

用以上方法每安装 2～3 拼装组进行一次全面检测，如此方法直到全部安装结束。在整个网架安装过程中，要特别注意下弦球的垫实、轴线的准确、高强螺栓的拧紧程度、挠度及几何尺寸的控制。待网架安装后检验合格，即可紧跟着进行檩条、屋面板的安装，涂装穿插在各施工工序当中进行，以缩短安装建设总工期。

（2）网架安装的质量控制。

1）对土建控制：要求做到零部件堆放地合理，不易损坏和丢失，预埋件表面清洁，轴线和标高、几何尺寸准确，其基本要求为纵横向长度偏差不大于±30mm，预埋件中心偏移不大于 30mm，周边相邻预埋件不大于 15mm，周边最大预埋件高差不大于 30mm。

2）对网架安装的要求。

a. 螺栓应拧紧到位，不允许套筒接触面有肉眼可观察到的缝隙。

b. 杆件不允许存在超过规定的弯曲。

c. 已安装网架零部件表面清洁、完整，不损伤，不凹陷，不错装，对号准确，发现错装及时更换。

d. 油漆厚度和质量要求必须达到设计规范规定。

　　e. 网架节点中心偏移不大于 1.5mm，且单锥体网格长度误差不大于 ±1.5mm。

　　f. 整体网架安装后纵横向长度不大于 $L/2000$，且不大于 30mm，支座中心偏移不大于 $L/3000$，且不大于 30mm。

　　g. 相邻支座高差不大于 15mm，最高与最低点支座高差不大于 30mm。

　　h. 空载挠度控制在 $L/800$ 之内。

　　i. 质检人员备足经纬仪、水准仪、钢卷尺及辅助用线、锥、钢尺等测量工作。

　　j. 检验员在现场不中断，不离岗，随时控制，及时记录，及时完成资料，及时向质量工程师、项目经理、监理工程师汇报。

4.2.4.5　网架涂装工程

　　1. 总体部署

　　根据本工程的特点，涂料施工应在钢网架加工厂和施工现场分别进行，按防腐涂料的施工要求，具体的施工布置为：以网架加工厂和施工现场为独立施工点，独立配备各项施工机具，施工劳力分为定点和综合调配两部分，现场的施工队伍分为三支，配合三支网架队伍进行交叉施工，保证防腐防火涂装施工的均衡进行，满足钢构件安装施工周期和可能变动的要求。

　　由承包单位、项目部和各施工单位组成本分项工程管理机构，实施全面的项目管理，确保工程安全、优质完成。

　　（1）施工用电：施工用电与钢网架加工厂和现场单位协调解决。

　　网架加工厂：10kW（主要喷漆、吹灰清理用）。

　　现场用地：10kW（主要喷漆、打磨吹灰清理用）。

　　（2）施工用水：从各施工工地水源接水，主要用于涂装前的表面污物清洗，涂装后的涂装面层清洁、施工现场防尘等。

　　（3）施工用地：构件堆放场地周围 3m 范围内放置喷漆、固定机具，并设涂料堆放场地。

　　2. 施工方案及工艺

　　（1）涂装方案及工序配套见表 4-2-14。

表 4-2-14　　　　　　　　　　钢网架防腐涂装方案

序号	材料名称和工艺流程	涂膜厚度（μm）	涂装道数	理论涂布置（kg/m²）	损耗系数	涂装地点
1	无机富锌底漆	100	2	0.44	1.9	工厂
2	环氧封闭漆	30	1	0.09	1.8	工厂
3	环氧云铁中间漆	50	1	0.15	1.8	工厂
4	防火涂料	35	1	0.75	1.8	现场
5	聚氨酯面漆	80	2	0.202	1.8	现场

　　（2）总体施工工艺流程如图 4-2-5。

　　（3）工厂涂装工艺。

　　1）材料储存。

a. 油漆。油漆在使用之前，要按批量进行复检，复检合格后方可使用。油漆的存放应采取严格的防火措施。涂料应贮存在通风良好的阴凉库房内，温度一般应控制在 5～35℃，按原桶密封保管（或按油漆说明书保存）。

　　涂料及其辅助材料属于易燃品，库房附近应杜绝火源，并要有明显的"严禁烟火"标志牌和灭火工具。对各种涂料实行安全措施挂牌。

　　b. 其他辅助材料，包括毛刷、砂轮片、喷涂机具等。辅助材料应单独进行造册登记，以利于成本核算。

　　2）材料试验：涂料按《钢结构工程施工质量验收规范》（GB 50205—2001）实施。进厂的涂装应有产品质量保证书，并按涂料产品质量标准进行复检，符合质量标准的方可使用。

　　3）涂装施工工艺，如图 4-2-5 所示。

　　4）工厂涂装工艺流程如图 4-2-6 所示。

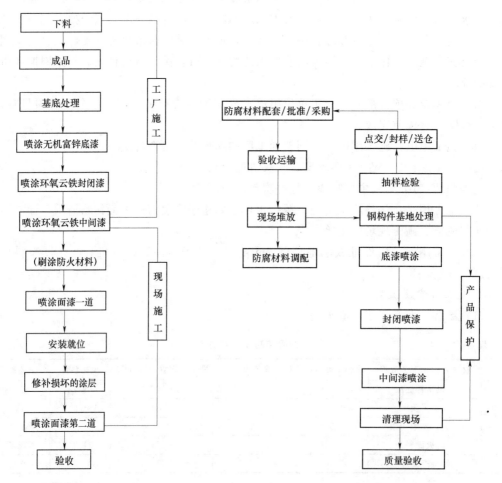

图 4-2-5　网架涂装总体施工工艺流程　　　　图 4-2-6　工厂涂装工艺流程

　　a. 施工气候条件的控制。

　　①涂装涂料时必须重视的主要因素是钢材表面状况、钢材温度和涂装时的大气环境。

通常涂装施工温度应在5℃以上、相对湿度应在85％以下的气候条件中进行。当表面受大风、雨、雾或冰雪等恶劣气候的影响时，则不能进行涂装施工。②以温度计测定钢材温度，用湿度计测出相对湿度，然后计算其露点，当钢材温度低于露点时，由于表面凝结水分而不能涂装，必须高于露点3℃才能施工。③当气温在5℃以下的低温条件下，造成防腐涂料的固化速度减慢，甚至停止固化。视涂层表干速度，可采用提高工作温度、降低空气湿度及加强空气流通的办法解决。④气温在30℃以上的恶劣条件下施工时，由于溶剂挥发很快，必须采用加入油漆自身重量约5％的稀释剂进行稀释后才能施工。

b. 基底处理。

①表面涂装前，必须清除一切污垢，特别是搁置期间产生的锈蚀和老化物，运输、装配过程中的损伤部位和缺陷处，均须进行重新除锈。②采用稀释剂或清洗剂除去油脂、润滑油、溶剂。

上述均属隐蔽工程，须填写隐蔽工程验收单，交监理和业主验收合格后方可施工。

c. 涂装施工。

①防腐涂料出厂时应提供符合国家标准检验报告，并附有品种名称、型号、技术性能、制造批号、贮存日期、使用说明书及产品合格证。②施工应配备各种计量器具、配料桶、搅拌器，按不同材料说明书中的使用方法分别配置，充分搅拌。③双组分的防腐涂料应严格按比例配置，搅拌后进行熟化后方可使用。④施工可采用喷涂的方法进行。⑤施工人员应经过专业培训和实行施工培训，并持证上岗。⑥喷涂防腐材料应按顺序进行，先喷底漆，使底层完全干燥后方可进行封闭漆的喷涂施工，做到每道工序严格受控。⑦施工完的涂层应表面光滑、轮廓清晰、色泽均匀一致，无脱层，不空鼓，无流挂，无针孔，膜层厚度达到设计规定要求。⑧漆膜厚度能保证防腐涂料发挥最佳性能，保证足够的漆膜厚度是极其重要的。因此，必须严格控制漆膜厚度，施工时应按使用量进行涂装，经常使用湿膜测厚仪测定湿膜厚度，以控制干膜厚度并保证厚度均匀。

不同类型的材料其涂装间隔时间不同，在施工时应按每种涂料的要求进行施工，其涂装间隔时间不能超过使用说明中的最长间隔时间，否则将会影响漆膜层间的附着力，造成漆膜剥落。

(4) 现场涂装工艺。

1) 现场涂装施工流程如图4-2-7。

2) 涂装施工工艺（含防腐涂装和防火涂装）。

a. 防火涂料施工工艺①施工前，在

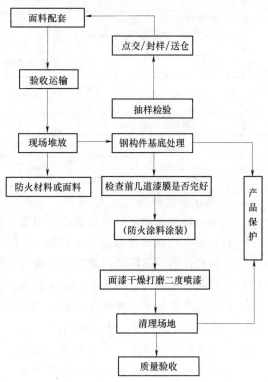

图4-2-7 现场涂装施工流程

被涂钢结构构件表面要将油污、尘土等清除干净。②防火涂料在开盖后搅拌均匀即可进行施工，如果防火涂料的粘度过大，可加入特定溶剂进行稀释。③防火涂料刷、涂均可，一般为 3～6 道，每道厚度不超过 0.35mm，必须前一道干燥后再进行下一道的涂装，一般 4h 后即可喷涂下一道。④喷涂时应注意确保涂层完全闭合，轮廓清晰，最后一道应以同一批次产品涂装，防止工程整体造成色差。⑤施工过程和涂层固化以前，环境温度宜保持在 −6～40℃之间，相对湿度不宜大于 90%，空气应流通。当风速大于 5m/s 或雨天、露天和构件表面有结露时，不宜施工。

　　b. 防腐面漆施工工艺。

　　面漆涂装前，所有网架的前道涂料都应经业主和监理工程师验收合格。

　　面漆涂装前，对网架表面进行全面的清理，用清洗剂清洗吊装过程中的油污，钢丝刷清除焊渣、泥土，细纱布打磨灰尘、颗粒，并使构件表面呈现一定的粗糙度，最后用压缩空气吹扫后进行喷涂施工。

　　面漆的配置：检查面漆的出场日期、批号、质检合格证是否符合技术要求，不得使用过期和不合格的涂料。单组分面漆使用前应充分搅拌，并用少量稀释剂调配到适合喷涂的粘稠度，喷涂时再用滤网过滤。双组分面漆各自搅拌均匀后严格按甲乙组分的比例进行调配、熟化，熟化时间依现场温度而定，喷涂前应稀释过滤。配好的面料根据温度的高低应在 2～4h 内用完。

　　面漆的喷涂分两道进行，每道厚 30μm，第一道与第二道的间隔时间随温度的高低而定，一般历 4～12h 可喷涂第二道面漆。

　　(5) 现场涂装修补工艺。

　　1) 涂装修补方案见表 4−2−15。

表 4−2−15　　　　　　　　网架防腐现场涂装修补方案

序　号	材料名称	涂抹厚度 (μm)	涂抹道数	理论涂布置 (g/m²)	损耗系数	涂装地点
1	环氧富锌底漆	100	3	475	1.6	现场
2	环氧云铁中间漆	80	2	240	1.6	现场
3	聚氨酯面漆	80	2	202	1.6	现场

　　2) 现场涂装修补施工工艺。

　　a. 现场修补应在加工单位组装中或组装后进行。

　　b. 焊接部位应在焊接后的 72h 修补。

　　c. 修补部位用电动除锈机除至 St3 级。

　　d. 构件修补的部位应清理干净，表面无油污、粉尘等。

　　e. 各涂层严格按现场修补涂装的技术要求分层涂刷，并严格控制涂层间隔，待上一道涂层干燥后方可进行下一道工序的涂装。

　　f. 严格掌握涂层厚度，不可太薄或过厚。

　　g. 注意掌握涂层的衔接，做到接搓平整，无色差。

　　h. 各项修补施工都应请监理工程师监控，并做好各项修补记录，隐蔽工程还应填写隐蔽工程验收单。修补完整后经监理工程师确认。

3. 涂层检验

（1）检测项目、检测依据和质量标准。

施工过程中严格按有关国家标准和公司质量体系保证文件进行半成品、产品检验、不合格品的处理、计量检测设备操作维护等工作。

检验和验收项目见表 4-2-16。

表 4-2-16　　　　　　　　涂层检验和验收项目

序号	项　　目	自检	监理验收	序号	项　　目	自　检	监理验收
1	打磨除油	□	○	6	涂层附着力		○
2	除锈等级	☆	☆	7	干膜厚度	☆	☆
3	表面粗糙度	○	○	8	涂层修补	□	□
4	涂装环境	☆	○	9	中间漆厚度	☆	☆
5	涂层外观	□	□	10	面漆厚度	☆	☆

1）依据：国家标准《色漆和清漆漆膜的划格试验》（GB/T 9286—1998）。

2）质量标准。

外观：表面平整，无气泡，起皮、流挂、漏涂等缺陷。

附着力：有机涂层与金属涂层结合牢靠。

（2）检测方法。

1）外观检查：肉眼检查，所有工件 100％ 进行。并认真记录，监理可抽查。油漆外观必须达到涂层、漆膜表面均匀，无起泡、流挂、龟裂、干喷和掺杂物等现象。

2）附着力：现场测试用划格法。划格法规定，在漆膜上用单面刀片划间隔为 1mm 的方格 36 个，然后用软毛刷沿格阵两对角线方向，轻轻地往复各刷 5 次。按标准的要求评判合格与否。

（3）检测仪器见表 4-2-17。

表 4-2-17　　　　　　　　检测仪器清单

序号	型　　号	品　　名	数　　量	备　　注
1	113	磁性钢板湿度计	4 台	基材湿度控制
2	123A	机械性表面粗糙测量仪	34 台	基材粗糙度控制
3	116C	手摇式湿度仪	4 台	涂装气候条件控制
4	114	露点计算器	4 台	涂装气候条件控制
5	345FB—S1	电子型涂层厚度测量仪	3 台	膜层厚度检验
6	115	不锈钢湿膜厚度测量仪	6 台	膜层湿度厚度控制
7	ISO 8501—1（128）	喷砂图片对照表	3 台	喷砂清洁度比较　喷砂粗糙度比较
8	GB/T 8923—1988（125）	表面粗糙度比较器	3 台	
9	107	粘结强度划格测量仪	4 台	粘结强度测量
10	4 号杯	杯式粘度仪	5 台	现场配料

4. 已完工程的保护措施

为保证已完工程不因钢网架防腐涂料的施工而受污染或损坏，对钢结构防腐防火涂料施工面上涉及到其他已完工程，应用透明塑料布遮蔽保护，同时在施工中，对刚施工的涂层，应防止脏液污染和机械撞击，做到随做随清，保证每段施工完成，工作面上不留建筑垃圾。

在施工中，将派专职人员负责检查对已完工程产品的保护情况，并逐日记录，在工程进入后期阶段视具体情况增设 24 小时安保人员，以确保工程的完好，直至验收合格交付业主。

（1）防腐涂层的维护保养。

为了延长使用期限，减少钢网架防腐涂层在日后长期使用中承受自然条件及人为情况对于漆膜的影响，工程竣工后对涂层的维护保养提出如下建议：

1）搬运货物或进行其他施工作业应避免各种情况的机械碰撞、石击、土埋、粗糙物的堆靠，以免造成机械损伤。如有发生则应打磨处理并及时进行修补。

2）防止人为的损伤、涂画及粗糙物擦涂，保证涂膜的平整光滑性。

3）禁止任何火源对涂膜的烧烤，以及蒸汽对涂层的蒸吹，防止涂膜的燃烧及高温蒸汽对涂膜的损伤。因客观原因或施工造成涂膜的破坏，必须对损伤部位按原施工要求严格处理（扩大范围）后再按工程施工程序修补损伤处。

4）如涂层上覆盖过多的尘土或其他污染物，可用清水或中性清洗剂，用软刷进行清洗。避免用酸、碱、有机溶剂及其他有害物进行擦拭和清洗。在清洗之后使其自然风干或用软布擦净。

5）禁止酸、碱、盐、各种油、有机溶剂等液体或固体对漆膜的浸泡、接触及污染。

6）经常有专人对防腐涂层进行定时检查，发现问题及时处理，避免因局部意外损伤时间过长未修补，造成对钢材的腐蚀及破坏。

7）遇到特殊情况，可与涂料生产商或工程施工单位取得联系，共同对具体问题进行妥善处理。

（2）维护设备清单见表 4 - 2 - 18。

表 4 - 2 - 18　　　　　　　　除腐涂层维护设备

序号	型　号	品　名	数量	产地	备　注
1	NP2554	45：1 高压五气喷涂机	8	日本	配 0.9m³ 空压机
2	DKS - 7116	环保喷吸砂机	1	荷兰	配 6m³ 空压机
3	EDUCT - D - MATIC	手提式环保型喷吸砂机	1	美国	配 6m³ 空压机
4	PMH - S	涂料搅拌机	12	日本	
5	V - 6/7	空气压缩机	4	上海	22.5kW
6	W - 0.9/7	空气压缩机	6	上海	7.5kW
7	D8 - D - 300	电弧喷涂机	4	上海	
8	XQ - 1	高速火焰枪	4	上海	
9	SIM - SDOC - 125	电动钢丝刷 电动角向磨光机	30	上海	800W

习　题

1. 到网架结构施工现场参观实习，学习网架结构安装方法。
2. 网架结构常用安装方法有哪些，各有何特点？
3. 正放四角锥网架如何进行安装？
4. 涂装工程施工对气候条件有何要求？
5. 涂装工程检验有哪些项目？

任务3　多层钢结构安装

4.3.1　学习目标

通过本任务学习，使学生了解多层钢结构安装特点；初步掌握多层钢结构的安装工艺流程和施工要点；熟悉安装过程的安全、技术、质量管理和控制；掌握编制多层钢结构工程安装施工方案的方法和要点；培养锻炼组织钢结构安装施工的能力。

4.3.2　任务描述

利民综合办公楼主体结构为 7 层钢框架结构，楼层层高 1 层为 4.8m，2～6 层为 3.9m，7 层为 4.2m，建筑高度 29.6m，室内外高差 0.5m，建筑总高度 29.6m；建筑长度 49m、宽度 20.5m，建筑面积约 7000m²。框架柱为焊接箱型截面，框架梁为焊接 H 型截面，框架柱与基础连接采用露出式刚接柱脚、柱脚锚栓规格 M30、钢柱拼接、框架梁柱连接全部采用焊接连接，楼板为压型钢板组合楼板，建筑外墙围护材料为加气混凝土砌块，主框架梁柱材质采用 Q345B 级钢，焊条采用 E50 系列。

本工程设计耐火等级为二级，梁、柱、板耐火时限分别为 2.5h、2.0h、1.0h，采用薄涂型（B 型）防火涂料。

结构平面布置如图 4-3-1。

4.3.3　任务分析

多层钢结构安装工程，一般根据结构平面选择适当的位置，先做样板间成稳定结构，采用"节间综合法"：钢柱→柱间支撑（或剪力墙）→钢梁（主、次梁、隔撑）、由样板间向四周发展，或采用"分件流水法"进行安装。多层钢结构安装要点包括以下方面：施工现场总平面布置、起重机选择、测量工艺及控制、钢框架吊装顺序确定、工艺流程确定、现场焊接工艺、高强度螺栓施工工艺、标准节框架柱安装、特殊节框架结构安装等。

本工程主要有下列特点：现场拥挤，几乎没有构件堆放场地，应按照构件的吊装方案制订合理的构件运输计划，为防止现场断料，必要时应选择中转场地堆放构件；施工现场已架设一台 FO/23B 型塔式起重机，经测算，满足钢结构安装要求；现场连接焊、高强度螺栓施拧、施工过程中的测量放线及构件校正精度是保证本工程安装质量的重要工序。

4.3.4　任务实施

钢结构工程安装方案着重解决钢结构工程安装方法，安装工艺顺序及流水段划分，安

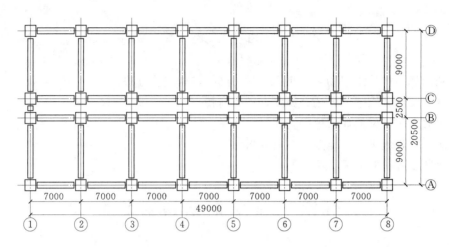

图 4-3-1　结构平面布置图

装机械的选择和钢构件的运输和摆放等问题。

4.3.4.1　安装方案选择

钢结构质量的好坏，除材料合格，制作精度高外，还要依靠合理的按照工艺和方法。钢结构工程安装方法有分件安装法、节间安装法和综合安装法。

1. 分件安装法

分件安装法是指起重机在带间内每开行一次仅安装一种或两种构件。如起重机第一次开行中先吊装全部柱子；并进行校正和最后固定。然后依次吊装地梁、柱间支撑、墙梁、吊车梁、托架（托梁）、屋架、天窗架、屋面支撑和墙板等构件，直至整个建筑物吊装完成。有时屋面板的吊装也可在屋面上单独用桅杆或层面小吊车来进行。

分件吊装法的优点是起重机在每次开行中仅吊装一类构件，吊装内容单一，准备工作简单，校正方便，吊装效率高；有充分时间进行校正；构件可分类在现场顺序预制、排放，场外构件可按先后顺序组织供应；构件预制吊装、运输、排放条件好，易于布置；可选用起重量较小的起重机械，可利用改变起重臂杆长度的方法，分别满足各类构件吊装起重量和起升高度的要求。缺点是起重机开行频繁，机械台班费用增加；起重机开行路线长；起重臂长度改变需一定的时间；不能按节间吊装，不能为后续工程及早提供工作面，阻碍了工序的穿插；相对的吊装工期较长；屋面板吊装有时需要有辅助机械设备。

分件吊装法适用于一般中、小型厂房的吊装。

2. 节间安装法

节间安装法是指起重机在厂房内一次开行中，分节间依次安装所有各类型构件，即先吊装一个节间柱子，并立即加以校正和最后固定，然后接着吊装地梁、柱间支撑、墙梁（连续梁）、吊车梁、走道板、柱头系统、托架（托梁）、屋架、天窗架、屋面支撑系统、屋面板和墙板等构件。一个（或几个）节间的全部构件吊装完毕后，起重机行进至下一个（或几个）节间，再进行下一个（或几个）节间全部构件吊装，直至吊装完成。

适用于采用回转式桅杆进行吊装，或特殊要求的结构（如门式框架）或某种原因局部特殊需要（如急需施工地下设施）时采用。

3. 综合安装法

综合安装法是将全部或一个区段的柱头以下部分的构件用分件吊装法吊装，即柱子吊装完毕并校正固定，再按顺序吊装地梁、柱间支撑、吊车梁、走道板、墙梁、托架（托梁），接着按节间综合吊装屋架、天窗架、屋面支撑系统和屋面板等屋面结构构件。整个吊装过程可按三次流水进行，根据结构特性有时也可采用两次流水，即先吊装柱子，然后分节间吊装其他构件。

吊装时通常采用 2 台起重机，一台起重量大的起重机用来吊装柱子、吊车梁、托架和屋面结构系统等，另一台用来吊装柱间支撑、走道板、地梁、墙梁等构件并承担构件卸车和就位排放工作。

综合安装法结合了分件安装法和节间安装法的优点，能最大限度地发挥起重机的能力和效率，缩短工期，是广泛采用的一种安装方法。

根据本工程的特点，结构吊装采用"节间综合法"＋"分件流水法"交替进行，即在结构平面的中部位置先做样板间形成稳定结构，采用"节间综合法"，其吊装顺序为钢柱→（柱间支撑或剪力墙）→钢梁（主、次梁或隔撑）；由样板间向四周安装，采用"分件流水法"。

4.3.4.2 安装工艺顺序及流水段划分

1. 安装工艺流程

根据本工程的平面形状、结构型式、吊装设备的数量和位置等，安装工艺流程如图 4-3-2。

2. 安装流水段划分

（1）平面流水段的划分应考虑钢结构在安装过程中的对称性和整体稳定性。其安装顺序由中央向四周扩展，以利焊接误差的减少和消除。对称结构采用全方位对称方案安装。

（2）立面流水段的划分以一节钢柱（各节所含层数不一）为单元。每个单元安装顺序以钢柱、主梁、柱间支撑，以安装成框架为原则；其次是安装次梁、楼板及非结构构件。塔式起重机的提升、顶升与锚固，均应满足组成框架的需要。钢结构安装前，应根据安装流水段和构件安装顺序，编制构件安装顺序表。表中应注明每一构件的节点型号、连接件的规格数量、高强度螺栓规格数量、栓焊数量及焊接量、焊接形式等。构件从成品检验、运输、现场核对、安装、校正到安装后的质量检查，应统一使用该安装顺序表。

（3）构件安装顺序：

在平面，考虑钢结构安装的整体稳定性和对称性，安装顺序一般由中央向四周扩展，先从中间的一个节间开始，以一个节间的柱网为一个吊装单位，先吊装柱，后吊装梁，然后向四周扩展。一个立面内的安装顺序为：第 N 节钢框架安装准备→安装登高爬梯→安装操作平台、通道→安装柱、梁、支撑等形成钢框架→节点螺栓临时固定→检查垂直度、标高、位移→拉设校正用缆索→整体校正→中间验收→高强度螺栓终拧紧固→梁焊接→超声波探伤→拆除校正缆索→塔式起重机爬升→第 N＋1 节钢框架安装准备。

（4）构件接头的现场焊接顺序。

梁柱现场拼接和连接节点焊接顺序，应从建筑平面中心向四周扩展，采取结构对称、

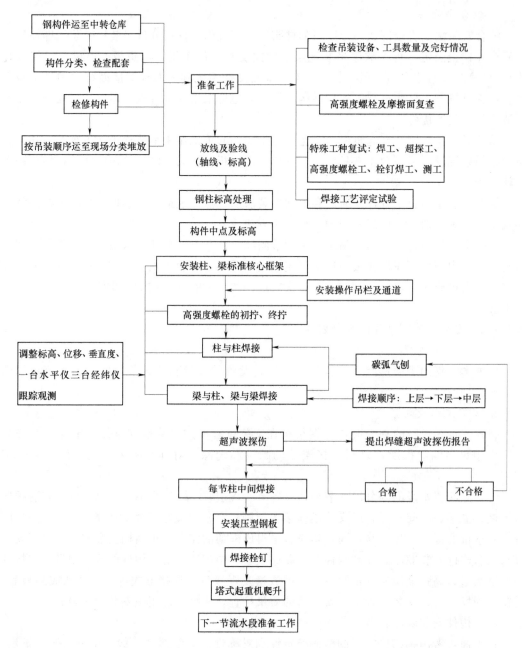

图 4-3-2　钢结构安装工艺流程

节点对称和全方位对称焊接。

　　柱与柱的焊接应由两名焊工在两相对面等温、等速对称施焊；一节柱的竖向焊接顺序是先焊顶部梁柱节点，再焊底部梁柱节点，最后焊接中间部分梁柱节点；梁和柱接头的焊缝，一般先焊梁的上翼缘板，再焊下翼缘板。梁的两端先焊一端，待其冷却至常温后再焊另一端，不宜对一根梁的两端同时进行施焊。一个平面内的构件安装顺序及现场焊接顺序如图 4-3-3 所示。

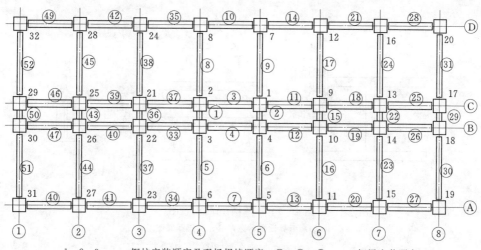

1、2、3、…—钢柱安装顺序及现场焊接顺序；①、②、③、…—钢梁安装顺序

图4-3-3 平面上钢柱、主梁安装及现场焊接顺序

本工程钢结构吊装划分为两个吊装作业区域，当一个区域吊装完毕后，即进行测量、校正、高强度螺栓初拧等工序，待两个区域全部安装完毕后，对整体再进行测量、校正、高强度螺栓终拧、焊接。焊后复测完后，接着进行下一节钢柱的吊装。并根据现场情况进行本层压型钢板吊放和铺设工作。

4.3.4.3 构件吊装

1. 钢柱吊装

本工程钢柱分1~2层、3~5层、6~7层共3节制造安装，吊装前首先根据钢柱现状、端面、长度和重量确定吊点位置、绑扎方法，吊装时做好防护措施。吊装箱形柱时，可利用其接头耳板作吊环，配以相应的吊索、吊架和销钉。钢柱平运2点起吊，安装1点立吊。立

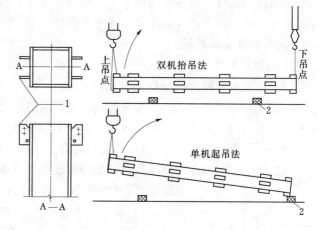

图4-3-4 钢柱起吊示意图
1—吊耳；2—垫木

吊时，需在柱子根部垫上垫木，以回转法起吊，严禁根部拖地。钢柱起吊后，当柱脚距地脚螺栓约0.3~0.4m时扶正，使柱脚的安装孔对准螺栓，缓慢落钩就位。经过初校待垂直偏差在20mm内，拧紧螺栓，临时固定即可脱钩。钢柱起吊如图4-3-4所示。

2. 钢梁吊装

钢梁吊装在柱子复核完成后进行，钢梁吊装时采用两点对称绑扎起吊就位安装。钢梁距梁端500mm处开孔，用特制卡具2点平吊，次梁可三层串吊，如图4-3-5所示。钢梁起吊后距柱基准面100mm时徐徐慢就位，待钢梁吊装就位后进行对接调整校正，然后固定连接。钢梁吊装时随吊随用经纬仪校正，有偏差随时纠正。

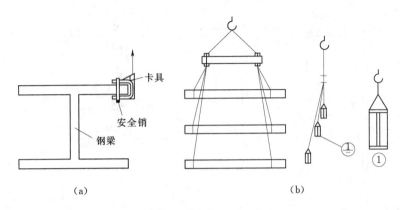

图 4 - 3 - 5　钢梁吊装示意图

（a）卡具设置示意；（b）钢梁吊装

3. 组合件

因组合件形状、尺寸不同，可计算重心确定吊点，采用 2 点吊、3 点吊或 4 点吊。凡不易计算者，可加设倒链协助找重心，构件平衡后起吊。

4. 零件及附件

钢构件的零件及附件应随构件一并起吊。尺寸较大、重量较重的节点板，钢柱上的爬梯、大梁上的轻便走道等，应牢固固定在构件上。

4.3.4.4　构件安装校正

1. 钢柱的安装校正

（1）首节钢柱的安装与校正。

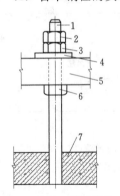

图 4 - 3 - 6　采用调整
螺母控制标高

1—地脚螺栓；2—止退螺母；
3—紧固螺母；4—螺母垫圈；
5—柱子底板；6—调整螺母；
7—钢筋混凝土基础

安装前，应对建筑物的定位轴线、首节柱的安装位置、基础的标高和基础混凝土强度进行复检，合格后才能进行安装。

1）柱顶标高调整：根据钢柱实际长度、柱底平整度，利用柱子底板下地脚螺栓上的调整螺母调整柱底标高，以精确控制柱顶标高，如图 4 - 3 - 6 所示。

2）纵横十字线对正：首节钢柱在起重机吊钩不脱钩的情况下，利用制作时在钢柱上划出的中心线与基础顶面十字线对正就位。

3）垂直度调整：用两台呈 90°的经纬仪投点，采用缆风法校正。在校正过程中不断调整柱底板下螺母，校毕将柱底板上面的 2 个螺母拧上，缆风松开，使柱身呈自由状态，再用经纬仪复核。如有小偏差，微调下螺母，无误后将上螺母拧紧。

4）柱底灌浆。

在第一节框架安装、校正、螺栓紧固后，即应进行底层钢柱柱底灌浆，灌浆方法是先在柱脚四周立模板，将基础上表面清除干净，然后用高强度无收缩细石混凝土从一侧自由灌入至密实，灌浆后用湿草袋或麻袋或塑料布包裹养护。

（2）上节钢柱安装与校正。

上节钢柱安装时，利用柱身中心线就位，为使上下柱不出现错口，尽量做到上、下柱定位轴线重合。上节钢柱就位后，按照先调整标高，再调整位移，最后调整垂直度的顺序校正。

校正时，可采用缆风法校正法或无缆风校正法。目前多采用无缆风校正法如图4-3-7所示，即利用塔吊或吊车、钢楔、垫板、撬棍以及千斤顶等工具，在钢柱呈自由状态下进行校正。此法施工简单、校正速度快、易于吊装就位和确保安装精度。为适应无缆风校正法，应特别注意钢柱节点临时连接耳板的构造。上下耳板的间隙宜为15～20mm，以便于插入钢楔。

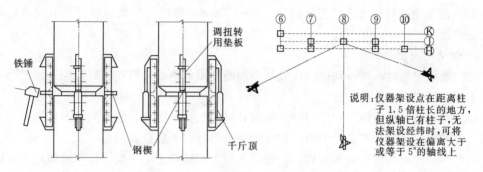

图4-3-7 无缆风校正法示意图

1）标高调整：钢柱一般采用相对标高安装，设计标高复核的方法。钢柱吊装就位后，合上连接板，穿入大六角高强度螺栓，但不夹紧，通过吊钩起落与撬棍拨动调节上下柱之间间隙。量取上柱柱根标高线与下柱柱头标高线之间的距离，符合要求后在上下耳板间隙中打入钢楔限制钢柱下落。正常情况下，标高偏差调整至零。若钢柱制造误差超过5mm，则应分几次调整。

2）位移调整：钢柱定位轴线应从地面控制轴线直接引上，不得从下层柱的轴线引上。钢柱轴线偏移时，可在上柱和下柱耳板的不同侧面夹入一定厚度的垫板加以调整，然后微微夹紧柱头临时接头的连接板。钢柱的位移每次只能调整3mm，若偏差过大只能分次调整。起重机至此可松吊钩。校正位移时应注意防止钢柱扭转。

3）垂直度调整：用两台经纬仪在相互垂直的位置投点，进行垂直度观测。调整时，在钢柱偏斜方向的同侧锤击钢楔或微微顶升千斤顶，在保证单节柱垂直度符合要求的前提下，将柱顶偏轴线位移校正至零，然后拧紧上下柱临时接头的大六角高强度螺栓至额定扭矩。

（3）标准柱安装与校正。

为确保钢结构整体安装质量精度，在每层都要选择一个标准框架结构体（或剪力筒），依次向外发展安装。

所谓标准柱即能控制框架平面轮廓的少数柱子，一般是选择平面转角柱为标准柱。正方形框架取4根转角柱；长方形框架当长边与短边之比大于2时取6根柱；多边形框架则取转角柱为标准柱。

标准柱的垂直度校正：采用两台经纬仪对钢柱及钢梁安装跟踪观测。钢柱垂直度校正可分两步。

1）采用无缆风绳校正。在钢柱偏斜方向的一侧打入钢楔或顶升千斤顶。

注意：临时连接耳板的螺栓孔应比螺栓直径大 4mm，利用螺栓孔扩大足够余量调节钢柱制作误差−1～+5mm。

2）将标准框架体的梁安装上。先安装上层梁，再安装中下层梁。安装过程会对柱垂直度有影响，可采用钢丝绳缆索（只适宜跨内柱）、千斤顶、钢楔和手拉葫芦进行，其他框架依标准框架体向四周发展，其做法与上同。

注意：为达到调整标高和垂直度的目的，临时接头上的螺栓孔应比螺栓直径大4.0mm。由于钢柱制造允许误差一般为−1～+5mm，螺栓孔扩大后能有足够的余量将钢柱校正准确。

2. 钢梁的安装校正

（1）钢梁安装时，同一列柱，应先从中间跨开始对称地向两端扩展；同一跨钢梁，应先安上层梁再安中下层梁。

（2）在安装和校正柱与柱之间的主梁时，可先把柱子撑开，跟踪测量、校正，预留接头焊接收缩量，这时柱产生的内力，在焊接完毕焊缝收缩后也就消失了。

（3）一节柱的各层梁安装好后，应先焊上层主梁后焊下层主梁，以使框架稳固，便于施工。一节柱（两层或三层）的竖向焊接顺序是：上层主梁→下层主梁→中层主梁→上柱与下柱焊接。

每天安装的构件，应形成空间稳定体系，确保安装质量和结构安全。

钢梁轴线和垂直度的测量校正，采用千斤顶和倒链进行，校正后立即进行固定。

3. 构件安装质量标准

构件安装质量标准见表 4-3-1。

表 4-3-1　　　　　　　　　　　安 装 质 量 标 准

项 目 名 称	允 许 偏 差	项 目 名 称	允 许 偏 差
垂直度单节柱建筑物总体	$H/100$ 且 $\leqslant 10mm$	柱顶	$\leqslant 5mm$
标高梁面	$L/1000$ 且 $\leqslant 10mm$	建筑物高度	$\pm n\ (\Delta n + \Delta n + \Delta w)$

4.3.4.5　安装阶段的测量放线

1. 建立基准控制点

根据施工现场条件，建筑物测量基准点有两种测设方法。

（1）一种为外控法，即将测量基准点设在建筑物外部，适用于场地开阔的现场。根据建筑物平面形状，在轴线延长线上设立控制点，控制点一般距建筑物 0.8～1.5 倍的建筑物高度处。引出交线形成控制网，并设立控制桩。

（2）另一种内控法，即将测量基准点设在建筑物内部，适用于现场较小，无法采用外控法的现场。控制点的位置、多少根据建筑物平面形状而定。

2. 平面轴线控制点的竖向传递

（1）地下部分：高层钢结构工程，通常有一定层数的地下部分，对地下部分可采用外控法，建立十字形或井字形控制点，组成一个平面控制网。

（2）地上部分：控制点的竖向传递采用内控法时，投递仪器可采用全站仪或激光准直仪。在控制点架设仪器对中调平。在传递控制点的楼面上预留孔（如 300mm×300mm），孔上设置光靶。传递时仪器从 0°、90°、180°、270°四个方向，向光靶投点，定出 4 点，找出 4 点对角线的交点做为传递上来的控制点。

3. 柱顶平面放线

利用传递上来的控制点，用全站仪或经纬仪进行平面控制网放线，把轴线放到柱顶上。

4. 悬吊钢尺传递高程

利用高程控制点，采用水准仪和钢尺测量的方法引测，如图 4-3-8 所示。

$$H_m = H_h + a + [(L_1 - L_2) + \Delta t + \Delta k] - b \tag{4.3.1}$$

式中　H_m——设置在建（构）筑物上的水准点高程；

H_h——地面上水准点高程；

a——地面上 A 点置镜时水准尺的读数；

b——建（构）筑物上 B 点置镜时水准尺的读数；

L_1——建（构）筑物上 B 点置镜时钢尺上的读数；

L_2——地面上 A 点置镜时钢尺上的读数；

Δt——钢尺的温度改正值；

Δk——钢尺的尺长改正值。

当超过钢尺长度时，可分段向上传递标高。

5. 钢柱垂直度测量

钢柱垂直度的测量可采用以下几种方法：

（1）激光准直仪法。将准直仪架设在控制点上，通过观测接受靶上接收到的激光束，来判断柱子是否垂直。

（2）铅垂法。是一种较为原始的方法，指用锤球吊校柱子，为避免锤线摆动，可加套塑料管，并将锤球放在黏度较大的油中。

（3）经纬仪法。用两台经纬仪架设在轴线上，对柱子进行校正，是施工中常用的方法。

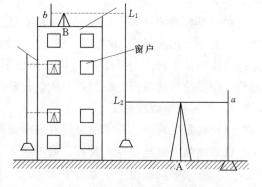

图 4-3-8　悬吊钢尺传递高程

（4）建立标准柱法。根据建筑物的平面形状选择标准柱，如正方形框架选 4 根转角柱。

根据测设好的基准点，用激光经纬仪对标准柱的垂直度进行观测，在柱顶设测量目标，激光仪每测一次转动 90°，测得 4 个点，取该 4 点相交点为准量测安装误差如图 4-3-9 所示。除标准柱外，其他柱子的误差量测采用丈量法，即以标准柱为依据，沿外侧拉钢丝绳组成平面封闭状方格，用钢尺丈量，超过允许偏差则进行调整。如图 4-3-10 所示。

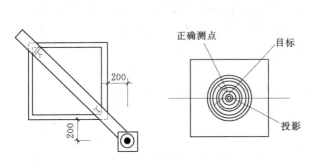

图 4 - 3 - 9　钢柱顶的激光测量目标

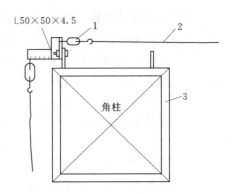

图 4 - 3 - 10　钢柱校正用钢丝绳
1—花篮螺丝；2—钢丝绳；3—角柱

4.3.4.6　现场连接节点施工

本工程钢柱之间的连接采用坡口焊连接；主梁与钢柱间的连接，上、下翼缘用坡口焊连接，腹板用高强螺栓连接；次梁与主梁的连接大多数采用在腹板处用高强螺栓连接，少量再在上、下翼缘处用坡口焊连接。柱与梁的焊接顺序，先焊接顶部柱、梁节点，再焊接底部柱、梁节点，最后焊接中间部分的柱、梁节点。

坡口焊连接应先做的准备工作包括：焊条烘焙、坡口检查、设置引出板和垫板，并点焊固定，清除焊接坡口周边的防锈漆和杂物，焊接口预热等。柱与柱的对接焊接，采用二人同时对称焊接，柱与梁的焊接亦应在柱的两侧对称同时焊接，以减少焊接变形和残余应力。

对于厚板的坡口焊，打底层焊采用直径 4mm 焊条焊接，中间层可用 5mm 或 6mm 焊条，盖面层采用直径 5mm 焊条。三层应连续施焊，每一层焊完后及时清渣。焊缝余高不超过对接焊件中较薄钢板厚的 1/10，但也不应大于 3.2mm。焊后当气温低于 0℃ 时，用石棉布保温使焊缝缓慢冷却。焊缝质量检验均按二级检验。

4.3.4.7　高强度螺栓施工

（1）高强度螺栓在施工前必须有材质证明书（质量保证书）必须在使用前做复试。

（2）高强度螺栓设专人管理，妥善保管，不得乱扔乱放，在安装过程中，不得碰伤螺纹及污染脏物，以防扭矩系数发生变化。

（3）高强度螺栓的存放要防潮、防腐蚀。

（4）安装螺栓时应用光头撬棍及冲钉对正上下（或前后）连接板的螺孔，使螺栓能自由投入。

（5）对于箱形截面部件的接合部，全部从内向外插入螺栓，在外侧进行紧固。如操作不便，可将螺栓从反方向插入。

（6）若连接板螺孔的误差较大时，应检查分析酌情处理，若属调整螺孔无效或剩下局部螺孔位置不正，可使用电动绞刀或手动绞刀进行打孔。

（7）在同一连接面上，高强螺栓应按同一方向投入，高强螺栓安装后应当天终拧完毕。

4.3.4.8 楼面承压板安装

楼面承压板施工安装之前，绘制相应的排板图，依据图纸进行施工。压型钢板沿楼面的一端开始铺设，边铺设边调整其位置，边固定。遇有洞口处，先安装压型钢板，然后根据实际洞口位置切割洞口大小尺寸。栓钉是楼面梁同钢筋混凝土楼板抗剪连接的连接件，施工采用拉弧型栓钉焊机和焊枪，并使用去氧弧耐热陶瓷座圈。

焊接方法：接通焊机焊枪电源，柱状栓钉套在焊枪上，防弧座圈，启动焊枪，电流即熔断，座圈则产生弧光，经短时间后柱状栓钉以一定速度顶紧母材端部熔化，切断电源柱状栓钉焊接完成固定在母材上。

栓钉焊接检查：柱状栓钉的质量以锤击为主，外观表面检查为辅，按每天产量取其中的1/500进行弯曲检查，焊缝处无断裂视为合格，如焊缝出现裂缝，该栓钉判为报废，需在附近重焊一只柱状钉作为补充。

4.3.4.9 防火涂料涂装施工

1. 品种规格

本工程设计采用薄涂型（B型）钢结构防火涂料，涂层厚度要求为2～7mm，有一定装饰效果，高温时涂层膨胀增厚，具有耐火隔热作用，耐火极限可达0.5～2.5h，又称为钢结构膨胀型防火涂料。

2. 作业条件

防火涂料涂装施工作业应委托经消防部门批准的施工单位负责施工。防火涂料涂装前，钢结构工程应检查验收合格，并符合设计要求；钢构件表面除锈及防锈底漆应符合设计要求和国家现行有关规范规定；应彻底清除钢构件表面的灰尘、油污等杂物；应对钢构件防锈涂层破损或漏涂部位补刷防锈漆且经验收合格后方可进行施工。

钢结构防火涂料涂装应在室内装饰之前和不被后续工程所损坏的条件下进行。施工前，对不需要进行防火保护的墙面、门窗、机械设备和其他构件应采用塑料布遮挡保护。

涂装施工前，环境温度宜保持在5～38℃，相对湿度不宜大于90%，空气应流动。露天涂装施工作业应选择适当的天气。大风、雷雨、严寒等气候下均不应作业。

3. 钢结构防火涂装工程主要机具见表4-3-2。

表4-3-2　　　　　　　钢结构防火涂装工程主要机具

机 具 名 称	型 号	单 位	数 量	备 注
便携式搅拌机		台	32	配料
重力式喷枪		台	5	薄涂型涂料喷涂
空气压缩机	0.6～0.9m³/min	台	2	喷涂
抹灰刀		把	10	手工涂装
砂布		张	500	基层处理

4. 施工工艺

（1）工艺流程。

施工准备→调配涂料→涂装施工→检查验收。

（2）操作工艺。

1) 施工准备:

a. 按照上述"作业条件"中规定进行基面处理、检查验收。

b. 按照设计要求,采购防火涂料原材料并验收。

c. 按照工程实际情况配备相应的施工人员和施工工具。

2) 薄涂型钢结构防火涂料涂装工艺及要求。

a. 施工方法及机具。采用喷涂方法涂装,面层装饰涂料可以采用刷涂、喷涂或滚涂等方法,局部补修或小面积构件涂装。不具备喷涂条件时,可采用抹灰刀等工具进行手工抹涂方法。

主要施工机具为重力式喷枪,配备能够自动调压的空压机,喷涂底层及主涂层,喷枪口径为 4~6mm,空气压力为 0.4~0.6MPa;喷涂面层时,喷枪口径为 1~2mm,空气压力为 0.4MPa 左右。

b. 涂料配制。单组分涂料,现场采用便携式搅拌器搅拌均匀;双组分涂料,按照产品说明书规定的配比混合搅拌。防火涂料的配制搅拌,应边配边用,当天配制的涂料当天必须在说明书规定时间内用完。搅拌和调配涂料应均匀,且稠度适宜,既能在输送管道中流动畅通,喷涂后又不会产生流淌和下坠现象。

c. 底层涂装施工工艺要求。根据设计防火要求,钢柱底涂层应喷涂四遍、钢梁三遍、压型钢板两遍,待前一遍涂层基本干燥后再喷涂后一遍。第一遍喷涂以盖住钢材基面70%即可,二、三遍喷涂每层厚度不超过 2.5mm。喷涂保护方式、喷涂层数和涂层厚度应根据防火设计要求确定。

喷涂时,操作工手握喷枪要稳定,运行速度保持稳定。喷枪要垂直于被喷涂钢构件表面,喷距为 6~10mm。

施工过程中,操作者应随时采用测厚针检测涂层厚度,确保各部位涂层达到设计规定的厚度要求。

喷涂后,喷涂形成的涂层是粒状表面,当设计要求涂层表面平整光滑时,待喷涂完最后一遍应采用抹灰刀等工具进行抹平处理,以确保涂层表面均匀平整。

d. 面层涂装工艺及要求。当底涂层厚度符合设计要求,并基本干燥后,方可进行面层涂料涂装。面层涂料所有构件一律涂刷两遍。如果第一遍是从左至右涂刷,第二遍则应从右至左涂刷,以确保全部覆盖住底涂层。面层涂装施工应保证各部分颜色均匀、一致,接槎平整。

5. 质量标准及质量控制

(1) 钢结构防火涂料的品种和技术性能应符合设计要求,并应经过具有资质检测机构检测符合现行国家有关标准规定。

1) 检查数量:全数检查。

2) 检查方法:检查产品的质量合格证明文件、中文标志及检验报告等。

(2) 防火涂料涂装前钢构件表面除锈及防锈漆涂装应符合设计要求和国家现行有关标准的规定。

1) 检查数量:按构件数量抽查 10%,且同类构件不应少于 3 件。

2) 检查方法:表面除锈用铲刀检查和用现行国家标准《涂装前钢材表面锈蚀等级

和除锈等级》（GB 8923—1988）规定的图片对照观察检查。底漆涂装用干漆膜测厚仪检查，每个构件检测 5 处，每处的数值为 3 个相距 50mm 测点涂装干漆膜厚度的平均值。

（3）钢结构防火涂料黏结强度和抗拉强度应符合国家现行《钢结构防火涂料应用技术规程》（CECS24：90）标准的规定。检查方法应符合国家现行《建筑构件防火喷涂材料性能实验方法》（GA110—1995）标准的规定。

1）检查数量：每使用 100t 或不足 100t 薄涂型防火涂料应抽检黏结强度；每使用 500t 或不足 500t 厚涂型防火涂料应抽检一次黏结强度和抗拉强度。

2）检查方法：检查复检报告。

（4）薄涂型防火涂料涂层厚度应符合有关耐火极限的设计要求。厚涂型防火涂料涂层的厚度，80% 及以上面积应符合有关耐火极限的设计要求，且最薄处厚度不应低于设计要求的 85%。

1）检查数量：按同类构件数抽查 10%，且均不应少于 3 件。

2）检查方法：采用涂层厚度测量仪、测厚度针和钢尺检查。测量方法应符合国家现行标准《钢结构防火涂料应用技术规程》（CECS24：90）的规定和《钢结构工程施工质量验收规范》（GB 50205—2001）标准中附录 F 的规定。

（5）薄涂型防火涂料涂层表面裂纹宽度不应大于 0.5mm；厚涂型防火涂料涂层表面裂纹宽度不应大于 1mm。

1）检查数量：按同类构件数抽查 10%，且均不少于 3 件。

2）检查方法：观察和用尺量检查。

4.3.4.10　多层高层钢结构安装要点

（1）安装前，应对建筑物的定位轴线、平面封闭角、底层柱的安装位置线、基础标高和基础混凝土强度进行检查，合格后才能进行安装。

（2）安装顺序应根据事先编制的安装顺序图表进行。

（3）凡在地面组拼的构件，需设置拼装架组拼（立拼），易变形的构件应先进行加固。组拼后的尺寸经校验无误后方可拼装。

（4）各类构件的吊点，宜按规定设置。

（5）钢构件的零辅件一并起吊。尺寸较大、重量较重的节点板，应用铰链固定在构件上。钢柱上爬梯、大梁上的轻便走道应牢固固定在构件上一起起吊。调整柱子垂直度的缆风绳或支撑夹板，应在地面上与柱子绑扎好，同时起吊。

（6）当天安装的构件，应形成空间稳定体系，确保安装质量和结构安全。

（7）一节柱的各层梁安装校正后，即安装本节各层楼梯，铺好各层楼层的压型钢板。

（8）安装时，楼面上的施工荷载不得超过梁和压型钢板的承载力。

（9）预制外墙板应根据建筑物的平面形状对称安装，使建筑物各侧面均匀加载。

（10）叠合楼板的施工，要随着钢结构的安装进度进行。两个工作面相距不宜超过 5 个楼层。

（11）每个流水段一节柱的全部钢构件安装完毕并验收合格后，方能进行下一流水段钢结构的安装。

4.3.4.11　钢结构安装工程安全技术

1. 高处作业一般要求

（1）高处作业的安全技术措施及其所需料具，必须列入工程的施工组织设计。

（2）单位工程施工负责人应对工程的高处作业安全技术负责，并建立相应的责任制。施工前，应逐级进行安全技术教育及交底，落实所有安全技术措施和人身防护用品，未经落实时不得进行施工。

（3）高处作业中的设施、设备，必须在施工前进行检查，确认其完好，方能投入使用。

（4）攀登和悬空作业人员，必须经过专业技术培训及专业考试合格，持证上岗，并必须定期进行体格检查。

（5）施工中对高处作业的安全技术设施，发现有缺陷和隐患时，必须及时解决；危及人身安全时，必须停止作业。

（6）施工作业场所有坠落可能的物件，应一律先进行撤除或加以固定。高处作业中所用的物料，均应堆放平稳，不妨碍通行和装卸。随手用工具应放在工具袋内。作业中走道内的余料应及时清理干净，不得任意乱掷或向下丢弃。

（7）雨天和雪天进行高处作业时，必须采取可靠的防滑、防寒和防冻措施。有水、冰、霜、雪时均应及时清除。对进行高处作业的高耸建筑物，应事先设计避雷设施，遇有 6 级以上强风、浓雾等恶劣气候，不得进行露天攀登与悬空高处作业。暴风雪及台风暴雨后，应对高处作业安全设施逐一加以检查，发现问题，立即修理完善。

（8）钢结构吊装前，应进行安全防护设施的逐项检查和验收，验收合格后，方可进行高处作业。

2. 临边作业

（1）基坑周边，尚未安装栏杆或栏板的阳台、料台和挑平台周边、雨篷与挑檐边，无外脚手的屋面与楼层周边及水箱与水塔周边、桁架、梁上工作人员行走处，柱顶工作平台，拼装平台等处，都必须设计防护栏杆。

（2）多层、高层及超高层楼梯口和梯段边，必须安装临时护栏。顶层楼梯口应随工程结构进度安装正式防护栏杆。

（3）井架、施工用电梯和脚手架等与建筑物通道的两侧边，必须设防护栏，地面通道上部应装设完全防护棚。

（4）各种垂直运输接料平台，除两侧设防护栏杆外，平台口还应设计安全的或活动防护栏杆，接料平台两侧的栏杆，必须自上而下加挂安全立网。

（5）防护栏杆具体做法及技术要求，应符合《建筑施工高处作业安全技术规范》（JGJ 80—91）有关规定。

3. 洞口作业

进行洞口作业以及在因工程和工序需要而产生的，当人与物有坠落危险或危及人身安全的其他洞口进行高处作业时，必须设置防护设施。

（1）板与墙的洞口，必须设置牢固的盖板、防护栏杆、安全网或其他防坠落的防护设施。

（2）电梯井口必须设防护栏杆或固定栅门，电梯井内应每隔两层并最多隔 10m 设一安全网。

（3）施工现场通道附近的各类洞口及坑槽等处，除应设置防护设施与安全标志外，夜间还应设置红灯示警。

（4）桁架间安装支撑前应加设安全网。

（5）洞口防护设施具体做法及技术要求，应符合《建筑施工高处作业安全技术规范》（JGJ 80—91）有关规定。

4．攀登作业

现场登高应借助建筑结构或脚手架上的登高设施，也可采用载人的垂直运输设备，进行攀登作业时，也可使用梯子或采用其他攀登设施。

（1）柱、梁等构件吊装所需的直爬梯及其他登高用的拉攀件，应在构件施工图或说明内做出规定。攀登用具在结构构造上必须牢固可靠。

（2）梯脚底部应垫实，不得垫高使用，梯子上端应有固定措施。

（3）钢柱安装登高时，应使用钢挂梯或设置在钢柱上的爬梯。钢柱的接柱应使用梯子或操作台。

（4）登高安装钢梁时，应视钢梁高度，在两端设置挂梯或搭设钢管脚手架。

梁面上需行走时，其一侧的临时护栏横杆可采用钢索，当改为扶手绳时，绳的自由下垂度不应大于 $L/20$，并应控制在 100mm 以内。

（5）登高用的梯子必须安装牢固，梯子与地面夹角以 $60°\sim70°$ 为宜。

5．悬空作业

悬空作业处应有牢固的立足处，并必须视具体情况，配置防护栏网、栏杆或其他安全设施。

（1）悬空作业所用的索具、脚手架、吊篮、吊笼、平台等设备，均需经过技术鉴定或验证方可使用。

（2）钢结构的吊装，构件应尽可能在地面组装，并搭设进行临时固定、电焊、高强度螺栓连接长远规划顺序的高空安全设施，随构件同时上吊就位。拆卸时的安全措施，亦应一并考虑和落实。高空吊装大型构件前，也应搭设悬空作业中所需的安全设施。

（3）悬空作业人员，必须戴好安全带。

6．交叉作业

（1）结构安装过程各工程进行上下立体交叉作业时，不得在同一垂直方向上操作，下层作业的位置，必须处于依上层高度确定的可能坠落范围半径以外，不符合以上条件时，应设置安全防护层。

（2）楼梯边口、通道口、脚手架边缘等处，严禁堆放任何拆下构件。

（3）结构施工自二层起，凡人员进出的通道口（包括井架、施工用电梯的进出通道口）均应搭设安全防护棚。高度超出 24m 的层次上的交叉作业，应设双层防护。

（4）由于上方施工可能坠落物件或处于起重机把杆回转范围之内的通道，在其受影响的范围内，必须搭设顶部能防止穿透的双层防护廊。

7. 防止起重机倾翻

（1）起重机的行驶道路，必须坚实可靠。起重机不得停置在斜坡上工作，也不允许起重机两个履带一高一低。

（2）严禁超载吊装，超载有两种危害，一是断绳重物下坠，二是"倒塔"。

（3）禁止斜吊，斜吊会造成超侧荷及钢丝绳出槽，甚至造成拉断绳索和翻车事故；斜吊会使物体在离开地面后发生快速摆动，可能会砸伤人或碰坏其他物体。

（4）要尽量避免满负荷行驶，构件摆动越大，超负荷就越多，越可能发生翻车事故。短距离行驶，只能将构件离地 30cm 左右，且要慢行，并将构件转至起重机的前方，拉好溜绳，控制构件摆动。

（5）有些起重机的横向与纵向的稳定性相差很大，必须熟悉起重机纵横两个方向的性能，进行吊装工作。

（6）双机抬吊时，要根据起重机的起重能力进行合理的负荷分配（每台起重机的负荷不宜超过其安全负荷量的 80％）并在操作时要统一指挥。两台起重机的驾驶员应互相密切配合，防止一台起重机失重而使另一台起重机超载。在整个抬吊过程中，两台起重机的吊钩滑车组均应基本保持铅垂状态。

（7）绑扎构件的吊索须经过计算，所有起重机工具，应定期进行检查，对损坏者做出鉴定，绑扎方法应正确牢靠，以防吊装中吊索破断或从构件上滑脱，使起重机失重而倾翻。

（8）风载造成"倒塔"，工作完毕轨道两端设夹轨钳，遇有大风或台风警报，塔式起重机拉好缆风绳。

（9）机上机下信号不一致造成事故。

（10）由于各种机件失修造成的事故。

（11）轨道与地锚的不合要求而造成的事故。

（12）安全装置失灵而造成事故，塔式起重机应安有起重量限位器、高度限位器、幅度指示器、行程开关等。

（13）下旋式塔式起重机在安装时，必须注意回转平台与建筑物的距离不得小于 0.5m。

（14）群塔作业，两台起重机之间的最小架设距离，应保证在最不利位置时，任一台的臂架都不会与另一台的塔身、塔顶相撞，并至少有 2m 的安全距离；处于高位的起重机，吊钩升至最高点时，钩底与低位起重机之间在任何情况下，其垂直方向的间隙不得小于 2m；两臂架相临近时，要互相避让，水平距离至少保持 5m。

8. 防止高空坠落和物体落下伤人

（1）为防止高处坠落，操作人员在进行高处作业时，必须正确使用安全带。安全带一般应高挂低用，即将安全带绳端挂在高的地方，而人在较低处操作。

（2）在高处安装构件时，要经常使用撬杠校正构件的位置，这样必须防止因撬杠滑脱而引起的高空坠落。

（3）在雨期、冬期里，构件上常因潮湿或积有冰雪而容易使操作人员滑倒，采取清扫积雪后再安装，高空作业人员必须穿防滑鞋方可操作。

（4）高空操作人员在脚手板上通行时，应该思想集中，防止踏上探头板而从高空坠落。

（5）地面操作人员必须戴安全帽。

（6）高空操作人员使用的工具及安装用的零部件，应放人随身佩带的工具袋内，不可随便向下丢掷。

（7）在高空用气割或电焊切割时，应采取措施防止切割下的金属或火花落下伤人。

（8）地面操作人员，尽量避免在高空作业的正下方停留或通过，也不得在起重机的吊杆和正在吊装的构件下停留或通过。

（9）构件安装后，必须检查连接质量，无误后，才能松钩或拆除临时固定工具，以防构件掉下伤人。

（10）设置吊装禁区，禁止与吊装作业无关的人员入内。

9．防止触电

（1）电焊机的电源线电压为 380V，由于电焊机经常移动，为防止电源线磨破，一般长度不超过 5m，并应架高。手把线的正常电压为 60～80V，如果电焊机原线圈损坏，手把线电压就会和供电线电压相同，因此手把线质量应该是很好的，如果有破皮情况，必须及时用绝缘胶布严密包扎或更换。此外电焊机的外壳应该接地。

（2）使用塔式起重机或长吊杆的其他类型起重机时，应有避雷防触电设施。轨道式起重机当轨道较长时，每隔 20m 应加装一组接地装置。

（3）各种起重机严禁在架空输电线路下面工作，在通过架空输电线路时，应将起重臂落下，并确保与架空输电线的垂直距离符合规定。

（4）电气设备不得超负荷运行。

（5）使用手操式电动工具或在雨期施工时，操作人员应戴绝缘手套或站在绝缘台上。

（6）严禁带电作业。

（7）一旦发生触电事故，必须尽快使触电者脱离带电体。

10．防止氧气瓶、乙炔气瓶爆炸

（1）氧气瓶、乙炔气瓶放置安全距离应大于 10m。

（2）氧气瓶不应该放在太阳光下暴晒，更不可接近火源，要求与火源距离不小于 10m。

（3）在冬期，如果瓶的阀门发生冻结，应该用干净的热布把阀门烫热，不可用火熏。

（4）氧气遇油也会引起爆炸，因此不能用油手接触氧气瓶，还要防止起重机或其他机械油落到氧气瓶上。

11．安全管理

（1）安全技术交底应交清以下内容：

1）吊装构件的特性特征、重量、重心位置、几何尺寸、吊点位置、安装高度及安装精度等；

2）所选用起重机械的主要机械性能和使用注意事项；

3）指挥信号及信号传递系统要求；

4）吊装方法、吊装顺序及进度计划安排。

（2）各类起重机的操作人员和起重机指挥人员必须是经过专门的操作技术和安全技术培训，并考核合格，取得操作证和指挥合格证者，严禁无证人员操作起重机或指挥起重作业。

（3）起重机具、起重机械各部件、起重机的路基、路轨等定期检查，发现问题立即解决。

习　　题

1. 到多层钢结构安装现场参观实习，学习多层钢结构安装方法。

2. 钢柱、钢梁的吊点如何设置？

3. 多层钢结构钢柱的安装与校正要点有哪些？

4. 多层钢结构安装阶段测量放线主要包括哪些内容？

5. 多层高层钢结构安装要点有哪些？

6. 防火涂料涂装施工工艺要点有哪些？

参 考 文 献

[1] 中国建筑标准设计研究院．钢结构施工图参数表示方法［S］．北京：中国计划出版社，2008.

[2] 中国建筑标准设计研究院．03G102 钢结构设计制图深度和表示方法（国家建筑标准设计图集）
     ［S］．北京：中国计划出版社，2010.

[3] 李楠．钢结构工程施工质量验收规范应用图解［M］．北京：机械工业出版社，2009.

[4] 中国建筑标准设计研究院．门式刚架轻型房屋钢结构［S］．北京：中国计划出版社，2008.

[5] 中国建筑标准设计研究院．01SG519 多、高层民用建筑钢结构节点构造详图（建筑标准图集）
     ［S］．北京：中国计划出版社，2009.

[6] 中国建筑标准设计研究院．07SG531 钢网架结构设计（国家建筑标准设计图集）［S］．北京：中国
     计划出版社，2008.

[7] 《网架结构设计手册》编辑委员会．网架结构设计手册（实例及图集）［M］．北京：中国建筑工
     业出版社出版，1998.

[8] 中国建筑标准设计研究院．01SG519 01（04）SG519 多、高层民用建筑钢结构节点构造详图（含
     2004 年局部修改版）［S］．北京：中国计划出版社，2009.

[9] 郭荣玲．轻松读懂钢结构施工［M］．北京：机械工业出版社，2011.

[10] 孙韬．帮你识读钢结构施工［M］．北京：人民交通出版社，2009.

[11] 周坚．建筑识图［M］．北京：中国电力出版社，2007.

[12] 宋琦，刘平．钢结构识图技巧与实例［M］．北京：化学工业出版社，2009.

[13] 看图学施工丛书编写组．看图学钢结构工程施工［M］．北京：化学工业出版社，2010.

[14] 李星荣．钢结构工程施工图实例集萃［M］．北京：机械工业出版社，2008.

[15] 谢国昂，王松涛．钢结构设计深化及详图表达［M］．北京：中国建筑工业出版社，2010.

[16] 乐嘉龙．学看钢结构施工图［M］．北京：中国电力出版社，2006.

[17] 王松岩，焦红．钢结构设计与应用实例［M］．北京：中国建筑工业出版社，2007.

[18] （日本）田岛富男图解钢结构设计［M］．北京：中国电力出版社，2009.

[19] 筑龙网组编．钢结构工程施工技术案例精选［M］．北京：中国电力出版社，2008.

[20] 陈禄如．建筑钢结构施工手册［M］．北京：中国计划出版社，2002.

[21] 路克宽、侯兆新、文双玲．钢结构工程便携手册［M］．北京：机械工业出版社，2003.

[22] 马向东，孙斌，等．钢结构施工员一本通［M］．北京：中国建筑工业出版社，2009.

[23] 陈远春．建筑钢结构工程设计施工实例与图集［M］．北京：金版电子出版社，2003.

[24] 杨文柱．网架结构制作与施工［M］．北京：机械工业出版社，2005.

[25] GB 50017—2003 钢结构设计规范［S］．北京：中国计划出版社，2003.

[26] 魏明钟．钢结构（第二版）［M］．武汉：武汉理工大学出版社，2002.

[27] 王军龙，等．钢结构［M］．成都：西南交通大学出版社，2007.

[28] 陈绍蕃．钢结构稳定设计指南（第二版）．北京：中国建筑工业出版社，2004.

[29] 黄呈伟．钢结构设计．北京：科学出版社，2005.